大 气 湍 流

TURBULENCE IN THE ATMOSPHERE

〔美〕John C. Wyngaard 著

孙鉴泞 译

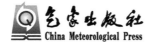

气象出版社
China Meteorological Press

图书在版编目(CIP)数据

大气湍流/（美)约翰·温加德著;孙鉴泞译. －－
北京:气象出版社,2021.3
书名原文：Turbulence in the Atmosphere
ISBN 978-7-5029-7394-0

Ⅰ.①大⋯ Ⅱ.①约⋯ ②孙⋯ Ⅲ.①大气湍流
Ⅳ.①P421.3

中国版本图书馆 CIP 数据核字(2021)第 038826 号

北京市版权局著作权合同登记:图字 01-2021-1623 号

大气湍流

DAQI TUANLIU

[美]John C. Wyngaard 著 孙鉴泞 译

出版发行:气象出版社

地 址:北京市海淀区中关村南大街 46 号		邮政编码:100081	

电 话:010-68407112(总编室) 010-68408042(发行部)

网 址:http://www.qxcbs.com E-mail: qxcbs@cma.gov.cn

责任编辑:蔺学东 终 审:吴晓鹏

责任校对:张硕杰 责任技编:赵相宁

封面设计:博雅锦

印 刷:北京中科印刷有限公司

开 本:710 mm×1000 mm 1/16 印 张:20.75

字 数:450 千字

版 次:2021 年 3 月第 1 版 印 次:2021 年 3 月第 1 次印刷

定 价:180.00 元

本书如存在文字不清、漏印以及缺页、倒页、脱页等,请与本社发行部联系调换。

译者序言

　　《大气湍流》(原著书名为 *Turbulence in the Atmosphere*)一书的作者是美国学者约翰·温加德(John C. Wyngaard)，他是大气科学领域研究湍流问题的著名学者，集毕生之研究心得和教学经验，在退休之前写成此书，并于 2010 年出版，为他的学术生涯增添了浓重的一笔。温加德先生按教材体系编写此书，希望读者能够系统全面地了解和认识湍流理论及其应用于大气科学的历史和现状，特别是高等院校的学生，通过学习此书能够建立起关于湍流的知识体系，为日后的研究和应用打下坚实的基础。同时，该书也是大气科学及相关领域科技工作者不可多得的参考书。该书对本人的教学和科研工作帮助非常大，这也激发了我把它翻译出来的愿望。现在中译本终于成稿，即将由气象出版社出版，算是了却了本人的心愿。中译本面世恰逢原著出版十年整，谨以中译本的出版向温加德先生致敬。

　　本人自毕业留校以来一直在南京大学大气科学学院从事教学与科研工作，主要研究方向是大气边界层与湍流，讲授本科生课程"边界层气象学"已有十五个年头。在长期的教学经历当中，深感课程内容有所缺失，由于课时的限制，对湍流内容的介绍通常比较简单，导致学生难以建立完整的湍流知识体系，于是对边界层气象学的掌握也不够扎实。我常参加研究生招生的面试工作，我的提问大都针对大气边界层与湍流的一些基本问题，然而学生的回答往往只有简短几句话，多半还是从书上背下来的，少有谈及认识和理解，甚至有些学生几乎答不上来，大三学习的知识到大四的时候已经模糊不清了。在我看来，其主要原因是对湍流认识和理解的不到位所致。现在好了，有了《大气湍流》一书的中译本，我们可以把书中重要的湍流知识点直接引入课堂，学生可以依据此书进行课外自主学习，这样可使学生全面了解大气湍流知识，并在边界层气象学的学习过程中获得更为深刻的理解和认识。湍流是大气运动和地球物理流动中最为普遍的现象，并在其中起到重要作用。对于大气科学和相关学科，不论是高校学生还是从业人员，我相信此书一定会对他们的学习和工作大有裨益。

　　湍流问题既复杂又艰深，至今人们对湍流的本质也没有认识清楚，所以有"湍流是经典物理中最后一个尚未被解决的问题"的说法。湍流是大气当中普遍存在的运动方式，与大气当中众多物理过程直接相关，涉及物质和能量在大气边界层中的输送交换、云的微物理过程、对流单体及台风的动力学一热力学结构，以及光和电磁波在大气中的传输，同时也是海洋上层流体运动的重要方式。然而到目前为止，人们对湍流在其中的作用还认识得不够清楚(在有些问题中是很不清楚)，从科学研究的角度讲,对这些问题都需要做进一步研究。因此,认识湍流的基本性质、了解湍流的基本理论、掌握研究湍流的基本方法就显得尤为重要。本书在这些方面都有详细的阐述和系统的介绍,构成了关于湍流基本认识的知识体系,成为研究湍流具体问题的重要基础。

大气科学发展到今天,数值模拟不仅是研究大气湍流的重要手段,也是研究大气科学诸多问题的重要技术手段。而天气气候模式和大气环境模式中对湍流作用的描述基本上都是采用近似的参数化方案,这些描述方案的准确性不高,仍有很大的改进空间。近年来数值模拟朝着精细化模拟的方向发展,这其中对湍流过程的模拟显得尤为重要。所以,在描述大气湍流过程方面取得的进展将直接促进大气科学的发展。本书对涉及湍流过程的数值模拟方法有详细的介绍,并对其中的问题有深入的论述,因此,本书对了解数值模式的模拟能力以及如何改进模式有重要的参考价值。

本书的独到之处是大量使用公式和推导,公式虽多,但并不是很难懂;用方程来帮助读者从物理上理解湍流,并且对物理过程、物理机制的解读细致到位,这对帮助读者建立对湍流的认知、了解研究湍流的方法显得尤为重要。虽然本书使用了大量的数学语言,但始终强调物理认知,围绕方程的物理意义进行了耐心细致的讨论和解读,突出了数学与物理的统一,并且把观测、实验室模拟、解析推导、数值模拟结合起来,强调对湍流的物理认识。

本书内容丰富,范围宽广,但并不冗长琐碎,书中从不同方面对湍流问题进行分析和论述,体现了本书想要实现的目标,即让读者知道如何认识湍流、如何分析湍流、如何研究湍流、如何描述湍流,以及如何理解大气湍流的独特行为特征。全书共分三部分,各自的侧重点不同,既相对独立又有融合交叉,三部分内容有机结合在一起,以期能达到融会贯通的效果。作者在写作中采用第一人称,这拉近了与读者的距离;其次,作者的语言风格简明通俗;再者,作者的阐述由浅入深,逐步推进。这些都使得本书具有较强的可读性。

本人在翻译过程中力求保持原作的写作风格,努力使中译本充分展现原著的风貌。由于本人学识有限,翻译当中理解不到位乃至谬误之处在所难免,敬请读者批评指正。

孙鉴泞

2019 年 8 月于南京大学仙林校区

作者序言

我常想，是不是有很多学生已经踏上了成为"湍流人"的旅途。我猜想这种情况正在发生，就像遇到了人生伴侣。当年我还是工程学研究生的时候，正在钻研对流热传输问题，一个朋友拉我跟他一起去学习拉姆雷（John Lumley）教授讲授的湍流课程。这可绝对不是件轻松惬意的事，我们一页不落地研读了汤森（Townsend）的著作《湍流切变流的结构》（*The Structure of Turbulent Shear*），对我来讲它是个全新的领域。

我们开始查阅有关湍流的文献，特别是那些涉及理论物理和应用数学的书籍。用我的工程学眼光来看，湍流简直就是个无法攻破的堡垒，在把它纳入我的知识体系之前，我有太多的课业要做。现在我能够理解，为什么这些理论尝试还在继续，早年美国国家大气研究中心（NCAR：National Center for Atmospheric Research, Boulder, Colorado）的资深科学家汤普森（Phil Thompson）是这样解释的：

很多学者试图发展湍流的基本理论，一些知名学者已经放弃了，但我却难以割舍——她就像是个美丽的情人。你知道，她对你并不好，她脾气很坏，但你就是无法离开她。所以这个问题会不时地在我的脑海中浮现，我就尽己所能，尝试用不同的方法去描述流体的运动，并应对分析过程中遇到的困难。有时候我会觉得自己离她更近了……

当快要完成博士论文的时候，我开始找工作。潘诺夫斯基（Hans Panofsky）善意地向我推荐了四个单位，最令我向往的是当时的空军剑桥研究所边界层研究室（正是潘诺夫斯基与约翰 1964 年合著的那本书引导我转向大气湍流领域）。在不知疲倦的豪根（Duane Haugen）领导之下，他们正处于大气近地层湍流观测计划的最后准备阶段。好像这个工作是专门为我设计的，他们提供给我每年 12822 美元的薪酬。

一年以后我们实施了 1968 年的堪萨斯试验。在当时来讲这可能是最雄心勃勃的野外观测计划了，之后的数据分析就让我们奋战了好几年。在依苏米（Jack Izumi）和欧丹尼（Jean O'Donell）宏观计划和细节安排的两方面帮助之下，考特（Owen Coté）和我首次给出了关于湍流流动中应力和标量通量方程的详细分析结果。凯马尔（Chandran Kaimal）完成了他那无人能及的谱分析。布辛格（Joost Businger）当时是访问学者，他检查了在较宽稳定度范围内通量-廓线关系的分析结果。特内克斯（Henk Tennekes）和我发现，堪萨斯试验中大雷诺数（Reynolds number）情况下的湍流速度导数的统计量偏离了原先的描述，但却符合苏联学者的新构想。那是个让人心驰神往的时期。

1973年我们又回到野外，那是在明尼苏达州（Minnesota）西北部的平坦乡村，与英国气象局的团队合作，我们把探头装在了二战期间使用过的阻塞气球的系留线缆上，对边界层进行了深度垂直探测。试验持续了数周，后来遭遇了大风天气，虽然那些西部牛仔们进行了拼死的保护，但我们的装备还是被那场大风毁坏了。本书第二部分会讨论这些野外观测获得的一些认识。

当今主流的湍流流动模式是大涡模拟和二阶闭合模式（见第5章和第6章），它们都在20世纪70年代成型。我记得考特（Owen Coté）和我发现二阶闭合模式在很多情况下会出现不合理的结果，诸如负的方差，它违背了施瓦茨不等式（Schwartz inequality），等等，那些被认为显而易见是很好的闭合方案却给出了很差的结果。我们看到的是早年想要获得二阶闭合普适方案的愿望在浮力主导的湍流流动中遭受到挫折，正如里根（Ronald Reagan）后来所说的："相信，但是需要证实"。

凡是研发二阶矩方程（见第5章）模式的人都会发现它们的表现差强人意，然后沮丧地想：自然界是如何保证方差为正的呀。人们可以体会一下这个故事：

若干年前，在美国国家大气研究中心（NCAR）某次会议中途休息的交谈当中，一位数学家在喋喋不休地讲述一个繁缛方程的细节问题，旁边一位著名的资深学者对此表现出很不耐烦。"见鬼"，他情不自禁地说道，"在大气科学中我们不曾知道这是些什么方程"。

现如今在应用湍流领域情况看上去已经不一样了，在第二代甚至第三代研究者当中数值模拟是主流技术手段，使用者们相信模式不像以往那样不"给力"了。观测还没有做到（也做不到）与模式预报并驾齐驱，模拟和观测具有十分不同的时间尺度。现在的情况是，与个人经历中会留下惨痛教训不同，人们在数值模拟方面正变得不那么谨慎小心了。

最近我观看了一部介绍美国能源部流体模拟研究所的影片，然后在讲授大气扩散时在课堂上播放给学生看。流体模拟研究所位于美国北卡罗来纳州首府罗利市，拥有低速风洞、牵引式层结水槽和复制的蒂尔多夫-威利斯（Deardorff-Willis）对流水槽（见第11章）。流体模拟研究所是世界级的研究机构，由斯奈德（Bill Snyder）组建于1970年。

影片演示了烟羽扩散、风洞湍流，以及层结流体经过障碍物的情景。有两个学生看了一会儿就不看了，其中一个对另一个说："这些是我们拥有计算机模拟之前的事了"。

值得庆幸的是，美国能源部的管理层意识到流体模拟研究所的作用，并且持续提供了经费资助，旨在通过实验观测来实现检验和改进扩散模式的核心任务。

对于出生在计算机时代的一代人来讲，数值模拟是很自然的研究方式。模式是触手可得的工具，一部分来自供应商，一部分来自公共平台。但是，在一个观测工作"不时髦"的时代，当人们对湍流行为的"第六感觉"变得越来越迟钝的时候，模式很可能被误用和曲解。我们并没有什么"模拟者的通用法则"，模式也没有警示标签。

我猜想这种对模式缺乏警惕的情形应该只是个人经验问题，而非代沟问题。回想起 20 世纪 80 年代参加美国气象局-能源部关于空气质量模拟的联合研讨会，其中一个问题聚焦在晴天、平坦下垫面、准平稳条件下高斯烟流空气质量模式的适用性。当时的问题是"模式预报的点源下游地面浓度与小时平均观测结果相符的程度能有多大"。一个据称是空气质量方面老专家的人毫不迟疑地回答道："误差不超过百分之十"。他在这一行里工作了很长时间，对此深信不疑，但现在我们知道高斯烟流模式的误差超过一个量级。业界至今没有重视这个问题。

本书基于我近 20 年在宾夕法尼亚州州立大学讲授研究生课程"大气湍流"时所用的素材。它的四个核心要义是：①工程和地球物理湍流是很普遍的现象；②我们那些关于湍流流动（特别是那些大气中的湍流流动）的数值模式需要对湍流行为进行有效描述；③尽管"湍流问题"是一如既往地难以被征服，但我们已经有很多处理湍流的方法；④湍流流动模式的使用者应该知道它们的依据是什么。

书中包含了三个有关联的组成部分。第一部分是"湍流的基本原理"，它涵盖了湍流的属性、概念、规律及分析工具，这些方面是所有应用领域经常涉及的，也是认识湍流的核心内容。针对密度均匀的流体，这部分从湍流的概述开始，包括瞬时量和平均量的不同性质、平均过程及其收敛性、涡旋速度尺度和湍流谱、湍流涡度，以及湍流扩散率。然后我们在空间上和统计上对方程进行平均，并讨论由此产生的湍流通量。有一章内容涉及系综平均通量及其守恒方程，包括采用"二阶闭合方案"的模式。还有一章讲述空间平均方程，它们是大涡模拟的依据，我们用这些方程证明湍流能量的串级，解释湍流惯性区柯尔莫哥洛夫假设的物理基础。最后一章涉及湍流耗散区，这部分理论基于 1941 年柯尔莫哥洛夫假设和近期的耗散-间歇模型，以及克瑞奇南（Kraichnan）和贝彻勒（Batchelor）采用类似于柯尔莫哥洛夫观念所描述的二维湍流。

第二部分的内容是大气边界层湍流。这部分首先讲述如何运用"背景＋扰动"方式来表征密度、温度和气压等物理量，并把第一部分当中的方程推广到可变密度的流动。背景状态满足静力平衡和布西内斯克近似（Boussinesq approximation），温度是允许相变过程的守恒量。随后的四章包括大气边界层结构和动力学特征，对于非气象专业的读者来讲，强调这些特征所体现的大气边界层湍流与工程湍流的差别，其中还包括近地层湍流，针对描述湍流结构的莫宁-奥布霍夫相似理论（Monin-Obukhov Similarity theory），深入讨论了其物理意义和适用性问题。有一章是关于对流边界层的，它的湍流结构和物理特性已经被野外观测和大涡模拟研究得比较充分。最后一章讲述了稳定边界层，在某些情况下它的湍流结构和动力学特征可以用简单模型进行合理解读。

第三部分是"湍流的统计学描述"，包括很多重要的统计工具和概念——概率密度和概率分布、协方差、自相关函数、谱，以及局地各向同性——这些都被应用于湍流和其他随机问题。已经有很多实例证明随机问题可以有解析解，包括波数空间的湍流谱动力学、平面谱与传统谱之间的关系，以及空间平均、探头间隔、信号交调失真和探头引起的气流变形对湍流测量的影响。

在编写这本书的过程中，很多人为我提供了技术资料，他们是：安东尼亚（Bob Antonia）、贝尔（Bob Beare）、波赫仁（Craig Bohren）、布拉德利（Frank Bradley）、布拉德肖（Peter Bradshow）、卜拉索尔（Jim Brasseur）、布辛格（Joost Businger）、克里弗德（Steve Clifford）、德贝舍（Steve Debyshire）、唐吉斯（Deigo Donzis）、福里赫（Carl Friehe）、哈特利（Steve Hatlee）、希尔（Reg Hill）、霍特斯莱格（Bert Holtslag）、霍斯特（Tom Horst）、凯利（Mark Kelly）、兰肖（Don Lenschow）、梅内福（Charles Meneveau）、孟庆红（Chin-Hoh Moeng）、摩恩（Parviz Moin）、穆诺兹（Ricado Munoz）、梅德拉斯基（Laurent Mydlarski）、奈夫（Bill Neff）、绍（Ray Shaw）、斯瑞尼瓦森（K. R. Sreenivasan）、沙利文（Peter Sullivan）、汤姆森（Dennis Thomson）、董振宁（Chenning Tong）、沃哈夫特（Zellman Warhaft）、威尔（Jeff Weil）、威尔逊（Keith Wilson）、杨（P. K. Yeung）、日里廷柯维奇（Sergej Zilitinkvich），我非常感谢他们。我要感谢玛蒂娜（Lori Mattina）为本书精心绘制了插图，感谢巴顿（Ned Patton）为本书建立了 LATEX 文档，再次感谢沙利文（Peter Sullivan）在使用 LATEX 软件方面给予的慷慨有力的帮助。我非常感谢美国空军剑桥研究所的研究组成员——豪根（Duana Haugen）、凯马尔（Chandran Kaimal）、考特（Owen Coté）、依苏米（Jack Izumi）、纽曼（Jim Newman）、欧丹尼（Jean O'Donnell）和史蒂文斯（Don Stevens）——他们在 1968 年堪萨斯试验中陪伴我度过了此生难忘的一段经历。最后，我要感谢拉姆雷（John Lumley），是他激励我走上了湍流研究的生涯。

John C. Wyngaard

目　　录

第二部分　大气边界层湍流

第一部分

湍流的基本原理

第 1 章 导 论

§1.1 湍流及其基本情况,以及我们的处理方法

即使你没有研究过湍流,你也已经对它很熟悉了。相信你肯定看过流淌的溪流和烟囱排出的烟羽,它们都是混乱的、不断变化的,并且具有三维结构。或许你还读过某篇文章,其中描述了湍流是如何让数学家和物理学家着迷的。

除非流体流动的时候具有很小的雷诺数,或者是层结非常稳定(低密度流体在高密度流体之上),它通常是湍流。工程上的、低层大气的,以及海洋上层的流动基本上都是湍流。由于数学上难以处理——湍流没有确切的数学解——对湍流的研究通常要进行观测。然而在过去的 30 年里,数值模拟方法得以快速发展,已成为研究湍流的主要手段。

在工程领域和地球物理领域里湍流研究由来已久。泰勒(G. I. Taylor)在这两个领域里对湍流研究都卓有贡献(Batchelor,1996)。拉姆雷和潘诺夫斯基(Lumley 和 Panofsky)1964 年出版的专著《大气湍流的结构》让我们认识到湍流问题的博大精深。但正如拉姆雷后来所言,他们在书中"仅仅是触碰到湍流而已"。与 1964 年的情形相比,如今湍流领域的"语境"已经显得更加一致了,尽管还存在一些"部落"和"方言"(Lumley 和 Yaglom,2001)。

在本书的第一部分中,我们关注的是如何从物理上理解湍流并认识湍流的主要性质。本部分将以湍流的控制方程为线索展开讨论和推理,还会对主要的数值模拟方法进行讨论。你可能会对我们用到的一些数学性不强的"技巧"感到心烦——不是因为它们很难,而是因为你之前没有见过也没有想过此类数学表达而已。不过不用担心,我们接受它们就是了,因为它们是一些有用的工具。在过去的很多年里,学者们在琢磨湍流问题的时候发展出了这些工具,因此你也可以接受它们。

§1.2 湍流的起源和性质

流体(液体或气体)中的湍流不像光滑的*层流*,它通常发生在被称为雷诺数($Re=UL/\nu$)的无量纲参数超过某个临界值的时候,这里 U 和 L 是流动的速度尺度

和长度尺度①，ν是流体的运动学黏性系数（动力学黏性系数除以密度，即 μ/ρ）。大气边界层就是湍流的，但是正如将在本书第二部分中所讲述的，稳定的层结能够强烈地调节大气边界层的厚度以及其中湍流的强度和尺度。在宾夕法尼亚州中部冬季日出时分，经常出现的情况是烟囱排放的烟羽是层流的，原因是经过地球表面夜间的辐射冷却过程，边界层大气变得非常稳定。在积云和溪流当中湍流涡旋②是显而易见的，在实验室中可以用可视化技术把湍流涡旋展示出来（图 1.1）。

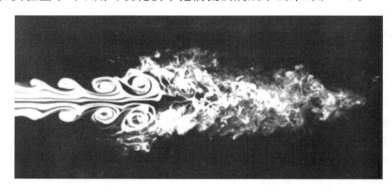

图 1.1　轴对称射流的不稳定性。雷诺数为 10 000 的层流流动来自圆管的左边，
并且被烟线可视化了。射流的边缘发展出轴对称振荡，卷起来形成涡旋，然后
突然变成湍流。照片由 Robert Drubka 和 Hassan Nagib 提供，引自 Van Dyke（1982）

　　自然界有两种不同类型的湍流，它们的物理性质也不相同。一类是最常见的三维湍流，它在大雷诺数流体运动的演进过程中产生，且湍流生成后演变成三维的。另一类是让人很感兴趣的二维湍流，它使得我们在观看湍流这场"肥皂剧"时感觉不那么乏味，它是大气最大尺度运动的一种模型，将会在第 7 章中对它进行讨论。

§1.3　湍流与表面通量

　　早期研究湍流的一个目的就是想要搞清楚，与层流相比湍流在固体表面形成的动量、热量和质量的通量是不是会大很多。这个问题在地球物理流动和工程流动中有很重要的应用。

　　流体在流过一个长的圆管时，如果雷诺数 $Re = u_{ave}D/\nu$（u_{ave} 是圆管横截面上的平均速度，D 是圆管的直径）超过 2000，在下游某个位置其运动形式会变成湍流。这种现象被称为向湍流转变，它是以壁面上的切应力（也可理解为动量通量，见 1.5 节）突然变

---

　　①　例如，在图 1.1 中 U 是圆管横截面上流体的平均速度，L 是圆管的直径。

　　②　按照贝彻勒（Batchelor）1950 年的解释，"涡旋"与任何特定的局地速度分布无关，它只是对应于某个长度尺度的局地湍流运动的统称。湍流运动因其包含不同尺度的涡旋而呈现出谱分布，可以通过把速度场转化为具有不同波长的谐波成分的分析方法来确定涡旋的尺度（见第 15 章）。

大为标志的(图 1.2)。这个时候会相应地出现抽吸功率的突然增大(问题 1.1)。

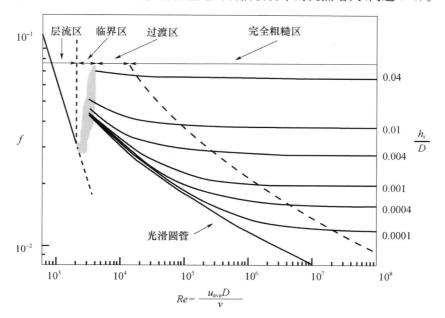

图 1.2 按方程(1.5)计算的达西摩擦因子(Darcy friction factor) f 行为特征的莫迪图。
对于层流,如方程(1.6)所示, $f \propto Re^{-1}$ 。当 $Re \cong 2000$ 流动转变为湍流时,
f 突然跃变到更大值。跨过临界区之后是湍流平衡区,这时 f 取决于壁面的
粗糙度高度 h_r 与 D 相比的相对大小。引自 Moody (1944)

为了理解这个转换所伴随的突变,我们需要先介绍一下管状流动的基本知识。
在平稳的层流情况下,它的速度廓线是抛物线形(问题 1.1):

$$u(r) = u_{\max}\left(1 - \frac{r^2}{R^2}\right) \tag{1.1}$$

式中: r 是极坐标, $R = D/2$ 是圆管半径, $u_{\max}$ 是最大速度(中心线速度)。横截面上
的平均速度是:

$$u_{\mathrm{ave}} = \frac{1}{\pi R^2}\int_0^R u(r)2\pi r \mathrm{d}r = \frac{u_{\max}}{2} \tag{1.2}$$

壁面上的切应力是:

$$\tau_{\mathrm{wall}} = -\mu\left.\frac{\partial u}{\partial r}\right|_{r=R} = 8\mu\frac{u_{\mathrm{ave}}}{D} \tag{1.3}$$

式中: μ 是流体的动力学黏性系数。因为 $\partial p/\partial x$ 与 x 无关(问题 1.1),由此可以写出
长度为 L、直径为 D 的管状流动轴向力的平衡关系:

$$\tau_{\mathrm{wall}}\pi DL = -\frac{\partial P}{\partial x}L\frac{\pi D^2}{4}, \text{即} -\frac{\partial P}{\partial x}D = 4\tau_{\mathrm{wall}} \tag{1.4}$$

用 $\rho(u_{ave})^2/2$ 和 D 对平均压力梯度进行无量纲化后得到所谓的达希摩擦因子(Darcy friction factor)[①]：

$$f \equiv \frac{-\dfrac{\partial P}{\partial x}D}{\rho(u_{ave})^2/2} = \frac{4\,\tau_{wall}}{\rho(u_{ave})^2/2} \tag{1.5}$$

所以,依据方程(1.3),f 可以写成：

$$f_{lam} = \frac{64\mu\,u_{ave}}{D\rho(u_{ave})^2} = \frac{64}{Re} \tag{1.6}$$

如图 1.2 所示,在层流情况下 f 与雷诺数之间就是这样的反比关系。

跨过临界区,如图 1.2 所示,u_{ave} 和 τ_{wall} 是湍流量,所以我们要用它们的平均值 $\overline{u}_{ave}$ 和 $\overline{\tau}_{wall}$(第 2 章中会做详细讨论)。在湍流情况下,方程(1.5)意味着 $\overline{\tau}_{wall} = f_{turb}\rho(\overline{u}_{ave})^2/8$。于是,在平均速度相同的情况下,湍流的平均管壁应力与层流的管壁应力之比是：

$$\frac{\overline{\tau}_{wall}}{\tau_{wall}(层流)} = \frac{f_{turb}}{f_{lam}} = \frac{f_{turb}Re}{64} \tag{1.7}$$

对于光滑圆管,这个比值随 Re 的变化情况如图 1.3 所示。在大雷诺数情况下,它具有更大的值,表明湍流对壁面上的应力有很强的影响。

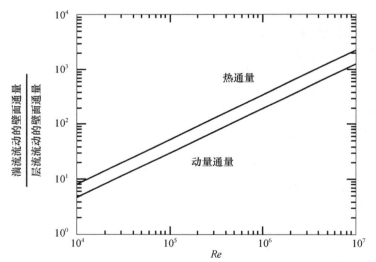

图 1.3　湍流流动和层流流动流经光滑管壁时平均通量的比值。
动量通量比值按方程(1.7)并用图 1.2 中相应的 f 数值计算；热量通量比值
按方程(1.16)并且用 Dittus 和 Boelter(1930)的 Nu 数值计算。引自 Turns(2006)

　　[①]　范宁摩擦因子(Fanning friction factor)是用 $\rho(u_{ave})^2/2$ 对 τ_{wall} 进行无量纲化的,如方程(1.5)所示,达西摩擦因子是它的 4 倍。

针对 Nikuradse(1933)测量到的湍流圆管流平均速度的经典结果,Turns(2006)给出了一个很好的拟合关系:

$$\frac{\overline{u}(r)}{\overline{u}_{ave}} = \frac{f^{1/2}}{\sqrt{2}}\left\{2.5\ln\left[\frac{Re\,f^{1/2}}{2\sqrt{2}}\left(1-\frac{r}{R}\right)\right]+5.5\right\} \tag{1.8}$$

如图 1.4 所示,与层流情形的(1.1)式相比,这个廓线的形状在圆管中心区域"很平缓";对于大雷诺数的情况,在总体速度相等时平均速度梯度只在靠近管壁的地方比较大,湍流流动在此处的平均速度梯度要比层流情形大很多。湍流流动在管壁处的应力仍然用速度梯度来定义,即方程(1.3),但是梯度及壁面切应力都随时间和位置存在起伏,壁面应力的平均值(用上画线表示)为:

$$\overline{\tau}_{wall} = -\mu\left.\frac{\overline{\partial u}}{\partial r}\right|_{r=R} = -\mu\left.\frac{\partial\,\overline{u}}{\partial r}\right|_{r=R} \tag{1.9}$$

这里我们用到了求导运算与平均运算可以互换的性质(问题 1.3)。平均速度梯度在管壁附近陡然增大(图 1.4),使得壁面应力突然变大(图 1.2)。

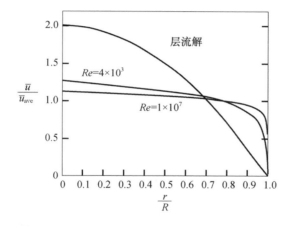

图 1.4 圆管中湍流流动的 $\overline{u}/\overline{u}_{ave}$ 廓线,如方程(1.8)所示,其形状随着雷诺数增大而"变平",在管中流体平均速度相同的情况下使得管壁附近的平均切变和平均应力比层流情形大很多

管壁通常会有一些粗糙不平,图 1.2 则显示平均的表面应力随粗糙程度的增加而增大。Kundu(1990)的解释是,在紧靠管壁的地方存在一个层流副层,其厚度 δ 大约为 $5\nu/u_*$,其中 u_* 是摩擦速度,$u_* = (\overline{\tau}_{wall}/\rho)^{1/2}$。如果管壁上的"凸起物"或粗糙元的高度 h_r 远小于 δ,则管壁粗糙度的影响很小,而且平均的表面应力是如同方程(1.9)所示的黏性形式;但是当 h_r 接近 δ 的时候,粗糙元因其表面上的压力扰动产生了形体阻力,它附加在黏性阻力之上使得摩擦因子 f 增大;当 h_r 足够大的时候,形体阻力占据主导作用,因而 f 变得不随 Re 变化,如图 1.2 所示。

类似的情况是管壁存在热量通量 H_{wall}(单位:$W\cdot m^{-2}$),它完全由被称为热传导的分子扩散过程完成：

$$H_{\text{wall}} = -k \left. \frac{\partial T}{\partial r} \right|_{r=R} \tag{1.10}$$

式中：k 为导热系数（$W \cdot m^{-1} \cdot K^{-1}$）。热通量持续存在于分界面上，但是如果固体材料和流体的 k 值不同，则此处的温度梯度是不连续的，我们应该考虑的是流体一侧的情况。

在充分发展的层流圆管流中，温度廓线取决于温度的边界条件。我们只考虑简单的情况，流体和管壁的温度都随 x 而线性变化，但它们之间的差值以及壁面上的热通量都不随 x 变化，这时的温度廓线是（问题 1.2）：

$$T(0,x) - T(r,x) = -\frac{R^2 u_{\text{ave}}}{\alpha} \frac{\partial T}{\partial x} \left[\frac{r^2}{2R^2} \left(1 - \frac{r^2}{4R^2} \right) \right] \tag{1.11}$$

式中：α 是流体的热扩散系数，$\alpha = k/(\rho c_p)$。壁面上的热通量与 $\partial T/\partial x$ 之间的关系是（问题 1.2）：

$$H_{\text{wall}} = -\frac{D u_{\text{ave}} \rho c_p}{4} \frac{\partial T}{\partial x} \tag{1.12}$$

所以温度廓线（1.11）可以写成：

$$T(0,x) - T(r,x) = \frac{H_{\text{wall}} D}{k} \left[\frac{r^2}{2R^2} \left(1 - \frac{r^2}{4R^2} \right) \right] \tag{1.13}$$

用圆管直径 D、流体导热系数 k 和温度差对壁面热通量进行无量纲化，得到的就是努塞尔数（Nusselt number）Nu：

$$Nu = \frac{H_{\text{wall}} D}{k \Delta T} \tag{1.14}$$

式中：ΔT 用某个位置的管壁温度 $T_{\text{w}}(x)$ 和"流体整体温度"$T_{\text{b}}(x)$ 来定义，$T_{\text{b}}(x)$ 的定义式和 Nu 表达式如下：

$$T_{\text{b}}(x) = \frac{\int_0^R u(r) T(r,x) 2\pi r \mathrm{d}r}{\pi R^2 u_{\text{ave}}}, Nu = \frac{H_{\text{wall}} D}{k(T_{\text{b}} - T_{\text{w}})} \tag{1.15}$$

Turns(2006) 给出的结果是：在上述情况下 $Nu \cong 4.4$。

在湍流情形中圆管某处的管壁热通量也与那里的应力一样，存在时间上的起伏。湍流混合使得横截面上大部分地方的温度梯度比较小，如同速度的情况一样，只在靠近管壁的地方梯度很大（图 1.4）。平均的管壁表面热通量，也就是流体的导热系数 k 与管壁处（流体一侧）的平均温度梯度之积，要比层流情形大很多。

在这个问题中按照方程（1.14），在给定 D、k 和 ΔT 的情况下，可以把管壁的表面热通量写成：

$$\frac{\overline{H_{\text{wall}}}}{H_{\text{wall}}(\text{层流})} = \frac{Nu}{Nu(\text{层流})} = \frac{Nu}{4.4} \tag{1.16}$$

图 1.3 也显示了湍流情形的管壁表面热通量之比。在随雷诺数快速增加的过程

中,热量和动量的这个比值有所不同,它们之间相差 1.5～2 倍,这个倍数是常(热量输送和动量输送之间雷诺数相似的一种体现)。

如果地表之上的流动是层流而不是湍流的,则对地球环境的影响将会是非常深远的。比如,在夏季的晴天里,地表温度在白天可达 100℃,而夜间则大约是 0℃(见第 9 章)。

§1.4　我们如何研究湍流

长期以来,湍流对数学家和物理学家具有特别的吸引力,它被称为"经典物理学中最后一个未被解决的问题[①]"。从应用层面上讲,这意味着我们无法对湍流流体的运动方程进行解析求解,困难在于方程是非线性的。

达·芬奇(Leonardo da Vinci)绘制过湍流水流的图画,据说还给出过睿智的忠告:"记住,当谈论水流的时候,先列举例证然后再推论[②]"。即使是在达·芬奇之后 500 年的今天,我们对湍流的大部分认识仍然来自于观测。

自 20 世纪 60 年代起,人们开始用数值模拟方法来研究湍流。一个早期的研究工作产生了革命性的影响。Lorenz(1963)发现,非常小的初始条件变化可以对一个由 3 个方程构成的非线性对流湍流的简单动力系统的行为产生显著的影响。他发现,微小的初始条件差异导致两个解随时间的演变完全不同。这种对初始条件的极度敏感性被认为是湍流的基本特性。Gleick(1987)把洛伦兹的发现比作混沌领域的开端。

在 Lorenz(洛伦兹)早期开创性工作之后不久,计算机和数值技术在求解微分方程方面的进步使得数值模拟湍流成为可能。这样的模式主要有两类。一类是直接数值模拟(direct numerical simulation,DNS),它对流体的控制方程直接进行数值求解,这在所采用的数值近似方案下是可行的,但可能也只是在雷诺数较小的情况下可行(问题 1.9)。Orszag-Patterson(1972)实施的 $32 \times 32 \times 32$(即 32^3)格点的各向同性湍流计算被认为是首个直接数值模拟。另一类就是大涡模拟(large-eddy simulation,LES),这是一种求解湍流场大尺度结构的近似技术,其背后的理念是由 Lilly(1967)提出的。Deardorff(1970a)在 $24 \times 14 \times 20$ 网格上(6720 格点)实现的对管道中湍流流动的模拟作为首个大涡模拟研究而被广泛引用。如今直接数值模拟(DNS)和大涡模拟(LES)的格点数可达 $4096^3 \cong 6 \times 10^{10}$ 之多,已成为湍流研究的主要工具。

[①]　Holmes 等(1996)认为这个说法的准确出处不详。有人认为索末菲(Sommerfeld)、爱因斯坦(Einstein)、费曼(Feynman)说过这样的话。1895 年兰姆(Horace Lamb)在他的著作《流体力学》中有过类似的表述。

[②]　按照 Rouse 和 Ince(1957)的说法,这句话出现在 Carusi 和 Favaro(1924)再版的达·芬奇手稿中。

§1.5 湍流方程

在欧拉(Eulerian)体系中,人们把流体的速度 u 描述成固定坐标系(相对于地球而言)中位置 x 和时间 t 的函数,记为 $u(x,t)$。在拉格朗日(Lagrangian)体系里,人们把各流体质点(其初始位置为 a)的速度记为 $v(a,t)$。我们通常会使用欧拉体系中的描述方式,一个例外是第 4 章中关于连续点源扩散的泰勒(Taylor)解。

在本书第一部分中我们使用的是平稳且密度均一(可简称为等密度)流体的方程,因为它们包含了流体的基本物理性质。这些方程在研究生阶段的流体力学课本(比如 Kundu (1990)编写的教材《流体力学》)里有推导和讨论。因热传导和相变引起的密度变化所产生的浮力效应对湍流有强烈的作用,尤其是在大气当中,这部分内容将在本书第二部分中讲述。

在笛卡尔(Cartesian)坐标系中,流体的连续(或质量守恒)方程是:

$$\frac{\partial \rho}{\partial t} + \frac{\partial \rho u_i}{\partial x_i} = 0 \tag{1.17}$$

式中: ρ 是密度, $x_i = (x_1, x_2, x_3)$ 是空间位置, $u_i = (u_1, u_2, u_3)$ 是速度。我们用重复的罗马数字表示需要对 1,2 和 3 求和;对于不需要求和的情况,则使用希腊数字(译者注:按照中文的习惯应该称为阿拉伯数字)。方程(1.17)表示,在空间任意一点上流体密度的时间变化率加上质量通量 ρu_i 的散度为零。我们称 ρu_i 为平流通量,即表征单位时间通过单位面积的流体质量通量,它是个矢量。通常情况下还存在表征分子运动引起的扩散作用的分子通量,但不存在流体密度的分子扩散。

当流体的密度是常数时,方程(1.17)变为:

$$\frac{\partial u_i}{\partial x_i} = \frac{\partial u_1}{\partial x_1} + \frac{\partial u_2}{\partial x_2} + \frac{\partial u_3}{\partial x_3} = 0 \tag{1.18}$$

即流体的速度散度为零。流体满足方程(1.18)则被称为是不可压的——其密度不随压力变化,液体和低速流动的气体常被看成是不可压的。

流体的牛顿第二定律是:

$$\rho \frac{Du_i}{Dt} = \rho \left(\frac{\partial u_i}{\partial t} + u_j \frac{\partial u_i}{\partial x_j} \right) = -\frac{\partial p}{\partial x_i} - \rho g_i + \frac{\partial \sigma_{ij}}{\partial x_j} \tag{1.19}$$

式中: p 是压力, g_i 是重力加速度, σ_{ij} 是黏性应力张量。方程(1.19)的左边是密度乘以运动的总体加速度(即局地加速度与平流加速度之和),右边是压力梯度力、重力与黏性力之和。方程(1.19)适用于惯性坐标系,但是我们的地球坐标系因为地球的旋转而具有加速度,因此方程(1.19)还应该有一个柯氏力项,它对于大气湍流是很重要的(见本书第二部分),但在本书第一部分中我们暂且把它略去。

Batchelor(1967)指出,当密度均一的时候可以定义一个压力(p^s),使它的梯度与重力完全平衡:

$$0 = -\frac{\partial p^s}{\partial x_i} + \rho g_i \tag{1.20}$$

它的积分形式是 $p^s = \rho g_i x_i + p_0$,其中 p_0 是个常量。如果把压力写成如下形式:

$$p = p^s + p^m \tag{1.21}$$

使得 p^m 成为因流体运动而产生的调整压力,则可以把方程(1.19)写成:

$$\rho\left(\frac{\partial u_i}{\partial t} + u_j \frac{\partial u_i}{\partial x_j}\right) = -\frac{\partial p^m}{\partial x_i} + \frac{\partial \sigma_{ij}}{\partial x_j} \tag{1.22}$$

这样的处理可以使得重力项不再以显示方式出现在方程中。在本书第一部分中我们将使用(1.22)式的形式,并且把压力的上标省略掉。

运用方程(1.18),可以把动量方程(1.22)写成:

$$\rho \frac{\partial u_i}{\partial t} = -\frac{\partial p}{\partial x_i} + \frac{\partial}{\partial x_j}(-\rho u_i u_j + \sigma_{ij}) \tag{1.23}$$

方程(1.23)的最后一项是通量形式,可以把它理解为动量总体通量的散度。所谓总体通量就是平流部分与黏性部分之和。动量是质量乘以速度,它是一个矢量。动量通量是单位时间通过单位面积的动量的多少,是一个二阶张量,包含了两个方向,一是垂直于表面的方向,二是运动的方向,其量纲是密度乘以速度平方的量纲(等效于 $N \cdot m^{-2}$),或称为应力。因此,我们也可以把方程(1.23)的最后一项理解为广义应力的散度。

对于不可压的牛顿流体,黏性应力张量 σ_{ij} 是形变率张量 s_{ij} 的线性函数,我们把它写成:

$$\sigma_{ij} = \mu\left(\frac{\partial u_i}{\partial x_j} + \frac{\partial u_j}{\partial x_i}\right) = 2\mu s_{ij} \tag{1.24}$$

其中 μ 是动力学黏性系数,而 s_{ij} 是:

$$s_{ij} = \frac{1}{2}\left(\frac{\partial u_i}{\partial x_j} + \frac{\partial u_j}{\partial x_i}\right) \tag{1.25}$$

通常情况下会除以密度,并且运用方程(1.24)和方程(1.25),可以把黏性系数为常数的牛顿流体方程(1.19)写成如下形式:

$$\frac{Du_i}{Dt} = \frac{\partial u_i}{\partial t} + u_j \frac{\partial u_i}{\partial x_j} = -\frac{1}{\rho}\frac{\partial p}{\partial x_i} + \nu \frac{\partial^2 u_i}{\partial x_j \partial x_j} \tag{1.26}$$

一个量除以密度后被称为运动学量,所以 $\mu/\rho = \nu$ 被称为运动学黏性系数。方程(1.26)被称为纳维-斯托克斯方程(Navier-Stokes equation)。

涡度 ω_i 是速度的旋度,写成张量的形式为:

$$\omega_i = \varepsilon_{ijk}\frac{\partial u_k}{\partial x_j} \tag{1.27}$$

它的守恒方程是:

$$\frac{D\omega_i}{Dt} = \frac{\partial \omega_i}{\partial t} + u_j \frac{\partial \omega_i}{\partial x_j} = \omega_j \frac{\partial u_i}{\partial x_j} + \nu \frac{\partial^2 \omega_i}{\partial x_j \partial x_j} \tag{1.28}$$

这就是说,涡度的总体时间导数是涡度与速度梯度的相互作用项(对如何理解此项后面会做简要介绍)和分子扩散项之和。

对于无源汇的标量 c(就像流体中不发生化学反应的痕量成分的浓度),它的质量守恒方程可以写成:

$$\frac{\partial c}{\partial t} + \frac{\partial c u_i}{\partial x_i} = \gamma \frac{\partial^2 c}{\partial x_i \partial x_i} \tag{1.29}$$

式中:γ 是流体中 c 的分子扩散率(也称为扩散系数)。我们可以把(1.29)式写成通量形式:

$$\frac{\partial c}{\partial t} = -\frac{\partial}{\partial x_i}\left(c u_i - \gamma \frac{\partial c}{\partial x_i}\right) \tag{1.30}$$

它表明 c 的局地时间变化源于 c 的总体通量(平流部分与分子扩散部分之和)的散度。

在本书第一部分中我们只考虑等密度流体,因此没有速度的散度,于是方程(1.29)可写成:

$$\frac{Dc}{Dt} = \frac{\partial c}{\partial t} + u_i \frac{\partial c}{\partial x_i} = \gamma \frac{\partial^2 c}{\partial x_i \partial x_i} \tag{1.31}$$

即当跟随流体运动并忽略分子扩散时,c 保持不变。我们称这样的标量为保守标量[①]。

当流体中因辐射、相变、化学反应、黏性效应等因子产生的加热作用被忽略时,热量方程就变成了与方程(1.31)相同的形式:

$$\frac{DT}{Dt} = \frac{\partial T}{\partial t} + u_i \frac{\partial T}{\partial x_i} = \alpha \frac{\partial^2 T}{\partial x_i \partial x_i} \tag{1.32}$$

式中:T 是温度,α 是流体的导热率(也称导热系数)。方程(1.32)表明,在这些条件下温度是个保守变量,它的变化只与分子热传导有关。

§1.6 湍流的主要性质

方程(1.17),(1.26),(1.28),(1.31)和(1.32)控制着等密度牛顿流体的质量场、速度场、涡度场、保守标量成分和温度场的分布及演变,其湍流解所具有的特性使它们有别于其他随时间演变的三维流场[②]。

1.6.1 涡旋的伸缩与倾斜:黏性耗散

涡旋伸缩是涡度方程(1.28)最右式的第一项所体现的一种机制。为说明它,我

---

① 需要说明的是,当速度散度不为零时,质量守恒的物质成分的浓度不是一个保守标量,但其浓度与流体密度之比却是个保守标量(见本书第二部分)。

② 关于这一方面的讨论,部分内容引自 Lumley 和 Panofsky (1964)。

们考虑轴向为 x_1 的涡旋,也就是说,初始的涡度是 $\omega_i = (\omega_1, 0, 0)$。方程(1.28)表明,在不考虑黏性作用的情况下,涡度的初始演变是:

$$\frac{D\omega_1}{Dt} = \omega_1 \frac{\partial u_1}{\partial x_1}, \quad \frac{D\omega_2}{Dt} = \omega_1 \frac{\partial u_2}{\partial x_1}, \quad \frac{D\omega_3}{Dt} = \omega_1 \frac{\partial u_3}{\partial x_1} \tag{1.33}$$

如果 $\partial u_1 / \partial x_1$ 为正,则(1.33)式表示涡旋在 x_1 方向被拉伸,使得 ω_1 变大。$\partial u_2 / \partial x_1$ 和 $\partial u_3 / \partial x_1$ 能够从 ω_1 生成出 ω_2 和 ω_3,这种情况有时被称为涡旋倾斜。

在二维湍流中速度场 $u_i = [u_1(x, y), u_2(x, y), 0]$,则 $\omega_i = (0, 0, \omega_3)$,并且方程(1.28)中 ω_3 的涡旋伸缩项是 $\omega_3 \partial u_3 / \partial x_3 = 0$,这说明对于涡旋伸缩而言三维流动是必要条件。

动能的串级传递经由耗散尺度的涡旋(第 6、7 章)最终形成黏性耗散——动能在最小涡旋尺度上经由黏性力转化为内能——是三维湍流的必然景象,没有黏性耗散作用,湍流能量有可能漫无边际地增长(问题 1.5)。这种动能串级是一个统计概念,但对于瞬时湍流有直接的寓意:不仅存在于如我们能看到的云和烟羽中那些大的、显而易见的、充满能量的涡旋,还存在于非常小尺度的涡旋,这些小涡旋的黏性力可以用所需要的速率把动能消耗掉。现在人们已经接受了这样的观点:涡旋拉伸是三维湍流中生成中小尺度涡旋的一种物理过程。

1.6.2 湍流的随机性

设想生成任意次数的某种特定几何特征(比如说在实验室里)的湍流流动,由于湍流对初始状态的微小差异极其敏感,而初始状态的微小差异又是不可避免的,因此每一次得到的流动都是独一无二的,我们称之为一个实例。我们说这样的流动具有随机性,即每个实例都是不同的。

在湍流流动中任意一点的物理量都有一个平均值和围绕这个平均值的扰动量。正如将在第 2 章中要讨论的,平均值原则上来讲应该是系综平均值,也就是众多实例在某一点的值的平均值;对于时间平均值,可以把它看成是统计上具有平稳特征的系综平均的近似值;对于空间平均值,可以在空间均匀的情况下使用。围绕这个平均值的扰动量具有或然性,意思是对于一个实例而言,这种扰动在时间和空间上的变化是不规则的[①]。

湍流流动的数值模拟通常只能给出这样的平均值。最常见的大气扩散模式估算的是连续点源下游的系综平均浓度(尽管有人把它说成是时间平均的),但白天大气边界层中连续点源的烟羽在时间上和空间上都会围绕系综平均值起伏,而且每个实例中的行为是不同的,这种浓度偏离可能会在短时间内形成具有危害性的高浓度。

1.6.3 有效扩散率

在湍流流动中,纳维-斯托克斯方程((1.26)式)和保守标量成分方程((1.31)式)

---

① 在谈及湍流的时候人们并不总是严格地区分随机性和或然性在含义上的差别,但是这样的区分是有益的。

中的平流通量在时间上和空间上是三维的和随机的，并且通常（除了在紧靠固体表面的地方）远大于分子通量，这使得湍流流动比层流流动具有大得多的"混合能力"或"有效扩散率"。但是按照泰勒（G. I. Taylor）的说法，这些通量是湍流的虚拟性质，即平均以后的特性，而非实例中的情况。平均烟羽中排放物的扩散速率远大于层流烟羽之中的扩散速率，但在实例当中的局地排放物浓度会远大于平均烟羽中的浓度。

1.6.4　尺度范围：湍流雷诺数

在被示踪物（如同云中和飞机尾流中的微小水滴，以及烟羽中的烟气）可视化了的湍流流动中，我们能够看到涡旋，即速度场中的局地相干结构。此外，还可以通过其他方式看到涡旋，诸如雷达、声（雷）达、激光雷达等遥感信号，以及数值模拟湍流流动的电脑绘图。

大的含能涡旋的长度尺度 l 和速度尺度 u 是相较于平均流动的特征量，这些含能涡旋携带了湍流运动的大部分动能。l 是流动特征长度 L 的尺度，并且在量值上与之相当，例如，在大气边界层中 l 是边界层厚度的尺度，在管状流中它是圆管直径的尺度。类似地，u 是流动速度 U 的尺度，湍流时间尺度 l/u 也被称作涡旋翻转时间，它代表了一个含能涡旋生命周期的典型值（问题 1.10）。

因为湍流发生在雷诺数 $Re=UL/\nu$ 比较大的流动当中，虽然湍流雷诺数 $R_t=ul/\nu$ 小于 Re，但也是远大于 1 的。因此，一个著名的近似是：含能涡旋不直接受黏性影响。当我们提及"湍流雷诺数"时，应该说的是 R_t。

两个很重要的发现使我们能够对任意湍流流动中的涡旋尺度范围做出估计。第一个是这样一个悖论：ε 表征单位质量流体的湍流动能的黏性耗散速率，它包含了运动学黏性系数 ν（问题 1.4），却与黏性无关，它由非黏性的含能涡旋决定：$\varepsilon=\varepsilon(u, l)\sim u^3/l$ [①]。第二个是柯尔莫哥洛夫 1941 年假设（Kolmogorov, 1941）[②]：耗散涡旋的速度尺度 υ 和长度尺度 η 只与耗散率 ε 和流体的运动学黏性系数 ν 有关[③]。如果是这样，则意味着耗散涡旋的尺度为：

$$\text{柯尔莫哥洛夫速度尺度 } \upsilon=(\nu\varepsilon)^{1/4}$$
$$\text{柯尔莫哥洛夫长度尺度 } \eta=\left(\frac{\nu^3}{\varepsilon}\right)^{1/4} \tag{1.34}$$

这是用 ε 和 ν 构成一个长度尺度和一个速度尺度的唯一组合方式。因此，耗散涡旋的雷诺数大约为 $\upsilon\eta/\nu=1$，它表明耗散涡旋受到黏性的强烈影响。

由 $\varepsilon\sim u^3/l$ 和方程（1.34），我们得出：

---

① 这里我们采用了 Tennekes 和 Lumley（1972）使用的符号"～"，意味着比例系数在 1/5 和 5 之间。
② 这篇文章和其他关于湍流的经典文章被收集在 Friedlander 和 Topper（1961）编著的选集里。
③ 如在第 7 章中要讨论的，柯尔莫哥洛夫和其他人后来修正了这个假设，使其适用于耗散间歇性效应。

$$\frac{l}{\eta} = \frac{l \, \varepsilon^{1/4}}{\nu^{3/4}} \sim \frac{l \, u^{3/4}}{l^{1/4} \, \nu^{3/4}} = \left(\frac{ul}{\nu}\right)^{3/4} = R_t^{3/4}$$

$$\frac{u}{\upsilon} = \frac{u}{(\varepsilon \nu)^{1/4}} \sim \frac{u}{(u^3 \nu/l)^{1/4}} = R_t^{1/4} \tag{1.35}$$

方程(1.35)意味着,在湍流雷诺数较大的时候,与含能涡旋相比耗散涡旋很弱且尺度小很多。假设取大气边界层中的典型值:$u \sim 1 \text{ m} \cdot \text{s}^{-1}$ 且 $l \sim 10^3 \text{ m}$,则 $R_t \sim 10^8$,并且可得 $\upsilon \sim 10^{-2} \text{ m} \cdot \text{s}^{-1}$ 和 $\eta \sim 10^{-3} \text{ m}$。

耗散涡旋与含能涡旋的涡度典型值之比是:

$$\frac{\text{耗散涡旋的涡度}}{\text{含能涡旋的涡度}} \sim \frac{\upsilon/\eta}{u/l} = \frac{\upsilon}{u} \, \frac{l}{\eta} \sim R_t^{1/2} \tag{1.36}$$

在湍流雷诺数较大的时候,耗散涡旋几乎携带了所有的湍流涡度。

在 R_t 值大的湍流中 η/l 的值很小,这样小的值对直接数值模拟湍流能够实现的 R_t 值有严格的要求(问题 1.9)。尽管就重要性而言很少有湍流流动会因为 R_t 值很小而需要用这种方式把它的值估算出来,但 R_t 值在"雷诺数相似"的概念(第 2 章)中是很有用的。

按照方程(1.35),柯尔莫哥洛夫微尺度 η 可以写成:

$$\eta \sim \frac{\nu^{3/4} \, l^{1/4}}{u^{3/4}} \tag{1.37}$$

η 在工程流动中很少会小于 10^{-4} m,而在大气中大约是 10^{-3} m,这对确保流体力学的连续介质假设的可用性来讲已经足够大了。

1.6.5 数学困境

一般来讲,只有线性微分方程才能直接用解析方法来求解。纳维-斯托克斯方程((1.26)式)中的平流加速度项包含了速度与速度梯度的乘积,使得方程是非线性的,并且在数学上难以处理。对此有个简单的物理解释,这个非线性项生成了方程(1.28)中的涡度伸缩项,涡度拉伸被认为是湍流动能从大尺度向小尺度串级的主要机制(见第 6、7 章),这种串级过程把湍流流动中所有的涡旋"耦合在一起"。由方程(1.35)可知,含能涡旋与耗散涡旋的尺度之比随大尺度涡旋的雷诺数 R_t 的 3/4 次率增长。这种情况扼杀了想要用解析方法求解湍流方程的所有努力。即使是在 R_t 相对较小的情况下,采取"记账"方式来描述这些相互作用过程也超出了现有最大型计算机的能力范围。

§1.7 湍流流动的数值模拟

目前,针对大 R_t 值的湍流流动的数值模拟(比如每天的天气预报)并没有使用原本的流体方程,而是采用了 Osborne Reynolds(1895)首次推导出来的平均方程的近似形式。雷诺(Osborne Reynolds)当初在一个点附近的空间范围里对方程做平均，后面我们会介绍系综平均，眼前我们不必介意平均的方式，它可以是时间平均、空间平均，或系综平均。如果求取平均涉及导数(如我们所见，经常会出现这种情况)，那么可以把经过平均的纳维-斯托克斯方程((1.26)式)写成：

$$\frac{\partial \overline{u_i}}{\partial t} + \frac{\partial \overline{u_i u_j}}{\partial x_j} = -\frac{1}{\rho}\frac{\partial \overline{p}}{\partial x_i} \tag{1.38}$$

式中的上划线表示平均值。我们已经假设平均的黏性项可以忽略不计(问题 1.8)。在推算(1.38)式的时候运用了 u_j 散度为零的性质，并把它放进了求导算子。但是平均运算产生了方程(1.38)中的 $\overline{u_i u_j}$ 项，在湍流流动中它不同于 $\overline{u_i}\,\overline{u_j}$(问题 1.17)，因此它是个未知量，如果把 $\overline{u_i u_j}$ 写成如下形式：

$$\overline{u_i u_j} = \overline{u_i}\,\overline{u_j} + (\overline{u_i u_j} - \overline{u_i}\,\overline{u_j}) = \overline{u_i}\,\overline{u_j} - \frac{\tau_{ij}}{\rho} \tag{1.39}$$

则方程(1.38)变成：

$$\frac{\partial \overline{u_i}}{\partial t} + \frac{\partial \overline{u_i}\,\overline{u_j}}{\partial x_j} = -\frac{1}{\rho}\frac{\partial \overline{p}}{\partial x_i} + \frac{1}{\rho}\frac{\partial \tau_{ij}}{\partial x_j} \tag{1.40}$$

对纳维-斯托克斯方程取平均后产生了适用于平均速度场的方程(1.40)，但也生成了包含湍流应力 τ_{ij} 的新的一项。我们将会看到，这是一个对系综平均和空间平均而言不同的量，但它在这两种情况下都被称为雷诺应力。经验告诉我们，在湍流运动中它常常是很重要的。

用相同的方式，对方程(1.29)进行平均并忽略平均的分子项可以得到：

$$\frac{\partial \overline{c}}{\partial t} + \frac{\partial \overline{c}\,\overline{u_i}}{\partial x_i} = -\frac{\partial f_i}{\partial x_i} \tag{1.41}$$

式中：$f_i = \overline{c u_i} - \overline{c}\,\overline{u_i}$ 是标量的湍流通量。

在第 4 章中将推导这些湍流通量的守恒方程。它们包含了更多的未知量，因此在应用层面湍流通量(或是它们的守恒方程)需要用模式加以描述，即某种方式的近似。两种广义范畴的湍流模式对应于得到它们的不同平均算法，虽然平均方式通常不被明确提及，但可以在仔细阅读模式介绍的时候看到相关信息。

对于系综平均，速度场和标量场被分解成系综平均值和扰动量(湍流量)两部分，由此而产生的通量是所有湍流成分形成的；对于空间平均，滤波把变量场分解成可分辨部分和不可分辨部分(也被称为次网格尺度或次滤波尺度部分)，这种情况下通量是未能分辨的湍流成分所造成的。

1.7.1 系综平均湍流模式

起初对湍流通量的近似处理采用的是描述分子通量的梯度扩散模式，只是使用了大得多的"涡旋"扩散系数。最简单的模型是普朗特(Prandtl)和泰勒(Taylor)采用的"混合长"模式，但现在已经很少在计算中使用了。我们将在本书第 4 章中做简要讨论，旨在增进读者对湍流通量的物理认识。

在本书第 5 章中将通过讨论湍流通量的预报方程来介绍目前所采用的计算通量的方法。从 20 世纪 60 年代后期开始,这种被称为二阶闭合的模拟方法已经在计算上变得完全可行了。

"概率密度函数模拟"是系综平均模拟的一种方式。虽然人们了解到推导湍流通量预报方程的技术已经有数十年了,但对于推导湍流流动中变量的概率密度函数的预报方程来讲,还是近些年的事,最早由 Lundgren(1967)提出。我们将在本书第三部分中讨论概率密度函数及其演变方程。

1.7.2 空间平均湍流模式

雷诺(Reynolds)于 1895 年提出的空间平均方法已经被用来对流体控制方程进行空间滤波。平均意味着所有贡献者的权重是一样的,而滤波的权重函数可以随位置变化,从概念上讲就是把一个空间滤波算子应用于控制方程,滤除掉小的涡旋,同时保留那些含能涡旋,得到的方程针对的是每个变量的大尺度部分。如果 L 是计算域的空间尺度,Δ_f 是滤波算子的截断尺度(滤波算子滤除了小于 Δ_f 的空间变化),那么,在每个方向上需要 $N = L / \Delta_f$ 个网格点来分辨滤波后的空间,总数是 N^3 个格点。基于这个原因,被滤波后的变量通常被称为可分辨尺度变量。现在 N 一般在 $30\sim300$。这种模拟方案习惯上被称为大涡模拟(large-eddy simulation,LES),它是由 Lilly(1967)提出,由蒂尔多夫(Deardorff)首次成功实施于模拟管道中的湍流流动(Deardorff,1970a),随后很快被用于模拟大气边界层(Deardorff,1970b)。

§1.8 湍流流动的物理模拟

在计算机时代曙光初现的时候,Corrsin(1961)在他的回顾性文章里估算了数值计算中等大小雷诺数($R_t \cong 10^4$)的湍流流动所需要的网格格点数[①],依据他的结果需要 4×10^{14} 个格点(这在当下也是遥不可及的)。他写道:

之前的估算足以说服我们采用类似的方法来取代数值计算方法。特别是,用一个装满水的水槽会怎样呢?

柯辛(Corrsin)所建议的"装满水的水槽的类似方法"现在被称为物理模拟或流体模拟,它可以让我们在缩小尺寸的实验室流动中观察到对流和"机械"湍流的结构。最成功的一些应用是在排放物的湍流扩散方面,早期的研究是在 1 m 见方的对流槽中首次揭示了对流湍流的一些不对称的扩散特性(Deardorff 和 Willis,1975),另一个成功的案例是复杂地形上排放物的湍流扩散(Snyder,1985)。

---

① 用物理术语讲,在一个杯子中(直径 $d = 10^{-1}$ m)被搅拌(速度 $u = 10^{-1}$ m·s^{-1})的茶水(运动学黏性系数 $\nu = 10^{-6}$ m^2·s^{-1})的湍流雷诺数 ud/ν 是 10^4。在这样的流体当中 R_t 值会小于 10^4,因为 $l < d$。现在或许可以用直接数值模拟来计算。

§1.9 柯尔莫哥洛夫的贡献

在众多研究湍流的学者当中,没有人能够超越安德烈·尼古拉耶维奇·柯尔莫哥洛夫(Andrei Nikolaevich Kolmogorov)。在他 1941 年发表的论文里,奠定了目前把湍流理解为一个动力系统的基础[①]。

早期的研究(如 Taylor(1935)总结的那样)已经发现湍流流动中存在大的涡旋,这些涡旋与平均流动相互作用,携带了大部分的湍流动能。而在各种尺度涡旋的另一端存在着机制如同涡旋拉伸的非线性相互作用。人们认识到,在动态平衡状态下最小尺度湍流为了对抗黏性而消耗动能的速率与大尺度涡旋从平均流动中获取动能的速率应该是相同的。然而 Taylor(1935)对他称之为微尺度湍流的空间尺度的判别是错误的,他选择的尺度是(见第 7 章):

$$\lambda = \left(\frac{\nu u^2}{\varepsilon} \right)^{1/2} \tag{1.42}$$

但是如同在 1.6.4 节中所讨论的,柯尔莫哥洛夫的观点(现在已被大家认同)是耗散涡旋的尺度是 $\eta = (\nu^3/\varepsilon)^{1/4}$。二者可由下式联系起来(问题 1.19):

$$\frac{\lambda}{\eta} \sim R_t^{1/4} \tag{1.43}$$

可见 λ 可能非常大。现在我们把 λ 称为泰勒微尺度。

按照 Batchelor(1996)的说法,泰勒关于"湍流谱"的文章是"因二战他被迫离开研究工作前的最后一篇论文"(Taylor,1938)。在这篇论文里,泰勒通过傅里叶变换把能谱密度(或简称为谱)与物理空间两点间的相关函数联系起来(见本书第三部分),并且同时提出了现在为大家所熟知的"泰勒假设",依据该假设可以把空间点上的时间序列记录理解成该点上游方向的空间分布记录。

但是一直到柯尔莫哥洛夫发表他的论文(Kolmogorov,1941)之前还没有在完整的尺度区间上形成关于湍流动力学的一致观点,他设定的前提条件是在含能涡旋范围之外的尺度上只有两个控制参数:单位时间单位质量的湍流流动从含能涡旋向更小尺度涡旋传递动能的平均速率(即能量串级速率,见本书第三部分)和流体运动学黏性系数。因此(如 1.6.4 节所述),这个宽广的尺度范围为量纲分析做好了准备,在我们当下称为惯性副区的范围内量纲分析将变得很简单。在这个尺度范围内局地雷诺数较大,因而黏性不重要,所以湍流谱(即速度起伏的均方值作为空间波数(波长的倒数)的函数)只取决于能量串级速率,它的解析解形式,即著名的柯尔莫哥洛夫谱(见第 7 章),可以直接从量纲分析获得。在大 R_t 值的湍流中这个惯性副区的范围会被延展,并且在大气边界层当中其尺度范围延展的跨度可达四个量级。

[①] 弗利茨在其关于湍流的专著中将副标题写作"柯尔莫哥洛夫的遗产"(Frisch,1995)。

1.9.1 概念模型

柯尔莫哥洛夫的创造性工作使得能够把湍流看成是由相互作用的涡旋构成的非线性动力系统。该系统在动力学方面确立了一些湍流的特性,而湍流的另外一些特性则可以从它的流体力学环境中获到。

含能湍流涡旋的速度尺度 u 和长度尺度 l 与平均流动的速度和长度尺度在量级上相当,但在量值上会小一些。湍流雷诺数($R_t = ul/\nu$)大的时候,这些含能涡旋基本上是非黏性的,它们决定了黏性耗散率,即湍流动能转化为内能的速率,它与黏性系数值的大小无关(而且,甚至如 Holmes 等(1996)所提出的,它与耗散机制也无关)。

因为单位质量的湍流动能的产生和消耗速率只取决于 u 和 l,按照量纲分析,它们的量级为 u^3/l,但是耗散过程本身是个黏性过程,所以发生耗散的涡旋的速度尺度和长度尺度与 ν 有关,根据柯尔莫哥洛夫假设,耗散运动的长度尺度和速度尺度分别是 $\eta = \eta(\varepsilon,\nu) \sim (\nu^3/\varepsilon)^{1/4}$, $\upsilon = \upsilon(\varepsilon,\nu) \sim (\nu\varepsilon)^{1/4}$ 。

湍流直接从平均流动获得动能,在平衡状态下,它以相同的速率通过发生在最小尺度涡旋上的黏性耗散过程失去动能。湍流场通过调整那些耗散涡旋的尺度和强度来实现所需的能量耗散速率,这种黏性耗散速率正比于流动速度的三次方,而由它引起的对流体的加热作用在台风中变得很重要(Bister 和 Emanuel,1998),并且在风暴中是很普遍的情况(Businger 和 Businger,2001)。

针对主要概念的提问

1.1 解释湍流增加表面通量的物理机制。你能告诉我们一些有关它的环境影响的认识吗?

1.2 写出湍流流动的纳维-斯托克斯方程的各分量的形式。

1.3 保守标量是什么意思?写出它在湍流流动中的方程。保守标量能混合吗?请予以解释。

1.4 什么是涡旋伸缩和涡旋倾斜?为什么它们在湍流中很重要?

1.5 湍流流动中的"速度尺度和长度尺度"u 和 l 是什么意思?它们指的是哪一组涡旋?为什么耗散涡旋具有自己的尺度?这两组尺度有什么联系?

1.6 关于雪花的什么古语也适合于湍流流动?请予以解释。(译者注:这句话是"世上没有两片完全相同的雪花")

1.7 解释为什么现实中很多重要的湍流流动无法从它们的控制方程用数值方法计算出来?

1.8 解释为什么在对湍流流动的运动方程进行平均的时候雷诺应力就出现了?此外,请解释雷诺应力的物理意义。

1.9 什么是湍流模式?为什么它们是必要的?两种广义的类型是什么?它们有什

么不同？

1.10 为什么你认为只有大气的最底层能持续存在湍流？

1.11 解释"湍流是个未被解决的问题"这个说法。

1.12 我们说湍流具有随机性和或然性,这样说是什么意思？

1.13 解释为什么在黏性耗散系数出现在黏性耗散速率的定义中时,我们可以认为黏性耗散速率与黏性无关。

1.14 解释为什么质量守恒成分的密度在湍流流动中不一定是保守量。

1.15 讨论常微分的什么性质可以与物质微分(译者注:全微分,含平流项)通用,什么性质是不能通用的。

问　　题

1.1 考虑在直径为 D 的圆管中充分发展的平稳层流,其轴向的运动方程是:

$$0 = -\frac{1}{\rho}\frac{\partial p(x)}{\partial x} + \frac{\nu}{r}\frac{\partial}{\partial r}r\frac{\partial u(r)}{\partial r}$$

(a)为什么 p 与 r 无关,u 与 x 无关,$\partial p/\partial x$ 与 x 无关？

(b)求这个微分方程的解 $u(r)$;

(c)用方程(1.2)计算 u_{ave} 的表达式,并用方程(1.5)计算达希摩擦因子 f;

(d)写出单位质量流体就 f 而言所需抽吸功率的表达式。

1.2 把问题 1.1 推广到半径方向的热传导,温度方程是:

$$u(r)\frac{\partial T(x,r)}{\partial x} = \frac{\alpha}{r}\frac{\partial}{\partial r}r\frac{\partial T(x,r)}{\partial r}$$

这里 $\alpha = k/(\rho c_p)$ 是导热系数(导热率),考虑 $\partial T/\partial x$ 与 x 无关的情况,

(a)该温度方程对 x 求导后 $\partial T/\partial x$ 与 r 无关,推导出这个方程形如(1.11)式的解;

(b)证明圆管表面热通量 H 满足 $H = -\frac{D u_{\mathrm{ave}}\rho c_p}{4}\frac{\partial T}{\partial x}$。

1.3 定义一个用于方程(1.9)的时间平均,证明它与导数是可以互换的。

1.4 用速度点乘纳维-斯托克斯方程((1.26)式)生成动能方程,把可以写成散度形式的项写成散度形式,在湍流流动的整个体积上进行积分,并假设边界上的速度为零,试证明体积积分的动能一定是随时间衰减的,并阐明其机制。

1.5 假设我们在问题 1.4 中把一个体积力的场作用在流体上,这种情况下在什么候体积积分的动能能够达到平稳状态？用热力学第一定律来理解平稳的能量平衡,关于黏性耗散在湍流中的作用你能得出什么结论？

1.6 人们已经发现单位质量动能的黏性耗散速率的量级是 u^3/l,请用问题 1.4 中的黏性系数的表达式证明耗散涡旋的速度尺度和长度尺度不可能是 u 和 l。

1.7　把单位质量的黏性耗散速率写成黏性应力张量与形变率张量的标量积(数积或内积)的形式。

1.8　解释为什么在平均的纳维-斯托克斯方程((1.38)式)中黏性项可以忽略不计。你必须在平均尺度上设置什么样的限制条件才能保证在做空间平均时它是对的?

1.9　为什么直接从控制方程计算湍流流动所需的网格点数取决于R_t?

1.10　如果积云是湍流的,为什么它看上去是"不动的"?

1.11　推导一个保守标量的梯度的预报方程,它的乘积项的计算能在二维湍流中操作吗?

1.12　证明下式成立

$$\frac{Dab}{Dt} = a\frac{Db}{Dt} + b\frac{Da}{Dt}$$

用这个性质证明一个保守标量的梯度与涡度的点积是个保守标量。

1.13　证明如果$c_1(\boldsymbol{x},t)$和$c_2(\boldsymbol{x},t)$是方程(1.31)的解,则$c_1 + c_2$也是它的解。如何把它用在低层大气中来确定排放物的扩散?为什么它不适合于纳维-斯托克斯方程?

1.14　两个几何上相同的湍流流动,一个用水,一个用空气,它们有相同的u和l,是什么因子使它们的总体湍流耗散速率不同?

1.15　如果S_{ij}和A_{ij}分别是对称张量和反对称张量,试证明它们的缩并张量$S_{ij}A_{ij}$会消失。

1.16　试解决这个悖论:ε与ν无关,但它的表达式中却包含ν。

1.17　此问题与方程(1.40)有关:为什么在湍流流动中$\overline{u_iu_j}$与$\overline{u}_i\overline{u}_j$不同?

1.18　从纳维-斯托克斯方程(1.26)推导涡度方程(1.28)。

(提示:$\vec{\omega}\times\vec{u}=(\vec{u}\cdot\vec{\nabla})\vec{u}-\vec{\nabla}(\vec{u}\cdot\vec{u})/2$, $(\vec{u}\cdot\vec{\nabla})\vec{u}=\vec{\omega}\times\vec{u}+\vec{\nabla}(\vec{u}\cdot\vec{u})/2$)

1.19　推导关于泰勒和柯尔莫哥洛夫微尺度之比的方程(1.43)。

1.20　把问题1.4应用于圆管中的平稳流动,并在两个截面之间进行积分,解释你得到的结果。

1.21　证明全时间导数不能与其他导数互换。

参考文献

Batchelor G K, 1950. The application of the similarity theory of turbulence to atmospheric diffusion [J]. Quart J Roy Meteor Soc,76：133-146.

Batchelor G K, 1967. An Introduction to Fluid Dynamics[M]. Cambridge：Cambridge University Press.

Batchelor G K, 1996. The Life and Legacy of G. I. Taylor[M]. Cambridge：Cambridge University Press.

Bister M, Emanuel K A,1998. Dissipative heating and hurricane intensity[J]. Meteor Atmos Phys,

65:233-240.

Businger S, Businger J A,2001. Viscous dissipation of turbulence kinetic energy in storms[J]. J Atmos Sci, 58:3793-3796.

Carusi E, Favaro A,1924. Leonardo da Vinci's Del Moto e Misura dell' Acqua[R]. Bologna.

Corrsin S, 1961. Turbulent flow[J]. Am Scientist, 49:300-325.

Deardorff J W, 1970a. A numerical study of three-dimensional turbulent channel flow at large Reynolds numbers[J]. J Fluid Mech, 41:453-480.

Deardorff J W,1970b. A three-dimensional numerical investigation of the idealized planetary boundary layer[J]. Geophys Fluid Dyn, 1:377-410.

Deardorff J W, Willis G E, 1975. A parameterization of diffusion into the mixed layer[J]. J Appl Meteorol, 14:1451-1458.

Dittus F W, Boelter L M K,1930. Heat transfer in automobile radiators of the tubular type[J]. Univ Calif, Berkeley, Publ Eng, 2:443-461.

Friedlander S K,Topper L,1961. Turbulence: Classical Papers on Statistical Theory[M]. New York: Interscience.

Frisch U, 1995. Turbulence: The Legacy of A. N. Kolmogorov[M]. Cambridge:Cambridge University Press.

Gleick J, 1987. Chaos[M]. New York: Viking Penguin.

Holmes P,Lumley J L, and Berkooz G, 1996. Turbulence, Coherent Structures,Dynamical Systems and Symmetry[M]. Cambridge:Cambridge University Press.

Kolmogorov A. N, 1941. The local structure of turbulence in incompressible viscous fluid for very large Reynolds numbers[J]. Doklady ANSSSR, 30:301-305.

Kundu P K, 1990. Fluid Mechanics[M]. San Diego: Academic Press.

Lilly D K, 1967. The representation of small-scale turbulence in numerical simulation experiments [C]//Proceedings of the IBM Scientific Computing Symposium on Environmental Sciences, IBM Form no. 320-1951, pp. 195-210.

Lorenz E, 1963. Deterministic nonperiodic flow[J]. J Atmos Sci, 20:130-141.

Lumley J L, Panofsky H A,1964. The Structure of Atmospheric Turbulence[M]. New York: Interscience.

Lumley J L, Yaglom A M,2001. A century of turbulence[J]. Flow, Turbulence, and Combustion, 66:241-286.

Lundgren T S, 1967. Distribution functions in the statistical theory of turbulence[J]. Phys Fluids, 10:969-975.

Moody L F,1944. Friction factors for pipeflow[J]. Trans ASME, 66:671-684.

Nikuradse J, 1933. Strömungsgesetze in rauhen Röhren[R]. VDI-Forschungsheft: 361. English translation: Laws of Flow in Rough Pipes. NACA Technical Memorandum 1292, 1950.

Orszag S A, Patterson G S Jr. , 1972. Numerical simulation of three-dimensional homogeneous isotropic turbulence[J]. Phys Rev Lett, 28:76-79.

Reynolds O, 1895. On the dynamical theory of incompressible viscous fluids and the determination of the criterion[J]. Philos Trans R Soc London, Ser A, 186:123-164.

Rouse H, Ince S, 1957. History of Hydraulics[R]. Ann Arbor: Edwards Brothers, Inc. , p47.

Snyder W H, 1985. Fluid modeling of pollutant transport and diffusion in stably stratified flows over complex terrain[J]. Annu Rev Fluid Mech, 17:239-266.

Taylor G I, 1935. Statistical theory of turbulence[J]. Proc R Soc, A151:421-478.

Taylor G I, 1938. The spectrum of turbulence[J]. Proc R Soc, A164:476-490.

Tennekes H, Lumley J L, 1972. A First Course in Turbulence[M]. Cambridge, MA: MIT Press.

Turns S R, 2006. Thermal-Fluid Sciences: An Integrated Approach[M]. Cambridge: Cambridge University Press.

Van Dyke M, 1982. An Album of Fluid Motion[M]. Stanford: Parabolic Press.

第2章 逐步认识湍流

§2.1 平均和瞬时特性的对比

流体流经一个物体时,在物体的下游区域会形成尾流,图2.1所示是一幅著名的湍流尾流的照片。湍流流动与非湍流流动之间的瞬时边界很薄且不规则,由于湍流涡旋的作用,这个边界随时间而不断变化,所以时间平均以后它就变成了一个较宽的平滑过渡区域。图2.2显示了出现在大气边界层顶处的相类似的景象。

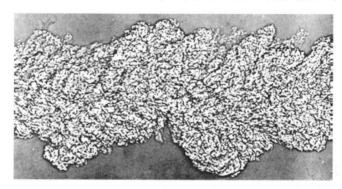

图2.1 子弹的尾流照片。此刻子弹离照片左边的距离有几百个尾流直径,
影像显示了湍流流体与外部静止流体之间轮廓鲜明但不规则的边界。
照片由美国陆军研究实验室提供。引自 Van Dyke(1982)

直到20世纪70年代我们才通过遥感和数值模拟手段获得瞬时湍流场。也许这正是为什么我们描述湍流的术语更多的是针对统计特性而不是瞬时特性,例如:

• 均匀湍流具有空间上一致的统计特性(平均压力例外)。湍流流动可以在零、一、二或三个方向上则是均匀的。球面尾流属于第一种情况;靠近平板前缘的湍流边界层,或者是不同表面的交界处下游的湍流边界层,它在一个方向上(侧向)可以是均匀的,但在垂直于表面和顺流方向上则是不均匀的;均匀下垫面之上的湍流边界层可以在两个方向上是均匀的,即在平行于地面的平面上是均匀的,但在垂直方向上一定是不均匀的;在风洞里气流流经垂直于流向的截面上布设的格栅而产生的格点湍流在截面上是均匀的,但在顺流方向上是不均匀的,因为在往下游去的过程中湍流是衰减的(详见第5章);在风洞里仔细调试出来的均匀切变流(Tavoularis 和

Corrsin，1981)中的湍流非常近似于三个方向都是均匀的。

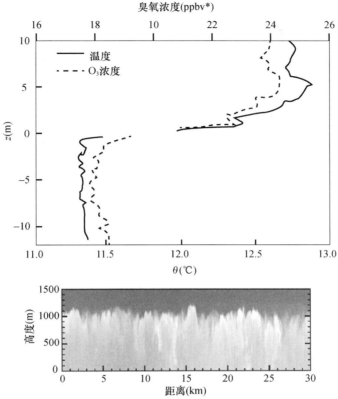

图 2.2　上图:有云覆盖的对流边界层顶处的温度和臭氧混合比的廓线(z 从平均顶高算起,引自 Lenschow（1988)）;下图:机载激光雷达观测的晴天对流边界层垂直剖面的气溶胶浓度,照片由德国宇航中心的 C. Kiemle 和美国宾夕法尼亚州立大学的 J. Grabon 提供

- 平稳(或称为定常)湍流(如实验室中匀速吹出的气流中的湍流)的统计特性不随时间而变化。大气边界层湍流在靠近中午的几个小时里可以是平稳的,但在晴天接近日出和日落的时候因地表能量收支的变化而变得不平稳(不定常)了(详见第 9 章)。

- 各向同性湍流的统计特性不因坐标轴的平移、旋转和翻转而发生变化。它一定是随时间衰减的,因为能够维持平稳湍流的生成机制是各向异性的(详见第 6 章),最小空间尺度上的各向同性被称为局地各向同性(详见第 14 章)。

- 对数廓线(或称墙壁定理)和常数应力层分别对应于平坦下垫面之上边界层中平均速度和雷诺应力的随高度变化的情况。像雷诺应力这样的量（Taylor（1935)称之为"虚拟平均应力")只存在于平均意义上。

---

* 1 ppbv=10^{-9}。

- 高斯烟流对应于均匀湍流流动中排放物的平均烟流,而非瞬时烟流。
- 对流边界层的充分混合状态(详见第 11 章)体现为平均而非瞬时情形之下的位温廓线和水汽混合比廓线,这些廓线基本上不随高度而发生变化。
- 某物理量的湍流通量是一个平均量,而非瞬时量,它表征的是由于湍流运动造成的单位时间通过单位面积的该物理量的多少。

§2.2　平均计算

在湍流流动中的所有变量(包括速度、涡度、温度(如果有热量输送的话)、物质成分的密度(如果有质量输送的话)、压力)都是湍流的。在任意某个瞬间它们在空间的分布是不规则的,在空间任意一点上它们随时间的起伏是杂乱无章的;而在指定位置和指定时间,它们从一个实例到另一个实例的变化是随机性的。从奥斯本·雷诺(Osborne Reynolds)的时代起,人们已经习惯性地把湍流流动中的变量 $a(\boldsymbol{x},t)$ 分解成平均部分和扰动部分,分别用上划线和撇号表示:

$$a(\boldsymbol{x},t) = \bar{a}(\boldsymbol{x},t) + a'(\boldsymbol{x},t) \tag{2.1}$$

由于撇号在使用的时候有些不方便,所以我们采用 Tennekes 和 Lumley(1972)的标记法,把湍流流动中的"全"变量用波浪号表示,即 $\tilde{a}(\boldsymbol{x},t)$,把平均量和扰动量分别用大写字母和小写字母表示:

$$\tilde{a}(\boldsymbol{x},t) = A(\boldsymbol{x},t) + a(\boldsymbol{x},t) \tag{2.2}$$

有几种类型的平均算法被用来定义湍流流动中的平均值。Reynolds(1895)用的是体积平均;在稍晚些时候(按照 Monin 和 Yaglom(1971)的说法是 20 世纪 30 年代),柯尔莫哥洛夫(Kolmogorov)和他所在的大学,还有费耶里特(Kampé de Fériet),把统计物理的系综平均引入湍流,从概念上讲它是最完备的;Tennekes 和 Lumley(1972)则在平稳条件下使用了时间平均。对准平稳条件下的观测数据通常都用时间平均,而在均匀方向上使用空间平均对于数值模拟结果是最方便的。

2.2.1　系综平均

打开实验室吹风机开关就能产生一个湍流流动的实例。对于流动中的物理量 $\tilde{a}(\boldsymbol{x},t)$(其中 t 是自打开开关那个时刻算起的时间),应该说它是随机的,即在不同的实例中是不同的。为表示这种随机性,我们把物理量写成 $\tilde{a}(\boldsymbol{x},t;\alpha)$,其中 α 是实例的编号。$\tilde{a}$ 的系综平均值(也称期望值)被定义为样本数足够大时平均值的极限:

$$\bar{\tilde{a}}(\boldsymbol{x},t) \equiv A(\boldsymbol{x},t) \equiv \lim_{N\to\infty} \frac{1}{N}\sum_{\alpha=1}^{N} \tilde{a}(\boldsymbol{x},t;\alpha) \tag{2.3}$$

如方程(2.3)所示,系综平均与位置和时间都有关系。因为平均计算是线性的,所以它们可以与其他诸如导数和积分等线性算子互换:

$$\overline{\frac{\partial\widetilde{a}(\boldsymbol{x},t;\alpha)}{\partial t}}=\frac{\partial}{\partial t}\overline{\overline{a}}(\boldsymbol{x},t),\quad\overline{\int_a^b\widetilde{a}(\boldsymbol{x},t;\alpha)\,\mathrm{d}t}=\int_a^b\overline{\overline{a}}(\boldsymbol{x},t)\,\mathrm{d}t \quad (2.4)$$

依此类推(问题 2.6)。

　　在文献中系综参数经常不被明确说明,而任何未被平均的量应该被看成是构成系综的任意一个成员。在之后的章节里为方便起见,我们略去系综记号,除非特殊说明,一般情况下所说的平均就是指系综平均。

2.2.2　系综平均场存在吗?

　　点源排放物的瞬时烟羽是起伏弯曲且不规则的(图 2.3)。观测结果表明,在靠近排放源的地方烟羽当中排放物的浓度近乎是均匀的,而烟羽之外的排放物浓度为零。但是,系综平均的烟羽是散布开来的,并且是平滑匀称的;在均匀的风洞湍流当中烟羽的平均浓度廓线满足高斯分布。这等于说系综平均场在任何一个湍流流动的实例当中好像都是不存在的,哪怕是一个瞬间它也不存在。

实例 1　　　　　　　　　　　　　　实例 2

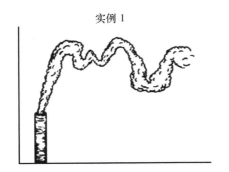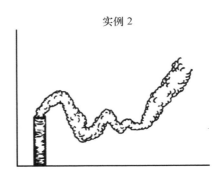

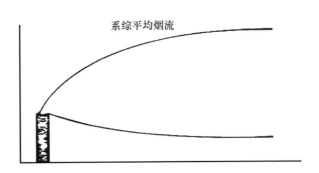

图 2.3　真实烟羽与系综平均烟羽之间的对比

2.2.3　系综平均法则

　　系综平均(本书中我们会交互使用平均和平均值。译者注:原著中作者有时候用词是 average,有时候用词是 mean,它们的意思是一样的,在中文里就是"平均")具有一些通常被称为雷诺平均[①]法则的性质:

- 和的平均值等于平均值的和(分配律):

$$\overline{\widetilde{a} + \widetilde{b}} = \overline{\widetilde{a}} + \overline{\widetilde{b}} \tag{2.5}$$

- 平均值再取平均还是平均值:

$$\overline{\overline{\widetilde{a}}} = \overline{\widetilde{a}} \quad (\overline{A} = A) \tag{2.6}$$

- 扰动量的平均值为零:

$$\overline{(\overline{\widetilde{a}} - \widetilde{a})} = 0 \quad (\overline{a} = 0) \tag{2.7}$$

- 平均值的导数等于导数的平均值(交换律):

$$\overline{\frac{\partial \widetilde{a}}{\partial x_i}} = \frac{\partial \overline{\widetilde{a}}}{\partial x_i}, \quad \overline{\frac{\partial \widetilde{a}}{\partial t}} = \frac{\partial \overline{\widetilde{a}}}{\partial t} \tag{2.8}$$

这些都很容易从系综平均的定义(2.3)式出发得到证明(问题 2.1)。

遵循分配律,则乘积的系综平均为:

$$\overline{\widetilde{a}\,\widetilde{b}} = \overline{(A + a)(B + b)} = \overline{AB} + \overline{Ab} + \overline{aB} + \overline{ab} \tag{2.9}$$

按照系综平均的定义,即(2.3)式,交叉项应该是零,因为平均值在下一次平均计算过程中是个常数(问题 2.1),即:

$$\overline{Ab} = \overline{aB} = 0 \tag{2.10}$$

因此,用分解 $\widetilde{u}_i = U_i + u_i$ 和 $\widetilde{c} = C + c$,在系综平均的纳维-斯托克斯方程(1.40)中的雷诺应力 τ_{ij} 和(1.41)式中相应的标量通量 f_i 可以写成:

$$-\frac{\tau_{ij}}{\rho} = \overline{\widetilde{u}_i\,\widetilde{u}_j} - \overline{\widetilde{u}}_i\,\overline{\widetilde{u}}_j = \overline{u_i u_j}, \quad f_i = \overline{\widetilde{c}\,\widetilde{u}_i} - \overline{\widetilde{c}}\,\overline{\widetilde{u}}_i = \overline{c u_i} \tag{2.11}$$

这些通过系综平均计算而产生的通量是湍流场的协方差。如果一个协方差 $\overline{ab}$ 是非零的,则称 a 和 b 是相关的。我们会在第 4 章中讲到,任意两个湍流量都倾向于是相关的,除非平均流动还具有对称性。

2.2.4 系综平均的简单举例

我们用一维的随机正弦波实例来证明系综平均的一些性质。可以把它写成:

$$u(x,\alpha) = \sin(\kappa x + \phi_\alpha) \quad \alpha = 1,2,\cdots,N \tag{2.12}$$

式中:α 是实例编号,κ 是空间波数(2π/波长),ϕ_α 是实例 α 的相位角。假设 u 在每个实例中有一个不同的相位,我们选择 ϕ_α 作为随机数,它的值在 0 到 2π 之间变化,并且概率均等。因此 $u(x)$ 是一个随机变量,并且在 x 方向上是统计均匀的。

u 的系综平均是:

---

① Reynolds(1895)用的是体积平均,但他假设它符合系综平均法则,所以在湍流界还是用他的名字来命名。我们会在第 3 章中讨论体积平均。

$$\overline{u} = \overline{\sin(\kappa x + \phi)} = \lim_{N \to \infty} \frac{1}{N} \sum_{a=1}^{N} \sin(\kappa x + \phi_a) \tag{2.13}$$

展开 $\sin(\kappa x + \phi)$,并运用系综平均的分配律((2.5)式),可以得到:

$$\overline{u} = \overline{\sin\kappa x \cos\phi + \cos\kappa x \sin\phi} = \overline{\sin\kappa x \cos\phi} + \overline{\cos\kappa x \sin\phi} \tag{2.14}$$

在系综平均的计算过程中 x 的位置是固定的,所以 $\sin\kappa x$ 和 $\cos\kappa x$ 是不变的,可以从上划线下拿出来:

$$\overline{u} = \sin\kappa x \, \overline{\cos\phi} + \cos\kappa x \, \overline{\sin\phi} \tag{2.15}$$

因为相位 ϕ 在 $0 \sim 2\pi$ 随机变化,并且概率分布相等,因此可以得到:

$$\overline{\cos\phi} = \overline{\sin\phi} = 0 \tag{2.16}$$

上式将在本书第三部分中给予证明。从(2.15)式和(2.16)式可以得到的结论是,所用测试场的系综平均为零,即 $\overline{u} = 0$。

把相同的操作应用于方差 $\overline{u^2}$:

$$\overline{u^2} = \overline{\sin^2(\kappa x + \phi)} = \frac{1}{2} \overline{\left[1 - \cos2(\kappa x + \phi)\right]} = \frac{1}{2}\left[1 - \overline{\cos2(\kappa x + \phi)}\right]$$

$$= \frac{1}{2}\left[1 - \overline{\cos2\kappa x \cos2\phi + \sin2\kappa x \sin2\phi}\right]$$

$$= \frac{1}{2}\left[1 - \cos2\kappa x \, \overline{\cos2\phi} + \sin2\kappa x \, \overline{\sin2\phi}\right] = \frac{1}{2} \tag{2.17}$$

导数的结果是 $\partial u / \partial x = \kappa \cos(\kappa x + \phi)$。相同的计算过程显示 $\overline{\partial u / \partial x} = 0$。运用(2.8)式,即导数计算与平均计算的可交换性,可以更为直接地证明:

$$\overline{\frac{\partial u}{\partial x}} = \frac{\partial \overline{u}}{\partial x} = 0 \tag{2.18}$$

因为在这个例子中 $\overline{u} = 0$。

导数的均方值是:

$$\overline{\left(\frac{\partial u}{\partial x}\right)^2} = \kappa^2 \, \overline{\cos^2(\kappa x + \phi)} = \frac{\kappa^2}{2} \tag{2.19}$$

因此它随波数的二次方增长。我们将在第 5 章中讲到,这个导数性质让小(大波数)而弱的柯尔莫哥洛夫微尺度涡旋能够以等同于大尺度涡旋生成率的平均速率把能量耗散掉(以及把标量扰动扩散掉),使湍流处于平衡状态。

u 和 $\partial u / \partial x$ 乘积的平均值为:

$$\overline{u \frac{\partial u}{\partial x}} = \kappa \, \overline{\sin(\kappa x + \phi)\cos(\kappa x + \phi)} = \frac{\kappa}{2} \, \overline{\sin2(\kappa x + \phi)} = 0 \tag{2.20}$$

因此,在这种情形中 u 和 $\partial u / \partial x$ 是不相关的,这也直接与 u 是均匀的这个性质相一致:

$$\overline{u \frac{\partial u}{\partial x}} = \frac{1}{2} \frac{\partial \overline{u^2}}{\partial x} = 0 \tag{2.21}$$

§2.3 各态历经性

我们想得到随 x 和 t 随机变化的变量 $\tilde{u}(x,t;\alpha)$ 的平均值——对于不同 α 值的实例该变量随 x 和 t 的变化是不同的,假设这个量的系综平均值为 U,通常情况下它是 x 和 t 的函数:

$$U(x,t) = \lim_{N\to\infty} \frac{1}{N} \sum_{\alpha=1}^{N} \tilde{u}(x,t;\alpha) \tag{2.22}$$

在操作层面上它是不可确定的。但是可以对实例 n 的某处 x 求时间平均:

$$U^T(x,t,T;n) = \frac{1}{T} \int_0^T \tilde{u}(x,t+t';n)\,\mathrm{d}t' \tag{2.23}$$

而对于 t 时刻在实例 m 中的空间平均是:

$$U^L(x,t,L;m) = \frac{1}{L} \int_0^L \tilde{u}(x+x',t;m)\,\mathrm{d}x' \tag{2.24}$$

如果 $\tilde{u}$ 在时间上是平稳的,则 $U=U(x)$。凭直觉我们会认为在平均时间 T 增加的过程中时间平均值会向系综平均值收敛:

$$\lim_{T\to\infty} U^T(x,t,T;n) = U(x) \tag{2.25}$$

类似地,如果 $\tilde{u}$ 是均匀的,即 $U=U(t)$,我们凭直觉认为在平均距离 L 增加的过程中空间平均值会向系综平均值收敛:

$$\lim_{L\to\infty} U^L(x,t,T;m) = U(t) \tag{2.26}$$

如果 $\tilde{u}$ 既平稳又均匀,则它与 x 和 t 都无关,因此可以认为时间平均值和空间平均值都会收敛到系综平均值。

平稳随机变量的时间平均值和均匀随机变量的空间平均值收敛到系综平均值的性质被称为各态历经性(也称为各态遍历)。从物理上讲,任何一个变量的无偏平均值都收敛于系综平均值。因此通常可以用空间某一点上平稳的时变信号来确定它的系综平均值。

§2.4 平均值的收敛

系综平均具有理想的性质:它与线性算子可以互换,第二次运算不起作用(即对平均值求平均还是平均值),扰动量的平均值为零。但是,应用于观测数据的时候就不能严格遵守了,正如 2.3 节中所讨论的,实验物理学家们通常用平稳条件下的时间平均来代替。

通过设计和控制,机械湍流经常可以是平稳的。然而,大气边界层注定是非平稳的,因为有日变化和天气变化。但是人们发现会存在若干小时的平稳状态,对于某些问题来讲这段时间已经足够长了。这就引出了问题:要进行多长时间的平均才能使之接近系综平均值? 此处用统计概念做简单回答(本书第三部分中将做充分讨论)。

为回答这个问题[1],我们从时间平稳函数 $\tilde{u}(t)$ 在时段 T 上的平均值开始,

$$\overline{u}^T = \frac{1}{T} \int_{t_0}^{t_0+T} \tilde{u}(t') \, \mathrm{d}t' \tag{2.27}$$

式中:t_0 是初始时刻。这里 $\tilde{u}(t)$ 可以是湍流流动中某一空间点上顺流速度的时间序列,我们称 T 为平均时间。现在把它写成 $\tilde{u}(t) = U + u(t)$,即系综平均值与扰动部分之和。依据平稳性假设,U 与时间无关,那么 $\tilde{u}$ 的时间平均与系综平均的差是:

$$\overline{u}^T - U = \frac{1}{T} \int_{t_0}^{t_0+T} [U + u(t')] \mathrm{d}t' - U = \frac{1}{T} \int_{t_0}^{t_0+T} u(t') \mathrm{d}t' \tag{2.28}$$

它是个随机变量,其系综平均值为零。能够度量 $\overline{u}^T - U$ 大小的一个量是 σ^2 ,可以写成如下形式:

$$\sigma^2 \equiv \overline{(\overline{u}^T - U)^2} = \frac{1}{T^2} \int_{t_0}^{t_0+T} \int_{t_0}^{t_0+T} \overline{u(t')u(t'')} \, \mathrm{d}t' \mathrm{d}t'' \tag{2.29}$$

$\overline{u(t')u(t'')}$ 被称为 $u(t)$ 的自协方差。对于平稳过程,它只是时间间隔 $t' - t''$ 的函数,因此可以写成:

$$\overline{u(t')u(t'')} = \overline{u^2} \rho(t' - t'') \tag{2.30}$$

其中,$\overline{u^2} = \overline{u(t)u(t)}$ 是 $u(t)$ 的方差,ρ 是它的自相关函数。方程(2.30)是偶函数,即 $\rho(t' - t'') = \rho(t'' - t')$,所以可以把(2.29)式写成:

$$\sigma^2 = \frac{\overline{u^2}}{T^2} \int_{t_0}^{t_0+T} \int_{t_0}^{t_0+T} \rho(t' - t'') \mathrm{d}t' \mathrm{d}t'' \tag{2.31}$$

做变量代换 $\eta = t'' - t'$ 和 $\zeta = t'' + t'$,并对 ζ 积分,可使方程(2.31)变成为单积分,注意,这一步积分之后剩下的是关于 η 的积分(问题2.4)。结果是如下形式:

$$\sigma^2 = \frac{2\overline{u^2}}{T} \int_0^T \left(1 - \frac{t}{T}\right) \rho(t) \mathrm{d}t \tag{2.32}$$

定义欧拉积分时间尺度 τ[2]:

$$\int_0^{\infty} \rho(t) \mathrm{d}t = \tau \tag{2.33}$$

用它来表征欧拉速度的扰动量 $u(t)$ 的"记忆时间"。当平均时间 T 远大于积分尺度

---

① 这部分讨论引自 Lumley 和 Panofsky (1964)。

② 我们将在第 4 章介绍拉格朗日积分时间尺度。

τ 的时候,我们可以把(2.32)式近似地写成:

$$\sigma^2 \cong \frac{2\,\overline{u^2}}{T}\int_0^T \rho(t)\,\mathrm{d}t = \frac{2\,\overline{u^2}\,\tau}{T} \tag{2.34}$$

这是关于方程(2.29)能够推论出的非常重要的结果,它定量描述了系综平均值与时间平均值之间的差值的统计结果。在实际应用当中,我们无法使用系综平均值(译者注:因为我们不知道它的真值,所以通常用时间平均值来代替)。

为了帮助理解方程(2.34),我们用方程(2.29)定义时间平均值的均方根相对不确定度 e:

$$e \equiv \frac{\left[\overline{(\overline{u^T}-U)^2}\right]^{1/2}}{U} = \frac{\sigma}{U} \tag{2.35}$$

e 表征的是把有限时间的时间平均值当成系综平均值而引起的相对误差,小的 e 值意味着 $\overline{u^T}$ 是 U 的一个好的近似值。当一个信号 $\tilde{u}(t)$ 的系综平均值是 U 且积分时间尺度为 τ,从方程(2.34)和(2.35)可知,确定时间平均值的均方根相对不确定度 e 所需要的平均时间是:

$$T = \frac{2\tau}{e^2}\left[\frac{\overline{u^2}}{U^2}\right] \tag{2.36}$$

方程(2.36)表明所需要的平均时间是:

- 正比于时间序列的积分时间尺度 τ;
- 正比于时间序列的方差 $\overline{u^2}$;
- 且反比于时间平均值对应的均方根相对不确定度的平方 e^2。

如其所示,要从固定探头获得具有较低均方根不确定度的大气湍流统计值需要很长的平均时间。因为这个原因,很难用大气中的观测结果来发展和检验大气湍流模式(见本书第二部分)。对于实验室里模拟的大气边界层的测量结果,其收敛速度要比实际大气中的测量结果快很多(问题2.8)。

对于积分尺度为 l 的均匀湍流,在长度为 L 的空间范围内做平均,(2.36)式的一维结果可以写成如下形式:

$$e^2(\text{线平均}) \cong \left(\frac{l}{L}\right)\frac{\overline{u^2}}{U^2} \tag{2.37}$$

相应地,面积为 L^2 和体积为 L^3 的面积平均和体积平均的表达式分别是:

$$e^2(\text{面平均}) \cong \left(\frac{l}{L}\right)^2\frac{\overline{u^2}}{U^2}, \quad e^2(\text{体积平均}) \cong \left(\frac{l}{L}\right)^3\frac{\overline{u^2}}{U^2} \tag{2.38}$$

为简单起见,我们取各个方向的 l 是相等的。通常情况下 l/L 很小,这表明面积平均和体积平均的好处是降低了均方根不确定度的平方 e^2。例如,在大气边界层的大涡模拟中我们在均匀的水平面上对计算出的变量场进行平均,用这种方式可以在一个充分大的水平面上从瞬时模拟场获得系综平均值的很好估计值。

§2.5　湍流谱和涡旋速度尺度

在第 1 章中已经介绍了含能涡旋和耗散涡旋分别具有的速度尺度 u、v 和长度尺度 l、η，并且通过分析显示两个长度尺度之间的关系是 $l/\eta \sim R_t{}^{3/4}$，其中 R_t 是大涡旋的雷诺数 ul/ν。R_t 值的变化范围很大，在一些工程流动中可以小于 10^3，在对流大气边界层中大约是 10^8，而在超级雷暴单体中可达 10^{10}。相应地，l/η 的变化范围大约是 $10^2 \sim 10^7$。

湍流场的功率谱密度（常被通俗地称为"湍流谱"）使得我能够把大小为 r 的涡旋的速度尺度 u 用 $u(r)$ 的形式加以描述，即 u 是 r 的函数，其中 $l \geqslant r \geqslant \eta$。为简单起见，先从单变量的标量函数开始，进行湍流谱的推导。更为正式的推导将会在第三部分中介绍。

2.5.1　一维实变随机均匀标量函数的谱

设 $\tilde{f}(x)$ 为均匀实变函数，它是系综平均部分 F 与扰动部分 $f(x)$ 之和，其定义域的宽度为 L。例如，它可以是湍流流动中温度或一个速度分量的空间记录。可以近似地用波长为 $L/n(n=1,\cdots,N)$ 的傅里叶级数来表示：

$$\tilde{f}(x) \cong \frac{a_0}{2} + \sum_{n=1}^{N} a_n\cos\left(\frac{2\pi nx}{L}\right) + \sum_{n=1}^{N} b_n\sin\left(\frac{2\pi nx}{L}\right) \tag{2.39}$$

式中：系数 a_n 和 b_n 是实数，被称为傅里叶系数。

因为方程(2.39)中每个正弦项和余弦项在 L 上的积分都是零（因为 $2\pi nL/L = 2\pi n$，它是 2π 的整数倍），使得 $\tilde{f}(x)$ 在这个长度范围内的平均值为：

$$\frac{1}{L}\int_0^L \tilde{f}(x)\mathrm{d}x = \frac{a_0}{2} \tag{2.40}$$

其余的傅里叶项共同体现 $\tilde{f}(x)$ 随 x 变化的情况。

在湍流中常把傅里叶级数写成关于波数 $\kappa_n = 2\pi n/L$ 的形式，所以把方程(2.39)写成为：

$$\tilde{f}(x) \cong \frac{a_0}{2} + \sum_{n=1}^{N} a_n\cos(\kappa_n x) + \sum_{n=1}^{N} b_n\sin(\kappa_n x), \quad \kappa_n = 2\pi n/L \tag{2.41}$$

根据傅里叶级数的性质，随着 N 的增加，它会在我们想要的任意程度上逼近 $f(x)$，所以可以正式写成如下形式：

$$\tilde{f}(x) = \frac{a_0}{2} + \sum_{n=1}^{\infty} a_n\cos(\kappa_n x) + \sum_{n=1}^{\infty} b_n\sin(\kappa_n x), \quad \kappa_n = 2\pi n/L \tag{2.42}$$

再进一步，在湍流中 $\tilde{f}(x)$ 是随机函数，在编号为 α 的不同实例当中它是不同的，所以它的傅里叶系数 a_n 和 b_n 也是随机的。因此可以通过在方程(2.42)中引入实例参数 α，把它写成更具一般性的形式：

$$\tilde{f}(x;\alpha) = \frac{a_0(\alpha)}{2} + \sum_{n=1}^{\infty} a_n(\alpha)\cos(\kappa_n x) + \sum_{n=1}^{\infty} b_n(\alpha)\sin(\kappa_n x), \quad \kappa_n = 2\pi n/L$$

$$(2.43)$$

现在一般都是用计算机来计算傅里叶系数,所以用复指数形式会很方便,利用等式:

$$\cos\theta = \frac{e^{i\theta} + e^{-i\theta}}{2}, \quad \sin\theta = \frac{e^{i\theta} - e^{-i\theta}}{2i} \tag{2.44}$$

可以把(2.43)式写成:

$$\tilde{f}(x;\alpha) = \frac{a_0}{2} + \sum_{n=1}^{\infty}\left(\frac{a_n - ib_n}{2}\right)e^{i\kappa_n x} + \sum_{n=1}^{\infty}\left(\frac{a_n + ib_n}{2}\right)e^{-i\kappa_n x} \tag{2.45}$$

也可以把它写成:

$$\tilde{f}(x;\alpha) = \frac{a_0}{2} + \sum_{n=1}^{\infty}\left(\frac{a_n - ib_n}{2}\right)e^{i\kappa_n x} + \sum_{n=-1}^{-\infty}\left(\frac{a_{-n} + ib_{-n}}{2}\right)e^{-i\kappa_{-n} x} \tag{2.46}$$

如果定义 $\kappa_{-n} = -\kappa_n$,就能把它写成更为简洁的形式:

$$\tilde{f}(x;\alpha) = \sum_{n=-\infty}^{\infty}\hat{f}(\kappa_n;\alpha)e^{i\kappa_n x};$$

$$\hat{f}(\kappa_n;\alpha) = \frac{a_n - ib_n}{2}, n+; \quad \hat{f}(\kappa_n;\alpha) = \frac{a_n + ib_n}{2}, n- \tag{2.47}$$

可以用方程(2.47)的平方并取系综平均来确定 f 的方差。因为 f 是实函数,所以 f 等于它的复共轭函数 f^*,于是我们可以写成:

$$\overline{f^2} = \overline{f f^*} = \sum_{n=-\infty}^{\infty}\sum_{m=-\infty}^{\infty}\overline{\hat{f}(\kappa_n)\,\hat{f}^*(\kappa_m)}\,e^{i(\kappa_n - \kappa_m)x} \tag{2.48}$$

均匀函数的傅里叶展开的一个性质是不同波数的傅里叶系数是不相关的,也就是说,

$$\overline{\hat{f}(\kappa_n)\hat{f}^*(\kappa_m)} = 0, \quad \kappa_n \neq \kappa_m \tag{2.49}$$

依据方程(2.48),我们可以认为下面的推论是有道理的。$f(x)$ 的均匀性意味着方程(2.48)的左边与 x 无关,也就是说 $\overline{f^2} \neq \overline{f^2}(x)$。而在方程的右边,对于 $\kappa_n \neq \kappa_m$,指数是 x 的非零函数,所以前面的系数必须是零,这样才能使得方程的右边与 x 无关,这就是方程(2.49)。

受到(2.49)式的约束,方程(2.48)中的方差就只能是求和的形式:

$$\overline{f^2} = \sum_{n=-\infty}^{\infty}\overline{\hat{f}(\kappa_n)\hat{f}^*(\kappa_n)} \tag{2.50}$$

定义 $\phi(\kappa_n)$ 为 f 的功率谱密度,它表征各单位波数间隔的涡旋对 $\overline{f^2}$ 的贡献:

$$\phi(\kappa_n) = \frac{\overline{\hat{f}(\kappa_n)\hat{f}^*(\kappa_n)}}{\Delta\kappa}, \quad \Delta\kappa = \frac{2\pi}{L} \tag{2.51}$$

于是有:

$$\overline{f^2} = \sum_{n=-\infty}^{\infty}\phi(\kappa_n)\Delta\kappa \tag{2.52}$$

因此，$\phi(\kappa_n)$ 是对方差贡献的密度。在 L 和 N 趋于无穷大的极限情况下，(2.52)式就变成了积分形式：

$$\overline{f^2} = \int_{-\infty}^{\infty} \phi(\kappa)\,\mathrm{d}\kappa \tag{2.53}$$

2.5.2　拓展到三维的情形

接下来把方程(2.47)推广到边长为 L 的立体空间的三维均匀实变随机保守标量场 $c(x_1,x_2,x_3;\alpha)=c(\boldsymbol{x};\alpha)$。这种情况下波数是个矢量 $\boldsymbol{\kappa}=(\kappa_1,\kappa_2,\kappa_3)$，所以可以写成：

$$c(\boldsymbol{x};\alpha) = \sum_{\boldsymbol{\kappa}} \hat{c}(\boldsymbol{\kappa};\alpha) e^{i(\boldsymbol{\kappa}\cdot\boldsymbol{x})} \tag{2.54}$$

方差可以写成：

$$\overline{cc^*} = \overline{c^2} = \sum_{\boldsymbol{\kappa}} \sum_{\boldsymbol{\kappa}'} \overline{\hat{c}(\boldsymbol{\kappa},\alpha)\hat{c}^*(\boldsymbol{\kappa}',\alpha)} e^{i(\boldsymbol{\kappa}-\boldsymbol{\kappa}')\cdot x}$$
$$= \sum_{\boldsymbol{\kappa}} \overline{\hat{c}(\boldsymbol{\kappa},\alpha)\hat{c}^*(\boldsymbol{\kappa},\alpha)} = \sum_{\boldsymbol{\kappa}} \phi(\boldsymbol{\kappa})(\Delta\kappa)^3 \tag{2.55}$$

当 L 和 N 都趋于无穷大的时候，方程(2.55)则变成积分形式：

$$\overline{c^2} = \iiint_{-\infty}^{\infty} \phi(\boldsymbol{\kappa})\,\mathrm{d}\kappa_1\,\mathrm{d}\kappa_2\,\mathrm{d}\kappa_3 \tag{2.56}$$

方程(2.56)的积分可以先在半径为 $\kappa=(\kappa_1^2+\kappa_2^2+\kappa_3^2)^{1/2}$ 的球面上进行，然后再对 κ 积分。三维谱 $E_c(\kappa)$[①]被定义为在球面上对 ϕ 的积分：

$$E_c(\kappa) = \iint_{\kappa_i\kappa_i=\kappa^2} \phi(\kappa_1,\kappa_2,\kappa_3)\,\mathrm{d}\sigma \tag{2.57}$$

所以方差是：

$$\overline{c^2} = \int_0^{\infty} E_c(\kappa)\,\mathrm{d}\kappa \tag{2.58}$$

2.5.3　在均匀速度场中的应用

对于边长为 L 的三维空间中无平均运动的随机均匀速度场 $u_i(\boldsymbol{x};\alpha)$，其傅里叶系数是矢量：

$$u_i(\boldsymbol{x};\alpha) = \sum_{\boldsymbol{\kappa}} \hat{u}_i(\boldsymbol{\kappa};\alpha) e^{i(\boldsymbol{\kappa}\cdot\boldsymbol{x})} \tag{2.59}$$

协方差是：

$$\overline{u_iu_j} = \overline{u_iu_j^*} = \sum_{\boldsymbol{\kappa}} \overline{\hat{u}_i(\boldsymbol{\kappa})\hat{u}_j^*(\boldsymbol{\kappa})} = \sum_{\boldsymbol{\kappa}} \phi_{ij}(\boldsymbol{\kappa})(\Delta\kappa)^3 \tag{2.60}$$

极限情况下方程(2.60)则变成积分形式：

---

① 之所以这么称呼是因为它是三维波数的量值的函数。

$$\overline{u_i u_j} = \iiint_{-\infty}^{\infty} \phi_{ij}(\kappa_1,\kappa_2,\kappa_3)\,\mathrm{d}\kappa_1\,\mathrm{d}\kappa_2\,\mathrm{d}\kappa_3 \tag{2.61}$$

习惯上把三维能谱 $E(\kappa)$ 定义为在半径为 κ 的球面上对 $\phi_{ii}/2$ 的积分：

$$E(\kappa) = \iint_{\kappa_i \kappa_i = \kappa^2} \frac{\phi_{ii}(\kappa_1,\kappa_2,\kappa_3)}{2}\,\mathrm{d}\sigma \tag{2.62}$$

引入倍数 2 是为了使 $E(\kappa)$ 的积分在量值上就等于单位质量的动能：

$$\frac{\overline{u_i u_i}}{2} = \int_0^{\infty} E(\kappa)\,\mathrm{d}\kappa \tag{2.63}$$

2.5.4　涡旋速度尺度 $u(r)$

现在我们可以用 $E(\kappa)$ 来估计 $u(r)$，后者是空间尺度为 r（或波数为 $\kappa \sim 1/r$）的涡旋的速度尺度或特征速度（通常用均方根速度表示）。按照 Tennekes 和 Lumley (1972) 的思路，把 $r/2$ 和 $3r/2$ 之间的涡旋定义为"尺度为 r 的涡旋"，所以它落在尺度为 r 附近的一个宽度为 $\Delta r \sim r$ 的范围内。对于波数，让"波数为 $\kappa \sim 1/r$ 的涡旋"落在波数 κ 附近宽度为 $\Delta\kappa \sim \kappa$ 范围内，于是有：

$$[u(r)]^2 \sim \kappa E(\kappa), \quad \kappa \sim 1/r \tag{2.64}$$

接下来需要知道 $E(\kappa)$。正如将在第 7 章所讨论的，Kolmogorov (1941) 推论出的结果是：对于 $1/l \ll \kappa \ll 1/\eta$ 的惯性副区，E 只与 ε 和 κ 有关。于是，依据量纲分析能够得到：

$$E(\kappa) \sim \varepsilon^{2/3} \kappa^{-5/3} \tag{2.65}$$

通过变量代换 $r \sim 1/\kappa$，惯性副区对应的尺度区间是 $l \gg r \gg \eta$，将 (2.65) 式代入 (2.64) 式可得：

$$u(r) \sim \left(\frac{E(1/r)}{r}\right)^{1/2} \sim \left(\frac{\varepsilon^{2/3} r^{5/3}}{r}\right)^{1/2} \sim (\varepsilon r)^{1/3} \tag{2.66}$$

方程 (2.66) 在 $l \gg r \gg \eta$ 区间内成立，也就是说，$u(l)=u$，$u(\eta)=\upsilon$（问题 2.11）。这个适用范围比我们想象的范围要大很多。

定义 $r/u(r)$ 为尺度是 r 的涡旋的翻转时间，它被认为是尺度为 r 的涡旋的生命周期。

2.5.5　均匀场的局限性

现在你已经知道了一些关于湍流的经典概念：
- 功率谱密度，或简单称为谱；
- 柯尔莫哥洛夫惯性副区；
- 尺度为 r 的涡旋的速度尺度 $u(r)$。

我们用均匀湍流模型对这些概念进行了定量讨论。但是工程流动和地球物理流动很少是均匀的，例如，大气边界层在垂直方向上就是不均匀的。所以你也许会有疑问:这些经典概念能够用于真实流动吗?

对这个问题的回答分为两个方面:首先,这些概念只适用于均匀的方向上,比如,在大气边界层中谱分析只应用于水平均匀的平面(雷达或激光雷达的扫描数据,或数值模拟结果),或水平均匀的线(飞机观测结果);其次,对于波数在 $\kappa L \gg 1$ 范围内的涡旋,其中 L 是非均匀尺度(即湍流尺度远小于非均匀尺度),这种情况下可以认为谱是均匀湍流的谱(见本书第三部分)。

§2.6　湍流涡度

对于涡度,可以用 $\omega^2 = \overline{\omega_i \omega_i}$ 来定义涡度扰动的特征幅度 ω。在第 1 章里我们已经知道当雷诺数 R_t 较大的时候湍流涡度都集中在小尺度涡旋上,这些小尺度涡旋的速度尺度和长度尺度是柯尔莫哥洛夫尺度 υ 和 η。因此可以把特征涡度 ω 表示成:

$$\omega \sim \frac{\upsilon}{\eta} \tag{2.67}$$

尺度为 r 的涡旋的特征涡度 $\omega(r)$ 具有 $u(r)/r$ 的量级,后者满足方程(2.66),且 $\varepsilon \sim u^3/l$,于是有:

$$\omega(r) \sim \frac{u(r)}{r} \sim \frac{\varepsilon^{1/3}}{r^{2/3}} \tag{2.68}$$

因此,特征尺度 $\omega(r)$ 随着涡旋尺度 r 的减小而增大,在最小尺度上就是:

$$\omega(\eta) \sim \frac{u(\eta)}{\eta} \sim \frac{\upsilon}{\eta} \sim \omega \tag{2.69}$$

如方程(2.67)所示。

在雷诺数 R_t 较大的时候,特征速度 u 和特征涡度 ω 之间的反差是很明显的,即 $u \sim u(l)$,因为速度扰动是大尺度涡旋占主导;但是 $\omega \sim \omega(\eta)$,因为涡度实际上主要是附着在小尺度涡旋上的。

湍流涡度可以大到令人惊奇的地步。在大气边界层中,含能涡旋的尺度是 $u = 1$ m·s^{-1} 和 $l = 1000$ m,所以相应的柯尔莫哥洛夫尺度是 $\upsilon = 10^{-2}$ m·s^{-1},$\eta = 10^{-3}$ m,而 ω 的量级是 10 s^{-1}。这与中心区直径为 60 m、风速为 300 m·s^{-1} 的龙卷风的涡度相等!

按照方程(2.64),尺度为 r 的涡度 $\omega(r)$ 与三维涡度谱 $\psi(\kappa)$ 之间的关系是:

$$[\omega(r)]^2 \sim \kappa \psi(\kappa) \tag{2.70}$$

因为 $\omega(r) \sim u(r)/r$,它满足 $\psi(\kappa) \sim \kappa^2 E(\kappa)$,所以惯性副区涡度谱有如下关系:

$$\psi(\kappa) \sim \kappa^2 E(\kappa) \sim \varepsilon^{2/3} \kappa^{1/3} \tag{2.71}$$

它随波数的增大而增大,这种增长最终在尺度为 $\kappa \sim 1/\eta$ 的涡旋上被黏性消减。

§2.7　湍流压力

取纳维-斯托克斯方程(1.26)的散度,可以得到压力场的泊松方程如下:

$$-\frac{1}{\rho}\nabla^2 p = \frac{\partial u_j}{\partial x_i}\frac{\partial u_i}{\partial x_j} \tag{2.72}$$

把速度梯度写成形变率张量 s_{ij} 与旋转率张量 r_{ij} 之和：

$$\frac{\partial u_i}{\partial x_j} = \frac{1}{2}\left(\frac{\partial u_i}{\partial x_j}+\frac{\partial u_j}{\partial x_i}\right)+\frac{1}{2}\left(\frac{\partial u_i}{\partial x_j}-\frac{\partial u_j}{\partial x_i}\right) = s_{ij}+r_{ij} \tag{2.73}$$

式中：s_{ij} 和 r_{ij} 分别是对称张量和反对称张量。Bradshaw 和 Koh(1981)指出，运用方程(2.73)可以把泊松方程(2.72)写成 s_{ij} 和 r_{ij} 的形式：

$$-\frac{1}{\rho}\nabla^2 p = (s_{ij}+r_{ij})(s_{ij}-r_{ij}) = s_{ij}s_{ij}-r_{ij}r_{ij} \tag{2.74}$$

他们对方程(2.74)给出了如下物理解释：

形变速率的贡献来自于流线图的鞍点附近(如同一个随流体运动的观察者在这一点所看到的,流线从南或北接近该点,从东或西离开该点)。方程右边的贡献是正的,所以 $\nabla^2 p$ 在该点会变成负的,于是 p 在该点具有极大值。简而言之,形变速率对压力扰动的贡献来自于涡旋的碰撞。涡度贡献是负的,则意味着压力的极小值,它是由涡旋的旋转造成的。这两者可以分别被简单地记为"碰撞"和"旋转"的贡献。

在第 5 章中会了解到压力的扰动对维持湍流通量起到了至关重要的作用。在第 7 章中将重新审视压力方程(2.74)。

§2.8 涡旋扩散率

分子扩散是介质中分子碰撞的微观效应,它产生了沿一个量的梯度的反方向通量(如热量、动量、成分浓度)。这种沿梯度扩散在流体和固体中都会发生。人们熟悉的情形是热传导,即分子扩散沿着温度下降方向对热量进行输送。

尽管湍流扩散在诸多方面与分子扩散不尽相同,但把它处理成像分子扩散但具有大得多的扩散率的情形还是很方便。我们将用一个假想的简单问题来探讨这个涡旋扩散率的表示法[1]。

图 2.4 所示是一个水槽装置,槽里装着厚度为 d 的水,其中一半是染色水(染料的浓度为 $c = c_{initial}$),另一半是洁净水($c = 0$),水槽的水平尺度远大于 d,于是这是个一维问题。起始状态是流体完全静止,并且用一层很薄的隔膜把两部分隔开,使得它们的分界面完全是水平的。我们设想 $t = 0$ 时隔膜溶解,染料开始向洁净水中扩散。这时染料浓度方程(1.31)变成：

$$\frac{\partial c}{\partial t} = \gamma\frac{\partial^2 c}{\partial z^2} \tag{2.75}$$

我们可以定义一个新的变量 $c^* = c/c_{initial}$ 来消除 $c_{initial}$ 不同取值的影响,它仍然满足方程(2.75)。起始时刻 c^* 在水槽下半部分为 1,在上半部分为 0。

---

① 这个问题受到 Tennekes 和 Lumley(1972)书中讨论的启发。

可以想见,在很长时间以后 $c^*(z,t)$ 趋近于常数 0.5。可以这样来推算达到最终状态所需要的时间[①]:在这个问题中重要的物理参数只有深度 d 和扩散率 γ(扩散系数),所以响应时间 τ_m 一定只与它们有关,即 $\tau_m = \tau_m(d,\gamma)$。如果用量纲分析方法,可能的结果只能是 $\tau_m \sim d^2/\gamma$。假如 $d = 1\,\mathrm{m}$,且 $\gamma = 10^{-5}\,\mathrm{m^2 \cdot s^{-1}}$,则分子扩散的时间尺度是 $10^5\,\mathrm{s}$,大约为 1 天。由此可知,分子扩散的速度非常慢。

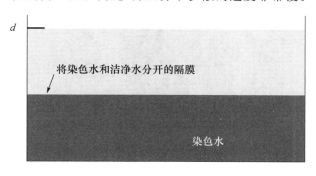

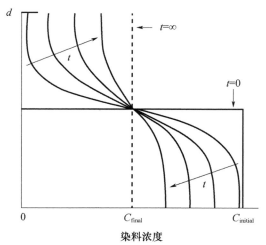

图 2.4　水槽里无运动流体中染料的分子扩散

上图是初始状态;下图是扩散过程中染料浓度廓线随时间的演变

图 2.5 显示了这个问题的湍流情形。假设湍流由水槽底部加热来驱动,这种情况下浓度场变得非常复杂,保守标量方程(1.31)中的每一项都会起作用。从这个实验中我们该如何推断方程的结果——湍流的扩散要比分子扩散快得多吗?

如图 2.5 所示,推测系综平均浓度 $C(z,t)$,即相同条件下众多个实例的 $\tilde{c}(z,t)$ 的平均值,它的浓度值演变就像分子扩散问题中的浓度一样,但是它的扩散速率要

[①]　在这个量纲分析的简单例子中,答案可直接从量纲分析得出。在拥有更多物理参数和尺度的问题中,需要一个系统化的方案,将在第 10 章中对此进行讨论。

快很多。所以要在扩散方程(2.75)中用一个大得多的涡旋扩散率 K，即：

$$\frac{\partial C}{\partial t} = K \frac{\partial^2 C}{\partial z^2} \tag{2.76}$$

于是湍流混合所需的时间 τ_t 则有 $\tau_t \sim d^2/K$。

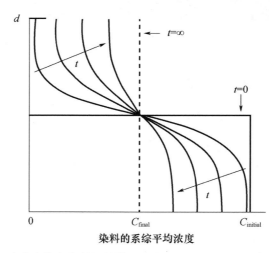

图 2.5　水槽里湍流流体中染料的扩散。初始状态与图 2.4 中的无运动情况相同，
上图是湍流刚生成不久垂直剖面的瞬时图像（依据 Van Dyke（1982）照片绘制）；
下图是系综平均的染料浓度廓线的时间演变

可以这样来估算 τ_t：如果决定 τ_t 的物理参数只有 u（产生混合作用的湍流速度尺度）和 d（混合的厚度），则有 $\tau_t = \tau_t(d,u) \sim d/u$。也就是说，湍流混合的时间尺度在量级上与湍流运动贯穿厚度 d 所用的时间相同，这在物理上是合理的。用方程来表示就是：

$$\tau_t \sim \frac{d^2}{K} \sim \frac{d}{u}，\text{所以 } K \sim ud \tag{2.77}$$

设想涡旋的主导尺度 l 具有与 d 相同的量级，于是可以把它写成 $K \sim ul$。这样，在看起来近乎合理的推理之下，得知"假想问题"中的湍流扩散系数是 $K \sim ul$，即湍流涡旋的主导速度尺度与长度尺度之积。

　　这是否意味着分子扩散和湍流扩散在形式上是类似的吗？回答是否定的,因为这两者之间存在一些重要差别:

　　• 在分子扩散中的扩散运动(微观过程)的时间尺度和长度尺度与在扩散问题中的那些(宏观的)尺度相比要小得多,这种尺度上的分离在湍流扩散中是不存在的;

　　• 一个标量成分的通量 f_i 与这个标量的梯度 g_i 之间最常见的线性关系是 $f_i = -\gamma_{ij} g_j$,其中 γ_{ij} 是二阶扩散率张量,因为分子扩散是个微观过程,你可以想见 γ_{ij} 是各向同性的——与方向无关(即没有优先方向),所以有 $\gamma_{ij} = \gamma \delta_{ij}$(见本书第三部分),其中 γ 是标量。因此在分子扩散中 $f_i = -\gamma_{ij} g_j = -\gamma \delta_{ij} g_j = -\gamma g_i$,湍流扩散是由主导涡旋完成的,它能充斥在流体当中并且本质上是各向异性的,因此没有理由期望涡旋扩散率张量 K_{ij} 是各向同性的(见第 5 章);

　　• 湍流扩散是湍流流动的性质,但分子扩散是流体的固有性质,物质成分在流体当中一直在被扩散(在宏观静止的流体当中,分子运动是一刻也不会停歇的);

　　• 扩散率把平均通量和平均梯度联系在一起,没有平均计算过程它便是没有意义的。涉及分子扩散的平均计算在从分子尺度的相互作用走向连续介质流体力学的过程中已经得以实施,因此瞬时湍流场有分子扩散而无湍流扩散;

　　• 如同将在第 4 章和第二部分中讨论的那样,有些情况下涡旋扩散率的行为是难以理解的(如存在奇异点,还有就是会变成负值)。

　　总之,在分子扩散和湍流扩散之间存在着令人着迷但很浅显的相似之处。湍流通量和平均梯度可以显示出如同涡旋扩散率那样的关系(见第 4 章),但是涡旋扩散率通常是空间上具有可变性的流动的性质,它可以是个张量而非标量,在特定的流动当中它还可能取决于扩散的几何结构(见第 11 章)。

§2.9　雷诺数相似

　　当雷诺数大于临界值的时候,在给定类型的湍流流动当中,含能涡旋的统计量被含能涡的尺度 u 和 l 无量纲化以后就与雷诺数不怎么相关了。一个物理的解释是由于湍流流动中的湍流雷诺数 R_t 较大,含能涡旋不会明显受到黏性的作用,故而它们的统计量变得与雷诺数无关。这就是所谓的雷诺数相似。

　　尽管是个近似,雷诺数相似还是很有用的,因为它让我们能够有信心认为在实验室里用几何比相同的小尺寸模型模拟地球物理流动的时候,其含能涡的结构代表了大雷诺数地球物理流动的情况。因此,它提供了我们在第 1 章中讨论的物理模拟的基础。实验室流动与大气流动相比测量费用更少,所需的平均时间会短很多(问题 2.6)。实际上,在对流边界层中连续点源排放物的湍流扩散方面的知识大部分来源于雷诺数要小很多的对流水槽实验的观测结果(Willis 和 Deardorff,1974)。

　　雷诺数相似还为地球物理湍流流动的直接数值模拟(direct numerical simulation, DNS)提供了一些依据。Coleman 等(1990)用 DNS 模拟了雷诺数比自然界小很多情况下的大气边界层,他们模拟的是相当于风速的量级为 $1 \text{ cm} \cdot \text{s}^{-1}$ 的一层大气。

§2.10　相干结构

在湍流流动中的那些最大涡旋表现出"相干结构",它们是一些准平稳、幅度明显的环流,在每个实例中都有几乎相同的形状、强度和位置。经由雷诺应力的作用,它们从平均流动中获得动能,又由于更小尺度涡旋的雷诺应力的作用,使得它们失去这些动能,这些涡旋的形状和强度取决于基本流的结构。

按照 Holmes 等(1996)的说法,Liu(1988)认为首次提出湍流流动中相干结构的想法是在 20 世纪 30 年代后期。Townsend(1956)在其关于湍流切变流的著作中展示了对不同切变流中相干结构的速度尺度和长度尺度的分析。Holmes 等人的专著深入讨论了识别它们及预测其结构的分析方法。

在边界层气象中相干结构常被称为次级流动。例子包括"对流滚涡",大的、反向旋转的水平涡旋,在它们的顶部会形成"云街"而成为可视的结构(LeMone,1973)。由于它们的尺度和强度相对较大,在大气扩散中的应用就会显得很重要。Morrison 等(2005)指出,它们普遍存在于台风边界层中。我们将在第 11 章中讨论它们在大气边界层中的表现形式。

针对主要概念的提问

2.1　因为湍流在时间上和三个空间方向上会不停地变化,它为什么能是平稳的和均匀的呢?

2.2　描述大气边界层顶的物理特性。

2.3　在什么情况下时间平均值可以收敛到系综平均值? 从物理上解释。

2.4　如果 $\overline{u}^T$ 是平稳随机函数 $\tilde{u}(t)$ 的时间平均值(平均时间为 T),它的系综平均值为 U,那么,

$$\overline{(\overline{u}^T - U)^2} = \frac{2\,\overline{u^2}\tau}{T} \tag{1}$$

其中 $\overline{u^2} = \overline{(\tilde{u} - U)^2}$ 是 $\tilde{u}(t)$ 的方差。给出它取决于 $\overline{u^2}$、τ 和 T 的物理解释。

2.5　从物理上解释为什么方程(1)中的 τ 可以粗略地用 l/U 来估计。

2.6　解释为什么大气湍流需要的平均时间要比工程流动大很多,对于在这两种流动中的测量而言,这句话对于测量数据的相对分散程度是什么意思?

2.7　为什么平均时间 T 在大气湍流中容易受到限制,而工程流动中则不会受到限制?

2.8　解释为什么我们在建立表达式的时候用的是系综平均值,即使时间平均值是

收敛于它的？

2.9　解释湍流扩散与分子扩散之间的一些主要区别,并解释它们之间的相互作用。

2.10　解释 $u(r)$ 的概念,以及人们如何测量它？

2.11　解释雷诺数相似的概念,以及为什么它很重要？

2.12　基于湍流并非沿梯度方向扩散的观测事实,人们对涡旋扩散模型提出了质疑,这个观点合理吗？予以讨论。

2.13　为什么我们说湍流流动中速度和保守标量的导数是小尺度量,而速度和标量本身是大尺度量？予以解释。

2.14　解释为什么雷诺数相似可以让我们在实验室中模拟大气边界层。

问　题

2.1　证明系综平均法则(2.5)式～(2.8)式。

2.2　对流边界层中上升气流所占面积小于 $1/2$,大部分区域是被下沉气流占据的,上升和下沉气流通常可以从飞机观测或铁塔观测的时间序列信号中识别出来。假设这些记录对应于空间上的直线分布,解释直线记录中上升气流段所占比例与水平面上的二维记录中上升区域所占比例之间的关系。(提示:用各态遍历假设)

2.3　靠近地球表面的地方,白天的温度扰动与水平速度扰动是负相关的。烟羽中热气块的水平移动速度低于水平平均速度,而冷气块的水平移动速度快于水平平均速度,所以与空间上的等间距测量记录相比可能会出现的情况是:时间上的等间隔测量记录会显示出更多的上升空气和更少的下沉空气,这种情况会使时间记录引入统计误差吗？(提示:用各态遍历假设)

2.4　推导方程(2.32)。

2.5　证明对于一个平稳随机信号用时间平均来确定其方差通常要比确定其平均值需要更多个积分尺度。

2.6　解释为什么系综平均可以与导数和积分互换(方程(2.4)),但不能与物质导数(全导数,即时间导数加平流导数)互换。

2.7　有人提出,在薄而宽的层云中估算涡旋扩散率可以用播云器在云中生成圆孔,观测湍流扩散填满圆孔所需时间,然后用这个问题的解析解来推知涡旋扩散率。对这个方法给出你的评论。

2.8　比较大气边界层中的烟羽扩散问题和实验室模拟的烟羽扩散问题中的平均时间。(提示:假设气流是几何相似的,速度比和长度比分别是 f_u 和 f_l)

2.9　运用 2.5.4 节中的柯尔莫哥洛夫尺度证明在耗散尺度上黏性应力最大。

2.10　一个瞬时浓度为 c 的正弦薄烟羽间歇地"触碰"到浓度探头,如果探头在烟羽中经历的平均距离为 d,而两次"触碰"之间的平均距离为 D,估算其平均浓度和浓度方差。在烟羽边缘测量平均浓度意味着什么？

2.11 证明即使是 $r=l$ 和 $r=\eta$，方程（2.66）也是成立的。

2.12 用不等式

$$\overline{\left(\frac{u}{\sigma_u}-\frac{\upsilon}{\sigma_\upsilon}\right)^2}\geqslant 0,\qquad \overline{\left(\frac{u}{\sigma_u}+\frac{\upsilon}{\sigma_\upsilon}\right)^2}\geqslant 0$$

证明相关系数的取值以 1 为边界值。

2.13 讨论在均匀条件下线、面、体的平均值收敛于系综平均值的相对速率。

2.14 直接数值模拟雷诺数 $R_h=U_\infty h/\nu=10^4$ 的湍流边界层，据称模拟结果对大气边界层具有代表性。对于 $h=10^3$ m 和 $U_\infty=10$ m·s^{-1} 的大气边界层，计算 R_h。如果已知 R_h 值不同，这个说法还是合理的吗？如果流动具有大气中的 h 和 U_∞ 值，且 $R_h=10^4$，运动学黏性系数是多少？它大概对应于哪种流体？"在这样的流体中模拟出的边界层可以很好地代表大气边界层"，这句话还是有道理的吗？

2.15 一层流体的厚度为 h，突然在其下边界处施加水平速度 U，假设水平均匀，试写出流体的运动方程，估算速度垂直廓线达到平稳时所需的时间。在什么情况下流体会变成湍流的？估算这种情形之下速度垂直廓线达到平稳状态所需要的时间。

2.16 在 1941 年柯尔莫哥洛夫提出湍流耗散尺度之前，Taylor（1935）认为 $\varepsilon\sim\nu u^2/\lambda^2$，其中 λ 是在自相关函数的原点处定义的长度尺度（见本书第三部分）（为纪念他现在称为泰勒微尺度），他把 λ 解释成耗散涡旋的大小。用 $\varepsilon\sim\nu u^2/\lambda^2$ 来确定尺度为 λ 的涡旋的雷诺数 $u(\lambda)\lambda/\nu$。你能说出这些涡旋直接受黏性的影响吗？写出 λ/η 的表达式。泰勒把 λ 解释成耗散涡旋的尺度正确吗？

2.17 从纳维-斯托克斯方程推导出方程（2.72），然后证明它可以写成（2.74）式。

2.18 画出积分尺度 τ 不断减小的时间随机函数序列的示意图，并用它来解释为什么方程（2.36）显示当 τ 趋于零的时候所需平均时间也趋近于零。

参考文献

Bradshaw P, Koh Y M, 1981. A note on Poisson's equation for pressure in a turbulent flow[J]. Phys Fluids, 24:777.

Coleman G N, Ferziger J H, Spalart P R, 1990. A numerical study of the turbulent Ekman layer [J]. J Fluid Mech, 213:313-348.

Holmes P, Lumley J L, Berkooz G, 1996. Turbulence, Coherent Structures, Dynamical Systems and Symmetry[M]. Cambridge:Cambridge University Press.

Kolmogorov A N, 1941. The local structure of turbulence in incompressible viscous fluid for very large Reynolds numbers[J]. Doklady ANSSSR, 30:301-305.

LeMone M A, 1973. The structure and dynamics of horizontal roll vortices in the planetary boundary layer[J]. J Atmos Sci, 30:1077-1091.

Lenschow D H, Patel V, Isbell A, 1988. Measurements of fine-scale structure at the top of marine stratocumulus[C]//Preprint Volume, Eighth Symposium on Turbulence and Diffusion of the American Meteorological Society, pp29-32.

Liu J T C, 1988. Contributions to the understanding of large-scale coherent structures in developing free turbulent shear flows[J]. Adv Appl Mech, 26:183-309.

Lumley J L, Panofsky H A, 1964. The Structure of Atmospheric Turbulence[M]. New York: Interscience.

Monin A S, Yaglom A M, 1971. Statistical Fluid Mechanics, Part 1[M]. Cambridge, MA: MIT Press.

Morrison I, Businger S, Marks F, et al, 2005. An observational case for the prevalence of roll vortices in the hurricane boundary layer[J]. J Atmos Sci, 62:2662-2673.

Reynolds O, 1895. On the dynamical theory of incompressible viscous fluids and the determination of the criterion[J]. Philos Trans R Soc London, Ser A, 186:123-164.

Tavoularis S, Corrsin S, 1981. Experiments in nearly homogeneous turbulent shear flow with a uniform mean temperature gradient[J]. J Fluid Mech, 104:311-347.

Taylor G I, 1935. Statistical theory of turbulence. Parts I-IV[J]. Proc R Soc A151: 421-478.

Tennekes H, Lumley J L, 1972. A First Course in Turbulence[M]. Cambridge, MA: MIT Press.

Townsend A A, 1956. The Structure of Turbulent Shear Flow[M]. Cambridge: Cambridge University Press.

Van Dyke M, 1982. An Album of Fluid Motion[M]. Stanford: Parabolic Press.

Willis G E, Deardorff J W, 1974. A laboratory model of the unstable planetary boundary layer[J]. J Atmos Sci, 31:1297-1307.

第 3 章　平均量的方程

§3.1　引言

在第 1 章中已经看到,单位质量的湍流流动以平均速率 $\varepsilon \sim u^3/l$ 将湍流动能耗散为内能,其中 u 和 l 是含能涡旋的速度尺度和长度尺度。因为单位质量的动能的量级为 u^2,这意味着如果湍流的生成机制被关闭,湍流将在 $u^2/\varepsilon \sim l/u$ 的时间尺度上衰减掉,这个时间尺度大约是一个大尺度涡旋的翻转时间,速度之快令人惊奇。如果摩擦力是如此之大,那么就很难骑得动自行车或是开动汽车。

在这样的情形之下,含能涡旋的衰减不是由黏性造成的(雷诺数 $R_t = ul/\nu$ 很大的时候黏性可以被忽略),而是由能量串级造成的。如同将在第 6 章中讨论的那样,这个过程包含了所有尺度的涡旋,从含能尺度到耗散尺度。串级从大尺度开始,它从平均流动获得动能,并通过涡旋与涡旋之间的相互作用把能量传递到更小尺度的涡旋上,这种串级过程在最小尺度上终止,因为在最小尺度上黏性摩擦力会把动能转化为内能。

对湍流流动方程的任何直接数值求解必须能够分辨出整个湍流尺度的区间范围。因为在这个区间范围上两端的长度尺度之比是 $l/\eta \sim R_t^{3/4}$,这需要量级为 $(l/\eta)^3 \sim R_t^{9/4}$ 的计算网格点数。由于大气边界层中 R_t 的量级是 10^8,而在超级雷暴单体中可能是 10^{10},因此它们需要的计算网格点个数的量级分别是 10^{18} 和 10^{22}。当今计算机只能实现格点数为 $10^{10} \sim 10^{11}$ 的计算。虽然在大型飞行器的空气动力学中相应的 R_t 值小于地球物理流动的量值,但它还是显得太大了,以至于无法对飞行器周围因阻力而产生的湍流流动进行直接数值模拟。

系综平均或空间平均能够大幅度降低这些计算要求。除了一些特例(比如在非常靠近固体表面的地方),系综平均场在较粗的网格上是可分辨的。我们会看到,空间平均能够滤除小于截断尺度 Δ 的湍流涡旋,通常所选择的截断尺度满足 $l \gg \Delta \gg \eta$。

通过平均来降低数值计算对网格数的要求是有代价的。如同在第 2 章中讲述的,平均的纳维-斯托克斯方程中出现了雷诺应力,必须用近似方法或模拟方式来描述它才能使方程可解,由此而产生的流体模式大体上分为两类:一类是雷诺平均的纳维-斯托克斯(Reynolds-averaged Navier-Stokes,RANS)模式,该模式基于系综平均,也被称为二阶闭合模式,将在第 5 章中讨论;另一类是大涡模拟(large-eddy simulation,LES),该模式基于空间平均,将在第 6 章中对它进行讨论。

§3.2　系综平均方程

我们从连续方程开始,对于等密度流体它就变成关于 $\tilde{u}_i$ 的无散度方程:

$$\frac{\partial \tilde{u}_i}{\partial x_i} = \frac{\partial (U_i + u_i)}{\partial x_i} = 0 \tag{3.1}$$

将在第 2 章中介绍的系综平均法则运用于该方程,可得:

$$\overline{\frac{\partial \tilde{u}_i}{\partial x_i}} = \frac{\partial \overline{\tilde{u}_i}}{\partial x_i} = \frac{\partial U_i}{\partial x_i} = 0 \tag{3.2}$$

所以平均场是无散度的。从方程(3.1)中减去方程(3.2),得到:

$$\frac{\partial u_i}{\partial x_i} = 0 \tag{3.3}$$

所以扰动场也是无散度的。

我们再看纳维-斯托克斯方程(1.26),在不可压条件下可以把它写成如下形式:

$$\frac{\partial \tilde{u}_i}{\partial t} + \frac{\partial \tilde{u}_i \tilde{u}_j}{\partial x_j} = -\frac{1}{\rho} \frac{\partial \tilde{p}}{\partial x_i} + \nu \frac{\partial^2 \tilde{u}_i}{\partial x_j \partial x_j} \tag{3.4}$$

取系综平均后得到:

$$\frac{\partial \overline{\tilde{u}_i}}{\partial t} + \frac{\partial \overline{\tilde{u}_i \tilde{u}_j}}{\partial x_j} = -\frac{1}{\rho} \frac{\partial \overline{\tilde{p}}}{\partial x_i} + \nu \frac{\partial^2 \overline{\tilde{u}_i}}{\partial x_j \partial x_j} \tag{3.5}$$

运用 $\overline{\tilde{u}_i} = U_i$,$\overline{\tilde{p}} = P$,并将系综平均法则运用于 $\widetilde{u}_i \widetilde{u}_j$,于是得到:

$$\frac{\partial U_i}{\partial t} + \frac{\partial}{\partial x_j}(U_i U_j + \overline{u_i u_j}) = -\frac{1}{\rho} \frac{\partial P}{\partial x_i} + \nu \frac{\partial^2 U_i}{\partial x_j \partial x_j} \tag{3.6}$$

对称张量 $\overline{u_i u_j}$ 是 $\overline{u_i(\boldsymbol{x},t) u_j(\boldsymbol{x},t)}$ 的简写形式,它只包含速度场的扰动部分。如同在第 1 章中所讨论的,它可以被理解为应力或动量通量,$-\rho\overline{u_i u_j}$ 是由湍流起伏运动引起的单位面积(法线方向为 j 方向)上的平均应力(方向为 i 方向),$\rho\overline{u_i u_j}$ 可以被理解为 j 方向上的湍流动量在 i 方向上的平均湍流通量。

泰勒(G. I. Taylor)称 $-\rho\overline{u_i u_j}$ 为虚拟平均应力,因为它只存在于系综平均。现在它更为普遍地被称为雷诺应力,因为雷诺在 1895 年首次从空间平均方程中把它识别出来。

我们还可以把系综平均的纳维-斯托克斯方程(3.6)写成通量形式:

$$\frac{\partial U_i}{\partial t} + \frac{\partial}{\partial x_j}\left[U_i U_j + \overline{u_i u_j} - \nu\left(\frac{\partial U_i}{\partial x_j} + \frac{\partial U_j}{\partial x_i}\right)\right] = -\frac{1}{\rho} \frac{\partial P}{\partial x_i} \tag{3.7}$$

式中:$U_i U_j + \overline{u_i u_j} - \nu(\partial U_i/\partial x_j + \partial U_j/\partial x_i)$ 是平均的运动学动量通量张量。在最简单的情况下,平均流动和湍流的长度尺度和速度尺度都是 l 和 u,湍流与黏性贡献之比的量级是:

$$\frac{湍流贡献}{黏性贡献} \sim \frac{u^2}{\nu u/l} \sim \frac{ul}{\nu} = R_t \gg 1 \tag{3.8}$$

这说明在离开固体边界的地方(靠近固体边界的地方速度扰动消失)系综平均的纳维-斯托克斯方程中的黏性应力与雷诺应力相比是可以忽略不计的。

在湍流流动中,平均的纳维-斯托克斯方程中的雷诺应力项通常与其他项同等重要,因此,任何数值求解方程(3.6)的逼真程度会强烈地依赖于所用雷诺应力模式的逼真程度。

3.2.1 举例:管道中的平稳湍流流动

图 3.1 显示的是管道中的湍流流动。大涡模拟首先研究的就是这种流动(Deardorff,1970)。管道流动在顺流方向(x_1 或 x)[1]上的长度比厚度 $2D$ 大很多,所以流动在 x 方向是均匀的,即 $\partial U/\partial x = 0$。管道在 y 方向上的长度也比 $2D$ 大很多,所以在离开侧壁的流动中 y 方向上也是均匀的,这意味着 $\partial V/\partial y = 0$。依据平均流动关于 $y = 0$ 平面对称可知 $V = 0$。由平均连续方程(3.2)可知 $\partial W/\partial z = 0$。依据平均流动关于 $z = 0$ 平面对称可知 $W = 0$。于是我们可以写出 $U_i = [U(z), 0, 0]$,而在平稳条件下的系综平均动量方程(3.6)就变成如下形式:

$$\frac{\partial}{\partial x_j}(\overline{u_i u_j}) = -\frac{1}{\rho}\frac{\partial P}{\partial x_i} + \nu \frac{\partial^2 U_i}{\partial x_j \partial x_j} \qquad (3.9)$$

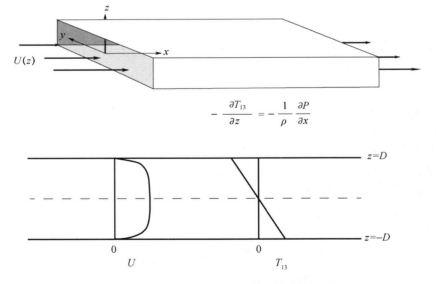

图 3.1 管道中平稳的湍流流动及其平均速度 U 廓线和
运动学平均切应力 T_{13} 廓线

---

[1] 文献中大多如此表示,我们倾向于把速度和位置分量分别写成 u, v, w 和 x, y, z。

这个方程显示了湍流应力散度、平均压力梯度和黏性应力散度之间的平衡。y 方向均匀使得这个方向的分量消失,于是有:

$$i = 1 \text{ 时}: \frac{\partial}{\partial z}\left(\overline{uw} - \nu\,\frac{\partial U}{\partial z}\right) = -\frac{1}{\rho}\,\frac{\partial P}{\partial x} \tag{3.10}$$

$$i = 3 \text{ 时}: \frac{\partial \overline{w^2}}{\partial z} = -\frac{1}{\rho}\,\frac{\partial P}{\partial z} \tag{3.11}$$

把方程(3.11)对 x 求导,运用均匀场的性质,并调换求导的顺序,得到:

$$\frac{\partial}{\partial x}\,\frac{\partial \overline{w^2}}{\partial z} = 0 = -\frac{1}{\rho}\,\frac{\partial}{\partial x}\,\frac{\partial P}{\partial z} = -\frac{1}{\rho}\,\frac{\partial}{\partial z}\,\frac{\partial P}{\partial x} \tag{3.12}$$

它意味着 $\partial P/\partial x$ 与 z 无关。于是方程(3.10)意味着运动学平均切应力 $T_{13} = -\overline{uw} + \nu\partial U/\partial z$ 随 z 线性变化,如图 3.1 所示。如同在方程(3.8)中所显示的那样,除了在非常靠近固体壁的地方,切应力的黏性部分可以忽略不计。

3.2.2　保守标量

对于湍流流动中的一个标量成分 $\tilde{c}$,把"平均＋湍流"的分解形式代入方程(1.29),然后取系综平均,可得:

$$\frac{\partial C}{\partial t} + \frac{\partial}{\partial x_i}\left(U_i C + \overline{u_i c} - \gamma\,\frac{\partial C}{\partial x_i}\right) = 0 \tag{3.13}$$

式中: $U_i C + \overline{u_i c} - \gamma\partial C/\partial x_i$ 是 c 的总平均通量,是一个矢量,包含了湍流贡献项 $\overline{u_i c}$,即 c 的湍流通量。在速度尺度和长度尺度为 u 和 l 的流动中,湍流通量与分子通量之比为 ul/γ。如果这个比值很大,则可以忽略分子通量,除非是在很靠近固体边界的地方。

在第 2 章中我们讨论了水槽中的染料受底部加热驱动的湍流扩散问题。这个问题是水平均匀的,且 $U = V = W = 0$。所以由(3.13)式可知,系综平均的染料浓度满足:

$$\frac{\partial C}{\partial t} + \frac{\partial}{\partial z}\left(\overline{wc} - \gamma\,\frac{\partial C}{\partial z}\right) = 0 \tag{3.14}$$

假设染料不可能穿过水槽表面,所以在此处的分子通量为零。于是,如果 ul/γ 足够大,分子通量在任何位置都可以被忽略不计,则方程(3.14)简化为:

$$\frac{\partial C}{\partial t} + \frac{\partial \overline{wc}}{\partial z} = 0 \tag{3.15}$$

也就是说,平均浓度的演变完全是由 c 的湍流通量的散度引起的。图 3.2 是质量的湍流通量廓线随时间演变的示意图,通常称这个过程为湍流扩散。

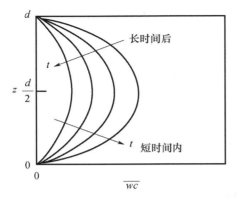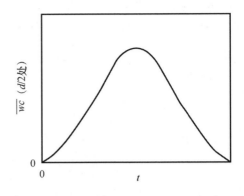

图 3.2 对应于图 2.5 的湍流扩散问题中质量通量 $\overline{wc}$ 的廓线随时间演变的示意图

§3.3 对系综平均方程的理解

第 1 章中那些守恒方程的物理过程是直接明了的。但是系综平均方程所描述的是泰勒所称的"虚拟物理",这样的物理过程很难理解。

3.3.1 举例:保守标量的点源扩散

在湍流流动中,点源排放的保守标量在下游形成的烟羽很不规则,就像丝缕一样。图 3.3 显示的是这样一个瞬时烟羽的示意图。

在移动过程中因分子运动把标量 $\tilde{c}$ 扩散到流体中使得烟缕的直径 d 增大,造成横断面上平均浓度 $\tilde{c}^{ave}$ 随时间减小,由保守标量方程(1.31)可以估计出 $\tilde{c}^{ave}$ 的时间变化率的量级为:

$$\frac{D}{Dt}\tilde{c}^{ave} \sim \gamma \nabla^2 \tilde{c}^{ave} \sim \gamma \frac{\tilde{c}^{ave}}{d^2} \sim \frac{\tilde{c}^{ave}}{\tau_{molec}} \tag{3.16}$$

式中:$\tau_{molec} \sim d^2/\gamma$ 是分子扩散的时间尺度。τ_{molec} 正比于 d^2,表明只有空间小尺度的浓度扰动被分子扩散快速抹平。比如,如果 $d = 10^{-3}$ m,且 $\gamma = 10^{-5}$ m$^2 \cdot$ s^{-1}(大约是温度和水汽在空气中的取值),则 $\tau_{molec} \sim 10^{-1}$ s。但是如果 $d = 1$ m,则结果是 $\tau_{molec} \sim 10^5$ s,大约为 1 天。

在层结非常稳定的条件下(见本书第二部分),低层大气的流动在离地面不远的地方是层流的。在这种情况下,10 m$\cdot$s^{-1} 的风速可以使得直径为 1 m 的烟羽在无湍流的空气中向下游延伸数百千米!

在湍流流动中点源下游的系综平均浓度场 $C(x,y,z,t)$ 是用很多个瞬间烟流的平均结果定义的,即:

$$C(x,y,z,t) = \lim_{N \to \infty} \frac{1}{N} \sum_{\alpha=1}^{N} \tilde{c}(x,y,z,t;\alpha) \tag{3.17}$$

我们把"系综平均"简单称为"平均"。图3.3给出了下游 $x-z$ 平面上平均烟流演变的示意图。它与瞬间烟流的差异显而易见。

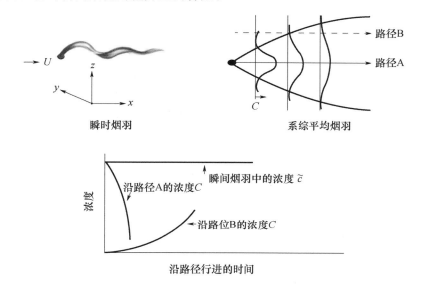

瞬时烟羽   系综平均烟羽

图 3.3 湍流流动中连续点源下游的瞬时烟羽(左上图)和
系综平均烟羽(右上图)。下图:在这些烟羽中沿不同路径观测到的浓度。
在瞬时烟羽中沿某个路径的浓度 $\tilde{c}$ 只通过分子扩散发生变化,它是很慢的(见3.3.1节)。
沿系综平均烟流中心线的路径 A,下游烟流的扩张使得 C 减小;沿偏离中心线的路径 B,
这种扩张使得 C 起初是增加的,因为路径(在烟流宽度上)变得更靠近中心线

在平稳条件下平均浓度方程(3.13)变为:

$$U\frac{\partial C}{\partial x} + \frac{\partial \overline{cu_i}}{\partial x_i} = 0 \tag{3.18}$$

作用于 C 的分子扩散被忽略,由此可以把上式写成:

$$\frac{D^m C}{D t^m} = U\frac{\partial C}{\partial x} = -\frac{\partial \overline{u_1 c}}{\partial x_1} - \frac{\partial \overline{u_2 c}}{\partial x_2} - \frac{\partial \overline{u_3 c}}{\partial x_3} \tag{3.19}$$

式中:D^m/Dt^m 是跟随平均运动的时间导数。方程(3.19)的意思是,在"虚拟平均轨迹"上浓度 C 的变化只是由浓度扰动量 c 的湍流通量的散度引起的。

如果离开排放源一段距离的平均烟流是很薄的,那么方程(3.19)中的湍流通量散度由烟流侧向的贡献决定。如图3.3所示,取平均烟流的宽度为 L_p,湍流速度尺度为 u,湍流标量尺度为 c,则沿平均运动的平均浓度的变化率的量级可按下式估算:

$$\frac{D^m}{D t^m}C = -\frac{\partial \overline{cu_i}}{\partial x_i} \sim \frac{cu}{L_p} \tag{3.20}$$

这里认为在量级上 c 与 C 相当,所以有:

$$\frac{D^m}{Dt^m}C \sim \frac{Cu}{L_p} \sim \frac{C}{\tau_{turb}} \tag{3.21}$$

式中：$\tau_{turb} \sim L_p/u$ 是这个湍流扩散过程的时间尺度。方程(3.21)的意思是,可以把 τ_{turb} 理解为横穿平均烟流的涡旋穿越时间,如果 L_p 为 1 m,且 u 是 1 m · s^{-1},则 τ_{turb} 为 1 s,显著地小于对分子扩散时间 τ_{molec} 的估计值 10^5 s。

另一方面,如果我们写成 $\tau_{turb} \sim L_p^2/K$(类似于分子扩散结果 $\tau_{molec} \sim d^2/\gamma$),其中 K 是湍流扩散率,我们发现 $K \sim uL_p$,它在这个例子中的量值要比 γ 大 5 个量级。

我们来总结一下。分子扩散是微观物理过程,它的作用是通过分子碰撞的累积效应消除宏观的 $\tilde{c}$ 扰动,它似乎可以用混合(扩散的直接定义)来很好地描述。从更广义的角度讲,湍流扩散包含三个过程,两个是物理过程——由随机紊乱的变形引起的湍流混合以及湍流运动和分子扩散对 $\tilde{c}$ 扰动的输送,其中分子扩散对最小尺度 $\tilde{c}$ 扰动的作用最强。最重要的是第三个,也是个新的过程,那就是系综平均,它生成了虚拟的浓度场 C,这个虚拟浓度场与任何一个实例中的湍流场 $\tilde{c}$ 相比都变得更平滑,分布更广泛,并且浓度的最大值更小。其结果是,沿着瞬时烟流和系综平均烟流的路径上所观测到的浓度具有显著的差异,就像图 3.3 中的下图所显示的那样。

3.3.2　湍流对分子扩散的增强作用

图 3.4 显示了湍流流动中称之为湍流混合过程中的一个保守标量团块的形状演变。如果我们认为这个变形团块是片状的,它有一个表面积(阴影部分)和一定的厚度,于是在变形过程中表面积增加而厚度减小。增大的面积以及边界上很大的标量梯度使得由分子扩散引起的标量离开团块的总体速率增加。

这种情况提示我们来验证一下保守标量梯度的演变方程(问题 1.11):

$$\frac{D\tilde{g}_i}{Dt} = \frac{\partial \tilde{g}_i}{\partial t} + \tilde{u}_j \frac{\partial \tilde{g}_i}{\partial x_j} = -\frac{\partial \tilde{u}_j}{\partial x_i} \tilde{g}_j + \gamma \frac{\partial^2 \tilde{g}_i}{\partial x_j \partial x_j} \tag{3.22}$$

最右边式子中的第一项是由速度场变形引起的标量梯度变化率,这个机制可能增加梯度,也可能减小梯度,因此保守标量的梯度是不保守的。为了说明这一点,我们假设标量等值面的法线方向和标量梯度在 x_1 方向上,即:

$$\tilde{g}_j = (\tilde{g}_1, 0, 0) \tag{3.23}$$

于是忽略分子扩散以后方程(3.22)表明,x_1 方向的梯度演变遵循下式:

$$\frac{D}{Dt} \tilde{g}_1 \cong -\frac{\partial \tilde{u}_1}{\partial x_1} \tilde{g}_1 \tag{3.24}$$

这叫作线性或法向应变(Kundu, 1990)。如果 $\partial \tilde{u}_1/\partial x_1$ 是负值,则梯度的量值增加;如果是正值,则梯度减小。这种情况类似于涡旋伸缩(图 3.5)。

变形也能改变梯度的方向。在初始标量场如同方程(3.23)的例子中,只有 x_1 方向有梯度,如果在 $\alpha \neq 1$ 的方向上速度分量 $\tilde{u}_1$ 具有梯度,那么在那个方向上就会产生梯度:

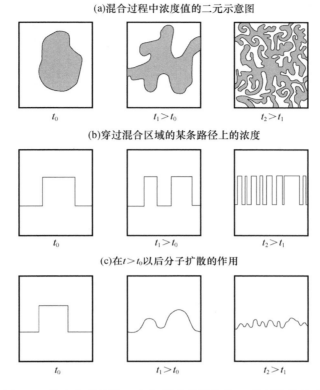

(a)混合过程中浓度值的二元示意图

(b)穿过混合区域的某条路径上的浓度

(c)在$t > t_0$以后分子扩散的作用

图 3.4　没有分子扩散(a 和 b)及有分子扩散(c)的污染物湍流
混合示意图。一个主要的过程是湍流应力场引起的变形,它增加了表面积
以及表面上的浓度梯度,因而增强了分子扩散。引自 Corrsin(1961)

$$\frac{D\,\tilde{g}_a}{D\,t} \cong -\frac{\partial\,\tilde{u}_1}{\partial x_a}\,\tilde{g}_1 \qquad\qquad (3.25)$$

这种情况叫作切向应变,它类似于涡旋倾斜(图 3.5)。

　　总结一下,在一个湍流流动的实例当中标量 $\tilde{c}$ 团块的轨迹是不规则的,在它移动的过程中湍流速度梯度使它扭曲,这种扭曲作用使得团块中标量梯度的量值增大,从而增强了分子扩散。所以,与在没有湍流的流体中的情况相比,团块在湍流流体中的消散速度要快很多(图 3.4)。

　　这就引出了两个终极问题。第一个问题涉及守恒方程的物质导数形式,我们经常把它理解为跟随团块的方程。如果团块在湍流流动中被快速扭曲并湮灭,那么我们如何能够跟踪它呢?

　　答案是只要"跟踪"一个团块足够长的时间使得我们能够定义这种时间导数就可以了。因为求导包含了极限过程 $\Delta t \to 0$,这是个极其小的时间长度。

　　第二个问题涉及混合:如果流动中被输送物质成分是保守的,那么它如何被混

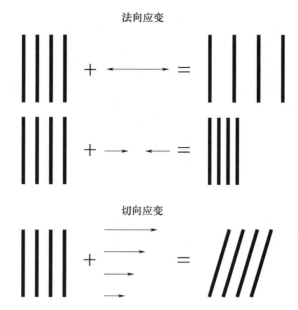

图 3.5　应力场引起的标量梯度场变形的示意图。直线代表浓度等值线。上图
显示的是线性或法向应变,即方程(3.24);下图显示的是切向应变,即方程(3.25)

合呢?

我们说满足方程(1.31)的标量成分只通过分子扩散的作用发生改变。分子扩散是湍流混合的最终阶段,如果没有分子扩散,标量成分是不能真正混合的,它会在湍流过程的作用下变成一种纤细但不均匀的分布,这种不均匀分布的空间尺度就是最小湍流涡旋的尺度(图 3.4b)。

§3.4　空间平均方程

前面讲述了方程(2.5)~(2.8)的"雷诺平均法则"。任何线性平均都具有分配律(2.5)式的性质,(2.7)式是(2.6)式的结果,(2.6)式和(2.8)式的性质是:

- 对平均值再求平均就是平均值自身:

$$\overline{\overline{\tilde{a}}} = \overline{\tilde{a}} \tag{2.6}$$

- 导数的平均值等于平均值的导数(交换律性质):

$$\overline{\frac{\partial \tilde{a}}{\partial x_i}} = \frac{\partial \overline{\tilde{a}}}{\partial x_i}, \quad \overline{\frac{\partial \tilde{a}}{\partial t}} = \frac{\partial \overline{\tilde{a}}}{\partial t} \tag{2.8}$$

系综平均满足这两个法则。现在来考虑它们在两个常用的平均算法中的适用性问题。

"记录平均"是对记录的观测结果 $f(x,t)$ 在 x 方向上长度为 L 的范围内所做的

平均,即:

$$\overline{f}^{\,\mathrm{rec}} = \frac{1}{L}\int_0^L f(x,t)\,\mathrm{d}x \tag{3.26}$$

因为 $\overline{f}^{\,\mathrm{rec}}$ 不依赖于 x,对它再次进行平均的结果是:

$$\overline{(\overline{f}^{\,\mathrm{rec}})}^{\,\mathrm{rec}} = \frac{1}{L}\int_0^L \overline{f}^{\,\mathrm{rec}}\,\mathrm{d}x = \frac{\overline{f}^{\,\mathrm{rec}}}{L}\int_0^L \mathrm{d}x = \overline{f}^{\,\mathrm{rec}} \tag{3.27}$$

所以记录平均满足法则(2.6)式。

对于相互独立的自变量而言,记录平均与导数可以互换。但如果求导变量是被记录的变量,则不可以。于是对于 $f(x,t)$ 有(问题 3.10):

$$\frac{\partial}{\partial t}(\overline{f}^{\,\mathrm{rec}}) = \overline{\left(\frac{\partial f}{\partial t}\right)}^{\,\mathrm{rec}}, \quad 但 \quad \frac{\partial}{\partial x}(\overline{f}^{\,\mathrm{rec}}) \neq \overline{\left(\frac{\partial f}{\partial x}\right)}^{\,\mathrm{rec}} \tag{3.28}$$

在任意一点的"局地平均"是在这点附近的空间平均:

$$\overline{f}^{\,\mathrm{loc}}(x,t,\Delta) = \frac{1}{\Delta}\int_{-\Delta/2}^{\Delta/2} f(x+x',t)\,\mathrm{d}x' \tag{3.29}$$

它不满足法则(2.6)式(问题 3.11),但它可以与两个求导互换(问题 3.12)。

Reynolds(1985)曾"在流动中的很小区间范围"对运动方程做平均,这应该是局地平均:

$$\overline{f}^{\,\mathrm{loc}}(\boldsymbol{x},t,\Delta) = \frac{1}{\Delta^3}\int_{-\Delta/2}^{\Delta/2}\int_{-\Delta/2}^{\Delta/2}\int_{-\Delta/2}^{\Delta/2} \widetilde{f}(\boldsymbol{x}+\boldsymbol{x}',t)\,\mathrm{d}x_1'\,\mathrm{d}x_2'\,\mathrm{d}x_3' \tag{3.30}$$

这样的处理基本上去除了尺度比立方体边长 Δ 小很多的涡旋,而对于那些尺度比 Δ 大很多的涡旋则几乎没有影响。与之不同的是,系综平均去除的是所有的涡旋,所以当 $\Delta \gg l$(即在粗分辨率模式中)的时候,这两种平均变得差不多相同了。这或许就是在粗分辨率模式中平均方式经常不被提及的原因。

3.4.1　空间滤波的推广

直到 20 世纪 70 年代初期,增长的计算速度和计算规模使得从演变的湍流流动中分辨出含能涡旋成为可能。观念上的转折点是 Leonard(1974)把 Reynold(1895)提出的空间局地平均想法(如方程(3.30)所示)推广为空间滤波:

$$\overline{f}^{\,\mathrm{filt}}(\boldsymbol{x},t) = \int_{-\infty}^{\infty}\int_{-\infty}^{\infty}\int_{-\infty}^{\infty} \widetilde{f}(\boldsymbol{x}+\boldsymbol{x}',t)G(\boldsymbol{x}-\boldsymbol{x}')\,\mathrm{d}x_1'\,\mathrm{d}x_2'\,\mathrm{d}x_3' \tag{3.31}$$

式中:G 被称为滤波函数。如果在边长为 Δ 的立方体内把 G 取为 $1/\Delta^3$ 而在立方体外取 0,这就是与方程(3.30)一样的局地平均。

如同将要在第 6 章讨论的那样,如今其他滤波函数也会被应用。因此现在更广义地把"局地平均"理解为"空间滤波"。在这种常用的(低通)滤波形式中,傅里叶分量中波数小的成分($\kappa \ll 1/\Delta$)被保留,而那些波数大的成分则被滤除。

如今对湍流流动方程实施平均的主要目的是为了能够对其进行数值求解。所以把一个被空间滤波的变量用上标"r"来标注,变量的这部分在计算中是可分辨的。我们写成下面这种形式:

$$\tilde{f} = \overline{\tilde{f}}^{\text{filt}} + (\tilde{f} - \overline{\tilde{f}}^{\text{filt}}) = \tilde{f}^{\text{r}} + \tilde{f}^{\text{s}} \tag{3.32}$$

所以空间滤波把一个湍流变量分解成可分辨部分(用上标 r 表示)和次滤波尺度部分(用上标 s 表示)。通常情况下再次应用滤波计算还是有效果的[①],也就是说,

$$\left(\tilde{f}^{\text{r}}\right)^{\text{r}} \neq \tilde{f}^{\text{r}} \tag{3.33}$$

按照方程(3.32)所描述的情况,通常对次滤波尺度场进行空间滤波并不能让它消失:

$$\left(\tilde{f}^{\text{s}}\right)^{\text{r}} \neq 0 \tag{3.34}$$

与系综平均不同,如果滤波函数 G 的空间尺度比湍流的空间尺度小很多[②],空间滤波能够保留流动变量的湍流特征。正如我们将要看到的,它可以显著降低数值求解方程的计算要求。

3.4.2 空间滤波后的控制方程

我们可以把局地平均(广义上理解为伦纳德(Leonard)提出的空间滤波,即方程(3.31))应用到控制方程上。运用方程(3.32)对连续方程进行分解,可得:

$$\frac{\partial \tilde{u}_i}{\partial x_i} = \frac{\partial}{\partial x_i}(\tilde{u}_i^{\text{r}} + \tilde{u}_i^{\text{s}}) = \frac{\partial \tilde{u}_i^{\text{r}}}{\partial x_i} + \frac{\partial \tilde{u}_i^{\text{s}}}{\partial x_i} = 0 \tag{3.35}$$

假设空间滤波与导数可以互换[③],将其运用到连续方程(3.1)可得:

$$\left(\frac{\partial \tilde{u}_i}{\partial x_i}\right)^{\text{r}} = \frac{\partial \tilde{u}_i^{\text{r}}}{\partial x_i} = 0 \tag{3.36}$$

从方程(3.35)中减去方程(3.36)可得:

$$\frac{\partial \tilde{u}_i^{\text{s}}}{\partial x_i} = 0 \tag{3.37}$$

因此,如果 $\tilde{u}_i$ 是无散度的,则 $\tilde{u}_i^{\text{r}}$ 和 $\tilde{u}_i^{\text{s}}$ 都是无散度的。

接下来考虑纳维-斯托克斯方程(1.26),可以把它写成如下形式:

$$\frac{\partial \tilde{u}_i}{\partial t} + \frac{\partial \tilde{u}_i \tilde{u}_j}{\partial x_j} = -\frac{1}{\rho}\frac{\partial \tilde{p}}{\partial x_i} + \nu \frac{\partial^2 \tilde{u}_i}{\partial x_j \partial x_j} \tag{3.38}$$

运用空间滤波,并应用滤波与导数可以互换的性质,可以得到:

$$\frac{\partial \tilde{u}_i^{\text{r}}}{\partial t} + \frac{\partial (\tilde{u}_i \tilde{u}_j)^{\text{r}}}{\partial x_j} = -\frac{1}{\rho}\frac{\partial \tilde{p}^{\text{r}}}{\partial x_i} + \nu \frac{\partial^2 \tilde{u}_i^{\text{r}}}{\partial x_j \partial x_j} \tag{3.39}$$

如同在方程(1.39)中一样,可以写出:

---

① 除非用的是第 6 章中介绍的"顶帽"滤波算子。
② 方程(3.31)显示,当 G 非常狭窄,如像 δ 函数一样,那么它将使得这个函数不变。
③ Leonard(1974)告诉我们,如果函数在边界上的值为零,那么它是正确的。

$$(\tilde{u}_i\,\tilde{u}_j)^{\mathrm{r}}=\tilde{u}_i^{\mathrm{r}}\,\tilde{u}_j^{\mathrm{r}}+\left[(\tilde{u}_i\,\tilde{u}_j)^{\mathrm{r}}-\tilde{u}_i^{\mathrm{r}}\,\tilde{u}_j^{\mathrm{r}}\right]=\tilde{u}_i^{\mathrm{r}}\,\tilde{u}_j^{\mathrm{r}}-\frac{\tau_{ij}}{\rho} \tag{3.40}$$

式中：τ_{ij} 是由于空间滤波而产生的雷诺应力。按照它在方程(3.40)中的定义，可以把这个雷诺应力写成如下形式：

$$\tau_{ij}\equiv\rho\left[\tilde{u}_i^{\mathrm{r}}\,\tilde{u}_j^{\mathrm{r}}-(\tilde{u}_i\,\tilde{u}_j)^{\mathrm{r}}\right]=\rho\left[(\tilde{u}_i^{\mathrm{s}}\,\tilde{u}_j^{\mathrm{s}})^{\mathrm{s}}-(\tilde{u}_i^{\mathrm{r}}\,\tilde{u}_j^{\mathrm{s}}+\tilde{u}_i^{\mathrm{s}}\,\tilde{u}_j^{\mathrm{r}}+\tilde{u}_i^{\mathrm{s}}\,\tilde{u}_j^{\mathrm{s}})^{\mathrm{r}}\right] \tag{3.41}$$

其中，τ_{ij} 既不是可分辨尺度量，也不是次滤波尺度量，因为它既包含次滤波尺度部分 $\rho\,(\tilde{u}_i^{\mathrm{s}}\,\tilde{u}_j^{\mathrm{s}})^{\mathrm{s}}$，又包含可分辨部分 $-\rho\,(\tilde{u}_i^{\mathrm{r}}\,\tilde{u}_j^{\mathrm{s}}+\tilde{u}_i^{\mathrm{s}}\,\tilde{u}_j^{\mathrm{r}}+\tilde{u}_i^{\mathrm{s}}\,\tilde{u}_j^{\mathrm{s}})^{\mathrm{r}}$。但是它不会因为高分辨率的极限情况而消失，所以它被称为次滤波尺度(subfilter-scale，sfs)雷诺应力。

将方程(3.40)代入方程(3.39)，并且重新放回黏性应力项，可得：

$$\frac{\partial\tilde{u}_i^{\mathrm{r}}}{\partial t}+\frac{\partial}{\partial x_j}\left[\tilde{u}_i^{\mathrm{r}}\,\tilde{u}_j^{\mathrm{r}}-\frac{\tau_{ij}}{\rho}-\nu\left(\frac{\partial\tilde{u}_i^{\mathrm{r}}}{\partial x_j}+\frac{\partial\tilde{u}_j^{\mathrm{r}}}{\partial x_i}\right)\right]=-\frac{1}{\rho}\frac{\partial\tilde{p}^{\mathrm{r}}}{\partial x_i} \tag{3.42}$$

方程(3.42)加上可分辨的连续方程(3.36)包含了 4 个方程，但是由于次滤波尺度雷诺应力的出现使得未知数超过了 4 个，因此需要一个关于 τ_{ij} 的模式才能数值求解方程(3.42)和(3.36)。

如同将要在第 16 章中所讨论的，运用离散空间滤波技术使得 τ_{ij} 变成可以测量的量(Tong et al.，1999)，并且它也可以从数值模拟场中被计算出来(在 R_t 值相对较小的时候)。因此，也有一些观测和计算指南，它们可以指导我们实现这样的次网格尺度或次滤波尺度的模拟。

我们将在第 6 章中讲到，即使 τ_{ij}/ρ 远小于 $\tilde{u}_i^{\mathrm{r}}\tilde{u}_j^{\mathrm{r}}$，这种情况会出现在非常高的空间分辨率(滤波宽度很小)的模拟中，我们仍然需要在滤波后的方程(3.42)中包含这一项。它代表了从可分辨尺度提取动能，是能量串级的表现形式，而能量串级是湍流的一个基本性质。

将相同的空间滤波过程作用于标量方程(1.30)可得：

$$\frac{\partial\tilde{c}^{\mathrm{r}}}{\partial t}+\frac{\partial}{\partial x_i}\left(\tilde{u}_i^{\mathrm{r}}\,\tilde{c}^{\mathrm{r}}+f_i-\gamma\frac{\partial\tilde{c}^{\mathrm{r}}}{\partial x_i}\right)=0 \tag{3.43}$$

式中：$f_i=(\tilde{u}_i\,\tilde{c})^{\mathrm{r}}-\tilde{u}_i^{\mathrm{r}}\,\tilde{c}^{\mathrm{r}}$。如果可分辨速度场 $\tilde{u}_i^{\mathrm{r}}$ 是已知的，这个方程有两个未知数 $\tilde{c}^{\mathrm{r}}$ 和 f_i，所以我们需要一个模式来描述次滤波尺度的标量通量 f_i。

3.4.3　可分辨尺度和次滤波尺度的湍流通量

对方程(3.42)做系综平均可得：

$$\frac{\partial\overline{\tilde{u}_i^{\mathrm{r}}}}{\partial t}+\frac{\partial}{\partial x_j}\left[\overline{\tilde{u}_i^{\mathrm{r}}\,\tilde{u}_j^{\mathrm{r}}}-\frac{\overline{\tau_{ij}}}{\rho}-\nu\left(\frac{\partial\overline{\tilde{u}_i^{\mathrm{r}}}}{\partial x_j}+\frac{\partial\overline{\tilde{u}_j^{\mathrm{r}}}}{\partial x_i}\right)\right]=-\frac{1}{\rho}\frac{\partial\overline{\tilde{p}^{\mathrm{r}}}}{\partial x_i} \tag{3.44}$$

假设空间平均可以很好地分辨出系综平均场，则有 $U_i^{\mathrm{r}}=U_i$，$P^{\mathrm{r}}=P$。这种情况对应于滤波尺度小于 l，于是如果运用空间滤波与系综平均可交换的这一性质，以及如下表达式：

$$\tilde{u}_i^{\mathrm{r}}=(U_i+u_i)^{\mathrm{r}}=U_i+u_i^{\mathrm{r}}，\quad\tilde{p}^{\mathrm{r}}=P+p^{\mathrm{r}} \tag{3.45}$$

便可以把方程(3.44)写成如下形式：

$$\frac{\partial U_i}{\partial t} + \frac{\partial}{\partial x_j}\left[\overline{(U_i + u_i^{\mathrm{r}})(U_j + u_j^{\mathrm{r}})} - \frac{\overline{\tau_{ij}}}{\rho} - \nu\left(\frac{\partial U_i}{\partial x_j} + \frac{\partial U_j}{\partial x_i}\right)\right] = -\frac{1}{\rho}\frac{\partial P}{\partial x_i} \quad (3.46)$$

运用系综平均法则,它就变成:

$$\frac{\partial U_i}{\partial t} + \frac{\partial}{\partial x_j}\left[U_i\,U_j + \overline{u_i^{\mathrm{r}}\,u_j^{\mathrm{r}}} - \frac{\overline{\tau_{ij}}}{\rho} - \nu\left(\frac{\partial U_i}{\partial x_j} + \frac{\partial U_j}{\partial x_i}\right)\right] = -\frac{1}{\rho}\frac{\partial P}{\partial x_i} \quad (3.47)$$

对比方程(3.47)和系综平均纳维-斯托克斯方程(3.7)可以看出:

$$\overline{u_i^{\mathrm{r}}u_j^{\mathrm{r}}} - \frac{\overline{\tau_{ij}}}{\rho} = \overline{u_i u_j} \quad (3.48)$$

也就是说,对于湍流形成的总动量通量 $\overline{u_i u_j}$,空间滤波的流体方程可以直接分辨出一部分,就是 $\overline{u_i^{\mathrm{r}}u_j^{\mathrm{r}}}$,还需要把剩下的那部分,即 $-\overline{\tau_{ij}}/\rho$,用模式来描述。因为对 $\overline{u_i u_j}$ 的贡献来自于含能涡旋,如果空间滤波的尺度落在惯性副区的区间里,通常可分辨部分要比必须用模式描述的那部分大很多。系综平均模式则相反,它无法分辨湍流通量,所有的湍流成分都要用模式来描述。因为系综平均的湍流模式是不完美的,我们认为(其他方法可与之等效)系综平均模式本质上并不比空间滤波模式更可靠,所以两个方案之间存在两个重要差别:

• 空间滤波模式需要三维的、有时间变化的计算。系综平均模式只需要与非均匀方向数目相同的维数,而且如果流动是平稳的,则计算结果可以是不随时间变化的。因此,对于空间滤波模式而言,计算量上的需求要大很多;

• 由于空间滤波模式分辨出湍流通量的一部分,并且因为湍流通量模式的可信度并不是很高,因此其他与之等效的方案可能更可靠些。

§3.5 小结

在不可压湍流流动中关于速度和保守标量的系综平均场为:

$$\frac{\partial U_i}{\partial x_i} = 0 \quad (3.2)$$

$$\frac{\partial U_i}{\partial t} + \frac{\partial}{\partial x_j}\left[U_i\,U_j + \overline{u_i u_j} - \nu\left(\frac{\partial U_i}{\partial x_j} + \frac{\partial U_j}{\partial x_i}\right)\right] = -\frac{1}{\rho}\frac{\partial P}{\partial x_i} \quad (3.7)$$

$$\frac{\partial C}{\partial t} + \frac{\partial}{\partial x_i}\left(U_i C + \overline{u_i c} - \gamma\frac{\partial C}{\partial x_i}\right) = 0 \quad (3.13)$$

如果不出现 $\overline{u_i u_j}$ 和 $\overline{u_i c}$,方程(3.7)和(3.13)就是纳维-斯托克斯方程(1.26)和保守标量方程(1.30),后者在大雷诺数时会有湍流解。但这里的湍流通量项在方程中具有主导量级,它们确保方程的解是平滑无湍流的,总之,这样的解不包含湍流流动中的瞬间结构。

空间滤波方程如下:

$$\frac{\partial \widetilde{u_i^{\mathrm{r}}}}{\partial x_i} = 0 \quad (3.36)$$

$$\frac{\partial \widetilde{u}_i^{\,\tau}}{\partial t} + \frac{\partial}{\partial x_j}\left[\widetilde{u}_i^{\,\tau}\,\widetilde{u}_j^{\,\tau} - \frac{\tau_{ij}}{\rho} - \nu\left(\frac{\partial \widetilde{u}_i^{\,\tau}}{\partial x_j} + \frac{\partial \widetilde{u}_j^{\,\tau}}{\partial x_i}\right)\right] = -\frac{1}{\rho}\frac{\partial \widetilde{p}^{\,\tau}}{\partial x_i} \tag{3.42}$$

$$\frac{\partial \widetilde{c}^{\,\tau}}{\partial t} + \frac{\partial}{\partial x_i}\left(\widetilde{u}_i^{\,\tau}\,\widetilde{c}^{\,\tau} + f_i - \gamma\frac{\partial \widetilde{c}^{\,\tau}}{\partial x_i}\right) = 0 \tag{3.43}$$

在这里,空间滤波产生的新项是 $\tau_{ij}/\rho = \widetilde{u}_i^{\,\tau}\,\widetilde{u}_j^{\,\tau} - (\widetilde{u_i u_j})^{\tau}$ 和 $f_i = (\widetilde{u_i c})^{\tau} - \widetilde{u}_i^{\,\tau}\,\widetilde{c}^{\,\tau}$,它们体现了次滤波尺度湍流的作用。

方程组(3.2)、(3.7)和(3.13),以及方程组(3.36)、(3.42)和(3.43)中的未知数个数都比方程个数多,由此带来了所谓的闭合问题,将在接下来的章节中探讨。

针对主要概念的提问

3.1　何为通量?哪三种类型的通量可以出现在系综平均方程中?请用动量和保守标量方程来说明。

3.2　什么是雷诺应力?是雷诺通量吗?请解释泰勒所说的"虚拟平均通量"。

3.3　解释为什么对称性自变量可以用来检验雷诺应力。

3.4　解释"湍流混合是不完全混合"这个说法。

3.5　解释湍流扩散与分子扩散之间的相互作用。

3.6　举例说明边界层气象中的系综平均模式。

3.7　解释为什么系综平均廓线(比如边界层中的平均风廓线)在真实的湍流流动中基本上是不会出现的。

3.8　如果湍流流动中被平流输送的物质成分是保守的,它会如何混合?

3.9　解释为什么空间滤波的湍流流动模式比系综平均模式更可信。

3.10　如何能够让空间滤波模式具有随机量,即能够产生预报量的系综?

3.11　如何让问题 3.10 所讲的那种类型的空间滤波模式能够预报系综平均量和基于这个平均的方差?

3.12　什么是闭合问题?它是如何出现的?

3.13　运用涡旋黏性闭合可以把系综平均方程(3.7)写成与纳维-斯托克斯方程相同的形式。那么,为什么它没有湍流解?

3.14　为什么我们必须在考虑均匀条件的时候要排除平均压力?还有其他什么变量属于这种类型?

问　题

3.1　从方程(3.7)出发,这个方程控制着平稳的系综平均流动中的动能演变,

(a)系综平均流动中的动能与系综平均的动能相同吗?予以讨论。

(b)把包含黏性应力的一项写成散度项与耗散项之和。

(c)把剩余的项写成散度与余差之和,然后做体积积分,解释得到的结果。

(d)解释如何理解平稳圆管流的体积积分方程,我们对湍流通量项的作用能得到什么结论?

(e)对于保守标量,请重复上述过程。

3.2　推导平均涡度的演变方程,解释其中各项的意义。

3.3　推导保守标量平均梯度的演变方程,解释其中各项的意义。

3.4　从众多实例的平均这个角度来理解管道流动中的雷诺应力 $\overline{uw}$(图 3.1),指出 u 和 v 的自变量,然后解释我们如何能够从一个空间点的时间序列观测结果来确定 $\overline{uw}$,再次指出它的自变量。从物理上解释什么时候及为什么这是正确的。

3.5　通过取平均动量方程(3.6)的散度求得平均压力的泊松方程。

3.6　写出管道中平稳流动(3.2.1 节)的垂直方向的平均动量方程。

3.7　画出烟囱排放的瞬间烟流和系综平均烟流的示意图,它们之间有什么重要的差别?

3.8　解释为什么我们说"湍流扩散"是部分真实、部分虚拟的。

3.9　评估管道中湍流流动平均运动(图 3.1)的侧向方程。

3.10　证明方程(3.28)中的平均法则。

3.11　举例说明局地平均方程(3.29)不满足平均法则(2.6)式。

3.12　证明局地平均方程(3.29)与两个导数(时间和空间)可以互换。

3.13　解释为什么用方程(3.30)定义的空间平均算法去除了尺度比立方体边长 h 小很多的涡旋,而尺度比 h 大很多的涡旋几乎不受影响。

3.14　展开方程(3.41),并证明它如何产生了方程右边的项。

参考文献

Corrsin S，1961. Turbulent flow[J]. Am Sci，49:300-325.

Deardorff J W，1970. A numerical study of three-dimensional turbulent channel flow at large Reynolds numbers[J]. J Fluid Mech，41:453-480.

Kundu Pijush K，1990. Fluid Mechanics[M]. San Diego：Academic Press.

Leonard A，1974. Energy cascade in large-eddy simulations of turbulent fluid flows[J]. Adv Geophys，18A:237-248.

Reynolds O，1895. On the dynamical theory of incompressible viscous fluids and the determination of the criterion[J]. Philos Trans R Soc London，Series A，186:123-164.

Tong C，Wyngaard J，Brasseur J，1999. Experimental study of subgrid-scale stresses in the atmospheric surface layer[J]. J Atmos Sci，56:2277-2292.

第 4 章　湍流通量

§4.1　引言

　　在第 3 章中我们看到,平均计算使得在动量方程和标量守恒方程中生成了新类型的通量。本章将讨论经由系综平均产生的通量。按照传统的说法,把它们称作湍流通量,本章将用湍流热通量[①]来说明相关的概念。

　　为了获得湍流流动中热通量性质的一些认识,我们对流场的温度方程(1.32)乘以 $\rho c_p = \kappa/\alpha$(在这里它是常数),把方程写成"通量形式":

$$\frac{\partial \rho c_p \tilde{T}}{\partial t} = -\frac{\partial}{\partial x_i}\left(\rho c_p \tilde{T} \tilde{u}_i - k\frac{\partial \tilde{T}}{\partial x_i}\right) = -\frac{\partial \tilde{H}_i}{\partial x_i} \tag{4.1}$$

式中:热通量 $\tilde{H}_i$ 是一个湍流矢量:它随空间和时间起伏,并且在每个实例中是不同的。方程(4.1)表明,流体的运动对热通量有贡献,即 $\rho c_p \tilde{T} \tilde{u}_i$,其中 $\rho c_p \tilde{T}$ 是流体的焓(单位:$\mathrm{J \cdot m^{-3}}$);还有一个贡献来自于热传导,$k\partial \tilde{T}/\partial x_i$,其中 k 是导热率(即导热系数,单位:$\mathrm{W \cdot m^{-1} \cdot K^{-1}}$)。

　　在第 1 章的圆管流例子中,沿半径方向的热通量是最重要的,在管壁处只有热传导,因为此处的流体速度为零;在管壁之上的流体当中,热量传输受径向湍流速度控制。

　　接下来在本章中我们讨论的主要是基于温度方程(1.32)而不是乘以 ρc_p 的方程(4.1)。虽然传统上讲通量有很宽泛的含义,但在使用方程(1.32)的时候专指它是温度的通量。

§4.2　边界层中的温度通量

　　基于变量分解 $\tilde{T} = \Theta + \theta$,在湍流边界层中对温度方程(1.32)做系综平均,可以得到:

$$\frac{\partial \Theta}{\partial t} + U_i\frac{\partial \Theta}{\partial x_i} + \frac{\partial \overline{u_i \theta}}{\partial x_i} = \alpha\frac{\partial^2 \Theta}{\partial x_i \partial x_i} \tag{4.2}$$

---

　　①　热力学家(例如,Bohren 和 Albrecht,1998)长期以来一直反对使用"热"这个名词,不过在这里我们还是沿用了惯用说法。

分子扩散项只在靠近固体表面的扩散副层里是重要的。如果那个表面很大且水平均匀，流动达到水平均匀状态时满足 $U_i = [U(z,t),0,0]$ 和 $\Theta = \Theta(z,t)$，这便是大气边界层的常见模型。于是在固体表面之上的平均流动中，温度的时间变化率由湍流通量的散度引起，即：

$$\frac{\partial \Theta}{\partial t} = -\frac{\partial \overline{u_i \theta}}{\partial x_i} = -\frac{\partial \overline{w\theta}}{\partial z} \tag{4.3}$$

如果固体表面的温度高于之上的流体，上升（w 为正值）流体的温度通常比周围环境要高（θ 为正值），因为它来自于靠近固体表面温度更高的地方；同样地，下沉（w 为负值）流体的温度通常低于其周围环境（θ 为负值），因为它来自远处温度更低的地方。因此我们认为 $\overline{w\theta}$ 是正值。相应地，在一个更冷的表面之上 $\overline{w\theta}$ 应该是负值。$\overline{w\theta}$ 在边界层顶处消失，因为在那里湍流消失了。于是，在边界层当中湍流温度通量的散度是不为零的，它通过方程（4.3）引起 Θ 随时间变化。

方程（4.3）可以很好地描述人们熟知的晴天早晨近地面大气的增温（这里温度应该理解为本书第二部分中定义的位温）。在边界层发展过程中其厚度不断增加，边界层内大部分地方的增温速度相同，在这种情况下，方程（4.3）表明温度通量的散度随高度的变化率基本上为常数。

在晴朗的白天 $\overline{w\theta}$ 和 Θ 廓线的典型形状如图 4.1 所示。在靠近地面的地方平均温度梯度明显为负值，而 $\overline{w\theta}$ 是正值，这与湍流涡旋扩散率 K 所构建的通量模式 $\overline{w\theta} = -K\partial\Theta/\partial z$ 所描述的情况一致。$\partial\Theta/\partial z$ 随高度减小的幅度要比 $\overline{w\theta}$ 更大，这意味着 K 随高度增大。白天边界层顶所在高度存在一个"覆盖"逆温层——层结稳定的一层（Θ 随高度增加），它抑制湍流，对于上升的对流热泡而言其作用像一个"盖

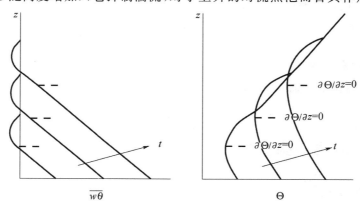

图 4.1　正在发展的对流边界层中湍流温度通量 $\overline{w\theta}$ 廓线（左）和平均温度 Θ 廓线（右）示意图。中午的时候中层的 $\partial\Theta/\partial z$ 可能消失（其值为零），这些位置在图中用虚线表示。

如果 $\overline{w\theta}$ 在这些位置不是零值（如图中靠后的时刻所显示，见左图），则涡旋

扩散率 K 在这里会出现奇异；即高度处于这个位置之上的一些地方，

K 值是负的。这里的"温度"实际上指的是位温（见本书第二部分）

子"。由湍流激发的逆温层流体的向下夹卷使得这里的 $\overline{w\theta}$ 为负值,如图 4.1 中显示的那样。

从图 4.1 中可以看出,空中 $\partial\Theta/\partial z$ 为正值的这一层可以向下延伸到边界层当中,其结果是涡旋对温度的扩散行为变得难以描述:如果 $\partial\Theta/\partial z$ 和 $\overline{w\theta}$ 的符号在不同的高度上发生改变(就像图 4.1 中靠后的时刻所显示的那样),则会发生奇异(K 值变成了负的,这是难以理解的)。

对于一维问题而言,完整的平均温度方程(4.2)就蜕变成:

$$\frac{\partial\Theta}{\partial t} + \frac{\partial}{\partial z}\left(\overline{w\theta} - \alpha\frac{\partial\Theta}{\partial z}\right) = 0 \qquad (4.4)$$

晴天陆地表面温度通量 Q_0 的典型值是 $0.1\,\mathrm{m\cdot s^{-1}\cdot K}$,这需要紧靠地面处的平均温度梯度为:

$$\frac{\partial\Theta}{\partial z} = -\frac{Q_0}{\alpha} \sim -10^4\,\mathrm{K\cdot m^{-1}} \qquad (4.5)$$

式中:$\alpha = 10^{-5}\,\mathrm{m^2\cdot s^{-1}}$。

在很薄的扩散副层之上,温度通量几乎完全是由湍流造成的。涡旋扩散率的量级是 ul,比 α 大很多,所以离地面稍远一点的地方 $\partial\Theta/\partial z$ 的量值要比紧靠地面的地方小很多,在 $z \ll h$ 的地方涡旋扩散率大约是 $10^5\alpha$。例如,我们将在第二部分中讲到,在近地层中湍流减小了 $\partial\Theta/\partial z$,使得它的量值大约为 $0.1\,\mathrm{K\cdot m^{-1}}$,比靠近地面的地方小 5 个量级。

§4.3　标量扩散的质量通量

在第 3 章中我们讨论了点源排放物进入流场后的分子扩散和湍流扩散,由此看到湍流问题包含了湍流混合、分子扩散和系综平均,表现出一些"虚拟"性质。在这里我们先讨论层流解,然后介绍泰勒对湍流问题的处理方法与结果。

4.3.1　层流情形

图 4.2 显示了分子扩散的一个简单情形。强度为 Q(单位长度的质量排放率)的线源沿 y 方向放置,位于 $x = 0$,$z = 0$ 处,释放保守排放物进入速度 $u_i = (u, 0, 0)$ 为常数的层流流场中。在平稳条件下,排放物的守恒方程(1.31)变成顺流方向的平流输送与顺流和垂直方向分子扩散之间的平衡关系:

$$u\frac{\partial c}{\partial x} = \gamma\left(\frac{\partial^2 c}{\partial x^2} + \frac{\partial^2 c}{\partial z^2}\right) \qquad (4.6)$$

采用"薄烟流"近似,即烟流在顺流方向的长度尺度要比垂直方向的厚度尺度大很多,这使得我们可以忽略掉顺流方向的扩散,于是方程(4.6)变成:

$$u\frac{\partial c}{\partial x} = \gamma\frac{\partial^2 c}{\partial z^2} \qquad (4.7)$$

其解(问题 4.5)为高斯烟流:

$$c(x,z) = \frac{Q}{\sqrt{2\pi}\,u\sigma}e^{\frac{-z^2}{2\sigma^2}} \qquad (4.8)$$

"烟流宽度"$\sigma(x)$为:

$$\sigma = \left(\frac{2\gamma x}{u}\right)^{1/2}, \quad \text{或} \quad \frac{\sigma}{x} = \left(\frac{2\gamma}{ux}\right)^{1/2} \qquad (4.9)$$

方程(4.9)显示,σ的增长速度要比顺流距离 x 慢。如果 $u=5$ m·s^{-1},且 $\gamma=10^{-5}$ m^2·s^{-1},在源的下游 4 cm 的地方 σ 只是它的 1%。薄烟流近似在更远的下游效果更明显,比如,在下游离源 4 m 的地方,σ 仅是这个距离的 0.1%。

在这里 c 的垂直通量是 $-\gamma\partial c/\partial z$。由方程(4.8)和(4.9)可得:

$$-\gamma\frac{\partial c}{\partial z} = \frac{\gamma z}{\sigma^2}c(z) \qquad (4.10)$$

图 4.2 显示了它的垂直分布以及 c 廓线。由于这个问题的对称性,c 通量在烟流的中心线上为零,在其他地方通量的方向是沿着 c 的高值指向低值的方向。

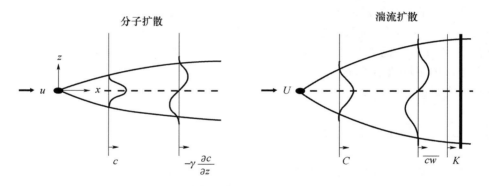

图 4.2　横风向(y 方向)放置的线源排放物在均匀流场中扩散的手绘示意图。在垂直方向上进行了放大处理(主要针对左图)。左图:层流流场中浓度 c 和侧向通量 $-\gamma\partial c/\partial z$ 的廓线,烟流宽度随 $x^{1/2}$ 变化,如方程(4.9)所示;右图:在长时间极限条件下均匀湍流流动中平均浓度 C、侧向湍流通量 $\overline{wc}$,以及涡旋扩散率 K 的廓线,烟流宽度起初随 x 变化,然后随 $x^{1/2}$ 变化,如方程(4.29)所示

4.3.2　湍流情形

现在来把这个问题放在均匀的湍流流动中来考虑。瞬时的湍流烟羽具有不规则的形状,系综平均的烟流(多个瞬时的、边缘清晰的、细节上各不相同的烟羽的平均结果)是平滑的(图 2.3)。横穿烟流的平均浓度廓线(已经在实验室的均匀湍流流动中测量到这样的分布)非常接近高斯解(4.8)式。

在均匀湍流情形之下的系综平均浓度方程是:

$$U\frac{\partial C}{\partial x}=-\frac{\partial \overline{uc}}{\partial x}-\frac{\partial \overline{wc}}{\partial z}\tag{4.11}$$

其中,平均速度 $U_i=(U,0,0)$,U 是常数。如同层流情形(4.6)式一样,它是顺流方向平流输送与顺流和侧向湍流扩散之间的平衡,所有地方的分子扩散都被忽略,因为在这个问题中没有固体边界。

如果做薄烟流假设,也就是说,$\partial\overline{uc}/\partial x\ll\partial\overline{wc}/\partial z$,则方程(4.11)就变成:

$$U\frac{\partial C}{\partial x}=-\frac{\partial \overline{wc}}{\partial z}\tag{4.12}$$

对于排放物在垂直方向上的湍流通量 $\overline{wc}$,我们可以判断它的行为。在上半个烟流中可以认为向上的运动(w 为正值)伴随着来自于靠近中心平面的聚集的排放物(c 为正值);而向下的运动(w 为负值)伴随着来自于离中心平面较远的稀释的排放物(c 为负值);$\tilde{c}$ 不可能为负值,但其扰动部分 c 可以为负值。它们都产生了正的 $\overline{wc}$。相对应地,可以认为下半个烟流中的 $\overline{wc}$ 为负值。因为平均流动是关于中心平面对称的,$\overline{wc}$ 在中心平面处一定是消失的(值为零),这与层流中分子通量的情形一样。最后,在远离中心平面的地方没有排放物,因此在那里 $\overline{wc}=0$。

在湍流扩散问题中这些被推测出来的 c 和 $\overline{wc}$ 廓线也被显示在图 4.2 中。它们与分子扩散的情形相似,这意味着层流中的浓度方程(4.7)与均匀湍流中的平均浓度方程(4.12)具有相似性。如果涡旋扩散率与 z 无关,即存在 $K(x)$,使得:

$$\overline{wc}(x,z)=-K(x)\frac{\partial C}{\partial z}\tag{4.13}$$

于是在任意 x 位置 C 的方程(4.12)都会与层流情形下的方程(4.7)具有相同的形式:

$$U\frac{\partial C}{\partial x}=K(x)\frac{\partial^2 C}{\partial z^2}\tag{4.14}$$

且在任意 x 处的平均浓度 $C(z)$ 也会是高斯分布,如同观测到的一样:

$$C(x,z)=\frac{Q}{\sqrt{2\pi}U\sigma_t}e^{\frac{-z^2}{2\sigma_t^2}}\tag{4.15}$$

这就是分子扩散的(4.8)式,只是其中的风速是平均风速 U,宽度参数是表征平均浓度分布的 $\sigma_t(x)$。

这个问题中的涡旋扩散率 $K(x)$ 可以用拉格朗日方法推导出来[1]。如果把高斯解(4.15)式代入方程(4.14)来求取 $K(x)$,我们发现:

$$K(x)=\frac{U}{2}\frac{d\sigma_t^2}{dx}\tag{4.16}$$

在任意位置 $x=Ut$,平均浓度 $C(x,z)$ 正比于一个概率,这个概率就是一个排放物粒子从源释放出来经过时间 t 在垂直方向移动距离 z 的概率,这个距离记为 $z_p(t)$。所

---

[1]　泰勒在 1921 年提出的这个求解方法由塞纳迪(Csanady,1973)重新表述。

以可以把 σ_t^2 理解为 $\overline{z_p^2}(t)$——排放物粒子的垂直位移方差。$z_p(t)$ 可以用另一个拉格朗日量,即粒子的垂直速度 $w_p(t)$,来表示:

$$z_p(t) = \int_0^t w_p(t')\mathrm{d}t' \qquad (4.17)$$

乘以 $2w_p = 2\mathrm{d}z_p/\mathrm{d}t$,取系综平均,并运用时间导数与系综平均的交换律性质,可得:

$$2\,\overline{z_p\frac{\mathrm{d}z_p}{\mathrm{d}t}} = \overline{\frac{\mathrm{d}z_p^2}{\mathrm{d}t}} = \frac{\mathrm{d}\overline{z_p^2}}{\mathrm{d}t} = 2\int_0^t \overline{w_p(t)w_p(t')}\mathrm{d}t' \qquad (4.18)$$

上式可以进一步写成如下形式:

$$\frac{\mathrm{d}\overline{z_p^2}}{\mathrm{d}t} = 2\,\overline{w_p^2}\int_0^t R(\tau)\mathrm{d}\tau \qquad (4.19)$$

式中:R 是一个粒子的垂直速度的自相关函数,

$$R(\tau) = \frac{\overline{w_p(t)\,w_p(t+\tau)}}{\overline{w_p^2}} \qquad (4.20)$$

由此可以诊断出 R 分别在短时极限和长时极限情况下的行为。第一个很简单:$R(0)=1$。而对于经过很长时间以后的情况,可以认为粒子的运动已经"忘记"了它的初始速度,所以有 $R \to 0$。

在等密度流体的均匀平稳湍流场中,拉格朗日方差 $\overline{w_p^2}$ 与欧拉方差 $\overline{w^2}$ 相等(Lumley,1962;Corrsin,1963)。所以,方程(4.19)可以写成:

$$\frac{\mathrm{d}\,\overline{z_p^2}}{\mathrm{d}t} = 2\,\overline{w^2}\int_0^t R(\tau)\mathrm{d}\tau \qquad (4.21)$$

这个结果是由 Taylor(1921)给出的,所以被称为"泰勒定理"。短时极限 $R=1$ 意味着:

$$\frac{\mathrm{d}\,\overline{z_p^2}}{\mathrm{d}t} \to 2\,\overline{w^2}t, \quad t \to 0 \qquad (4.22)$$

长时极限 $R=0$ 则有:

$$\frac{\mathrm{d}\,\overline{z_p^2}}{\mathrm{d}t} \to 2\,\overline{w^2}\tau_L, \quad t \to \infty \qquad (4.23)$$

式中:τ_L 是拉格朗日积分时间尺度,定义为:

$$\tau_L = \int_0^\infty R(t)\mathrm{d}t \qquad (4.24)$$

τ_L 具有与欧拉积分时间尺度 τ 相同的量级(第 2 章),但它们之间没有简单的对应关系(Corrsin,1963)。

我们还可以在空间意义上理解这些结果,因此可以写出:

$$x_p(t) = \int_0^t u_p(t')\mathrm{d}t' \qquad (4.25)$$

然后做系综平均,并运用均匀湍流中拉格朗日统计量与欧拉统计量等价的性质,可以得到:

$$\overline{x_p}(t) = \int_0^t \overline{u_p}(t') \mathrm{d}t' = Ut \tag{4.26}$$

方程 (4.26) 的意思是系综粒子以速度 U 向下游移动,于是可以使用变量转换 $x = Ut$ 和 $\mathrm{d}/\mathrm{d}t = U\mathrm{d}/\mathrm{d}x$,把关于 K 的方程 (4.16) 写成如下形式:

$$K = \frac{U}{2}\frac{\mathrm{d}\,\sigma_t^2}{\mathrm{d}x} = \frac{U}{2}\frac{\overline{\mathrm{d}z_p^2}}{\mathrm{d}x} = \frac{1}{2}\frac{\overline{\mathrm{d}z_p^2}}{\mathrm{d}t} \tag{4.27}$$

在短时极限 (4.22) 式和长时极限 (4.23) 式中,可以把时间分别理解成 $t \ll \tau_L$ 和 $t \gg \tau_L$,这样就得到:

$$K(x) \sim \overline{w^2}t = \frac{\overline{w^2}}{U}x, \quad t \ll \tau_L; \quad K(x) \sim \overline{w^2}\tau_L = 常数, \quad t \gg \tau_L \tag{4.28}$$

依据 (4.27) 式,平均烟流宽度的行为就可以描述为:

$$\sigma_t \sim \frac{(\overline{w^2})^{1/2}}{U}x, \quad x \ll U\tau_L; \quad \sigma_t \sim \left(\frac{\overline{w^2}\tau_L}{U}\right)^{1/2} x^{1/2}, \quad x \gg U\tau_L \tag{4.29}$$

这表明,在最初阶段平均烟流宽度随离源距离线性增长,在经过大约 $U\tau_L$ 距离之后慢慢变成随距离呈抛物线增长,如图 4.2 所示。

　　总之,对于平均速度为 U 的均匀湍流场中横风向放置的连续线源,其排放物扩散形成条状烟流,平均浓度廓线的分布函数在形式上与层流解 (4.8) 式相同,即:

$$C(x,z) = \frac{Q}{\sqrt{2\pi}U\,\sigma_t} e^{\frac{-z^2}{2\sigma_t^2}}$$

但是平均烟流参数由湍流统计量决定:

$$\frac{\mathrm{d}\sigma_t^2}{\mathrm{d}t} = 2K = 2\,\overline{w^2}\int_0^t R(t')\mathrm{d}t', \quad R(t') = \frac{\overline{w_p(t)w_p(t+t')}}{\overline{w_p^2}}, \quad x = Ut$$

正如 Csanady (1973) 所指出的,当存在不止一个排放源的时候涡旋扩散率 K 的行为发生了奇异。如果存在两个源,一个源在另一个源的上游,那么在两个源对总浓度都有贡献的某个位置,来自不同源的排放物的 K 值不同。这正是 Taylor (1959) 声称涡旋扩散率是一个"不合逻辑的概念"的原因。

§4.4　管道流的动量通量

　　图 3.1 给出了矩形管道中顺流垂直剖面上平稳湍流流动的示意图。平均动量方程的顺流分量方程是:

$$\frac{\partial}{\partial z}\left(\overline{uw} - \nu\frac{\partial U}{\partial z}\right) = -\frac{1}{\rho}\frac{\partial P}{\partial x} \tag{3.10}$$

而其中平均的运动学应力的 1-3 分量的廓线是:

$$T_{13} = -\overline{uw} + \nu \partial U / \partial z = -\frac{u_*^2 z}{D} \qquad (4.30)$$

式中:$2D$ 是管道上下壁面之间的距离,u_*^2 是壁面上的运动学应力,u_* 被称为摩擦速度。对于光滑的壁面,应力应该是黏性应力,但是在扩散副层之上它就是湍流应力。因为这个原因,u_* 是近壁湍流的一个非常重要的速度尺度。

图 4.3 给出了平均的运动学应力及其黏性应力部分和湍流应力部分的廓线,其中的湍流应力对应于涡旋扩散率 K 为正值的结果,即 $\overline{uw} = -K \partial U / \partial z$。同时,$U$ 廓线的形状(图 3.1)还告诉我们 K 值在壁面附近较小,在中心位置较大。

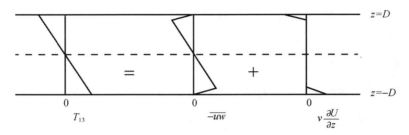

图 4.3 对应于图 3.1 中湍流管道流的平均运动学应力 T_{13} 的廓线以及相应的黏性应力和湍流应力廓线

§4.5 关于"混合长"

在这一章中我们已经看到,一个量的湍流通量(即湍流速度与这个被输送量的湍流(扰动)部分的协方差)在湍流流动中的核心作用。在 4.2 节的例子中温度垂直通量 $\overline{w\theta}$ 决定了白天温度廓线的演变。

人们很自然地会把一个量的湍流部分与相应的平均梯度联系在一起,例如,

$$\theta \sim -d \frac{\partial \Theta}{\partial z} \qquad (4.31)$$

式中:d 是 z 方向湍流位移的长度尺度。于是通量可以表示成:

$$\overline{\theta w} \sim -\overline{dw} \frac{\partial \Theta}{\partial z} \sim -K \frac{\partial \Theta}{\partial z} \qquad (4.32)$$

式中:K 就是"涡旋扩散率"。

对于与湍流混合相关联的长度尺度 d,泰勒和普朗特各自独立地给出了他们的诠释。在 1913 年的观测试验中,泰勒测量了纽芬兰大浅滩的冷水域之上的温度和湿度廓线,他发现冷却波渗透进大气的速率可以用"类似于分子传导但更为活跃的过程"来解释。作为对其早年试图去理解"湍流引起的有效传导"的反思,泰勒曾写道(Taylor,1970):

为了从理论上完善分子传导和湍流传输之间的类比,有必要考虑与湍流过程相关的长度,它类似于分子的平均自由程。这驱使我设想一个纯粹是猜想性的过程来

描绘经过每个自由程之后的碰撞。在 1915 年我提出一个想法,耦合在一起的流体质量在垂直方向上向上或向下移动一段距离,并在此过程中保持着自身的性质,然后与周围环境发生混合,其性质将变成与周围环境相同。

普朗特 1925 年在他的文章里使用了混合长的概念,后来他告诉我说他从来没有听说过我 1915 年的文章。

泰勒 1915 年文章的一个重要观念是"存在一个平均高度,涡旋在某一层上具有与周围环境相同的温度,在垂直方向上移动这个高度后达到另一层,然后在这一层上发生混合。"普朗特 1925 年在他的文章里介绍了"混合长",此后这个术语开始被人们知道。泰勒声明他认为被熟知的混合长概念很粗陋(Taylor,1970):

我对混合长理论是不满意的,因为在我看来,一个流体质团经过一段距离保持不变,然后把它的可传递性质交付出去,并使其性质变成与该处的平均条件相同,这样的想法不符合一个物理过程的真实图像。

泰勒把他对混合长理论的质疑归结为想要发展出关于连续点源的平均烟流增长问题的精确解(4.3.2 节):

当我考虑从理论上摆脱对混合长理论进行合理化补救的企图的时候,我开始对离开烟囱的烟迹的形状感兴趣。任何基于有效扩散率的扩散理论必须预设一个平均烟流形状,对我而言,接近排放源的平均烟流轮廓很显然是尖角状的。这促使我考虑用混合长以外的方法描述湍流扩散,结果就有了我在 1921 年发表的《连续移动形成的扩散》这篇文章。我想,这应该是首次把湍流相关性的概念引入扩散问题当中。

泰勒所说的"尖角状的烟流轮廓"便是方程(4.29)取线性极限的情况。

也许,泰勒 1921 年的文章所展示的关于均匀平稳湍流中连续点源扩散问题的解析解让人们丧失了对更简洁的混合长方案的兴趣。事实上,拉姆雷在评论混合长(如同它常被称呼的那样)假设时说道(Lumley,1989):

当我是个研究生的时候,我并不知道混合长假设的存在……我只是后来才知道它的。

后来泰勒发表了由四部分构成的关于湍流统计方案的系列文章(Taylor,1935),这些文章对我们今天的认识产生了深远的影响。

§4.6　小结

本章在三个问题中推演了湍流通量的行为,在每个例子中湍流通量都比相应的分子通量大很多,除非是在紧靠固体边界的地方。我们还发现,湍流通量与平均梯度的关系并不像分子扩散中的那样简单明了。我们会看到,它很少会像分子扩散那样。

本章讨论了泰勒早年观测湍流通量的经历,还有他对湍流通量不断演进的物理解释和修正,以及他对发展简单的湍流"混合长"理论所做的尝试。此外,还讨论了他对这个理论的质疑,以及他后来寻找更好替代方案的不断努力和成果。我们将在第5章中通过检验湍流通量的演变方程进一步讨论这个问题。

针对主要概念的提问

4.1 证明用"平均+扰动"的分解方式在湍流流动中引入了几种保守标量通量,哪一种是湍流通量?

4.2 解释为什么平均过程能够让我们把平均过后的标量守恒方程(1.29)中的平均通量写成平均部分、湍流部分及分子扩散部分之和。

4.3 从方程的角度看,为什么室外的平均温度在晴天早晨是增加的?是什么样的机制造成了这个增温?

4.4 点源排放物在层流流动和湍流流动中的扩散过程背后是什么物理机制?

4.5 解释为什么我们能够对湍流流动中的湍流通量廓线做出诊断,举例说明。

4.6 解释"混合长"思想的实质。

4.7 解释方程(4.11)中水平湍流通量项的物理根源。

4.8 从线源扩散问题中烟流横断面上一个控制体积内平均质量平衡的角度来理解方程(4.11),试从物理上解释为什么每一项都不为零。

4.9 从物理上解释为什么图4.1中对流边界层顶的夹卷通量是负值。

4.10 我们认为拉格朗日相关函数在初始阶段是非零的,请给出物理解释。

4.11 在欧拉框架下4.3.2节中的泰勒问题是静态的,为什么在拉格朗日框架下它不是静态的?在什么样的问题中它在拉格朗日框架下也是静态的?

问 题

4.1 一种衰减时间尺度为 τ 的可反应痕量成分在湍流流动中扩散,它的演变方程是:

$$\frac{D\tilde{c}}{Dt} = \gamma \nabla^2 \tilde{c} - \frac{\tilde{c}}{\tau}$$

假设这样的湍流流动中保守成分具有一个涡旋扩散率,用混合长思想来讨论,你认为在什么情况下这个反应成分具有保守成分的涡旋扩散率?在什么情况下没有?

4.2 为什么在边界层中水平的湍流温度通量没有实际意义,即使它可能比垂直通量还要大?

4.3 你看到过烟囱的烟羽是不扩散的吗?在什么条件下你能看到?画图说明你看到的情况,是什么造成了这种行为?

4.4 分子扩散的通量-梯度关系的物理原因是什么?它包含了什么平均过程?这样

的通量-梯度关系不一定适用于湍流扩散过程,这两种过程的什么差别可以说明这一点?

4.5　证明方程(4.8)是方程(4.7)的一个解,其中的参数用方程(4.9)来定义。

4.6　两个反向运动的平板之间的流动被称为科埃特(Couette)流动,什么时候它是平流的?什么时候它是湍流的?计算在层流科埃特流中的应力廓线和速度廓线,为什么它的压力梯度是零?

4.7　计算湍流科埃特流中的应力廓线。画出平均速度廓线的示意图,并与层流情况进行对比,画出相应的涡旋扩散率廓线。

4.8　在湍流科埃特流问题中一个平板的温度固定在T_1,另一个平板的温度固定在T_2,写出这个问题的平均温度方程,画出湍流温度通量垂直廓线示意图。

4.9　水汽由于地表的蒸发进入水平均匀的大气边界层中,边界层因其上层空气的卷入而厚度随时间增长,卷入的空气比边界层中的干燥,而平均的水汽浓度不随时间变化。

(a)写出这个问题的平均水汽浓度方程;

(b)画出水汽的垂直湍流通量的廓线,并解释。

参考文献

Bohren C F, Albrecht B A, 1998. Atmospheric Thermodynamics[M]. New York: Oxford University Press.

Corrsin S, 1963. Estimates of the relations between Eulerian and Lagrangian scales in large Reynolds number turbulence[J]. J Atmos Sci, 20:115-119.

Csanady G T, 1973. Turbulent Diffusion in the Environment[M]. Dordrecht: Reidel.

Lumley J L, 1962. The mathematical nature of the problem of relating Lagrangian and Eulerian statistical functions in turbulence[C]. Mécanique de la Turbulence, Paris: CNRS, pp17-26.

Lumley J L, 1989. The state of turbulence research[A]//Advances in Turbulence, W K George and R Arndt, Eds. , New York: Hemisphere, pp1-10.

Taylor G I, 1915. Eddy motion in the atmosphere[J]. Philos Trans R Soc London, Series A, 215:1-26.

Taylor G I, 1921. Diffusion by continuous movements[J]. Proc London Math Soc, Sec 2, 20:196-211.

Taylor G I, 1935. Statistical theory of turbulence. Parts I-IV[J]. Proc Roy Soc London, Series A, 151:421-478.

Taylor G I, 1959. The present position in the theory of turbulent diffusion[J]. Adv Geophys, 6:101-112.

Taylor G I, 1970. Some early ideas about turbulence[J]. J Fluid Mech, 41:3-11.

第 5 章　协方差的守恒方程

§5.1　简介与背景

在第 1 章中我们知道,对湍流方程的直接数值模拟只能在湍流雷诺数 R_t 的值较小的情况下得以实施,要对 R_t 值非常大的工程问题和地球物理问题进行计算,采用的则是这些方程的平均形式。平均过程产生了非常重要的湍流通量,必须以某种方式对这些湍流通量进行描述,才能使得方程可以被数值求解。这样的描述使得能够把平均的湍流场模拟应用到很多方面,从大气边界层中的流动到地球大气的环流运动,乃至太阳表面的对流活动。

在这一章里,我们要推导、阐释并且标度几个协方差(包括湍流通量)的守恒方程,这些协方差因系综平均而产生。在很粗的分辨率上,各态历经性(物理量的无偏平均收敛于系综平均,见本书第 2 章)消除了系综平均与空间平均之间的差异,所以这些协方差方程也被用于传统的中尺度模拟和数值天气预报。

Monin 和 Yaglom(1971)确认,凯勒和弗里德曼(Keller 和 Friedmann)在他们1924 年发表的文章里首次展示了湍流矩方程的推导方法,并且把湍流通量的收支方程作为一个例子进行了演示。因为其中包含未知项,在之后的很长时间里这些湍流矩方程几乎没有得到应用。直到 20 世纪 60 年代后期,计算机的能力充分发展起来,才对这些方程实现了数值求解。

有关这些通量收支模式的文献会让人产生困惑,对其中用到的闭合近似的理论基础往往缺乏讨论,给此类模式取的名称也各不相同,比如,"二阶闭合"、"雷诺平均纳维-斯托克斯"、"单点闭合"、"高阶闭合"、"不变量模拟",偶尔也用模式设计者的名字来命名,如"梅勒-雅玛达 2.5 阶"(Mellor-Yamada level 2.5)。

§5.2　扰动量方程

对于两个湍流量 $\tilde{a}=A+a$ 和 $\tilde{b}=B+b$,它们被分解成系综平均部分与扰动部分之和。我们可以用下列方法来推导协方差 $\overline{ab}$ 的方程,因为系综平均与导数可以互换,可以把它写成如下形式:

$$\frac{\partial \overline{ab}}{\partial t} = \overline{a\frac{\partial b}{\partial t}} + \overline{b\frac{\partial a}{\partial t}} \tag{5.1}$$

于是,可以对 a 的方程乘以 b,对 b 的方程乘以 a,然后将两个方程相加,再取系综平均,就可以推导出 $\overline{ab}$ 的守恒方程。

为了推导扰动量的守恒方程,需要操作下列步骤:

- 用一个量的"平均＋扰动"形式去替换守恒方程中的全变量,称之为全变量方程;
- 对全变量方程进行系综平均,从而得到平均方程;
- 从全变量方程中减去平均方程,可以得到扰动量方程。

我们可以用保守标量来完成这个过程。基于 $\tilde{u}_i = U_i + u_i$ 和 $\tilde{c} = C + c$,方程(1.31)的全变量形式是:

$$\frac{\partial(C+c)}{\partial t} + (U_j + u_j)\frac{\partial(C+c)}{\partial x_j} = \gamma\frac{\partial^2(C+c)}{\partial x_j \partial x_j} \tag{5.2}$$

对上述方程进行系综平均,并运用第 2 章的平均计算法则,得到如下平均方程:

$$\frac{\partial C}{\partial t} + U_j\frac{\partial C}{\partial x_j} + \frac{\partial \overline{u_j c}}{\partial x_j} = \gamma\frac{\partial^2 C}{\partial x_j \partial x_j} \tag{5.3}$$

从全变量方程(5.2)中减去平均方程(5.3),得到扰动量方程:

$$\frac{\partial c}{\partial t} + U_j\frac{\partial c}{\partial x_j} + u_j\frac{\partial C}{\partial x_j} + \frac{\partial}{\partial x_j}(u_j c - \overline{u_j c}) = \gamma\frac{\partial^2 c}{\partial x_j \partial x_j} \tag{5.4}$$

全变量 $\tilde{c}(\boldsymbol{x}, t)$ 可以是成分密度,这种情况下它的值肯定是正的,但是它的扰动部分没有这个限制:当全变量 $\tilde{c}(\boldsymbol{x}, t)$ 小于它的系综平均值 $C(\boldsymbol{x}, t)$ 的时候,$c = \tilde{c} - C$ 是负值。

相同的操作可以获得扰动速度场的方程:

$$\frac{\partial u_i}{\partial t} + U_j\frac{\partial u_i}{\partial x_j} + u_j\frac{\partial U_i}{\partial x_j} + \frac{\partial}{\partial x_j}(u_i u_j - \overline{u_i u_j}) = -\frac{1}{\rho}\frac{\partial p}{\partial x_i} + \nu\frac{\partial^2 u_i}{\partial x_j \partial x_j} \tag{5.5}$$

方程(5.4)和(5.5)左边第二、第三、第四项代表了产生扰动的三个过程:平均速度对扰动量的平流输送、扰动速度对平均量的平流输送、扰动速度对扰动量的平流输送的扰动部分。方程(5.4)和(5.5)中的其他项是它们在全变量方程中的扰动部分,如同它们的母方程一样,方程(5.4)和(5.5)是非线性的,因为方程左边有四项包含了扰动量的乘积。

§5.3　举例:标量方差的方程

5.3.1　推导与解读

下面来证明标量方差 $\overline{c^2}$ 的推导过程。对 c 的扰动量方程(5.4)乘以 $2c$,然后进行系综平均,运用第 2 章中的平均计算法则,得到各项的结果如下:

$$\overline{2c\frac{\partial c}{\partial t}} = \frac{\partial \overline{c^2}}{\partial t}$$

$$\overline{2cU_j \frac{\partial c}{\partial x_j}} = U_j \frac{\partial \overline{c^2}}{\partial x_j}$$

$$\overline{2cu_j \frac{\partial C}{\partial x_j}} = 2 \overline{cu_j} \frac{\partial C}{\partial x_j} \qquad (5.6)$$

$$\overline{2c \frac{\partial}{\partial x_j}(u_j c - \overline{u_j c})} = \frac{\partial \overline{c^2 u_j}}{\partial x_j}$$

$$\overline{2c\gamma \frac{\partial^2 c}{\partial x_j \partial x_j}} = \gamma \frac{\partial^2 \overline{c^2}}{\partial x_j \partial x_j} - 2\gamma \overline{\frac{\partial c}{\partial x_j} \frac{\partial c}{\partial x_j}}$$

得到的标量方差方程是(括号内标注的是各项的意义):

$$\frac{\partial \overline{c^2}}{\partial t} = -U_j \frac{\partial \overline{c^2}}{\partial x_j} \qquad \text{(平均平流项)}$$

$$- 2\overline{u_j c} \frac{\partial C}{\partial x_j} \qquad \text{(平均梯度产生项)}$$

$$- \frac{\partial \overline{c^2 u_j}}{\partial x_j} \qquad \text{(湍流输送项)}$$

$$+ \gamma \frac{\partial^2 \overline{c^2}}{\partial x_j \partial x_j} \qquad \text{(分子扩散项)}$$

$$- 2\gamma \overline{\frac{\partial c}{\partial x_j} \frac{\partial c}{\partial x_j}} \qquad \text{(分子耗散项)} \qquad (5.7)$$

可以看出,分子项具有两方面作用。

　　局地时间变化加上平均平流项是跟随平均运动的时间导数,所以它与偏导数不同,被称为全时间导数,它也适用于瞬时运动:

$$\text{跟随平均运动的时间导数} \equiv \frac{\partial}{\partial t} + U_i \frac{\partial}{\partial x_i}$$

$$\text{跟随瞬时运动的时间导数} \equiv \frac{\partial}{\partial t} + \tilde{u}_i \frac{\partial}{\partial x_i}$$

$$= \frac{D}{Dt} = \frac{\partial}{\partial t} + (U_i + u_i) \frac{\partial}{\partial x_i} \qquad (5.8)$$

　　我们可以对平均梯度产生项做如下解读。出现平均梯度$\partial C/\partial x_j$的时候,一个位移d_j可以引起一个扰动$c = d_j \partial C/\partial x_j$,所以$u_j \partial C/\partial x_j$是产生$c$扰动的速率,乘以$2c$后再进行平均,则给出了产生$\overline{c^2}$的速率,即$2\overline{u_j c}\partial C/\partial x_j$。

　　方程(5.7)右边第三项是$\overline{c^2 u_j}$的散度,$\overline{c^2 u_j}$是标量扰动量平方的湍流通量,称之为标量方差的湍流输送,这一项在任何一个二阶矩方程中都会出现。第四项是分子扩散项,也是个散度。则上述三个散度项之和是:

$$\text{平均平流} + \text{湍流输送} + \text{分子扩散} = -\frac{\partial}{\partial x_j}\left(U_j \overline{c^2} + \overline{c^2 u_j} - \gamma \frac{\partial \overline{c^2}}{\partial x_j}\right) \qquad (5.9)$$

依据散度定理,可以把这个散度的体积积分表示成这个体积的表面上的面积分:

$$\int_V \frac{\partial}{\partial x_j}\left(U_j\overline{c^2} + \overline{c^2 u_j} - \gamma \frac{\partial \overline{c^2}}{\partial x_j}\right)\mathrm{d}V = \int_A \left(U_n\overline{c^2} + \overline{c^2 u_n} - \gamma \frac{\partial \overline{c^2}}{\partial x_n}\right)\mathrm{d}A \qquad (5.10)$$

式中：下标 n 表示面元 dA 的外法线方向。如果对整个流动进行体积积分，则在边界表面上的速度为零，平均平流和湍流输送对面积分的贡献为零。可以得到的结论是，它们的作用只是把标量方差从流体中的一点转移到另一点。

我们可以把分子扩散项改写成如下形式：

$$\gamma \frac{\partial^2 \overline{c^2}}{\partial x_j \partial x_j} = \frac{\partial}{\partial x_j}\left(\gamma \frac{\partial \overline{c^2}}{\partial x_j}\right) = -\frac{\partial}{\partial x_j}\left(-\gamma \frac{\partial \overline{c^2}}{\partial x_j}\right) \tag{5.11}$$

它是 $\overline{c^2}$ 的分子通量（或分子扩散）的散度的负值。第二个分子项永远是负值，它表示 $\overline{c^2}$ 的分子耗散速率，我们把它记为 χ_c：

$$\chi_c = 2\gamma \overline{\frac{\partial c}{\partial x_j}\frac{\partial c}{\partial x_j}} \tag{5.12}$$

式中：系数 2 在定义中有时候不出现，这会引起混乱。因此把 χ_c 写成：

$$\chi_c = 2 \overline{\left(\gamma \frac{\partial c}{\partial x_j}\right)\left(\frac{\partial c}{\partial x_j}\right)}$$
$$= -2\overline{(c \text{ 的扰动分子通量}) \cdot (c \text{ 的扰动梯度})} \tag{5.13}$$

它与平均梯度产生项的形式一样，是通量与梯度的标量积（点积）。

在平稳条件下，对方程(5.7)的体积积分变成：

$$\frac{\partial}{\partial t}\int_V \overline{c^2}dV = 0 = -\int_V 2\,\overline{u_j c}\frac{\partial C}{\partial x_j}dV - \int_V \chi_c dV \tag{5.14}$$

所以它满足：

$$-\int_V 2\,\overline{u_j c}\frac{\partial C}{\partial x_j}dV = \int_V \chi_c dV > 0 \tag{5.15}$$

方程(5.14)的意思是，在平稳条件下流体内部积分的 $\overline{c^2}$ 生成速率与消耗速率达到平衡。方程(5.15)则是说，在平稳情况下流体内部积分的产生项始终是正值。涡旋扩散率闭合方案是：

$$\overline{cu_j} = -K\frac{\partial C}{\partial x_j}, \quad K \geqslant 0 \tag{5.16}$$

其在进行简单估算时很有用，满足这个约束条件使得局地平均梯度产生项始终是正值：

$$-2\,\overline{u_j c}\frac{\partial C}{\partial x_j} = 2K\left(\frac{\partial C}{\partial x_j}\frac{\partial C}{\partial x_j}\right) \geqslant 0 \tag{5.17}$$

标量方差的收支方程(5.7)在实际应用中很有用。例如，只知道一种正在扩散的有害物质的平均浓度 C 是很不够的，因为 C 不能给出局地和瞬时 $\tilde{c}$ 可能出现大值的信息，而 $\overline{c^2}$ 可以让我们度量出这种起伏的量值。模拟方程(5.7)面临的一个极具难度的挑战是，所构建的闭合方案如何能够保证 $\overline{c^2}$ 始终为正值这样一个天然的属性。

5.3.2　尺度分析的准则

针对方差演变方程中的各项，这里列举一些用来在含能尺度上分析它们的量级的准则。在第 14 章中我们将讨论这些项在耗散尺度上的量级。

① 扰动速度的尺度是 $u=(\overline{u_i u_i})^{1/2}$；保守标量的扰动量尺度是 $s=(\overline{c^2})^{1/2}$；压力扰动量的尺度是 $p=\rho u^2$；

② 扰动速度与保守标量扰动量之间的相关系数的量级是 $O(1)$[①]；

③ 平均量出现空间变化的长度尺度是 l；

④ 平均标量梯度和平均速度梯度的尺度分别是 s/l 和 u/l；

⑤ 常数可以被忽略；

⑥ 平均平流项和局地时间变化项可以包含外部强迫因子的尺度 L 和 τ_e，而不是直接与湍流尺度 l 和 u 相关联；

⑦ 避免试图去标度"混合尺度"协方差，这样的协方差包含一个小尺度（耗散区间）量和一个大尺度（含能区间）量，这两个量的相关系数不是 $O(1)$。

一个"混合尺度"协方差的例子[②]是 $\partial \overline{c^2}/\partial x = 2\overline{c \partial c/\partial x}$。左边是一个平均量的空间导数，所以它的量级是 s^2/l。右边是一个混合尺度的协方差，$c\sim s$ 是个大尺度量，但是我们很快就会看到 $\partial c/\partial x$ 是个小尺度量。在这个例子中我们可以重写它的表达式来确定它的量级（问题 5.17），但是通常情况下并不是这么简单。

在准则①中的尺度 u 和 s 是最简单的，它们是湍流流动中速度和保守标量扰动幅度的直接度量。类似地，准则③中标量空间变化的长度尺度也是最简单的，它与含能涡旋的长度尺度和平均量发生变化的长度尺度相当。准则④吸收了混合长概念，即扰动是由存在平均梯度时的涡旋运动引起的。

方程(5.15)表明，在方程(5.7)中平均梯度产生项与分子耗散项具有相同的量级，依据尺度分析准则，它是：

$$\overline{u_j c}\frac{\partial C}{\partial x_j} \sim us\frac{s}{l}=\frac{s^2 u}{l} \tag{5.18}$$

湍流输送项也是这个量级。

分子扩散项的尺度可以表示成如下形式：

$$\gamma\frac{\partial^2 \overline{c^2}}{\partial x_j \partial x_j} \sim \gamma\frac{s^2}{l^2}=\frac{s^2 u}{l}\left(\frac{\gamma}{ul}\right)\sim\frac{s^2 u}{l}\left(\frac{\gamma}{\nu}\right)R_t^{-1}\ll\frac{s^2 u}{l} \tag{5.19}$$

所以这一项可以忽略不计。

依据这些尺度分析结果，标量方差的守恒方程变成（这里保留时间变化项和平均平流项）：

$$\frac{\partial \overline{c^2}}{\partial t}=-U_j\frac{\partial \overline{c^2}}{\partial x_j}-2\overline{u_j c}\frac{\partial C}{\partial x_j}-\frac{\partial \overline{c^2 u_j}}{\partial x_j}-\chi_c \tag{5.20}$$

式中各项（时间变化和平均平流除外）的量级是 $s^2 u/l$。

---

① $O(1)$ 是个数学术语，意思是在湍流中可以理解为"当 $R_t\to\infty$ 时趋近于一个常数"。通常 $O(1)$ 对于这个常数的量值没有任何意义。受施瓦茨不等式（第三部分）约束的这些相关系数的极限值是 1。

② 这个例子引自 Tennekes 和 Lumley (1972)。

我们已经从方程(5.15)推导出分子耗散项 χ_c 在标量方差收支中具有主导尺度 s^2u/l。于是我们可以写成：

$$\chi_c = 2\gamma \overline{\frac{\partial c}{\partial x_j}\frac{\partial c}{\partial x_j}} \sim \frac{s^2u}{l} = \frac{s^2}{l/u} \tag{5.21}$$

它表明通过分子耗散消除 $\overline{c^2}$ 的时间尺度是 l/u，即湍流大尺度涡旋的翻转时间。这就是说，如果它们的生成机制被突然关闭，标量起伏将经过量级为大尺度涡旋翻转时间的一段时间后消失，速度之快超乎人们的想象。这反映了湍流具有强烈耗散性的这一特性。

5.3.3　准平稳、局地均匀

如准则⑥所述，在方程(5.20)这样的湍流收支方程中的时间变化项和平均平流项可以包含附加的外部强迫因子的尺度。例如，大气边界层状况因顺流方向下垫面性质的变化(如温度或者粗糙度的变化)而产生变化，以及因天气变化和日变化引起的时间变化。于是，对于平均平流项，引入平均速度尺度 U 和顺流方向 $\overline{c^2}$ 发生变化的长度尺度 L_x，即：

$$U_j \frac{\partial \overline{c^2}}{\partial x_j} \sim U \frac{s^2}{L_x} \tag{5.22}$$

而不是直接把它与 u 和 l 联系在一起。类似地，对于时间变化项引入 τ_e，使得 $\overline{c^2}$ 变化的时间尺度有别于 l/u：

$$\frac{\partial \overline{c^2}}{\partial t} \sim \frac{s^2}{\tau_e} \tag{5.23}$$

于是方程(5.7)中平均平流项的量级是：

$$\text{平均平流} \sim U \frac{s^2}{L_x} = \left(\frac{Ul}{uL_x}\right)\frac{s^2u}{l} \tag{5.24}$$

式中：U 的量级与 u 相同，但量值比 u 大。这样的话，如果 $L_x \gg l$，则参数 $(Ul/uL_x) \ll 1$，平均平流的作用可以忽略不计，就像在均匀流动中的情形一样。我们把这种情形称为局地均匀。相类似地，把时间变化项的尺度写成：

$$\text{时间变化} \sim \frac{s^2}{\tau_e} = \left(\frac{l/u}{\tau_e}\right)\frac{s^2u}{l} \tag{5.25}$$

如果 $(l/u)/\tau_e \ll 1$，这意味着大尺度涡旋的翻转时间 l/u 远小于边界层状况发生变化的时间尺度 τ_e，于是时间变化项也可以忽略不计。它就像平稳的平均流动中的情形一样，我们称之为准平稳。

就像将在本书第二部分中要讲述的，对于均匀下垫面且远离早晨和黄昏的地表热通量转换时段，地表加热驱动的边界层中二阶矩的收支可以被看成是准平稳、局地均匀过程。这时可以把方程(5.20)写成：

$$\frac{\partial \overline{c^2}}{\partial t} \cong 0 = -2\overline{wc}\frac{\partial C}{\partial z} - \frac{\partial \overline{c^2w}}{\partial z} - \chi_c \tag{5.26}$$

5.3.4　对分子耗散项的理解

采用第 2 章中已经介绍过的功率谱密度的方法，可以对方程(5.12)定义的 χ_c 所呈现的导数协方差进行尺度分析。这里再次使用落在 $0 \ll x \ll L$ 区间的复数傅里叶级数来表示实变的、统计均匀的、平均值为零的、一维随机标量函数 $f(x;\alpha)$：

$$f(x;\alpha) = \sum_{n=-N}^{N} \hat{f}(\kappa_n;\alpha) e^{i\kappa_n x} \tag{5.27}$$

方差可以写成如下形式：

$$\overline{f^2} = \overline{ff^*} = \sum_{n=-N}^{N} \overline{\hat{f}(\kappa_n)\hat{f}^*(\kappa_n)} = \sum_{n=-N}^{N} \frac{\overline{\hat{f}(\kappa_n)\hat{f}^*(\kappa_n)}}{\Delta\kappa}\Delta\kappa = \sum_{n=-N}^{N} \phi(\kappa_n)\Delta\kappa \tag{5.28}$$

式中：ϕ 是 f 的功率谱密度。依据方程(5.27)，f 的空间导数是：

$$\frac{\mathrm{d}f}{\mathrm{d}x} = \sum_{n=-N}^{N} i\kappa_n \hat{f}(\kappa_n) e^{i\kappa_n x} \tag{5.29}$$

所以导数的方差是：

$$\overline{\left(\frac{\mathrm{d}f}{\mathrm{d}x}\right)^2} = \sum_{n=-N}^{N} \kappa_n^2 \overline{\hat{f}(\kappa_n)\hat{f}^*(\kappa_n)} = \sum_{n=-N}^{N} \kappa_n^2 \phi(\kappa_n)\Delta\kappa \tag{5.30}$$

取 N 和 L 的极限情况，上式变成：

$$\overline{\left(\frac{\mathrm{d}f}{\mathrm{d}x}\right)^2} = \int_{-\infty}^{\infty} \kappa^2 \phi(\kappa)\,\mathrm{d}\kappa \tag{5.31}$$

对于三维的情况，我们把保守标量起伏 $c(\boldsymbol{x},\alpha)$ 的方差写成如下形式：

$$\overline{c^2} = \int_{0}^{\infty} E_c(\kappa)\,\mathrm{d}\kappa \tag{2.58}$$

其中，E_c 是标量的三维谱：

$$E_c(\kappa) = \iint_{\kappa_i\kappa_i=\kappa^2} \phi(\kappa_1,\kappa_2,\kappa_3)\,\mathrm{d}\sigma \tag{2.57}$$

则导数的方差的表达式为：

$$\overline{\frac{\partial c}{\partial x_i}\frac{\partial c}{\partial x_i}} = \int_{-\infty}^{\infty} \kappa^2 E_c(\kappa)\,\mathrm{d}\kappa \tag{5.32}$$

在惯性副区（$1/l \ll \kappa \ll 1/\eta$）中 $E_c(\kappa) \sim \kappa^{-5/3}$（见第 7 章）。于是方程(2.58)证实对标量起伏方差起主要贡献的是小波数（大尺度）的含能区湍流。相反地，方程(5.32)显示对标量导数的方差起主要贡献的是耗散区湍流。

我们将用 s_d 和 η 表示耗散区 c 起伏的强度尺度和长度尺度，即柯尔莫哥洛夫尺度（在这里我们假设 $\gamma \cong \nu$，在第 7 章中将讨论 $\gamma \not\cong \nu$ 的一般情况），于是 χ_c 的尺度是：

$$\chi_c = 2\gamma \overline{\frac{\partial c}{\partial x_j}\frac{\partial c}{\partial x_j}} \sim \gamma \frac{s_d^2}{\eta^2} \tag{5.33}$$

运用 $\eta = (\nu^3/\varepsilon)^{1/4}$，解得 s_d 为：

$$s_d \sim \frac{\chi_c^{1/2}\gamma^{1/4}}{\varepsilon^{1/4}} \tag{5.34}$$

之前我们已经知道 $\chi_c \sim s^2 u/l$，再运用 $\varepsilon \sim u^3/l$，结合(5.34)式，可得：

$$\frac{s}{s_d} \sim \left(\frac{ul}{\nu}\right)^{1/4} \sim R_t^{1/4} \tag{5.35}$$

因为 R_t 很大，这证实 $s_d \ll s$，意思是说，标量场的耗散涡旋强度很小。这个结果等同于方程(1.35)所表示的耗散涡旋速度尺度与含能涡旋速度尺度之间的关系。

如果把方程(5.33)写成如下形式：

$$\chi_c \sim \frac{s_d^2}{\eta^2/\gamma} = \frac{s_d^2}{\tau_r} \tag{5.36}$$

于是，因为在 η 尺度上 c 起伏的幅度是 s_d，我们看到 $\tau_r \sim \eta^2/\gamma$ 其实就是分子扩散消除起伏的时间尺度，经过距离 η 的分子扩散所需时间应该只与 η 和 γ 有关，这就构成了量级为 η^2/γ 的时间尺度。由此得出结论，χ_c 代表了 η 尺度上 c 起伏的扩散清除。

5.3.5　简单的极限情况

如同在本书第二部分中将要讲述的，人们观测到在准平稳、局地均匀的湍流边界层当中，保守标量方差的收支方程(5.26)中的垂直方向湍流输送作用可以忽略不计。在这种情况下，收支关系变成平均梯度产生项与分子耗散项之间的平衡：

$$2\overline{wc}\frac{\partial C}{\partial z} = -\chi_c = -2\gamma\overline{\frac{\partial c}{\partial x_j}\frac{\partial c}{\partial x_j}} \leqslant 0 \tag{5.37}$$

于是，方程(5.15)的总体约束在此处变成了局地约束条件，它要求 $\overline{wc}$ 与 $\partial C/\partial z$ 的符号相反。

在风洞流中被加热的格栅下游，温度方差的湍流输送作用可以忽略不计，这时的收支方程就变成顺流方向的平流输送与分子耗散之间的平衡：

$$U\frac{\partial \overline{c^2}}{\partial x} = -\chi_c \tag{5.38}$$

这就提供了一种方法，它可以让我们通过 $\overline{c^2}$ 随下游距离的变化来获知 χ_c 的大小，这种方法要比按照定义(5.12)式直接测量它更简单，且更可靠(见本书第三部分)。

§5.4　标量通量和雷诺应力的收支

5.4.1　$\overline{cu_i}$ 的收支

运用相同的推导步骤，并依据分子项的尺度分析结果(本章附录)，可以得到标量的湍流通量收支方程：

$$\frac{\partial \overline{cu_i}}{\partial t} = -U_j \frac{\partial \overline{cu_i}}{\partial x_j} \quad （平均平流项）$$

$$-\overline{u_j u_i}\frac{\partial C}{\partial x_j} \quad （平均梯度产生项）$$

$$-\overline{cu_j}\frac{\partial U_i}{\partial x_j} \quad （倾斜产生项）$$

$$-\frac{\partial \overline{c\, u_i u_j}}{\partial x_j} \quad （湍流输送项）$$

$$-\frac{1}{\rho}\left(\overline{c\frac{\partial p}{\partial x_i}}\right) \quad （压力梯度相互作用项）$$

$$-(\gamma+\nu)\overline{\frac{\partial u_i}{\partial x_j}\frac{\partial c}{\partial x_j}} \quad （分子损耗项） \qquad (5.39)$$

因为方差总是正的，诸如方程（5.7）的方差收支方程中的产生项的符号很明确：当它出现在方程右边的时候它是正的。但是对于通量而言情况就不一样了，通量的符号可正可负。

平均梯度产生项是运动学雷诺应力张量与平均标量梯度矢量的缩并计算结果，所产生的湍流标量通量不必与产生它的 C 梯度的方向一致，例如，水平均匀的近地层中，垂直方向上（$i=3$）的通量收支中这一项是 $-\overline{u_3 u_3}\partial C/\partial x_3$，通量与平均梯度的方向一致；但在水平方向上（$i=1$）的通量收支中这一项是 $-\overline{u_1 u_3}\partial C/\partial x_3$，它是湍流与 C 的垂直梯度之间的相互作用产生水平方向的标量通量的速率。

倾斜产生项通过平均速度梯度改变标量通量的大小和方向。它类似于方程（1.28）描述的涡度伸缩和倾斜项，这两个产生项的量级都是 su^2/l。

方程（5.39）中的压力协方差项在很长一段时间里让人难以处置，原因是无法获得可靠的观测结果。在一些早期的研究中这一项被忽略，收支方程中的其他项在大气边界层的野外试验中都能测量到，这使得我们可以把这个压力协方差项作为余差估算出来。现在人们认识到这一项很重要（见 5.5.3 节），并且已经可以被直接测量出来（Wilczak 和 Bedard，2004）。

如同在本章附录中解释的那样，依据局地各向同性，标量通量收支方程（5.39）中的分子项通常被忽略，所以方程变成：

$$\frac{\partial \overline{cu_i}}{\partial t} = -U_j \frac{\partial \overline{cu_i}}{\partial x_j} - \overline{u_j u_i}\frac{\partial C}{\partial x_j} - \overline{cu_j}\frac{\partial U_i}{\partial x_j} - \frac{\partial \overline{cu_i u_j}}{\partial x_j} - \frac{1}{\rho}\left(\overline{c\frac{\partial p}{\partial x_i}}\right) \qquad (5.40)$$

在平稳状态下，这个式子表示右边这几个过程的作用在量级上达到了平衡，它们是：平均平流、通过雷诺应力与平均标量梯度相互作用产生标量通量、标量通量与平均速度梯度相互作用产生标量通量、湍流输送、压力效应导致的减损。其中主导项的量级是 su^2/l。

5.4.2　$\overline{u_i u_k}$ 的收支

运用相同的尺度分析方法,并依据局地各向同性假设去简化分子项(见本章附录),$\overline{u_i u_k}$ 的收支方程变成:

$$\frac{\partial \overline{u_i u_k}}{\partial t} = -U_j \frac{\partial \overline{u_i u_k}}{\partial x_j} \quad (\text{平均平流项})$$

$$-\overline{u_j u_k} \frac{\partial U_i}{\partial x_j} - \overline{u_j u_i} \frac{\partial U_k}{\partial x_j} \quad (\text{平均梯度产生项})$$

$$-\frac{\partial \overline{u_i u_k u_j}}{\partial x_j} \quad (\text{湍流输送项})$$

$$-\frac{1}{\rho} \left(\overline{u_k \frac{\partial p}{\partial x_i}} + \overline{u_i \frac{\partial p}{\partial x_k}} \right) \quad (\text{压力梯度相互作用项})$$

$$-\frac{2\varepsilon}{3} \delta_{ik} \quad (\text{黏性耗散项}) \tag{5.41}$$

这里对方程中各项的理解类似于标量通量收支方程。主导项的量级是 u^3/l。

在 20 世纪 60 年代后期和 70 年代初期,人们对这些方程的兴趣再次被激发起来,因为依据它们可以构建湍流模式(Daly 和 Harlow,1970;Donaldson,1971)。例如,标量通量方程(5.40)中的平均梯度产生项和倾斜产生项的形式就提示我们,标量的通量-梯度关系可能比常用的涡旋扩散率表达式要复杂很多。

§5.5　一些应用

在 1968 年堪萨斯试验中,首次从观测角度对湍流通量守恒方程进行了综合研究(Haugen et al.,1971)。完善的观测手段和准平稳、局地均匀条件让我们可以分析近地层湍流动能(turbulent kinetic energy,TKE)、雷诺应力,以及温度通量的收支。这里我们关注没有浮力效应的情况下它们的行为,将在本书第二部分中讨论更普遍的情况。

5.5.1　TKE 收支

在方程(5.41)中取 $k=i$,再除以 2,就得到单位质量的平均湍流动能的演变方程,通常被称为 TKE 收支方程:

$$\frac{1}{2}\frac{\partial}{\partial t}\overline{u_i u_i} = -\frac{U_j}{2}\frac{\partial}{\partial x_j}\overline{u_i u_i} - \overline{u_i u_j}\frac{\partial U_i}{\partial x_j} - \frac{1}{2}\frac{\partial}{\partial x_j}\overline{u_i u_i u_j}$$

$$-\frac{1}{\rho}\frac{\partial}{\partial x_i}\overline{p\, u_i} - \nu\overline{\frac{\partial u_i}{\partial x_j}\frac{\partial u_i}{\partial x_j}} \tag{5.42}$$

黏性耗散项通常记为 ε:

$$\varepsilon \equiv \nu \overline{\frac{\partial u_i}{\partial x_j}\frac{\partial u_i}{\partial x_j}} \tag{5.43}$$

平均切变可以改写成如下形式：

$$\frac{\partial U_i}{\partial x_j} = \frac{1}{2}\left(\frac{\partial U_i}{\partial x_j} + \frac{\partial U_j}{\partial x_i}\right) + \frac{1}{2}\left(\frac{\partial U_i}{\partial x_j} - \frac{\partial U_j}{\partial x_i}\right) = S_{ij} + R_{ij} \tag{5.44}$$

它是平均形变率张量与平均旋转率张量之和。因为 $\overline{u_i u_j}$ 是对称张量，它与反对称张量 R_{ij} 的缩并计算结果为零（问题 1.15），所以切变产生项变成：

$$\overline{u_i u_j}\frac{\partial U_i}{\partial x_j} = \overline{u_i u_j}(S_{ij} + R_{ij}) = \overline{u_i u_j}\,S_{ij} \tag{5.45}$$

它是运动学应力张量与形变率张量的缩并计算结果。

对黏性耗散项可以做类似的理解。按照定义，它是克服黏性应力做功的单位质量平均功率，因此，它是瞬时黏性应力张量 σ_{ij}（见第 1 章）与瞬时形变率张量的缩并计算结果的平均值除以密度。使用标记法 $\partial u_i / \partial x_j \equiv u_{i,j}$，则有：

$$\varepsilon \equiv \frac{\overline{\sigma_{ij}s_{ij}}}{\rho} = \frac{\nu}{2}\,\overline{(u_{i,j} + u_{j,i})(u_{i,j} + u_{j,i})} = \nu(\overline{u_{i,j}u_{i,j}} + \overline{u_{i,j}u_{j,i}})$$
$$= \nu(\overline{u_{i,j}u_{i,j}} + (\overline{u_i u_i})_{,jj}) \cong \nu\,\overline{u_{i,j}u_{i,j}} \tag{5.46}$$

依据我们的尺度分析准则，包含 $\overline{u_i u_i}$ 的二阶导数的项被忽略（问题 5.13）。

对于平稳流动，TKE 方程（5.42）右边各项之和为零。平均平流项、湍流输送项和压力输送项都是散度形式，如果我们对（5.42）式在整个流动体积上进行积分，在边界处速度为零，则这些散度项的积分为零。这意味着这些散度项只是在空间上转移了 TKE。于是，运用方程（5.45），我们有：

$$\frac{\partial}{\partial t}\int_V \frac{\overline{u_i u_i}}{2}\mathrm{d}V = 0 = -\int_V \overline{u_i u_j}\,S_{ij}\,\mathrm{d}V - \int_V \varepsilon\,\mathrm{d}V \tag{5.47}$$

（5.47）式右边第一项代表通过雷诺应力与平均形变率相互作用产生 TKE 的平均生成率的体积积分，第二项是体积积分的 TKE 耗散率——通过黏性应力转化为内能的不可逆过程。

因为 ε 定义为正值，可以把（5.47）式写成：

$$-\int_V \overline{u_i u_j}\,S_{ij}\,\mathrm{d}V = \int_V \varepsilon\,\mathrm{d}V > 0 \tag{5.48}$$

这与标量方差的方程（5.15）相类似。它表明，一个正的涡旋扩散率 K，其定义式为 $\overline{u_i u_j} - \delta_{ij}\overline{u_k u_k}/3 = -K S_{ij}$，因其在局地情况下满足这个约束条件，可以保证被积函数始终是正值（问题 5.21）：

$$-\int_V \overline{u_i u_j}\,S_{ij}\,\mathrm{d}V = \int_V K\,S_{ij}\,S_{ij}\,\mathrm{d}V > 0 \tag{5.49}$$

对 TKE 起主要耗散作用的是最小空间尺度上的运动。在第 1 章中我们把耗散涡旋的速度和长度尺度认定为柯尔莫哥洛夫尺度 υ 和 η：

$$\upsilon = (\nu\varepsilon)^{1/4}, \quad \eta = (\nu^3/\varepsilon)^{1/4}, \quad \varepsilon = \nu\,\overline{u_{i,j}u_{i,j}} \sim \nu\frac{\upsilon^2}{\eta^2} \tag{5.50}$$

在第 1 章中我们认为 υ 和 η 依赖于 ε，意思是说湍流通过调节最小尺度上黏性涡旋的长度尺度和速度尺度来实现以恰好的平均速率把 TKE 耗散掉。我们将在第 6 章中讲述,这个速率是由含能尺度湍流确立的,它建立起把能量向更小尺度涡旋传递的"能量串级"过程,这个串级过程终止于黏性耗散。

5.5.2　平均流动的动能方程

用 U_i 乘以平均动量方程(3.7),然后重新编排各项,就得到单位质量平均流动的动能方程,或称为 MKE (mean-flow kinetic energy)方程:

$$\frac{\partial}{\partial t}\frac{U_i U_i}{2} = -\frac{\partial}{\partial x_j}\left(\frac{U_i U_i U_j}{2} + \overline{U_i u_i u_j} - \nu\frac{\partial}{\partial x_j}\frac{U_i U_i}{2}\right) - \frac{U_i}{\rho}\frac{\partial P}{\partial x_i}$$

$$-\nu\frac{\partial U_i}{\partial x_j}\frac{\partial U_i}{\partial x_j} + \overline{u_i u_j}S_{ij} \tag{5.51}$$

方程(5.51)右边第一项是 MKE 通量的散度,而 MKE 通量由平均平流、联合动能(被输送的量是 $U_i u_i$,它是平均速度与湍流速度的乘积,我们把它理解为联合动能)的湍流通量以及 MKE 的分子通量三部分构成;接下来的一项是压力沿梯度方向引起的平均流动的 MKE 产生速率,也可以写成 PU_i 散度的形式;再接下来的一项是 MKE 的黏性耗散项;最后一项是 TKE 生成率的负值。黏性耗散项的量级是 $\nu u^2/l^2$;最后一项的量级是 u^3/l,它是前面一项的 $ul/\nu = R_t$ 倍(即 $u^3/l = R_t\nu u^2/l^2$)。于是,除了在非常靠近固体边界的地方,我们可以在方程(5.51)中忽略掉黏性耗散项。

如果现在对方程(5.51)进行体积积分,方程右边散度项的积分就变成了边界表面上的面积分。在均匀流动中第一个面积分为零,于是有:

$$\frac{\partial}{\partial t}\int_V \frac{U_i U_i}{2}\mathrm{d}V = -\frac{1}{\rho}\int_S P U_n\mathrm{d}\sigma + \int_V \overline{u_i u_j}S_{ij}\mathrm{d}V \tag{5.52}$$

方程(5.52)表明,体积积分的 MKE 随时间变化的原因是通过平均压力差获得 MKE 的速率与湍流应力做功(在这个过程中产生 TKE)而失去 MKE 的速率之间存在不平衡(问题 5.22)。后者实际是把 MKE 转化为 TKE(即 TKE 方程中的切变产生项,这就是含能涡旋从平均运动获得能量的过程),而 TKE 最终会被最小尺度涡旋的黏性耗散作用转化为流体的内能(方程(5.47))。

5.5.3　认知压力协方差

5.5.3.1　在应力和标量通量收支中的作用

在平稳、水平均匀的边界层流动当中,方程(5.41)中的 $\overline{uw}$ 和方程(5.40)中的 $\overline{cw}$ 的收支就变成平均梯度产生项、湍流输送项及压力梯度相互作用项之间的平衡:

$$\frac{\partial \overline{uw}}{\partial t} = 0 = -\overline{w^2}\frac{\partial U}{\partial z} - \frac{\partial \overline{u w^2}}{\partial z} - \frac{1}{\rho}\left(\overline{u\frac{\partial p}{\partial z}} + \overline{w\frac{\partial p}{\partial x}}\right)$$

$$\frac{\partial \overline{cw}}{\partial t} = 0 = -\overline{w^2}\frac{\partial C}{\partial z} - \frac{\partial \overline{c w^2}}{\partial z} - \frac{1}{\rho}\left(\overline{c\frac{\partial p}{\partial z}}\right) \tag{5.53}$$

湍流输送项在整个流体中的积分为零,所以,平稳的总体平衡存在于平均梯度产生项与压力再分配项之间。1968 年堪萨斯试验的观测结果首次证实了这一点,试验中观测的标量是温度;压力协方差被认为是能够测量到的那些项的余差(Wyngaard et al.,1971)。后来压力协方差能够被直接测量到,测量结果也证实了这一点(Wilczak 和 Bedard,2004)。从物理上讲,这个压力协方差可以被理解为产生符号相反的通量的速率(问题 5.12)。

5.5.3.2　TKE 的收支

方程(5.41)包含了水平均匀、准平稳边界层流动的 TKE 方程。如果把压力协方差写成下列形式,这些方程便会更容易理解:

$$\overline{u_a \frac{\partial p}{\partial x_a}} = \frac{\partial}{\partial x_a} \overline{u_a p} - \overline{p \frac{\partial u_a}{\partial x_a}}, \quad \alpha = 1,2,3,对 \alpha 不求和 \tag{5.54}$$

用水平均匀条件消除 $\alpha=1,2$ 时方程右边的第一项,把 x 方向取为平均流动的方向,假设耗散项具有各向同性(见本书第三部分),则 TKE 分量的方程是:

$$\frac{1}{2} \frac{\partial \overline{u^2}}{\partial t} = 0 = -\overline{uw} \frac{\partial U}{\partial z} - \frac{1}{2} \frac{\partial \overline{wu^2}}{\partial z} + \frac{1}{\rho} \overline{p \frac{\partial u}{\partial x}} - \frac{\varepsilon}{3} \tag{5.55}$$

$$\frac{1}{2} \frac{\partial \overline{v^2}}{\partial t} = 0 = -\frac{1}{2} \frac{\partial \overline{wv^2}}{\partial z} + \frac{1}{\rho} \overline{p \frac{\partial v}{\partial y}} - \frac{\varepsilon}{3} \tag{5.56}$$

$$\frac{1}{2} \frac{\partial \overline{w^2}}{\partial t} = 0 = -\frac{1}{2} \frac{\partial \overline{w^3}}{\partial z} - \frac{1}{\rho} \frac{\partial}{\partial z} \overline{pw} + \frac{1}{\rho} \overline{p \frac{\partial w}{\partial z}} - \frac{\varepsilon}{3} \tag{5.57}$$

观测表明,在中性情况下方程(5.55)~(5.57)中湍流输送项和压力输送项在靠近地面的地方作用不大(中性情况指的是没有浮力效应)。于是平稳条件下近地层 TKE 分量的平衡关系变成:

$$\frac{1}{2} \frac{\partial \overline{u^2}}{\partial t} = 0 = -\overline{uw} \frac{\partial U}{\partial z} + \frac{1}{\rho} \overline{p \frac{\partial u}{\partial x}} - \frac{\varepsilon}{3} \tag{5.58}$$

$$\frac{1}{2} \frac{\partial \overline{v^2}}{\partial t} = 0 = \frac{1}{\rho} \overline{p \frac{\partial v}{\partial y}} - \frac{\varepsilon}{3} \tag{5.59}$$

$$\frac{1}{2} \frac{\partial \overline{w^2}}{\partial t} = 0 = \frac{1}{\rho} \overline{p \frac{\partial w}{\partial z}} - \frac{\varepsilon}{3} \tag{5.60}$$

不可压性质意味着方程(5.58)~(5.60)中的压力协方差项之和为零,即:

$$\overline{p \frac{\partial u}{\partial x}} + \overline{p \frac{\partial v}{\partial y}} + \overline{p \frac{\partial w}{\partial z}} = \overline{p \frac{\partial u_i}{\partial x_i}} = 0 \tag{5.61}$$

因此可以得出结论,压力协方差的作用是使得 TKE 在不同的分量之间传递。于是,我们可以这样理解方程(5.58)~(5.60):TKE 唯一的来源项是 $\overline{u^2}/2$ 的切变产生率,该生成率有一部分被 $\overline{u^2}/2$ 方程中的耗散率抵消掉,剩下的部分由压力协方差传递给 TKE 的另外两个分量。

5.5.3.3　扰动压力的作用

各向同性湍流的统计特征不随坐标系的平移、旋转及翻转而发生改变(见本书

第三部分)。于是在各向同性条件下的标量通量为零,因为一个非零通量意味着有方向,故而会呈现各向异性。在通量收支方程(5.40)中的压力项,作为消除标量通量的主要机制,其作用就是驱使它变成各向同性的。类似地,在各向同性湍流场中速度分量的方差是相等的,方程(5.59)和(5.60)中的压力传递项分别是 $\overline{w^2}$ 和 $\overline{v^2}$ 的主要来源,其作用就是驱使它们与 $\overline{u^2}$ 相等。

在等密度流体中压力起伏的均方根 σ_{p} 的量级是 ρu^2。在大气边界层中 $\rho \cong 1\ \mathrm{kg \cdot m^{-3}}$,$u = 1\ \mathrm{m \cdot s^{-1}}$,据此可知气压的扰动幅度是 $\sigma_{\mathrm{p}} = 1\ \mathrm{N \cdot m^{-2}}$,或 10^{-5} 个大气压(10 μbar)。这样的压力扰动比驱动大气运动的流体静压力的变化量要小很多。

Bradshaw(1994)把湍流压力扰动说成是一个"根本无法测量的量",因为在靠近流体扰动的地方一个压力探头对流场的扰动而导致的压力起伏可能与你要测量的值一样大,这种情况下测量到的压力扰动是不准确的。但是,现在的情况是,在低层大气中可以用专门设计的仪器把湍流气压扰动很可靠地测量出来(Nishiyama 和 Bedard,1991;Wyngaard et al.,1994)。我们将在本书第二部分中对此做进一步讨论。

§5.6　从协方差方程到湍流模式

5.6.1　背景

实际上协方差方程(5.7)、(5.39)和(5.41)描述了湍流通量和其他二阶矩的时空变化。然而,它们无法被直接求解,因为它们中的湍流输送项、压力协方差项、分子耗散项是未知量。但是,如果用相同的方式去推导这些量的方程,得到的方程中将会出现新的未知量,这种情况就引出了湍流的闭合问题。

总之,这些协方差方程为我们提供了认识湍流通量的重要途径。例如,在标量通量守恒方程(5.39)中出现的梯度产生项和倾斜产生项提示我们,湍流标量通量的方向未必与平均的标量梯度方向相同,这与通常假设的情况是不一样的。

有关这些协方差方程的经验告诉我们(Launder,1996),协方差的符号往往就是其主要产生项的符号。于是,如果我们要写一个协方差 C 的守恒方程,那么它最简单的形式就应该是:

$$\frac{\partial C}{\partial t} \cong 主要产生项 - 主要耗散项 \qquad (5.62)$$

并且可以用时间尺度 T 把主要耗散项近似表示为 $-C/T$,于是有:

$$\frac{\partial C}{\partial t} \cong P - \frac{C}{T} \qquad (5.63)$$

上式的准平稳解是 $C \cong PT$。与货币收支相类比,Launder(1996)称之为 WET 模式(WET:Wealth = Earnings times Time,中文可以称之为挣钱模式,意思是收益等于利润率乘以时间),它可以提供很有用的诊断值(问题 5.4)。

从 20 世纪 60 年代后期开始,随着计算机规模和速度的不断提升,数值求解一套偏微分方程成为可能。湍流界已经对协方差方程做了些近似处理,使之成为所谓的"二阶矩"湍流模式。对于这样的模式,我们已经在工程和地球物理这两个领域积累了近 40 年的经验。

5.6.2 历史、现状与展望

对二阶矩湍流模式的使用在 20 世纪 70 年代早期快速增长。在这个时期,也出现了现在称为大涡模拟(large-eddy simulation,LES)的模拟技术(Deardorff,1970),如同将在第 6 章中讨论的,它是在三维网格上对湍流流动的时间变化进行的数值计算。因网格距足够小,所以能够分辨出含能涡旋。大涡模拟具有极大的吸引力,但是由于它要占用巨大的计算资源,起初还是竞争不过二阶矩模式。

在 Liepmann(1979)的一篇关于湍流的回顾性文章中,他对早期的二阶矩模式提出了质疑:

人们总是用近似方法来处理事关技术重要性的问题,工业领域的需求刺激产生了大量的湍流模式。在这方面的工作中采用的几乎全都是雷诺平均方程,而用以闭合方程组的方案是半经验性的。这些方案从简单的猜测……到非常复杂的模型……

我相信这样的巨大努力不只是一时兴起。除了像 1968 年关于大气边界层模拟的斯坦福争论是为数不多的具有批判性的评价以外,很多这方面的工作根本没有经过任何方式的评估和鉴定。唯一令人鼓舞的前景是目前在认识湍流上取得的进展将……指引这些努力朝着更加规范的方向发展。

早期对二阶矩湍流模式的模拟能力有过一些较为深入的评估,主要集中在工程和地球物理应用领域。工程领域的需求更为迫切,评估必须有数据,相比之下工程领域的数据也更容易获得。随着时间的推移,这些模式隐藏的问题也逐渐显露出来,其中一个突出的问题是这些模式缺乏通用性——模式会得到不可靠的模拟结果,这些结果呈现出来的情形与发展模式所依据的情形不一样。基于对这一点认识,Lumley(1983)告诫我们不要对这些模式期望太高,他把这些模式称为"需要认证的湍流代理人",他认为它们"在几何特征或参数值没有远离校准它们的基准状态时应该有令人满意的表现"。他继续写道:

很多模式最初的成功体现在基本流动上……而与模式的细节无关。于是模拟者的胆子就大了起来,热衷于推销他们的模式……却不去深入思考那些会出现的困难问题。结果是人们对模式产生了失望情绪……这种反应是正常的,但是如果它导致人们停止了对模式的物理和数学方面的改进,那将是可悲的。

在 20 世纪 80 年代中期,大涡模拟被广泛应用于地球物理和工程领域的研究工作。它展现出二阶矩湍流模式所不具备的通用性。10 年以后,Bradshaw(1994)写道:

……即使是人们只想对工程精度做出一般性估计,并且只对雷诺应力进行预报,但可能的情况是简化的湍流模式在准确性和适用性方面远不如纳维-斯托克斯方程本身,即缺乏"通用性"……

不管雷诺应力模式怎么用,缺乏通用性会干扰对模式的校准。例如,习惯上会固定某个系数……使得模式能够很好地再现格点湍流的衰减。这实际上是假设模式对格点湍流有效的同时对想要模拟的其他情形也有效,比如说切变层,它的结构与格点湍流有很大差别……越来越可能的情况是,真正可靠的湍流模式要经历漫长的发展过程,而在此过程中大涡模拟(当然,所需要的全部统计量要能从中计算出来)将率先进入成熟期。

在后来的一个会议上,Bradshaw(1999)总结道:

或许现在工程湍流模式最主要的缺点……就是根本无法事先对它们的非通用性(可接受的工程精度区间的边界)做出有效的估计……几乎没有模式能够在模拟结果已经偏离了被证明是可靠的区间的时候发出警告信息。

在过去的 20 年里,我们经历了利普曼(Liepmann)对湍流模式的悲观失望,然后是拉姆雷(Lumley)呼吁更广泛地认识模式的性能,以及在发展模式过程中应该持有的耐心,接下来是布拉德肖(Bradshaw)认为在湍流模式变得充分可信之前大涡模拟是个较好的选择,以及布拉德肖担心我们是否对模式的可靠性有充分的了解。在地球物理应用领域转向采用大涡模拟是很自然的过程,20 世纪 70 年代就开始用它生成研究所需的代理"数据库",近期则用它来评估湍流模式和参数化方案(Ayotte et al. ,1996)。

正如将在本书第二部分中所讲述的,由于其偏大的尺度和偏小的速度,地球物理流动更强烈地受到浮力的影响。因为湍流模式缺乏通用性,应用于地球物理的模式需要经历自身发展和检验过程。地球物理界曾明确指出,我们需要认识、适应和培植"模式参数化科学",以保证在发展气象模式方面不断取得进展(NRC,2005)。

附录　标量通量和雷诺应力收支方程中分子扩散项的尺度

标量通量方程(5.39)中的分子扩散项包含一个大尺度量和一个小尺度量,依据尺度分析准则⑦,应该避免直接对它们进行标度。我们用一种替代形式把它们写成:

$$
\begin{aligned}
\gamma \overline{u_i c_{,jj}} &= \gamma\,(\overline{u_i c})_{,jj} - \gamma\,(\overline{c u_{i,j}})_{,j} - \gamma \overline{u_{i,j} c_{,j}} \\
\nu \overline{c u_{i,jj}} &= \nu\,(\overline{u_i c})_{,jj} - \nu\,(\overline{u_i c_{,j}})_{,j} - \nu \overline{c_{,j} u_{i,j}}
\end{aligned}
\tag{5.64}
$$

方程(5.64)右边第一项代表分子扩散,它们的尺度是 su^2/l(方程(5.39)中主导项的量级)分别乘以 $R_t^{-1}\gamma/\nu$ 和 R_t^{-1},所以它们可以忽略不计。

速度导数和标量导数的尺度是:

$$
u_{i,j} \sim \upsilon/\eta \sim (\varepsilon/\nu)^{1/2} \sim (u^3/l\nu)^{1/2}, \quad c_{,j} \sim s_d/\eta \sim (s^2 u/l\gamma)^{1/2}
\tag{5.65}
$$

于是方程(5.64)右边第二项协方差的尺度是:

$$\overline{cu_{i,j}} < s \, (u^3/l\nu)^{1/2} = (s^2 u^3/l\nu)^{1/2}, \quad \overline{u_i c_{,j}} < (s^2 u^3/l\gamma)^{1/2} \qquad (5.66)$$

小于号"<"表示上界,因为在标度由一个大尺度量和一个小尺度量构成的协方差时,它们之间的相关程度不好(问题5.17)。于是方程(5.64)右边第二项的尺度为:

$$\gamma \, \overline{(cu_{i,j})_{,j}} < su^2/l \, (\gamma/\nu) R_t^{-1/2}, \quad \nu \, \overline{(u_i c_{,j})_{,j}} < su^2/l \, (\gamma/\nu)^{1/2} R_t^{-1/2} \qquad (5.67)$$

所以在 R_t 值较大的时候方程(5.64)中这两项也可以忽略不计。

我们的结论是 $\overline{u_i c}$ 收支方程中的分子项变成如下形式:

$$\gamma \, \overline{u_i c_{,jj}} + \nu \, \overline{c u_{i,jj}} \cong -(\gamma + \nu) \, \overline{u_{i,j} c_{,j}} \equiv -\chi_{u_i c} \qquad (5.68)$$

我们把它记为 $\chi_{u_i c}$,因为它与分子耗散项的形式相同。但是在局地各向同性条件下它就消失了(见本书第三部分),Mydlarski(2003)的测量结果证实了这一点。所以可以把它忽略掉。

相同的推论适用于应力收支方程中的分子项,因此也可以把它忽略掉。

针对主要概念的提问

5.1 解释湍流通量守恒方程的物理意义,为什么需要它们?它们会在哪些方面得到应用?

5.2 方程如何来表明一个二阶矩为零或不为零?

5.3 方程如何来表明含能尺度扰动变量的相关系数的量级是 $O(1)$,就像尺度分析准则②所说的?

5.4 从物理上解释尺度分析准则④。

5.5 解释"混合尺度"协方差的物理意义,为什么它难以标度?

5.6 从物理上解释为什么湍流变量协方差的空间导数的尺度与湍流变量空间导数的协方差不同,它们的比值是什么?

5.7 从物理上解释为什么二阶矩收支方程中的时间变化项和平均平流项可以包含外尺度,解释这种情况如何导致准平稳、局地均匀情形,举例说明。

5.8 你认为速度-速度和速度-标量的二阶矩方程中哪一项在物理上最难理解,并解释原因。

5.9 从物理上解释扰动量 c 的守恒方程中的每一项,哪一项可被认为是体现了混合长思想?并解释原因。

5.10 讨论方差守恒方程涉及的尺度区间。

5.11 讨论如何从守恒方程中诊断出协方差的符号。

5.12 讨论一个保守标量通量的守恒方程如何蜕变成一个涡旋扩散率模式,证明垂直通量方程与标量涡旋扩散率模式相一致,但水平通量方程表明它是个二阶张量。

5.13　解释为什么扰动压力(尺度分析准则①,见 5.3.2 节)的尺度不是 ρUu,而且这个尺度要比 ρu^2 大很多。(提示:考虑对坐标系做伽利略变换)

5.14　解释为什么湍流通量收支方程中的压力协方差项可以理解为符号相反的通量的产生率。

问　题

5.1　推导并解读在整体流动上积分的全标量方差 $C^2 + \overline{c^2}$ 的收支方程。

5.2　推导、标度并解读两个保守标量的协方差的守恒方程,如果它们的分子扩散率不同,是否会出现难以理解的情况?(提示:用方程(5.64)的形式)

5.3　解释你将如何推导 ε 的守恒方程。

5.4　人们无法在同一点上同时放置 w 和 c 的探头,这引出一个问题:在近地层测量标量通量 $\overline{wc}$ 的时候,最好把 c 探头放置在紧靠 w 探头的正上方处,或者是反过来①。为回答这个问题,需要推导出关于错位协方差的差异的速率方程,即 $\overline{w(z)c(z-d)} - \overline{w(z-d)c(z)}$ 的方程,其中 d 是两个探头在垂直方向的距离。假设近地层是常通量层,$\overline{wc}$ 不随高度变化,并假设每个错位协方差都小于 $\overline{wc}$。采用 WET 模式,请用推导出来的方程予以解释。

5.5　推导扰动涡度方程。

5.6　用问题 5.5 的结果来推导扰动涡度方差的守恒方程,并分析它的尺度,哪两项是主导项?

5.7　推导平均螺旋度的守恒方程,其中平均螺旋度就是扰动涡度与扰动速度的点积的平均值。

5.8　写出格点湍流(风洞流中产生湍流的格点的下游)的 TKE 平衡方程,假设在垂直方向上是均匀的。

5.9　写出水平均匀的边界层中水平标量通量的守恒方程,已经发现湍流输送项和分子项可以忽略不计。哪个是它的产生项和耗散项?你能解释为什么这个收支关系提供了一个很好的测量扰动压力的方法吗(Wilczark 和 Bedard,2004)?

5.10　解释为什么方程(5.51)右边第一组式子中的第二项可以理解为"联合动能的湍流通量"。

5.11　从物理上解读方程(5.42)中的压力输送项。

5.12　证明标量通量收支方程(5.53)中的压力协方差的尺度可以用运动学压力梯度的量级 u^2/l 与扰动标量的量级 s 的乘积来标度。

5.13　推算方程(5.46)的量级,证明二阶导数项可以忽略不计。

---

①　这个问题基于 Kristensen 等(1997)的文章提出。

5.14 推导标量梯度方差的守恒方程,并做尺度分析,哪两项是它的主导项?

5.15 方程(5.39)中的倾斜产生项代表了通过与平均速度梯度相互作用改变通量的大小和方向,解释这个说法。

5.16 运用 $\varepsilon \sim u^3 / l$,把柯尔莫哥洛夫尺度写成用 ν、u 和 l 表示的表达式。

5.17 运用 $\partial \overline{c^2} / \partial x$ 的标度来证明 c 和 $\partial c / \partial x$ 的相关系数依赖于 R_t,并从物理上解释为什么。

5.18 已经发现水平湍流热通量 $\rho c_p \overline{u\theta}$ 的量值与垂直热通量相当,或者比垂直热通量更大,为什么我们很少听到(即使有的话)人们提及它?

5.19 推导保守标量的扰动梯度与扰动速度的协方差守恒方程,你能识别出其中的产生项和耗散项吗?

5.20 对 TKE 方程(5.42)在紧靠旋转体的上游停滞流线上的情况进行分析,你能对各项给予解释吗?

5.21 解释为什么在推演导出方程(5.49)的过程中要把涡旋扩散率 K 写成为关于偏应力 $\overline{u_i u_j} - \delta_{ij} \overline{u_k u_k} / 3$ 的形式。(提示:追溯它的起因,即考虑它的标记法的缩并形式)

5.22 考虑方程(5.51)针对的是圆管中平稳流动的情形,在两个横断面之间对方程进行积分,证明散度项的积分都是零,只有一项除外,解释你的结果。

5.23 本章附录里用量级分析论证了标量通量的分子耗散速率可以忽略不计,从物理上解释为什么?

5.24 一个非线性系统中的应变量 $w(x,t)$ 在区间 $0 \leqslant x \leqslant L$ 内受下列方程控制:

$$\frac{\partial w}{\partial t} + w \frac{\partial w}{\partial x} = \beta(x,t;\alpha) + \gamma \frac{\partial^2 w}{\partial x^2}, \quad w(0,t) = w(L,t) = 0, \quad \gamma \text{ 是常数}$$

其中,β 是平均值为零、随机的、不规则的强迫函数。

(a)对于一个实例,画出固定时间 t 的 $w(x)$ 和固定位置 x 的 $w(t)$ 的示意图。

(b)对方程做系综平均,把方程右边第二项写成梯度形式,写出平稳情况下的方程,做一次积分,用到边界条件。

(c)推导 $\overline{w^2}$ 的方程,把平流项写成梯度形式,把分子项写成扩散与耗散之和,解释它在平稳条件下的形式,从 $x=0$ 到 $x=L$ 进行积分,用到边界条件,并解释积分得到的结果。

(d)应用方程和你的推理,画出 $\overline{w}$ 和 $\overline{w^2}$ 从 0 到 L 的廓线示意图。

参考文献

Ayotte K, Sullivan P, Andrén A, et al, 1996. An evaluation of neutral and convective planetary boundary-layer parameterizations relative to large-eddy simulations[J]. Bound-Layer Meteor, 79:131-175.

Bradshaw P, 1994. Turbulence: The chief outstanding difficulty of our subject[J]. Exp Fluids, 16: 203-216.

Bradshaw P, 1999. The best turbulence models for engineers[A]//In Modeling Complex Turbulent Flows, M D Salas, J N Hefner, and L Sakell, Eds. , Dordrecht: Kluwer.

Daly B J,Harlow F H,1970. Transport equations in turbulence[J]. Phys Fluids, 13:2634-2649.

Deardorff J W, 1970. A numerical study of three-dimensional turbulent channel flow at large Reynolds numbers[J]. J Fluid Mech, 41:453-480.

Donaldson C duP, 1971. Calculation of turbulent shear flows for atmospheric and vortex motions[J]. AIAA J, 7:272-278.

Haugen D A, Kaimal J C, Bradley E F, 1971. An experimental study of Reynolds stress and heat flux in the atmospheric surface layer[J]. Quart J Roy Meteor Soc, 97:168-180.

Kristensen L, Mann J, Oncley S P, et al, 1997. How close is close enough when measuring fluxes with displaced sensors[J]? J Atmos Ocean Tech, 14:814-821.

Launder B, 1996. An introduction to single-point closure methodology [A]//In Simulation and Modeling of Turbulent Flows, T Gatski, M Hussani, and J Lumley, Eds. , Oxford University Press.

Liepmann H, 1979. The rise and fall of ideas in turbulence[J]. Am Sci, 69:221-228.

Lumley J L, 1983. Atmospheric modelling [C]. Mech Eng Trans Inst Eng Australia, ME8, 153-159.

Monin A S, Yaglom A M, 1971. Statistical Fluid Mechanics: Mechanics of Turbulence[M]. J Lumley, Ed. , Cambridge, MA: MIT Press.

Mydlarski L, 2003. Mixed velocity-passive scalar statistics in high-Reynolds-number turbulence[J]. J Fluid Mech, 475:173-203.

NRC 2005. Improving the Scientific Foundation for Atmosphere-Land-Ocean Simulations [M]. Washington, D C: Board on Atmospheric Sciences and Climate, The National Academies Press.

Nishiyama R T, Bedard A J Jr. , 1991. A "quad-disc" static pressure probe for measurement in adverse atmospheres: With a comparative review of static pressure probe designs[J]. Rev Sci Instrum, 62:2193-2204.

Tennekes H, Lumley J L, 1972. A First Course in Turbulence[M]. Cambridge, MA: MIT Press.

Wilczak J M, Bedard A, 2004. A new turbulence microbarometer and its evaluation using the budget of horizontal heat flux[J]. J Atmos Ocean Tech, 21:1170-1181.

Wyngaard J C, Coté O R, Izumi Y, 1971. Local free convection, similarity, and the budgets of shear stress and heat flux[J]. J Atmos Sci, 28:1171-1182.

Wyngaard J C, Siegel A, Wilczak J, 1994. On the response of a turbulent-pressure probe and the measurement of pressure transport[J]. Bound-Layer Meteor, 69:379-396.

第6章　大涡动力学、能量串级和大涡模拟

§6.1　引言

我们已经知到,大雷诺数湍流流动中的空间尺度具有非常大的区间范围,使得数值求解运动方程变得无法实现。在实际应用中可以用系综平均方程或空间平均方程来大幅减小尺度的范围。在第 3 章里我们看到这样的处理在方程中产生了包括湍流通量在内的新项;在第 5 章里我们讨论了经由系综平均而产生的通量的演变方程。

在这一章中我们将进一步讨论空间平均方程,以及展示通量的演变方程,并讨论对这些通量的模拟。这种模拟分为两大类,取决于平均的空间尺度 Δ 与含能涡旋尺度 l 的相对大小。在我们称为"粗分辨率"模拟的应用当中 $\Delta \gg l$;在"细分辨率"模拟当中 $\Delta \ll l$。

首次对气象问题的平均方程进行数值模拟应该是 Charney 等(1950)的工作,模拟域是地球表面的有限区域,共 15×18 个网格,网格距为 736 km,垂直方向只有一层。Phillips(1955,1956)很快跟进了这项工作,进行了类似的数值模拟,水平网格分辨率与前者相比差不多,但垂直方向分了两层。到 20 世纪 70 年代,大气环流模式已经被广泛应用,且"中尺度"或"有限区域"模式被用于局地模拟。从 20 世纪 50 年代起计算机的规模和计算速度有了实质性增长,但这些新模式仍然属于粗分辨率类型。

高分辨模拟的首次成功应用当属 Deardorff(1970a)对管道中湍流流动的研究。他用了 6720 个网格单元($24 \times 14 \times 20$,即顺流方向 24 个,侧风向 14 个,垂直方向 20 个),并采用了 Lilly(1967)提出的描述未被分辨的(现在我们称之为次滤波尺度)湍流成分的作用的方案。他的模拟结果总体上与观测结果一致,同时揭示了涡旋结构的一些特征,而这些涡旋结构在当时是无法观测到的。这个模拟对工程流体界产生了极大的吸引力,正是他们给这样的模式冠以"大涡模拟"(Large-eddy simulation)的名称[①]。它是我们现在所用的高分辨率空间平均模拟的主要类型。

---

　① 　根据 Parviz Moin 的说法(私人通讯),后来是由斯坦福大学的 Bill Reynolds 发明了这个名称。

§6.2 关于空间平均的更多认识

6.2.1 一维、均匀的情形

或许最简单的空间平均算子就像是方程(3.29)定义的局地平均,在其一维形式当中沿 x 方向在长度 Δ 范围内对函数 $f(x,t)$ 取平均会得到一个平滑的函数:

$$f^{\mathrm{r}}(x,t,\Delta) = \frac{1}{\Delta}\int_{-\Delta/2}^{\Delta/2} f(x+x',t)\,\mathrm{d}x' \tag{6.1}$$

这种局地平均有时也被称为滑动平均。我们用第 3 章里介绍的标记法,用上标 r 标记一个被平滑的变量,代表可分辨部分。

在第 2 章中曾用复数傅里叶级数的无限级数形式来表示均匀的实变函数 $f(x)$。这里我们用它的有限级数形式:

$$f(x) = \sum_{n=-N}^{N} \hat{f}(\kappa_n) e^{i\kappa_n x} \tag{6.2}$$

当用方程(6.1)来定义空间平均的时候,来自傅里叶级数波长小于 Δ(即 $\kappa_n\Delta\gg1$)的那些成分对方程(6.2)求和的贡献被强烈地衰减掉,因为它们在求取平均的区间上有多个周期。而那些波长大于 Δ(即 $\kappa_n\Delta\ll1$)的成分则基本不受影响,因为它们在求取平均的区间上几乎是不怎么变化的。

把函数的傅里叶形式(6.2)代入平均表达式(6.1)中,并进行积分,就可以量化这个滑动平均算子在计算上具有的性质:

$$\begin{aligned}
f^{\mathrm{r}}(x) &= \frac{1}{\Delta}\int_{x-\Delta/2}^{x+\Delta/2}\sum_{n=-N}^{N}\hat{f}(\kappa_n)e^{i\kappa_n x'}\,\mathrm{d}x'\\
&= \sum_{n=-N}^{N}\hat{f}(\kappa_n)\left(\frac{1}{\Delta}\int_{x-\Delta/2}^{x+\Delta/2}e^{i\kappa_n x'}\,\mathrm{d}x'\right) = \sum_{n=-N}^{N}\frac{\sin(\kappa_n\Delta/2)}{(\kappa_n\Delta/2)}\hat{f}(\kappa_n)e^{i\kappa_n x}
\end{aligned} \tag{6.3}$$

如果把它写成下列形式:

$$f^{\mathrm{r}}(x) = \sum_{n=-N}^{N}\hat{f}^{\mathrm{r}}(\kappa_n)e^{i\kappa_n x} = \sum_{n=-N}^{N}\hat{f}(\kappa_n)T(\kappa_n)e^{i\kappa_n x} \tag{6.4}$$

可以看到滑动平均算子的振幅转换函数 $T(\kappa_n)$ 是:

$$T(\kappa_n) = \frac{\hat{f}^{\mathrm{r}}(\kappa_n)}{\hat{f}(\kappa_n)} = \frac{\sin(\kappa_n\Delta/2)}{(\kappa_n\Delta/2)} \tag{6.5}$$

如图 6.1 所示,当 $x\to0$ 时 $\sin x/x\to1$,所以平均算子对波长大于 Δ(即 $\kappa_n\Delta\ll1$)的成分的傅里叶系数影响很小。衰减从 $\kappa_n\Delta\sim1$ 的成分开始,而对 $\kappa_n\Delta\gg1$ 的成分则衰减得很厉害。

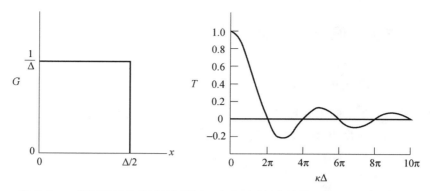

图 6.1　一维滑动滤波的滤波函数(6.9)式(左图)和转换函数(6.5)式(右图)

6.2.2　空间滤波的一般性质

我们在第 3 章中介绍了空间平均(或空间滤波,就像大涡模拟文献中常提到的)的更为一般性的表达式。在一维情况下方程(6.1)表示的局地平均可以表示为更一般的形式:

$$f^{\tau}(x) = \int\limits_{-\infty}^{\infty} G(x - x') f(x') \mathrm{d}x' \tag{6.6}$$

式中:G 是滤波函数,被积函数是 G 与 f 的卷积。

方程(6.6)是滤波在物理空间的表达方式。运用方程(6.2)和(6.4),可以从波数空间来看它的特征:

$$f(x) = \sum_{n=-N}^{N} \hat{f}(\kappa_n) e^{i\kappa_n x}, \quad f^{\tau}(x) = \sum_{n=-N}^{N} \hat{f}(\kappa_n) T(\kappa_n) e^{i\kappa_n x} \tag{6.7}$$

G 和 T 构成一对傅里叶转换:

$$G(x) = \frac{1}{2\pi} \int\limits_{-\infty}^{\infty} e^{-i\kappa x} T(\kappa) \mathrm{d}\kappa, \quad T(\kappa) = \int\limits_{-\infty}^{\infty} e^{i\kappa x} G(x) \mathrm{d}x \tag{6.8}$$

对于方程(6.1)中的一维滑动平均算子,G 是:

$$G(x) = \frac{1}{\Delta}, \, |x| \leqslant \frac{\Delta}{2}; \quad G(x) = 0, \, |x| > \frac{\Delta}{2} \tag{6.9}$$

它就像图 6.1 所显示的那样。这是方程(6.5)所示的 T 的傅里叶转换(问题 6.12)。

6.2.3　波截断滤波

如果对 $f(x)$ 做两次滤波,按照方程(6.7),则可得:

$$(f^{\tau})^{\tau}(x) = \sum_{n=-N}^{N} T^2(\kappa_n) \hat{f}(\kappa_n) e^{i\kappa_n x} \tag{6.10}$$

所以振幅转换函数是 T^2。如果做 n 次滤波,则振幅转换函数是 T^n。由第 2 章中可知,再次操作系综平均算子是不起作用的,这带来一个问题:空间滤波能否具有这样的性质?

再次操作滤波算子不起作用的必要条件是 $T(\kappa) \times T(\kappa) \times \cdots \times T(\kappa) = T(\kappa)$,这意味着 T 只能是 0 或者 1,这就是波截断滤波。对应的情况是:傅里叶级数中的小波数成分可以通过,而大波数成分不能通过(即低通形式)。它需要满足:

$$T(\kappa) = 1, \kappa \leqslant \kappa_c; \quad T(\kappa) = 0, \kappa > \kappa_c \tag{6.11}$$

式中:κ_c 就是截断波数。依据方程(6.8),它的滤波函数是(问题 6.9):

$$G(x) = \frac{1}{2\pi} \int_{-\infty}^{\infty} e^{-i\kappa x} T(\kappa) \mathrm{d}\kappa = \frac{1}{2\pi} \int_{-\kappa_c}^{\kappa_c} e^{-i\kappa x} \mathrm{d}\kappa = \frac{\sin \kappa_c x}{\pi x} = \left(\frac{\kappa_c}{\pi}\right) \frac{\sin \kappa_c x}{\kappa_c x} \tag{6.12}$$

对应于一维低通波截断滤波的 T 和 G,则如图 6.2 所示。

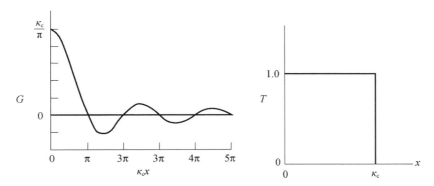

图 6.2　一维低通波截断滤波的滤波函数(6.12)式(左图)和转换函数(6.11)式(右图)

由方程(6.6)低通波截断滤波给出的物理空间的表达式如下:

$$f^{\mathrm{r}}(x) = \int_{-\infty}^{\infty} G(x - x') f(x') \mathrm{d}x' = \int_{-\infty}^{\infty} \frac{\sin[\kappa_c (x - x')]}{\pi (x - x')} f(x') \mathrm{d}x' \tag{6.13}$$

图 6.2 显示滤波函数 G 在某些区域为负值,这是为了在波数定义域的边界上获得陡峭截断。

高通波截断滤波拒绝傅里叶级数的小波数成分,而让那些大波数成分通过。它的条件如下:

$$T(\kappa) = 0, \kappa \leqslant \kappa_c; \quad T(\kappa) = 1, \kappa > \kappa_c \tag{6.14}$$

6.2.4　高斯滤波

如图 6.1 所示的滑动滤波及图 6.2 所示的波截断滤波,两者在波数空间或物理空间里都存在负值。而一种没有负值的滤波是高斯滤波:

$$G(x) = \frac{1}{\sqrt{2\pi}\sigma} e^{-\frac{x^2}{2\sigma^2}} \tag{6.15}$$

它的转换函数也是高斯函数(问题 6.25)。

§6.3 "假想问题"：平衡的均匀湍流

设想一个简单问题来揭示湍流中动能传递的一些重要概念，同时阐明大涡模拟的原理。

假设一个大"盒子"中的流体因单位质量的体积力 $\beta_i(\boldsymbol{x},t)$ 的作用而保持湍流运动状态，该作用力在空间和时间上都是随机无规则的，但是它是均匀、平稳的，且平均值为零。湍流运动是均匀、平稳的，平均值处处为零：$\tilde{u}_i(\boldsymbol{x},t) \equiv U_i(\boldsymbol{x},t) + u_i(\boldsymbol{x},t) = u_i(\boldsymbol{x},t)$。流体的控制方程是：

$$u_{i,t} + (u_i u_j)_{,j} = -\frac{1}{\rho}p_{,i} + \nu u_{i,jj} + \beta_i, \quad u_{i,i} = 0 \tag{6.16}$$

为简便起见，这里用逗号表示求导。

在这个问题中，TKE 方程是(5.42)式在平稳均匀条件下的形式再加上一个外强迫项：

$$\frac{1}{2}\frac{\partial}{\partial t}\overline{u_i u_i} = \overline{\beta_i u_i} - \varepsilon = 0 \tag{6.17}$$

通过外强迫作用产生 TKE 的平均速率是 $\overline{\beta_i u_i}$，它与 TKE 的黏性耗散平均速率之间达成平衡。

6.3.1 滤波后的方程

现在把方程(6.16)中的速度场 u_i 写成可分辨部分与次滤波尺度部分之和：

$$u_i(\boldsymbol{x},t) = u_i^r(\boldsymbol{x},t) + u_i^s(\boldsymbol{x},t),$$

式中：r 表示通过滤波的那部分：

$$u_i^r(\boldsymbol{x},t) = \iiint_{-\infty}^{\infty} G(\boldsymbol{x}-\boldsymbol{x}')u_i(\boldsymbol{x}',t)\,dx_1' dx_2' dx_3' \tag{6.18}$$

被滤波去除掉的那部分用上标 s 表示，即次滤波尺度部分。

像系综平均那样，我们需要这个滤波能够满足：

① 与空间导数和时间导数可以交换；

② 去除掉那些尺度远小于滤波截断尺度 Δ 的扰动成分；

③ 保留尺度大于 Δ 的成分的变化；

④ 它是波截断滤波——滤波后的可分辨成分与次滤波尺度成分之间通常没有傅里叶分量。

为了检验滤波算子(6.18)式符合第一条要求，对(6.18)式做时间偏导数，它应该满足：

$$\frac{\partial u_i^r}{\partial t} = \int G(\boldsymbol{x}-\boldsymbol{x}')\frac{\partial u_i(\boldsymbol{x}',t)}{\partial t}d\boldsymbol{x}' = \left(\frac{\partial u_i}{\partial t}\right)^r \tag{6.19}$$

在没有边界的空间里滤波也可以与空间导数交换(问题 6.2)。

为了符合第二条要求,选择滤波尺度 Δ 远小于大尺度涡旋的尺度 l,使得滤波对它们没有什么影响。同时选择 Δ 远大于耗散涡旋的尺度 η,从而滤除那些在大 R_t 值时根本不可能在数值计算中被分辨出来的涡旋。滤波尺度需要满足 $l\gg\Delta\gg\eta$,这需要 $l/\eta\sim R_t^{3/4}$ 充分大才行。

满足第三条的意思是,对常数 C 的滤波要保证常数值不变,这意味着:

$$C^{\mathrm{r}} = C = \iiint_{-\infty}^{\infty} G(\boldsymbol{x} - \boldsymbol{x}')C\,\mathrm{d}x_1'\,\mathrm{d}x_2'\,\mathrm{d}x_3' = C\iiint_{-\infty}^{\infty} G(\boldsymbol{x} - \boldsymbol{x}')\,\mathrm{d}x_1'\,\mathrm{d}x_2'\,\mathrm{d}x_3' \quad (6.20)$$

所以有:

$$\iiint_{-\infty}^{\infty} G(\boldsymbol{x} - \boldsymbol{x}')\,\mathrm{d}x_1'\,\mathrm{d}x_2'\,\mathrm{d}x_3' = 1 \quad (6.21)$$

这是对滤波函数 G 的要求。

把这样的滤波算子作用于运动方程(6.16),可以得到:

$$u_{i,t}^{\mathrm{r}} + (u_i u_j)_{,j}^{\mathrm{r}} = -\frac{1}{\rho}p_{,i}^{\mathrm{r}} + \nu u_{i,jj}^{\mathrm{r}} + \beta_i^{\mathrm{r}}, \quad u_{i,i}^{\mathrm{r}} = 0 \quad (6.22)$$

取随机强迫 β_i 的空间尺度足够大,使得它可以很好地被滤波算子分辨出来,即 $\beta_i^{\mathrm{r}} = \beta_i$。经过滤波之后的运动的含能区间,其速度尺度和长度尺度为 u 和 l,因 R_t 值很大而忽略掉黏性的作用。在更小的可分辨尺度上,可以运用第 2 章 2.5.4 节中的结果,即尺度为 r 的涡旋的速度尺度满足 $u(r)\sim u\,(r/l)^{1/3}$,这意味着这些涡旋的惯性项与黏性项之比是 $u(r)r/\nu\sim (r/l)^{4/3} R_t$,它在截断尺度 $r\sim\Delta$ 上的值最小,如果 $(\Delta/l)^{4/3}$ 是 10^{-2},且 R_t 超过 10^4,那么,即使是在截断尺度上方程(6.22)中的黏性项也可以忽略不计。把黏性项略去,就得到大涡方程:

$$u_{i,t}^{\mathrm{r}} + (u_i u_j)_{,j}^{\mathrm{r}} = -\frac{1}{\rho}p_{,i}^{\mathrm{r}} + \beta_i, \quad u_{i,i}^{\mathrm{r}} = 0 \quad (6.23)$$

如果像在第 2 章中那样把速度写成傅里叶级数的三维形式,即:

$$u_i(\boldsymbol{x},t) = \sum_{\boldsymbol{\kappa}} \hat{u}_i(\boldsymbol{\kappa},t)e^{i\boldsymbol{\kappa}\cdot\boldsymbol{x}} \quad (6.24)$$

那么 $u_i u_j$ 是(这里在表达式中省略掉了自变量 t):

$$u_i u_j = \sum_{\boldsymbol{\kappa}} \hat{u}_i(\boldsymbol{\kappa})e^{i\boldsymbol{\kappa}\cdot\boldsymbol{x}}\sum_{\boldsymbol{\kappa}'} \hat{u}_j(\boldsymbol{\kappa}')e^{i\boldsymbol{\kappa}'\cdot\boldsymbol{x}} = \sum_{\boldsymbol{\kappa}}\sum_{\boldsymbol{\kappa}'} \hat{u}_i(\boldsymbol{\kappa})\hat{u}_j(\boldsymbol{\kappa}')e^{i(\boldsymbol{\kappa}+\boldsymbol{\kappa}')\cdot\boldsymbol{x}} \quad (6.25)$$

方程(6.25)的意思是,产生 $u_i u_j$ 的傅里叶成分的波数矢是 u_i 与 u_j 的傅里叶成分的波数矢之和。滤波之后可分辨部分 $(u_i u_j)^{\mathrm{r}}$ 的傅里叶成分的波数应该小于 κ_c,

$$(u_i u_j)^{\mathrm{r}} = \sum_{\boldsymbol{\kappa}}\sum_{\boldsymbol{\kappa}'} \hat{u}_i(\boldsymbol{\kappa})\hat{u}_j(\boldsymbol{\kappa}')e^{i(\boldsymbol{\kappa}+\boldsymbol{\kappa}')\cdot\boldsymbol{x}}, \quad |\boldsymbol{\kappa}+\boldsymbol{\kappa}'| < \kappa_c \quad (6.26)$$

但是,速度场中波数 $\boldsymbol{\kappa}$ 和 $\boldsymbol{\kappa}'$ 大于 κ_c 的傅里叶成分对 $(u_i u_j)^{\mathrm{r}}$ 有贡献(图 6.3)。把 $(u_i u_j)^{\mathrm{r}}$ 写成如下形式就可以看出这一点:

$$(u_i u_j)^r = \left[(u_i^r + u_i^s)(u_j^r + u_j^s) \right]^r$$
$$= (u_i^r u_j^r)^r + (u_i^r u_j^s)^r + (u_i^s u_j^r)^r + (u_i^s u_j^s)^r \quad (6.27)$$

上式中最后三项都包含 u_i^s，所以包含了速度场中波数超过截断波数的傅里叶成分（图 6.3）。

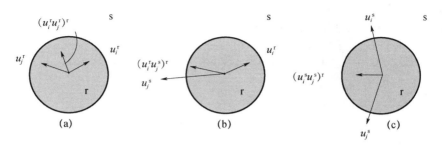

图 6.3 κ_1 和 κ_2 空间中速度场傅里叶成分按照方程（6.27）的三种相互作用类型
产生对可分辨尺度 $(u_i u_j)^r$ 的贡献的示意图。可分辨（上标 r）波数在圆圈里面，
次滤波尺度（上标 s）的波数在圆圈外面。(a) u_i^r 和 u_j^r 的傅里叶成分的波数矢，
依据 (6.26) 式它们的和落在圆圈内，是滤波产生的 $(u_i u_j)^r$ 的傅里叶成分的波数，
在这里两个 r 模态的乘积产生了另一个 r 模态，就像方程（6.27）中最右式的第一项；
(b) 表示 (6.27) 式中最右式的第二项和第三项，意思是 r 模态与 s 模态的乘积产生了 r
模态；(c) 表示最后一项，意思是两个 s 模态的乘积产生了一个 r 模态

6.3.2 可分辨尺度和次滤波尺度运动的 TKE 收支

6.3.2.1 TKE 的尺度分解

速度分解 $u_i = u_i^r + u_i^s$ 意味着 TKE 有三个分量：

$$\frac{\overline{u_i u_i}}{2} = \frac{\overline{(u_i^r + u_i^s)(u_i^r + u_i^s)}}{2} = \frac{\overline{u_i^r u_i^r}}{2} \quad （可分辨尺度运动的 TKE）$$
$$+ \overline{u_i^r u_i^s} \quad （联合尺度 TKE）$$
$$+ \frac{\overline{u_i^s u_i^s}}{2} \quad （次滤波尺度运动的 TKE） \quad (6.28)$$

波截断滤波可使交叉项 $\overline{u_i^r u_i^s}$ 消失，因为通常可分辨尺度场与次滤波尺度场之间没有傅里叶模态，于是它们是不相关的，这是均匀场的傅里叶表示法的数学性质，均匀场直接对应于这个性质（见第 2 章 2.5.1 节的讨论），这个性质就是不同波数的傅里叶系数之间是不相关的。我们在附录 6.1 中证明这个性质是有道理的，所以波截断滤波使得 $\overline{u_i u_i} = \overline{u_i^r u_i^r} + \overline{u_i^s u_i^s}$，干净利落地把 TKE 分解成可分辨尺度 TKE 和次滤波尺度 TKE 这两部分。

6.3.2.2 可分辨尺度 TKE 的收支

用 u_i^r 去乘以滤波后的纳维-斯托克斯方程（6.23），然后取系综平均，可以得到：

$$\frac{1}{2}(\overline{u_i^r u_i^r})_{,t} = -\frac{1}{\rho}\,\overline{p^r_{,i}\,u_i^r} + \overline{\beta_i\,u_i^r} - \overline{u_i^r\,(u_i u_j)^r_{,j}} \tag{6.29}$$

运用不可压性质 $u_{i,i}^r = 0$，这里的压力协方差项就可以写成 $(\overline{p^r u_i^r})_{,i}$，在均匀条件下它就消失了。所以，在设定的平衡的均匀湍流这个问题当中，可分辨尺度 TKE 的收支就是下列简单关系：

$$\frac{1}{2}(\overline{u_i^r u_i^r})_{,t} = \overline{\beta_i u_i^r} - \overline{u_i^r(u_i u_j)^r_{,j}} = 0 \tag{6.30}$$

将方程(6.30)与全运动方程(6.17)进行比较，可以看出 $\overline{u_i^r(u_i u_j)^r_{,j}}$ 这一项对于可分辨尺度 TKE 所起的作用如同黏性耗散对 TKE 起的作用一样。

当滤波尺度 $\Delta \to 0$ 的时候，可分辨尺度的速度就趋近于未被滤波的速度($u_i^r \to u_i$)，于是均匀性质使得方程(6.30)中的损耗率项消失：

$$-\overline{u_i^r(u_i u_j)^r_{,j}} \to -\overline{u_i(u_i u_j)_{,j}} = \frac{-(\overline{u_i u_i u_j})_{,j}}{2} = 0 \tag{6.31}$$

在这样的限制条件下，u_i^r 运动方程(6.23)中的黏性项就始终是不可忽视的。这时候，出现在可分辨尺度 TKE 收支方程中的这一项就收敛于 $-\varepsilon$，而方程(6.30)就变成与方程(6.17)一样了。

6.3.2.3　次滤波尺度 TKE 的收支

从关于 u_i 的方程(6.16)中减去关于 u_i^r 的方程(6.22)，就得到关于 u_i^s 的方程：

$$u_{i,t}^s + (u_i u_j)^s_{,j} = -\frac{1}{\rho}p^s_{,i} + \nu u^s_{i,jj} \tag{6.32}$$

乘以 u_i^s，取系综平均，重写黏性项，得到次滤波尺度的 TKE 收支方程：

$$\frac{1}{2}(\overline{u_i^s u_i^s})_{,t} = -\overline{u_i^s(u_i u_j)^s_{,j}} + \frac{\nu}{2}(\overline{u_i^s u_i^s})_{,jj} - \nu\,\overline{u^s_{i,j}u^s_{i,j}} \tag{6.33}$$

运用 $u_i^s = u_i - u_i^r$，可以把最后一项，即分子耗散项，写成如下形式：

$$\nu\,\overline{u^s_{i,j}u^s_{i,j}} = \nu\,\overline{u_{i,j}u_{i,j}} - 2\nu\,\overline{u_{i,j}u^r_{i,j}} + \nu\,\overline{u^r_{i,j}u^r_{i,j}} \tag{6.34}$$

则右边第一项是 ε，第二项和第三项分别是一个因子中的大部分耗散涡旋被滤掉和两个因子中的大部分耗散涡旋都被滤掉的情况，在 R_t 值很大的时候它们是很小的，可以忽略不计，于是可以写成：

$$\nu\,\overline{u^s_{i,j}u^s_{i,j}} \cong \nu\,\overline{u_{i,j}u_{i,j}} = \varepsilon \tag{6.35}$$

因此可以忽略掉方程(6.33)中的分子扩散项，即方程右边的第二项(问题 6.15)。

于是方程(6.33)就变成：

$$\frac{1}{2}(\overline{u_i^s u_i^s})_{,t} = -\overline{u_i^s(u_i u_j)^s_{,j}} - \varepsilon \tag{6.36}$$

这就是简化了的次滤波尺度 TKE 收支方程。右边第一项一定是个源项，它可以与黏性耗散项之间达成平衡。

下面来小结一下平衡的、均匀的、大 R_t 值情况下湍流流动中的 TKE 收支关系：

可分辨尺度 TKE：　$\dfrac{1}{2}(\overline{u_i^r u_i^r})_{,t} = \overline{\beta_i u_i^r} - \overline{u_i^r(u_i u_j)^r_{,j}} = 0 \tag{6.37}$

次滤波尺度TKE： $\dfrac{1}{2}(\overline{u_i^s u_i^s})_{,t} = -\overline{u_i^s(u_iu_j)_{,j}^s} - \varepsilon = 0$ (6.38)

TKE： $\dfrac{1}{2}\dfrac{\partial}{\partial t}(\overline{u_iu_i})_{,t} = \overline{\beta_iu_i} - \varepsilon = 0$ (6.17)

因为波截断滤波把一个二阶矩分割成 rr 部分和 ss 部分,可分辨尺度 TKE 收支方程(6.30)中的各项与次滤波尺度 TKE 收支方程(6.36)中的各项相加就合并成全 TKE 收支方程(6.17)中的各项。湍流的均匀性质使得相加后方程中的三阶矩消失,即:

$$-\overline{u_i^r(u_iu_j)_{,j}^r} - \overline{u_i^s(u_iu_j)_{,j}^s} = -\overline{(u_i-u_i^s)(u_iu_j)_{,j}^r} - \overline{(u_i-u_i^r)(u_iu_j)_{,j}^s}$$
$$= -\overline{u_i(u_iu_j)_{,j}^r} - \overline{u_i(u_iu_j)_{,j}^s} = -\overline{u_i(u_iu_j)_{,j}} = -\frac{1}{2}(\overline{u_iu_iu_j})_{,j} = 0 \quad (6.39)$$

所以它们在 TKE 收支方程(6.17)中不出现。在方程(6.39)中用到了可分辨尺度变量与次滤波尺度变量之间不相关的性质。

在可分辨尺度 TKE 收支方程(6.30)中缺少黏性耗散项,所以其中的 $\overline{u_i^r(u_iu_j)_{,j}^r}$ 项一定代表了失去能量的速率,这个速率与能量产生的速率相等,从而使这一项能与产生项相平衡。相类似地,因为在次滤波尺度 TKE 收支方程(6.36)中没有出现强迫项,其中的 $\overline{u_i^s(u_iu_j)_{,j}^s}$ 一定代表输入能量的速率,这个速率与能量的耗散速率相等,从而使这一项能与耗散项相平衡。当把(6.30)式与(6.36)式相加的时候,能够体现这种机制的情况就不存在了,因为对于均匀的湍流流动而言这两项之和为零。于是我们得出结论,可分辨尺度 TKE 收支方程(6.30)中的三阶矩与次滤波尺度 TKE 收支方程(6.36)中的三阶矩应该量值相等、符号相反,它们代表了尺度间传递,即由可分辨尺度向次滤波尺度传递 TKE 的平均速率。在附录 6.2 中将会对其进行更为细致的探讨。

6.3.3　可分辨尺度和次滤波尺度 TKE 收支的完整情况

运用附录 6.2 中的结果,在我们所设想的问题当中可以重写方程(6.30)和(6.36),并且对它们重新标记:

可分辨尺度 TKE 收支是:

$$\frac{1}{2}(\overline{u_i^r u_i^r})_{,t} = \overline{\beta_iu_i^r} - I = 0 \quad (6.40)$$

次滤波尺度 TKE 收支是:

$$\frac{1}{2}(\overline{u_i^s u_i^s})_{,t} = I - \varepsilon = 0 \quad (6.41)$$

这里 I 是尺度间能量传递的平均速率(见附录 6.2):

$$I = \overline{u_i^r u_i^r s_{ij}^s} - \overline{u_i^s u_i^s s_{ij}^r} \quad (6.42)$$

式中:s_{ij} 是湍流应变率张量,即:

$$s_{ij} = \frac{u_{i,j} + u_{j,i}}{2} \quad (6.43)$$

I 中的每一项都是运动学应力张量与应变率张量的缩并形式,这是个熟悉的形式:我们已经在 TKE 收支方程(5.42)中的切变产生项中看到过它,在这个方程中它代表了平均运动失去动能并将其传递给湍流运动的平均速率;在 TKE 收支方程的黏性项中也看到过这种形式(问题 1.7),这时候它代表损失 TKE 并将其转化为内能的平均速率。受这些例子的指引,并在方程(6.40)中看到了它的作用,我们可以把 I 理解为由两方面作用引起的失去可分辨尺度 TKE 的净平均速率,这两方面作用是:次滤波尺度应力对抗可分辨尺度应变率所做的功(即 $-\overline{u_i^s u_j^s s_{ij}^r}$),以及可分辨尺度应力对抗次滤波尺度应变率所做的功(即 $\overline{u_i^r u_j^r s_{ij}^s}$)。

6.3.4   流动中湍流动能从大尺度向小尺度传递

把方程(6.40)与(6.41)简单相加,可以从单个方程中归纳出 TKE 收支情况:

$$\frac{1}{2}(\overline{u_i^r u_i^r})_{,t} + \frac{1}{2}(\overline{u_i^s u_i^s})_{,t} = \frac{1}{2}(\overline{u_i u_i})_{,t} = \overline{\beta_i u_i^r} - \varepsilon \tag{6.44}$$

但是这个式子并未揭示完整过程的细节。大尺度湍流场的 TKE 并非像方程(6.44)显示的那样与黏性耗散保持平衡,而是与传递 TKE 到次滤波尺度的平均速率相平衡。对于平稳湍流,次滤波尺度区间的这些涡旋在单位质量流体中以相同的速率依次把 TKE 散逸下去。

R_t 值很大的湍流速度场具有较宽的涡旋尺度区间,使得这些涡旋的尺度小于 l 却大于 η,这些涡旋所携带的 TKE 可以忽略,形成的通量可以忽略,对生成 TKE 的贡献可以忽略,所以黏性耗散的作用可以忽略。但是它们是连接含能尺度涡旋与耗散尺度涡旋的必要环节,它们接受来自可分辨尺度涡旋传递过来的能量,然后把这些能量又传递给次滤波尺度涡旋,这个中间尺度的涡旋所具有的尺度区间被称为惯性副区,它有一个传递单位质量动能的平均速率,这个能量传递速率与尺度无关,而在量值上就等于 ε,我们称之为谱能量传递。

6.3.5   流动中标量方差从大尺度向小尺度传递

设想产生湍流的源项 $S(\boldsymbol{x},t)$ 是随机、均匀、平稳的,这样的湍流正在输送保守标量,这会使标量场也是均匀、平稳的(问题 6.13)。如果 S 被限定在大尺度上,且能够完全通过滤波,则标量的可分辨部分满足:

$$c_{,t}^r + (u_j c)_{,j}^r = \gamma c_{,jj}^r + S \tag{6.45}$$

上式乘以 c^r,取系综平均,分析方程各项量级,像处理 TKE 方程那样重新编排各项,就得到 c^r 方差的演变方程:

$$\frac{\partial \overline{c^r c^r}}{\partial t} = 2\overline{S c^r} - I_c = 0 \tag{6.46}$$

式中:I_c 是尺度间传递标量平方的平均速度(附录 6.2),即:

$$I_c = 2\overline{c^r u_j^r c_{,j}^s} - 2\overline{c^s u_j^s c_{,j}^r} \tag{6.47}$$

标量方差收支方程(5.7)中的平均梯度产生项和分子耗散项都是标量通量与标量梯度的乘积，I_c 也具有相同的形式。

相同的步骤可以得到 $\overline{c^s c^s}$ 的演变方程：

$$\frac{\partial \overline{c^s c^s}}{\partial t} = I_c - \chi_c = 0 \tag{6.48}$$

这里的解读类似于 TKE 的情况：大尺度部分的标量方差因强迫引起的生成速率与传递给小尺度的消耗速率相等而达到平衡状态；而那些小尺度的标量方差因为从大尺度获得的速率与分子耗散的速率相等而达到平衡状态。这个机制再次表明，方差的谱传递平均速率——串级速率，就是方差的分子耗散速率，即 χ_c。

§6.4 在二维均匀流动中的应用

在第 5 章中看到，扰动速度满足：

$$u_{i,t} + U_j u_{i,j} + u_j U_{i,j} + (u_i u_j - \overline{u_i u_j})_{,j} = -\frac{1}{\rho} p_{,i} + \nu u_{i,jj} \tag{6.49}$$

我们将在均匀下垫面之上的边界层中应用这个方程，选择 x_1 为平均流动方向，假设流场的非均匀性被限制在 x_3 或 z（垂直）方向上，于是有：

$$
\begin{aligned}
U_i &= U_1(x_3)\delta_{i1} \\
U_{i,j} &= U_{1,3}\delta_{i1}\delta_{j3} \\
(\overline{u_i u_j})_{,j} &= (\overline{u_i u_3})_{,3} \\
u,l &= u(x_3), l(x_3)
\end{aligned}
\tag{6.50}
$$

在水平面上对方程(6.49)进行滤波，并运用(6.50)式的约束条件，假设平均场可以完全通过滤波，则有：

$$u_{i,t}^r + U_1 u_{i,1}^r + u_3^r U_{1,3}\delta_{i1} + (u_i u_j)_{,j}^r - (\overline{u_i u_3})_{,3} = -\frac{1}{\rho} p_{,i}^r \tag{6.51}$$

滤波后的黏性项被忽略。对方程(6.51)乘以 u_i^r，取系综平均，运用 $u_{i,i}=0$，可得：

$$\frac{1}{2}(\overline{u_i^r u_i^r})_{,t} = -U_1\left(\overline{\frac{u_i^r u_i^r}{2}}\right)_{,1} - U_{1,3}\,\overline{u_1^r u_3^r} - \frac{1}{\rho}(\overline{p^r u_3^r})_{,3} - \overline{(u_i u_j)_{,j}^r u_i^r} \tag{6.52}$$

水平均匀条件使得方程右边第一项消失。依据附录 6.2 的结果，可以把右边最后一项写成：

$$-\overline{(u_i u_j)_{,j}^r u_i^r} = -I - \frac{1}{2}(\overline{u_i^r u_i^r u_3})_{,3} - (\overline{u_i^s u_i^s u_3})_{,3} \tag{6.53}$$

把方程(6.52)和(6.53)结合在一起，可以得到可分辨尺度 TKE 的收支方程：

$$\frac{1}{2}(\overline{u_i^r u_i^r})_{,t} = -U_{1,3}\,\overline{u_1^r u_3^r} - \frac{1}{\rho}(\overline{p^r u_3^r})_{,3} - I - \frac{1}{2}(\overline{u_i^r u_i^r u_3})_{,3} - (\overline{u_i^s u_i^s u_3})_{,3}$$

$$\tag{6.54}$$

右边的前四项分别代表切变产生、压力输送、尺度间传递、湍流输送的平均速率，第五项是由 r-s 尺度分解而引起的湍流输送的衍生项。尺度间传递项的推导过程在附录 6.2 中给出。

相对应的 u_i^s 的方程如下：

$$u_{i,t}^s + U_1 u_{i,1}^s + u_3^s U_{1,3}\delta_{i1} + (u_i u_j)_{,j}^s = -\frac{1}{\rho}p_{,i}^s + \nu u_{i,jj}^s \tag{6.55}$$

上式乘以 u_i^s，取系综平均，并将附录 6.2 的结果代入，可以得到次滤波尺度 TKE 的收支方程：

$$\frac{1}{2}(\overline{u_i^s u_i^s})_{,t} = -U_{1,3}\,\overline{u_1^s u_3^s} - \frac{1}{\rho}(\overline{p^s u_3^s})_{,3} + I - \frac{1}{2}(\overline{u_i^s u_i^s u_3})_{,3} - (\overline{u_i^r u_i^r u_3^r})_{,3} - \varepsilon \tag{6.56}$$

式中：右边前五项的解释与方程(6.54)相同，最后一项是黏性耗散项。

把方程(6.54)和方程(6.56)相加，尺度间传递项就消失了，两个压力输送项合并成一项，四个湍流输送项也合并成一项，于是熟悉的 TKE 收支方程就出现了(问题 6.17)：

$$\frac{1}{2}(\overline{u_i u_i})_{,t} = -U_{1,3}\,\overline{u_1 u_3} - \frac{1}{\rho}(\overline{p u_3})_{,3} - \frac{1}{2}(\overline{u_i u_i u_3})_{,3} - \varepsilon \tag{6.57}$$

§6.5　尺度间传递的物理机制

在我们的"假想问题"当中湍流是三维的、均匀的，尺度间传递对于方程(6.40)和(6.41)中 TKE 的平衡，以及方程(6.46)和(6.48)中标量方差的平衡起到了关键作用。尺度间传递项在这些方程中是三阶矩(三个量乘积的平均量)，包含了可分辨尺度量和次滤波尺度量。在第 2 章中曾介绍过，二阶矩可以用不同波数成分的贡献之和来表示，现在把这个分析方法拓展到三阶矩。

从一维情况开始，用复数傅里叶级数来表示一维均匀随机函数 $a(x;\alpha),b(x;\alpha)$ 和 $c(x;\alpha)$，把 $a(x;\alpha)$ 写成：

$$a(x;\alpha) = \sum_{k=-N}^{N}\hat{a}(\kappa_k;\alpha)e^{i\kappa_k x} \tag{6.58}$$

$b(x;\alpha)$ 和 $c(x;\alpha)$ 的表达式与上式类似，于是 $\overline{abc}$ 可以写成：

$$\overline{abc} = \sum_{k=-N}^{N}\sum_{l=-N}^{N}\sum_{m=-N}^{N}\hat{a}(\kappa_k)\,\hat{b}(\kappa_l)\,\hat{c}(\kappa_m)e^{i(\kappa_k+\kappa_l+\kappa_m)x} \tag{6.59}$$

由于湍流的均匀性，$\overline{abc}$ 不依赖于 x，于是(6.59)式中的指数部分应该等于 1，唯一的可能就是 $\kappa_k+\kappa_l+\kappa_m=0$。对 $\overline{abc}$ 有非零贡献的波数满足 $\kappa_m=-(\kappa_k+\kappa_l)$，像这样波数和为零的三个傅里叶成分构成的组合被称为三波体，因此可以把方程(6.59)写成：

$$\overline{abc} = \sum_{k=-N}^{N}\sum_{l=-N}^{N}\overline{\hat{a}(\kappa_k)\,\hat{b}(\kappa_l)\,\hat{c}(-\kappa_k-\kappa_l)} \tag{6.60}$$

把(6.60)式的结果拓展到三维情形,并用(6.42)式来表示三维均匀湍流中的尺度间传递速率:

$$I = \overline{u_i^r u_j^r s_{ij}^s} - \overline{u_i^s u_j^s s_{ij}^r}$$

$$= \sum_{k=-N}^{N} \sum_{l=-N}^{N} \overline{\hat{u}_i(\boldsymbol{\kappa}_k^r) \hat{u}_j(\boldsymbol{\kappa}_l^r) \hat{s}_{ij}(\boldsymbol{\kappa}_m^s)} - \sum_{n=-N}^{N} \sum_{p=-N}^{N} \overline{\hat{u}_i(\boldsymbol{\kappa}_n^s) \hat{u}_j(\boldsymbol{\kappa}_p^s) \hat{s}_{ij}(\boldsymbol{\kappa}_q^r)}$$

$$\boldsymbol{\kappa}_k^r + \boldsymbol{\kappa}_l^r + \boldsymbol{\kappa}_m^s = 0, \quad \boldsymbol{\kappa}_n^s + \boldsymbol{\kappa}_p^s + \boldsymbol{\kappa}_q^r = 0 \tag{6.61}$$

其中波数的上标为 r,例如 $\boldsymbol{\kappa}_k^r$,表示波数矢落在可分辨域中。

方程(6.61)暗示,尺度间传递能量需要湍流具有组织性。偶尔漫不经心地看一下湍流(比如烟羽),如果只看到纷乱、卷曲的涡旋,也许并不能感觉到组织性。但是卷曲运动使得它们旋转,而更大尺度的应变运动引起它们拉伸并增强,这样的情形就造成了动能向更小尺度传递,称之为尺度间传递,这对于湍流来讲是必要的动力学机制。

§6.6 大涡模拟

6.6.1 概念

大涡模拟(LES)计算技术的目的是为了计算出含能部分的湍流速度场和含方差部分的保守标量场,即它们的可分辨部分 $\tilde{u}_i^r(\boldsymbol{x}, t)$ 和 $\tilde{c}_i^r(\boldsymbol{x}, t)$。大涡模拟从速度和保守标量的控制方程出发,在等密度情况下的方程如下:

$$\tilde{u}_{i,t} + (\tilde{u}_i \tilde{u}_j)_{,j} = -\frac{1}{\rho} \tilde{p}_{,i} + \nu \nabla^2 \tilde{u}_i, \quad \tilde{u}_{i,i} = 0$$

$$\tilde{c}_{,t} + (\tilde{c} \tilde{u}_j)_{,j} = \gamma \nabla^2 \tilde{c} \tag{6.62}$$

将截断尺度落在 $\eta \ll \Delta \ll l$ 范围内的空间滤波应用于这些方程,得到可分辨场的控制方程:

$$\tilde{u}_{i,t}^r + (\tilde{u}_i \tilde{u}_j)_{,j}^r = -\frac{1}{\rho} \tilde{p}_{,i}^r, \quad \tilde{c}_{,t}^r + (\tilde{c} \tilde{u}_j)_{,j}^r = 0 \tag{6.63}$$

滤波之后的方程中略去了分子扩散项。

正如我们已经看到的,在方程(6.63)中的非线性项包含了截断波数之外的傅里叶成分,所以它是未知项(问题6.27)。通过加减被滤波变量的乘积来表示这些非线性项会比较方便,就像在方程(3.40)中的那样,这样的一套方程是:

$$\tilde{u}_{i,t}^r + (\tilde{u}_i^r \tilde{u}_j^r)_{,j} = -\frac{1}{\rho} \tilde{p}_{,i}^r + \frac{\tau_{ij,j}}{\rho}, \quad \frac{\tau_{ij}}{\rho} = \tilde{u}_i^r \tilde{u}_j^r - (\tilde{u}_i \tilde{u}_j)^r$$

$$\tilde{c}_{,t}^r + (\tilde{c}^r \tilde{u}_j^r)_{,j} + f_{j,j} = 0, \quad f_j = (\tilde{c} \tilde{u}_j)^r - \tilde{c}^r \tilde{u}_j^r \tag{6.64}$$

这套方程中包含了因空间滤波而产生的"雷诺通量"τ_{ij} 和 f_j,将其称为次滤波尺度通量。

对方程(6.64)定义的次滤波尺度通量进行一些推导,将变量分解为系综平均量加上扰动量，并假设系综平均量可以完全通过空间滤波（问题 6.23）：

$$\frac{\tau_{ij}}{\rho} = (U_i + u_i)^{\mathrm{r}}(U_j + u_j)^{\mathrm{r}} - [(U_i + u_i)(U_j + u_j)]^{\mathrm{r}} = u_i^{\mathrm{r}} u_j^{\mathrm{r}} - (u_i u_j)^{\mathrm{r}}$$

$$f_j = [(C + c)(U_j + u_j)]^{\mathrm{r}} - (C + c)^{\mathrm{r}}(U_j + u_j)^{\mathrm{r}} = (c u_j)^{\mathrm{r}} - c^{\mathrm{r}} u_j^{\mathrm{r}} \tag{6.65}$$

再运用分解 $u_i = u_i^{\mathrm{r}} + u_i^{\mathrm{s}}$ 和 $c = c^{\mathrm{r}} + c^{\mathrm{s}}$，它们变成：

$$\frac{\tau_{ij}}{\rho} = (u_i^{\mathrm{r}} u_j^{\mathrm{r}})^{\mathrm{s}} - (u_i^{\mathrm{r}} u_j^{\mathrm{s}} + u_i^{\mathrm{s}} u_j^{\mathrm{r}} + u_i^{\mathrm{s}} u_j^{\mathrm{s}})^{\mathrm{r}}$$

$$f_j = -(c^{\mathrm{r}} u_j^{\mathrm{r}})^{\mathrm{s}} + (c^{\mathrm{r}} u_j^{\mathrm{s}} + c^{\mathrm{s}} u_j^{\mathrm{r}} + c^{\mathrm{s}} u_j^{\mathrm{s}})^{\mathrm{r}} \tag{6.66}$$

方程（6.66）显示，τ_{ij}/ρ 和 f_j 只取决于滤波之后的湍流场，但是除此之外这些表达式很难理解。不过有两点是显而易见的：

① 因为乘积的傅里叶成分包含了构成乘积的两个量的傅里叶成分的波数和，当截断波数为 κ_c 时，u_i^{r} 乘以 u_j^{r} 和 c^{r} 乘以 u_j^{r} 生成的谱所具有的最大波数上升到 $2\kappa_c$，因此，在（6.66）式中第一项拥有波数从 κ_c 到 $2\kappa_c$ 范围内的傅里叶成分；

② （6.66）式中第二项包含滤波后可分辨尺度量与次滤波尺度量的乘积，这些乘积项中每一个都可能不为零。这种类型的相互作用已经在图 6.3a,b 中进行了说明，在这组乘积项中的最后一项可能包含了计算未能分辨的大波数成分。

滤波后的方程组（6.64）的另一种表达形式是：

$$\tilde{u}_{i,t}^{\mathrm{r}} + (\tilde{u}_i^{\mathrm{r}} \tilde{u}_j^{\mathrm{r}})_{,j}^{\mathrm{r}} - \frac{\tau_{ij,j}^*}{\rho} = -\frac{1}{\rho}\tilde{p}_{,i}^{\mathrm{r}}, \qquad \frac{\tau_{ij}^*}{\rho} = (\tilde{u}_i^{\mathrm{r}} \tilde{u}_j^{\mathrm{r}})^{\mathrm{r}} - (\tilde{u}_i \tilde{u}_j)^{\mathrm{r}}$$

$$\tilde{c}_{,t}^{\mathrm{r}} + (\tilde{c}^{\mathrm{r}} \tilde{u}_j^{\mathrm{r}})_{,j} + f_{j,j}^* = 0, \qquad f_j^* = (\tilde{c} \tilde{u}_j)^{\mathrm{r}} - (\tilde{c}^{\mathrm{r}} \tilde{u}_j^{\mathrm{r}})^{\mathrm{r}} \tag{6.67}$$

在这种情况下，雷诺通量的表达式中只有方程（6.66）中的可分辨尺度项：

$$\frac{\tau_{ij}^*}{\rho} = -(u_i^{\mathrm{r}} u_j^{\mathrm{s}} + u_i^{\mathrm{s}} u_j^{\mathrm{r}} + u_i^{\mathrm{s}} u_j^{\mathrm{s}})^{\mathrm{r}}$$

$$f_j^* = (c^{\mathrm{r}} u_j^{\mathrm{s}} + c^{\mathrm{s}} u_j^{\mathrm{r}} + c^{\mathrm{s}} u_j^{\mathrm{s}})^{\mathrm{r}} \tag{6.68}$$

式中：τ_{ij}，τ_{ij}^* 和 f_j，f_j^* 都被称为次滤波尺度通量，因为它们包含次滤波尺度场。然而从它们的定义式（6.68）看，τ_{ij}^* 和 f_j^* 是可分辨尺度量，这反映了在命名这类变量时所遭遇到的困境。

在大涡模拟中对 $\tilde{u}_i \tilde{u}_j$ 或 $(\tilde{u}_i \tilde{u}_j)^{\mathrm{r}}$ 的计算是在求解方程（6.64）或（6.67）的进程中进行的。如果滤波尺度 Δ 远小于湍流尺度 l，它们实际上能包含所有尺度的湍流通量。这使得大涡模式在模拟湍流通量的计算方案中具有很大的优势。

在大涡模拟中次滤波尺度通量很重要，即使其量值比可分辨尺度通量小很多，因为它们在本质上涉及尺度间传递（问题 6.16）。因此，在求解方程组（6.64）或（6.67）之前，其中的次滤波尺度通量必须用次滤波尺度模式加以描述。

6.6.2　次滤波尺度量的守恒方程

我们可以用方程（6.64）或（6.67）中的定义来推导次滤波尺度通量的守恒方程。

用(6.64)式来推导,并假设在截断尺度上的运动具有足够大的雷诺数,使得可以忽略掉分子扩散项。

6.6.2.1 应力

为方便起见,采用运动方程的变换形式:

$$\tilde{u}_{i,t}^{\mathrm{r}} + (\tilde{u}_i \tilde{u}_j^{\mathrm{r}})_{,j} = -\left(\frac{\tilde{p}^{\mathrm{r}}}{\rho} + \frac{2}{3}e\right)_{,i} + \tau_{ij,j}^{\mathrm{d}}$$

$$\text{其中,}\ \tau_{ij}^{\mathrm{d}} = \tilde{u}_i^{\mathrm{r}} \tilde{u}_j^{\mathrm{r}} - (\tilde{u}_i \tilde{u}_j)^{\mathrm{r}} + \frac{2}{3}e\delta_{ij}; \quad 2e = (\tilde{u}_i \tilde{u}_i)^{\mathrm{r}} - \tilde{u}_i^{\mathrm{r}} \tilde{u}_i^{\mathrm{r}} \qquad (6.69)$$

这里用上标 d 是因为 τ_{ij}^{d} 是一个运动学偏应力张量(英文单词 deviatoric 的首字母),即次滤波尺度应力张量 $\tilde{u}_i^{\mathrm{r}} \tilde{u}_j^{\mathrm{r}} - (\tilde{u}_i \tilde{u}_j)^{\mathrm{r}}$ 与它的各向同性形式 $-2e\delta_{ij}/3$ 之间的差值(e 是次滤波尺度 TKE),这种差值表示法便于模拟次滤波尺度应力。

推导基于下列求导性质:

$$\frac{\partial}{\partial t}\left[(\tilde{u}_i \tilde{u}_j)^{\mathrm{r}} - \tilde{u}_i^{\mathrm{r}} \tilde{u}_j^{\mathrm{r}}\right] = \left(\tilde{u}_i \frac{\partial \tilde{u}_j}{\partial t} + \tilde{u}_j \frac{\partial \tilde{u}_i}{\partial t}\right)^{\mathrm{r}} - \tilde{u}_i^{\mathrm{r}} \frac{\partial \tilde{u}_j^{\mathrm{r}}}{\partial t} - \tilde{u}_j^{\mathrm{r}} \frac{\partial \tilde{u}_i^{\mathrm{r}}}{\partial t} \qquad (6.70)$$

式中会用到 $\tilde{u}_i$ 的演变方程。于是按照方程(6.69)的定义,可得 τ_{ij}^{d} 的方程如下(Lilly,1967;Hatlee 和 Wyngaard,2007):

$$\begin{aligned}
\frac{\partial \tau_{ij}^{\mathrm{d}}}{\partial t} + \tilde{u}_k^{\mathrm{r}} \frac{\partial \tau_{ij}^{\mathrm{d}}}{\partial x_k} &= \frac{\partial}{\partial x_k}\left[(\tilde{u}_i \tilde{u}_j \tilde{u}_k)^{\mathrm{r}} - \tilde{u}_i^{\mathrm{r}}(\tilde{u}_j \tilde{u}_k)^{\mathrm{r}} - \tilde{u}_j^{\mathrm{r}}(\tilde{u}_i \tilde{u}_k)^{\mathrm{r}} - \tilde{u}_k^{\mathrm{r}}(\tilde{u}_i \tilde{u}_j)^{\mathrm{r}} + 2\tilde{u}_i^{\mathrm{r}}\tilde{u}_j^{\mathrm{r}}\tilde{u}_k^{\mathrm{r}} \right. \\
&\quad \left. - \frac{\delta_{ij}}{3}((\tilde{u}_l^2 \tilde{u}_k)^{\mathrm{r}} - 2\tilde{u}_l^{\mathrm{r}}(\tilde{u}_l \tilde{u}_k)^{\mathrm{r}} - \tilde{u}_k^{\mathrm{r}}(\tilde{u}_l^2)^{\mathrm{r}} + 2(\tilde{u}_l^{\mathrm{r}})^2 \tilde{u}_k^{\mathrm{r}})\right] \\
&\quad + \frac{2e}{3}\tilde{s}_{ij}^{\mathrm{r}} - \left[\tau_{ik}^{\mathrm{d}} \frac{\partial \tilde{u}_j^{\mathrm{r}}}{\partial x_k} + \tau_{jk}^{\mathrm{d}} \frac{\partial \tilde{u}_i^{\mathrm{r}}}{\partial x_k} - \frac{1}{3}\delta_{ij}\tau_{kl}^{\mathrm{d}} \tilde{s}_{kl}^{\mathrm{r}}\right] - \left[\frac{\tilde{p}}{\rho}\tilde{s}_{ij}\right]^{\mathrm{r}} + \frac{\tilde{p}^{\mathrm{r}}}{\rho}\tilde{s}_{ij}^{\mathrm{r}} \\
&\quad + \frac{1}{\rho}\frac{\partial}{\partial x_k}(\delta_{ik}[(\tilde{u}_j \tilde{p})^{\mathrm{r}} - \tilde{u}_j^{\mathrm{r}}\tilde{p}^{\mathrm{r}}] + \delta_{jk}[(\tilde{u}_i \tilde{p})^{\mathrm{r}} - \tilde{u}_i^{\mathrm{r}}\tilde{p}^{\mathrm{r}}] \\
&\quad - \frac{2}{3}\delta_{ij}[(\tilde{u}_k \tilde{p})^{\mathrm{r}} - \tilde{u}_k^{\mathrm{r}}\tilde{p}^{\mathrm{r}}])
\end{aligned} \qquad (6.71)$$

方程(6.71)左边两项代表局地时间变化和可分辨速度的平流输送。右边第一项是散度,所以对整个流动积分是零,它是个输送项。第二和第三项表示 τ_{ij}^{d} 与可分辨应变率的相互作用,前者是梯度产生项,产生的 τ_{ij}^{d} 与应变率的方向相同,后者是倾斜产生项,它改变了 τ_{ij}^{d} 的方向。第四和第五项是压力耗散项,第六项是压力输送项。

6.6.2.2 TKE

Lilly(1967)还推导过 $e = [(\tilde{u}_i \tilde{u}_i)^{\mathrm{r}} - (\tilde{u}_i \tilde{u}_i^{\mathrm{r}})]/2$ 的演变方程,即次滤波尺度运动的 TKE 方程:

$$\begin{aligned}
\frac{\partial e}{\partial t} + \tilde{u}_k^{\mathrm{r}} \frac{\partial e}{\partial x_k} &= \frac{\tau_{ij}^{\mathrm{d}}}{2}\tilde{s}_{ij}^{\mathrm{r}} - \frac{\partial}{\partial x_k}\left(\frac{(\tilde{u}_k \tilde{u}_i \tilde{u}_i)^{\mathrm{r}}}{2} - \frac{\tilde{u}_i^{\mathrm{r}}(\tilde{u}_i \tilde{u}_i)^{\mathrm{r}}}{2} - \tilde{u}_i^{\mathrm{r}}(\tilde{u}_k \tilde{u}_i)^{\mathrm{r}}\right. \\
&\quad \left. + \tilde{u}_i^{\mathrm{r}}\tilde{u}_i^{\mathrm{r}}\tilde{u}_k^{\mathrm{r}} + \frac{(\tilde{u}_k \tilde{p})^{\mathrm{r}}}{\rho} - \frac{\tilde{u}_k^{\mathrm{r}}\tilde{p}^{\mathrm{r}}}{\rho}\right) - \tilde{\varepsilon}
\end{aligned} \qquad (6.72)$$

式(6.72)左边是局地时间变化项和平流项,右边是切变产生项、一对输送项(湍流输送和压力输送),以及黏性耗散项。

6.6.2.3   标量通量

方程(6.64)中出现了次滤波尺度的标量通量 f_i,它的守恒方程是(Wyngaard,2004;Hetlee 和 Wyngaard,2007):

$$\frac{\partial f_i}{\partial t} + \tilde{u}_j^{\mathrm{r}} \frac{\partial f_i}{\partial x_j} + \frac{\partial}{\partial x_j}\left((\tilde{c}\,\tilde{u}_i\,\tilde{u}_j)^{\mathrm{r}} - (\tilde{c}\,\tilde{u}_i)^{\mathrm{r}}\,\tilde{u}_j^{\mathrm{r}} - \tilde{c}^{\mathrm{r}}(\tilde{u}_i\,\tilde{u}_j)^{\mathrm{r}} - \tilde{u}_i^{\mathrm{r}}(\tilde{c}\,\tilde{u}_j)^{\mathrm{r}} + 2\,\tilde{c}^{\mathrm{r}}\,\tilde{u}_i^{\mathrm{r}}\,\tilde{u}_j^{\mathrm{r}}\right)$$

$$+ \frac{1}{\rho}\frac{\partial}{\partial x_i}\left((\tilde{p}\,\tilde{c})^{\mathrm{r}} - \tilde{p}^{\mathrm{r}}\,\tilde{c}^{\mathrm{r}}\right) = -f_j\frac{\partial \tilde{u}_i^{\mathrm{r}}}{\partial x_j} - R_{ij}\frac{\partial \tilde{c}^{\mathrm{r}}}{\partial x_j} + \frac{1}{\rho}\left(\left(\tilde{p}\frac{\partial \tilde{c}}{\partial x_i}\right)^{\mathrm{r}} - \tilde{p}^{\mathrm{r}}\frac{\partial \tilde{c}^{\mathrm{r}}}{\partial x_i}\right)$$

其中,
$$R_{ij} = (\tilde{u}_i\,\tilde{u}_j)^{\mathrm{r}} - \tilde{u}_i^{\mathrm{r}}\,\tilde{u}_j^{\mathrm{r}} \tag{6.73}$$

这里对方程各项的解释类似于对偏应力方程的解释。标量通量方程的左边是局地时间变化、可分辨速度平流、湍流输送和压力输送;右边是倾斜产生、梯度产生和压力耗散。梯度产生项的有趣之处是它产生的标量通量的方向不必在标量梯度的方向上,可以将其称为"张量扩散率"项(问题 6.29)。

6.6.3   模拟次滤波尺度通量

就像所有的湍流矩方程一样,方程(6.71)~(6.73)中因为包含了未知量而不能直接求解。但它们能让我们对模拟次滤波尺度通量有一些有益的认识。

Lilly(1967)关于方程(6.71)的"一阶理论"实际上是假设了准平稳、局地均匀状态,在此条件之下 τ_{ij}^{d} 的梯度产生率与压力耗散项之间达到平衡。如果我们把这写成如下形式:[①]

$$\frac{2e}{3}\,\tilde{s}_{ij}^{\mathrm{r}} = \frac{\tau_{ij}^{\mathrm{d}}}{T_s} \tag{6.74}$$

式中:T_s 是个时间尺度,这产生了涡旋黏性模式:

$$\tau_{ij}^{\mathrm{d}} = \frac{2e}{3}\,T_s\,\tilde{s}_{ij}^{\mathrm{r}} = K\,\tilde{s}_{ij}^{\mathrm{r}} \tag{6.75}$$

Lilly 建议采用 Smagorinsky(1963)提出的模型来描述涡旋黏性系数 K:

$$K = \frac{(k\Delta)^2 D}{\sqrt{2}}, \quad D^2 = \tilde{s}_{ij}^{\mathrm{r}}\,\tilde{s}_{ij}^{\mathrm{r}} \tag{6.76}$$

式中:Δ 是网格距(也就是滤波截断尺度),k 是个常数。在截断尺度附近的可分辨运动的谱应该满足柯尔莫哥洛夫惯性副区的形式(见第 7 章),Lilly 给出的结果是 k 与惯性副区速度谱的常数(通常把这个常数称为柯尔莫哥洛夫常数 α,$\alpha \cong 1.5$)有关,即:

$$k \cong 0.23\,\alpha^{-3/4} \cong 0.17 \tag{6.77}$$

Lilly(1967)还提出了关于方程(6.71)的"二阶理论",它包括时间变化和平流作用,但不包括倾斜产生项,所以还是用到了次网格偏应力与可分辨尺度应变率张量 $\tilde{s}_{ij}^{\mathrm{r}}$

---

① 随后的二阶闭合方案中采用的"WET 模型"也是这样考虑的。

成正比的假设。为什么忽略掉倾斜产生项,一阶理论如何给出方程(6.75),这两个问题在他的文章里并没有明确说明依据。

首次把 Lilly 的想法付诸应用的是 Deardorff(1970a)对湍流管道流的数值模拟研究。他用了 6720 个格点(24×14×20)和方程(6.75)所示的涡旋黏性率闭合方案,其中涡旋黏性率 K 按(6.76)式计算,他发现有必要把方程(6.76)中的常数 k 从 0.17 降到 0.10,部分原因是网格分辨率比较粗。接着他转向研究对流边界层(Deardorff,1970b),用了更多的网格点(16000 个)和相同的次网格方案,但在细节上做了些改进。他令 $k=0.21$,该值是他最初取值的两倍,更加接近方程(6.77)给出的结果。在接下来的文章里(Deardorff,1974a,1974b)他采用了基于次滤波尺度守恒方程(6.71)和(6.73)的预报模式来取代涡旋黏性率近似,不过这使得计算时间增加了大约 6 倍。

在之后的大涡模拟中几乎都是采用涡旋扩散率方案(6.75)式来描述次滤波尺度的偏应力,以及次滤波尺度的标量通量:

$$f_i = -K_c \frac{\partial c^{\mathrm{r}}}{\partial x_i} \tag{6.78}$$

涡旋扩散系数 K 和 K_c 通常采取如下表达式:

$$K = C_u e^{1/2} \Delta, \quad K_c = C_c e^{1/2} \Delta \tag{6.79}$$

式中:C_u 和 C_c 是常数。次滤波尺度湍流动能 e 通常用基于守恒方程(6.72)的预报模式计算获得。Lilly(1967)认为 C_u 与惯性副区速度谱的常数有关(见第 7 章);Schumann 等(1980)的结果以及 Moeng 和 Wyngaard(1988)的结果都显示,当滤波尺度落在惯性副区的时候,这些常数之间有下列关系:

$$\frac{C_u}{C_c} = \frac{\beta}{\alpha} \tag{6.80}$$

式中:β 和 α 分别是惯性副区的标量三维谱和速度三维谱中的常数。

6.6.4　测量次滤波尺度通量

次滤波尺度通量可以用"阵列技术"进行测量(Tong et al.,1998)。如同将在第 16 章中详细讨论的,来自风速仪空间阵列的信号在侧向空间上和时间上被滤波(依据泰勒假设,后者被顺流方向的空间滤波代替),从而得到可分辨变量。最早的这种试验于 2000 年在加利福尼亚州的凯托曼市(Kettleman City)进行(Horst et al.,2004),被称为 HATS(Horizontal Array Turbulence Study)试验。它首次实现了针对观测获得的次滤波尺度运动统计特征而进行的实质性研究及结果展示(Sullivan et al.,2003)。

Hatlee 和 Wyngaard(2007)曾讨论过次滤波尺度的速率方程模式:

$$\frac{\partial \tau_{ij}^{\mathrm{d}}}{\partial t} = \frac{2e}{3} s_{ij}^{\mathrm{r}} - \left[\tau_{ik}^{\mathrm{d}} \frac{\partial \widetilde{u}_j^{\mathrm{r}}}{\partial x_k} + \tau_{jk}^{\mathrm{d}} \frac{\partial \widetilde{u}_i^{\mathrm{r}}}{\partial x_k} - \frac{\delta_{ij}}{3} \tau_{kl}^{\mathrm{d}} s_{kl}^{\mathrm{r}} \right] - \frac{\tau_{ij}^{\mathrm{d}}}{T} \tag{6.81}$$

$$\frac{\partial f_i}{\partial t} = -f_j \frac{\partial \widetilde{u}_i^{\tau}}{\partial x_j} - R_{ij} \frac{\partial \widetilde{c}^{\tau}}{\partial x_j} - \frac{f_i}{T} \qquad (6.82)$$

上述每个方程中都保留了次滤波尺度通量守恒方程(6.71)和(6.73)中成对出现的产生项,并对压力耗散项进行了模拟。

他们用 HATS 试验数据检验了这些模式,验证结果见图 6.4 和图 6.5。在每个例子中,简单的速率方程模式比起标准的涡旋扩散率模式有明显的改进。次滤波尺度偏应力的对角线分量,如图 6.4 所示,在很大程度上因方程(6.81)中的倾斜产生项的作用而得以维持,但这一项在涡旋扩散率闭合方案中是被忽略的。用它们预报 τ_{13} 时,得到的结果差异并不是很大。类似地,标准的涡旋扩散率模式在预报次滤波尺度水平标量通量方面是失败的,因为它忽略了其产生机制,即忽略掉了次滤波尺度通量守恒方程(6.82)中的倾斜项和张量扩散率项。Chen 等(2009)展示了一个基于概率预报方程检测次滤波尺度模式的方法(见第 13 章)。

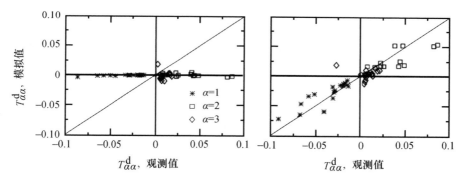

图 6.4　HATS 试验中模拟值(纵坐标)和观测值(横坐标)的次滤波尺度正则偏应力(单位:m² · s⁻²)对比。左图采用的是斯摩格林斯基(Smagorinsky)模式,即方程(6.75)~(6.77);右图采用的是简单的速率方程模式(6.81)式。引自 Hatlee 和 Wyngaard (2007)

6.6.5　对通量模拟的敏感性

如同在第 5 章中已经讲述的,必须对系综平均方程中的所有通量进行模拟。但是对空间平均方程只需要模拟未被分辨出的通量,当滤波尺度(网格分辨率)落在惯性副区,就像在理想的大涡模拟中一样,只有很小比例的通量是未被分辨的。我们不能忽略这部分未被分辨的通量,它对来自于可分辨尺度的动能和标量方差的传递过程而言是必要的(问题 6.16)。如果这样的次滤波尺度模式能够很好地描述这个传递过程的平均速率(Lilly(1967)曾指出这是可以通过调整比例系数来实现的),即使次滤波尺度模式对次滤波尺度通量描述得不够好,主模式也可以表现得较好。如 Chen 等(2009)的结果所显示的,可以利用基于概率预报方程(见第 13 章)的统计分析来探究次滤波尺度模式的不足。

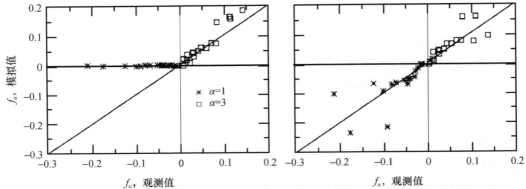

图 6.5 HATS 试验中模拟值（纵坐标）和观测值（横坐标）的次滤波尺度温度通量
（单位：K·m·s^{-1}）对比。左图采用的是次滤波尺度的涡旋扩散率模式（6.78）式和（6.79）式；
右图采用的是简单的速率方程模式（6.82）式。引自 Hatlee 和 Wyngaard（2007）

6.6.6　有效雷诺数

经过滤波之后，纳维－斯托克斯方程（6.64）的有效雷诺数具有的量级是 $UL/\overline{K}$，其中 $\overline{K}$ 代表涡旋黏性率（即涡旋黏性系数，也称为涡旋扩散系数）。如果这个雷诺数足够大，流动的可分辨部分是湍流的；如果它的值更大，则流动至少可以达到不依赖于雷诺数的区间。我们知道，这需要满足 $\Delta \ll l$（问题 6.22），这个条件看起来在很多工程应用和大气边界层应用中是可以实现的。但在强对流风暴模拟中难以实现（Bryan et al.，2003），在台风模拟中也未能实现。

附录 6.1　TKE 分解

假设在区间 $0 \leqslant x \leqslant L$ 的一维、均匀、均值为零的随机函数 $u_i(x;\alpha)$ 是众多实例的系综，如同在第 2 章中那样，可以用傅里叶级数近似表示任何一个实例中的 u_i：

$$u_i(x;\alpha) = \sum_{n=-N}^{N} \hat{u}(\kappa_n;\alpha)e^{i\kappa_n x} \qquad (6.83)$$

式中：$\kappa_n = 2\pi n/L$。因为 u_i 是随机的，所以它的傅里叶系数在每个实例中是不同的。

对 u_i 实施波截断滤波，截断波数为 $2\pi N_c/L$，其中 $N_c \leqslant N$。波数小于或等于 $2\pi N_c/L$ 的成分经过滤波后其傅里叶系数不变，而那些波数大于 $2\pi N_c/L$ 的成分经过滤波后其傅里叶系数变为零。于是可以把 f 的可分辨尺度部分和次滤波尺度部分写成如下形式：

$$u_i^r(x;\alpha) = \sum_{n=-N}^{N} \hat{u}_i(\kappa_n;\alpha)T(\kappa_n)e^{i\kappa_n x} = \sum_{n=-N_c}^{N_c} \hat{u}_i(\kappa_n;\alpha)e^{i\kappa_n x}$$

$$u_i^s(x;\alpha) = u_i - u_i^r = \sum_{|n|>N_c} \hat{u}_i(\kappa_n;\alpha)e^{i\kappa_n x} \qquad (6.84)$$

$$= \sum_{n=-N_c-1}^{-N} \hat{u}_i(\kappa_n;\alpha) e^{i\kappa_n x} + \sum_{n=N_c+1}^{N} \hat{u}_i(\kappa_n;\alpha) e^{i\kappa_n x}$$

于是其协方差 $\overline{u_i^r u_i^s}$ 为:

$$\overline{u_i^r u_i^s} = \sum_{n=-N_c}^{N_c} \sum_{m=-N_c-1}^{-N} \overline{\hat{u}_i(\kappa_n) \hat{u}_i(\kappa_m)} + \sum_{n=-N_c}^{N_c} \sum_{m=N_c+1}^{N} \overline{\hat{u}_i(\kappa_n) \hat{u}_i(\kappa_m)} = 0 \quad (6.85)$$

因为波截断滤波通常可以保证可分辨部分与次滤波尺度部分之间没有傅里叶模态,它们对求和没有贡献。这个性质对三维谱也是适用的,所以波截断滤波得到 $\overline{u_i u_i} = \overline{u_i^r u_i^r} + \overline{u_i^s u_i^s}$,很干脆地把 TKE 分解成可分辨分量和次滤波尺度分量。

附录 6.2　尺度间传递

在 6.3 节的均匀湍流"假想问题"中,推导出的可分辨 TKE 收支方程(6.30)中包含的一项是 $-\overline{u_i^r(u_iu_j)^r_{,j}}$,同时在次滤波尺度 TKE 收支方程(6.36)中包含的一项是 $-\overline{u_i^s(u_iu_j)^s_{,j}}$。我们推断这两项代表了"尺度间传递",即能量的传递,从可分辨尺度传递到次滤波尺度而没有损失。

这个尺度间传递项在水平均匀的边界层问题中(见 6.4 节)也会出现,在那个水平均匀的问题中我们在水平方向上实施了滤波,而不是进行三维滤波。正因为如此,在分析这一项的时候并非要求它一定是三维均匀的。

因为波截断滤波使得变量的可分辨部分与次滤波尺度部分不相关,因此可以把方程(6.30)中的那一项写成:

$$-\overline{u_i^r(u_iu_j)^r_{,j}} = -\overline{u_i^r\left[(u_iu_j)_{,j} - (u_iu_j)^s_{,j}\right]} = -\overline{u_i^r(u_iu_j)_{,j}}$$

$$= -\overline{u_i^r\left[(u_i^r+u_i^s)(u_j^r+u_j^s)\right]_{,j}}$$

$$= -\overline{u_i^r\left[u_i^ru_j^r + u_i^su_j^r + u_i^ru_j^s + u_i^su_j^s\right]_{,j}}$$

$$= -\overline{u_i^ru_j^ru_{i,j}^r} - \overline{u_i^ru_j^su_{i,j}^r} - \overline{u_i^ru_j^su_{i,j}^s} - \overline{u_i^ru_j^su_{i,j}^s} \quad (6.86)$$

相应地,次滤波尺度 TKE 方程(6.36)中的那一项如下:

$$-\overline{u_i^s(u_iu_j)^s_{,j}} = -\overline{u_i^su_j^ru_{i,j}^r} - \overline{u_i^su_j^ru_{i,j}^s} - \overline{u_i^su_j^su_{i,j}^r} - \overline{u_i^su_j^su_{i,j}^s} \quad (6.87)$$

我们推想,尺度间传递项就像 TKE 收支方程(5.42)中的切变产生项和耗散项一样,是应力张量与应变率张量的缩并形式。方程(6.86)和(6.87)中包含速度梯度而不是应变率,但可以把速度梯度写成应变率张量与旋转率张量之和:

$$u_{i,j} = \frac{u_{i,j} + u_{j,i}}{2} + \frac{u_{i,j} - u_{j,i}}{2} = s_{ij} + r_{ij} \quad (6.88)$$

式中: s_{ij} 和 r_{ij} 分别是对称张量和反对称张量。因为应力张量是对称的,所以它与 r_{ij} 的缩并计算结果为零。于是,在方程(6.87)的右边项中可以用应变率张量替换掉速度梯度,例如,我们可以用 $\overline{u_i^s u_j^s s_{ij}^r}$ 替换掉 $\overline{u_i^s u_j^s u_{i,j}^r}$ 。

我们现在可以运用一些准则把方程(6.86)和(6.87)改写成尺度间传递项与湍流输送项之和。尺度间传递项一定会同时包含可分辨部分和次滤波尺度部分,因为它们会出现在两个尺度的方程里,并且相加之和必须是零。保持相同的顺序,用括号指示出已经被分成两部分的项,因此把方程(6.86)和(6.87)写成:

$$-\overline{u_i^r (u_i u_j)_{,j}^r} = -\frac{1}{2}(\overline{u_i^r u_i^r u_j^r})_{,j} - \overline{u_i^r u_j^r s_{ij}^s} - \frac{1}{2}(\overline{u_i^r u_i^r u_j^s})_{,j}$$
$$- \left[(\overline{u_i^r u_i^s u_j^s})_{,j} - \overline{u_i^r u_j^s s_{ij}^r} \right] \tag{6.89}$$

$$-\overline{u_i^s (u_i u_j)_{,j}^s} = - \left[(\overline{u_i^r u_i^r u_j^s})_{,j} - \overline{u_i^r u_j^s s_{ij}^s} \right] - \frac{1}{2}(\overline{u_i^s u_i^s u_j^r})_{,j}$$
$$- \left[\overline{u_i^s u_j^s s_{ij}^r} \right] - \frac{1}{2}(\overline{u_i^s u_i^s u_j^s})_{,j} \tag{6.90}$$

合并同类项得到:

$$-\overline{u_i^r (u_i u_j)_{,j}^r} = -\overline{u_i^r u_j^r s_{ij}^s} + \overline{u_i^s u_j^s s_{ij}^r} - \frac{1}{2}(\overline{u_i^r u_i^r u_j})_{,j} - (\overline{u_i^r u_i^s u_j^s})_{,j} \tag{6.91}$$

$$-\overline{u_i^s (u_i u_j)_{,j}^s} = \overline{u_i^r u_j^r s_{ij}^s} - \overline{u_i^s u_j^s s_{ij}^r} - \frac{1}{2}(\overline{u_i^s u_i^s u_j})_{,j} - (\overline{u_i^r u_i^s u_j^r})_{,j} \tag{6.92}$$

在(6.91)式和(6.92)式中第一个成对的项具有尺度间传递项所需的形式,即应力张量与应变率张量的缩并形式,它们在量值上相等但符号相反,这也符合要求。我们把这些项称作尺度间传递项,并把它们分别标记为 $-I$ 和 I:

$$I = \overline{u_i^r u_j^r s_{ij}^s} - \overline{u_i^s u_j^s s_{ij}^r} \tag{6.93}$$

正如将要在第7章中讨论的那样,能量的尺度间传递在二维和三维湍流中都存在,但它们的物理机制不同。

注意到 $\overline{u_i^r u_i^s u_j^r} - \overline{u_i^r u_i^s u_j^s} = \overline{u_i^r u_i^s (u_j^r + u_j^s)} = \overline{u_i^r u_i^s u_j}$ 中的第二对相加是所需要的湍流输送:

$$-\frac{1}{2}(\overline{u_i^r u_i^r u_j})_{,j} - (\overline{u_i^r u_i^s u_j^s})_{,j} - \frac{1}{2}(\overline{u_i^s u_i^s u_j})_{,j} - (\overline{u_i^r u_i^s u_j^r})_{,j}$$
$$= -\frac{1}{2}(\overline{u_i^r u_i^r u_j} + 2\overline{u_i^r u_i^s u_j} + \overline{u_i^s u_i^s u_j})_{,j} = -\frac{1}{2}(\overline{u_i u_i u_j})_{,j} \tag{6.94}$$

因此,$-\overline{u_i^r (u_i u_j)_{,j}^r}$ 和 $-\overline{u_i^s (u_i u_j)_{,j}^s}$,如方程(6.91)和(6.92)所示,每个都是尺度间传递项与湍流输送项之和。在6.3节的完全均匀问题中湍流输送项消失,在6.4节的水平均匀边界层问题中湍流输送项存在于不均匀的垂直方向。

把类似的步骤应用于保守标量的守恒方程就得到了尺度间传递方差的速率的表达式:

$$I_c = 2\overline{c^r u_j^r c_{,j}^s} - 2\overline{c^s u_j^s c_{,j}^r} \tag{6.95}$$

这里的尺度间传递机制对于二维和三维湍流来讲是相同的(见第7章)。

针对主要概念的提问

6.1　解释为什么空间平均不像系综平均那样,可以消除随机性。

6.2　解释为什么空间滤波在物理空间和波数空间都不能像图 6.1 和图 6.2 所示的那样是陡峭的。

6.3　滑动平均和波截断滤波,如图 6.1 和图 6.2 所示,在一个空间里被定义为正的,但在另一个空间就不是正的,什么样的滤波在两个空间里都是正的?

6.4　从物理上解释为什么波截断滤波使得滤波后变量的可分辨部分与次滤波尺度部分之间是不相关的。

6.5　方程(6.71)中的应力张量与方程(5.39)或(5.41)中的应力张量是两种不同形式的雷诺应力张量,解释方程(6.71)与方程(5.39)或(5.41)之间的关系。

6.6　从物理上解释为什么滤波后的纳维-斯托克斯方程和保守标量方程中可以忽略分子扩散项,在方程收支中是谁接替了它的重要作用?

6.7　解释为什么系综平均方程中没有出现涉及均匀方向的导数项,但在空间平均方程中却有这些项,为什么这很重要?

6.8　什么样的限制条件下方程(6.71)和(6.73)所表示的次滤波尺度通量的守恒方程会变成第 5 章中相应的系综平均方程?

6.9　概括并解释大涡模拟的概念,并将它与二阶矩模拟做对比。

6.10　解释为什么人们认为大涡模式对湍流流动的模拟从本质上讲要比基于第 5 章中二阶矩方程的模式更为可靠。

6.11　用大涡模式和二阶矩模式模拟相同的问题,如水平均匀的边界层,对所需的计算要求进行比较,你从中能得到什么样的结论?

6.12　针对从问题 6.11 中得到的结果,讨论如何用大涡模拟来改进二阶矩模拟,以及在什么应用当中这个方案是有用的?

6.13　解释在大涡模拟中把截断尺度设置在惯性副区的好处。

问　题

6.1　证明一维滑动平均滤波具有如方程(6.9)所示的滤波函数。

6.2　证明对于如(6.1)式所示的滤波而言,有:

$$\left(\frac{\partial u}{\partial x}\right)^{\mathrm{r}} = \frac{\partial u^{\mathrm{r}}}{\partial x}$$

即,空间滤波可以与空间导数互换。

6.3　证明一维波截断滤波满足(6.21)式的约束。

6.4　推导并解释一个保守标量的可分辨部分的方差方程和次滤波尺度的方差方

程,讨论在惯性副区的空间尺度上方差的收支情况。

6.5 讨论空间滤波尺度 Δ 与在其上对经过滤波的方程进行数值求解所使用的网格格距 Δ_g 之间的差别,解释 $\Delta_g \ll \Delta$ 和 $\Delta_g \gg \Delta$ 的情况,你该如何选择 Δ_g?

6.6 乔治·科鲁兹(George Crunch)在网络上找到了一个三维的有时间变化的数值模式,但他对这个模式并不很清楚。乔治可以看到模式用到了涡旋扩散率方案来闭合方程,但没有说明模式针对的是系综平均还是空间平均问题,他能够通过检验涡旋扩散率得到答案吗?

6.7 解释大涡模拟所蕴含的思想。

6.8 假设可分辨尺度的速度方程(6.60)中的次网格应力张量用如同牛顿黏性应力张量来模拟,但使用常数值"涡旋"黏性率,证明这个模式可以给出关于尺度间传递速率的定性正确结果。如何使它定量上也正确?

6.9 推导方程(6.12)的积分过程。

6.10 推导保守标量的均方梯度演变的守恒方程,并识别出它的两个主导项,哪个是它的主要源项,哪个又是它的主要汇项?

6.11 证明系综平均可以与空间滤波互换。

6.12 证明滑动平均滤波中的 G 和 T,即方程(6.9)和(6.5),是一对傅里叶转换。

6.13 证明 6.3.5 节中的标量场可以如所述的那样是均匀、平稳的。

6.14 解释在大涡模拟中滤波尺度设置在哪里相对于尺度 l 来讲是比较理想的。

6.15 证明我们可以在方程(6.33)中忽略分子扩散项。

6.16 在大涡模拟中没有黏性耗散项,为什么? 运用动量方程(6.64)并把变量分解成系综平均和扰动量两部分来推导大涡模拟的 TKE 方程,是谁取代了黏性耗散项的作用? 试做出解释。

6.17 证明方程(6.57)是方程(6.54)和(6.56)相加得到的。

6.18 奥斯本·雷诺(Osborne Reynolds)用的是空间平均,"雷诺平均法则"适用于它们吗? 对它们的应用有什么限制条件吗? 予以讨论。

6.19 解释为什么有效雷诺数高值在大气边界层的大涡模拟中容易达到,而在强雷暴中很难达到。

6.20 如果想从均匀边界层流动的大涡模拟结果中得到系综平均统计结果,应该如何产生它们? 予以解释。

6.21 如何实现大涡模拟的随机性?(提示:重新看一下在第 1 章中对随机性的定义)

6.22 证明要在大涡模拟中达到不依赖于雷诺数的区间,需要满足条件 $\Delta \ll l$。

6.23 在方程(6.65)中假设系综平均场可以完全通过滤波,这个假设合理吗? 予以解释。

6.24 解释方程(6.39)的中间步骤。

6.25 证明如方程(6.15)所示的高斯滤波函数的转换函数也是高斯函数。

6.26 推导方程(6.52)。

6.27　解释为什么我们说方程组(6.63)中被滤波后的积$(\widetilde{u_i u_j})^r$是未知量,并证明如果把它近似地写成$\widetilde{u}_i\widetilde{u}_j$,则方程在数值上是可解的,这时它的动能方程中缺少汇项,所以无法得到平稳解。

6.28　如果滤波尺度在惯性副区内逐渐减小,解释极限情况下的方程(6.56)。

6.29　讨论次网格通量守恒方程(6.73)中梯度产生项的性质,为什么它产生的次网格标量通量的方向不一定沿着梯度的方向? 为什么我们可以称它为"张量扩散率"项?

参考文献

Bryan G H, Wyngaard J C, Fritsch J M, 2003. On adequate resolution for the simulation of deep moist convection[J]. Mon Wea Rev, 131:2394-2416.

Charney J, Fjortoft R, von Neumann J, 1950. Numerical integration of the barotropic vorticity equation[J]. Tellus, 2:237-254.

Chen Q, Otte M J, Sullivan P P, et al, 2009. A posteriori subgrid-scale model tests based on the conditional means of subgrid-scale stress and its production rate[J]. J Fluid Mech, 626:149-181.

Deardorff J W, 1970a. A numerical study of three-dimensional turbulent channel flow at large Reynolds numbers[J]. J Fluid Mech, 41:453-480.

Deardorff J W, 1970b. Preliminary results from numerical integrations of the unstable planetary boundary layer[J]. J Atmos Sci, 27:1209-1211.

Deardorff J W, 1974a. Three-dimensional numerical study of the height and mean structure of a heated planetary boundary layer[J]. Bound-Layer Meteor, 7:81-106.

Deardorff J W, 1974b. Three-dimensional numerical study of turbulence in an entraining mixed layer [J]. Bound-Layer Meteor, 7:199-226.

Hatlee S C, Wyngaard J C, 2007. Improved subgrid-scale models for LES from field measurements [J]. J Atmos Sci, 64:1694-1705.

Horst T W, Kleissl J, Lenschow D H, et al, 2004. HATS: Field observations to obtain spatially-filtered turbulence fields from crosswind arrays of sonic anemometers in the atmospheric surface layer[J]. J Atmos Sci, 61:1566-1581.

Lilly D K, 1967. The representation of small-scale turbulence in numerical simulation experiments [C]//Proceedings of the IBM Scientific Computing Symposium on Environmental Sciences, IBM Form No. 320-1951, pp195-210.

Moeng C H, Wyngaard J C, 1988. Spectral analysis of large-eddy simulations of the convective boundary layer[J]. J Atmos Sci, 45:3573-3587.

Phillips N, 1955. The general circulation of the atmosphere: A numerical experiment[C]//Presented at the Conference on Application of Numerical Integration Techniques to the Problem of the General Circulation. Dynamics of Climate, R Pfeffer, Ed., Oxford: Pergamon Press, pp18-25.

Phillips N, 1956. The general circulation of the atmosphere: A numerical experiment[J]. Quart J Roy Meteor Soc, 82:123-164.

Schumann U, Grotzbach G, Kleiser L, 1980. Direct numerical simulation of turbulence[A]//In Prediction Methods for Turbulent Flows, W Kollman, Ed., Washington: Hemisphere, pp123-158.

Smagorinsky J, 1963. General circulation experiments with the primitive equations: Part 1, The basic experiment[J]. Mon Wea Rev, 94:99-164.

Sullivan P P, Horst T W, Lenschow D H, et al, 2003. Structure of subfilter-scale fluxes in the atmospheric surface layer with application to LES modeling[J]. J Fluid Mech, 482:101-139.

Tong C, Wyngaard J C, Khanna S, et al, 1998. Resolvable- and subgrid-scale measurement in the atmospheric surface layer: Technique and issues[J]. J Atmos Sci, 55:3114-3126.

Wyngaard J C, 2004. Toward numerical modeling in the Terra Incognita[J]. J Atmos Sci, 61:1816-1826.

第7章　柯尔莫哥洛夫标度率及其拓展，以及二维湍流

§7.1　惯性副区

如同在第 6 章所描述的，R_t 值很大时湍流流动中尺度介于 l 与 η 之间的涡旋具有很大的尺度范围。因为受惯性作用，这些涡旋落在惯性副区内。

在典型的白天大气边界层中部，涡旋尺度的范围大约是 1000 m 到 1 mm，它跨越了六个量级。中间三个量级（即从 3 cm 到 30 m）的涡旋被认为对 TKE、通量以及黏性耗散的贡献都可以忽略不计，因而可以看成是惯性副区。圆管流、管道流，以及喷射流中湍流流动的 R_t 值通常比地球物理流动要小很多，但还是具有可以分辨出的惯性副区，尽管这个区间可能会窄一些。

7.1.1　动能学

在第 6 章中我们把水平均匀、平衡的边界层中的速度场分解成可分辨部分和次滤波尺度部分，并且推导了它们的单位质量平均动能（即 TKE_r 和 TKE_s）的平衡方程。当划分可分辨涡旋与次滤波尺度涡旋的尺度 Δ 满足 $l \gg \Delta \gg \eta$ 时，这些 TKE 方程告诉我们：

$$TKE_r \text{ 的平流、生成、湍流输送以及压力输送的速率之和}$$
$$= \text{把}TKE_r\text{传递给更小尺度涡旋的损失速率} \tag{7.1}$$
$$\text{经由传递作用从大尺度涡旋获得}TKE_s\text{的速率}$$
$$= \text{通过耗散作用损失}TKE_s\text{的速率} = \varepsilon \tag{7.2}$$

所以，在惯性副区内 TKE 平衡的简单关系是：

$$\text{从更大尺度涡旋获得 TKE 的速率}$$
$$= \text{因向更小尺度涡旋传递而损失 TKE 的速率} = \varepsilon \tag{7.3}$$

在惯性副区内标量方差的收支是类似的情况：

$$\text{从更大尺度涡旋获得标量方差的速率}$$
$$= \text{因向更小尺度涡旋传递而损失标量方差的速率} = \chi_c \tag{7.4}$$

平衡关系(7.3)式和(7.4)式是惯性副区中柯尔莫哥洛夫能谱标度律的基础，Obukhov(1949)和 Corrsin(1951)又将其推广到标量谱。

7.1.2 速度谱

在第 2 章中已经介绍了三维速度谱 $E(\kappa)$,其性质是:

$$\frac{\overline{u_i u_i}}{2} = \int_0^\infty E(\kappa)\, \mathrm{d}\kappa \qquad (2.36)$$

Kolmogorov(1941)假设惯性副区内的尺度参数只有能量串级速率 ε 和波数 κ。如果是这样,则基于量纲分析它应该具有如下形式:

$$E(\kappa) = \alpha \varepsilon^{2/3} \kappa^{-5/3} \qquad (7.5)$$

式中:α 是柯尔莫哥洛夫常数。这个预测结果首先被潮汐水道中的大 R_t 流动所证实(Grant et al.,1962)。柯尔莫哥洛夫进一步假设最小的耗散涡旋的尺度只取决于 ε 和 ν。如果是这样,它们只能是:

$$速度尺度\ \upsilon = (\nu \varepsilon)^{1/4}, \quad 长度尺度\ \eta = \left(\frac{\nu^3}{\varepsilon}\right)^{1/4} \qquad (1.34)$$

在介绍泰勒(G. I. Taylor)的书中,Batchelor(1996)讲述了柯尔莫哥洛夫获得这些进展的一些历史背景:

我于 1945 年 4 月到达剑桥,在他的指导下攻读关于湍流的博士学位……我搜寻新的思想,并且在检索文献的过程中发现两篇 1941 年发表在苏联的文章。在这两篇文章里,柯尔莫哥洛夫提出了湍流运动小尺度成分具有统计平衡的思想。让人感到不可思议的是,这两篇文章竟然通过某种渠道安全抵达了剑桥的一个图书馆。我把我的发现告诉了泰勒。

不久后,也就是 1945 年夏天,德国物理学家海森堡(W. Heisenberg)和维茨泽克(C. F. von Weizsacker)向泰勒描述了……能量从大尺度成分向小尺度成分传递的思想……对于泰勒和我来讲,很显然他们谈及的是柯尔莫哥洛夫理论……后来人们注意到,在 1945 年耶鲁大学著名物理学家昂赛格(L. Onsager)发表了一篇摘要,其中他独立地提出了关于小尺度成分统计平衡的相同思想[①]。

回顾这件事情让我想起当时泰勒没有注意到……柯尔莫哥洛夫理论以及海森堡和维茨泽克的想法与他之前的一些工作是如此接近……被泰勒忽略掉的这些思想的重要性在于小尺度运动的统计平衡只取决于这么少的参数,确切地讲就两个,即能量耗散率和流体黏性系数,因而仅通过量纲分析就得到了明确的结果。

现在看来柯尔莫哥洛夫假设似乎有些简单,或者说并不出奇,但它们在帮助我们建立湍流动力学的概念方面却是一个显著的进展。

7.1.3 惯性副区的尺度范围

在 2.5 节已经提到,空间尺度为 r 的涡旋具有的速度尺度 $u(r)$ 是:

---

① Eyink 和 Sreenivasan(2006)撰文详细介绍了昂赛格对湍流所做出的深刻且独到的贡献。

$$u(r) \sim (\varepsilon r)^{1/3} \tag{7.6}$$

于是涡旋雷诺数 $Re(r) = u(r)r/\nu$ 变成：

$$Re(r) \sim \frac{(\varepsilon r)^{1/3} r}{\nu} \sim \left(\frac{r}{\eta}\right)^{4/3} \tag{7.7}$$

式中用到了柯尔莫哥洛夫微尺度 η 的定义，即（1.34）式。

可以设想惯性副区在涡旋尺度为 $r_{\text{end}} \sim 1/\kappa_{\text{end}}$ 的地方终止，此处的雷诺数 $Re(r)$ 减小到最小值 $Re_{\min}$。如果是这样的话，从（7.7）式可以得到：

$$\frac{r_{\text{end}}}{\eta} \sim (Re_{\min})^{3/4}; \quad \kappa_{\text{end}} \eta \sim (Re_{\min})^{-3/4} \text{（速度谱）} \tag{7.8}$$

如果 $Re_{\min}$ 的取值范围是 $10 \sim 100$，则从方程（7.8）可以得出相应的涡旋尺度为 $r_{\text{end}} \cong 6\eta \sim 30\eta$ 及 $\kappa_{\text{end}} \eta \cong 0.03 \sim 0.2$，这些结果与观测相一致。

7.1.4　标量谱

保守标量的谱特性很像速度谱：大尺度湍流作用于平均标量梯度产生标量扰动，湍流对这些扰动的扭曲作用把标量方差"串级"给更小尺度；分子扩散的平滑作用使得串级过程在最小尺度上终结。

Obukhov(1949) 和 Corrsin(1951) 把柯尔莫哥洛夫标度律推广到保守标量，假设在惯性副区内谱密度 $E_c(\kappa)$ 取决于标量方差的串级速率（它等于分子耗散速率 χ_c）、波数 κ 和能量串级速率（它等于黏性耗散率 ε）。基于量纲分析，它应该满足：

$$E_c = \beta \chi_c \varepsilon^{-1/3} \kappa^{-5/3} \tag{7.9}$$

式中：β 是个常数。相等价地，对于惯性副区中涡旋尺度为 r 的标量强度 $c(r)$，人们假设它取决于 χ_c、ε 和 r，所以有：

$$c(r) \sim x_c^{1/2} \varepsilon^{-1/6} r^{1/3} \tag{7.10}$$

它是 $u(r)$ 方程（2.66）对应于标量的形式。

对于一个尺度为 r 的保守标量涡旋而言，湍流平流作用与湍流扩散作用的比值[1]是：

$$\frac{\text{湍流平流}}{\text{湍流扩散}} = \frac{c(r)u(r)/r}{\gamma c(r)/r^2} = \frac{u(r)r}{\gamma} \equiv Co(r) \tag{7.11}$$

当 γ 是热扩散率的时候，无量纲量 $u(r)r/\gamma$ 是涡旋佩克莱特数（Péclet number，它是雷诺数与普朗特数之积）；当 γ 是任意保守标量的扩散率的时候，我们把它定义为涡旋柯辛数[2]。它针对的是标量涡旋，而雷诺数 $Re(r)$ 针对的是速度涡旋。类似于 Re_{t}，我们把 $Co_{\text{t}} = ul/\gamma$ 定义为湍流柯辛数。

---

[1]　这是 Corrsin(1951) 采用的一个尺度分析方案。

[2]　斯坦利·柯辛(Stanley Corrsin，1920—1986)，约翰·霍普金斯大学工程学教授，著名的湍流研究者 (Lumley 和 Davis，2003)。

如同在方程(7.7)中推导涡旋雷诺数一样,可以把关于涡旋柯辛数的(7.11)式写成:

$$Co(r) \sim \frac{u(r)r}{\gamma} \sim \left(\frac{r}{\eta_{oc}}\right)^{4/3} \qquad (7.12)$$

式中: $\eta_{oc} = (\gamma^3/\varepsilon)^{1/4}$ 是由标量扩散率引申出来的微尺度。由于是 Obukhov(1949) 和 Corrsin(1951) 各自独立提出的,它被称为奥布霍夫-柯辛尺度(Obukhov-Corrsin scale)。

7.1.5 惯性副区之外的标量谱

当 γ 是质量扩散率的时候,比率 ν/γ 被称为施密特数(Schmidt number)Sc;当 γ 是热扩散率的时候,这个比率被称为普朗特数(Prandtl number)Pr。这个比率的变化范围很大,可以从很小的值到很大的值。Yueng 等(2002)声称在不同的应用中 Sc 的变化范围可以从 10^{-3} 到上千;类似地,Pr 的变化范围可以从水银中的很小值到有机流体中的很大值。接下来我们将考虑惯性副区之外 ν/γ 的取值很小和很大情况下标量谱的行为,并且对惯性副区之外的速度谱做简要讨论。

7.1.5.1 惯性扩散副区:$\nu/\gamma \ll 1$

在这个区间(即标题所指的区间)分子扩散已经开始对标量场起作用,而在这样的尺度(波数)上速度场仍然是无黏性的。由这种扩散作用造成的标量起伏的损耗速率使得标量方差串级速率随着波数 κ 的增加而减小,在速度场惯性副区的波数上使得标量谱被衰弱。如果我们假设标量惯性副区尾端的柯辛数 $Co_{\min}$ 等于 $Re_{\min}$,则由(7.12)式可得:

$$\frac{r_{end}}{\eta_{oc}} \sim (Re_{\min})^{3/4} (\text{标量谱}) \qquad (7.13)$$

Corrsin(1964)假设在这个副区的起始端标量谱继续保持惯性区的行为特征,即符合方程(7.9),但是具有依赖于波数的串级速率 $T(\kappa)$:

$$E_c \sim T(\kappa)\varepsilon^{-1/3}\kappa^{-5/3} \qquad (7.14)$$

由分子扩散对标量场的平滑作用引起的 $T(\kappa)$ 的减小速率为:

$$\frac{dT}{d\kappa} = -2\gamma\kappa^2 E_c(\kappa) \qquad (7.15)$$

Corrsin(1964)发现由(7.14)式和(7.15)式构成的系统具有如下形式的解:

$$T(\kappa) = \chi_c\exp\left[-\frac{3}{2}\beta(\kappa\eta_{oc})^{4/3}\right], \quad E_c = \beta\chi_c\varepsilon^{-1/3}\kappa^{-5/3}\exp\left[-\frac{3}{2}\beta(\kappa\eta_{oc})^{4/3}\right]$$

$$(7.16)$$

E_c 的行为特征在惯性区的起始端就像奥布霍夫-柯辛公式(7.9)一样,但串级速率的减小使它从奥布霍夫-柯辛波数 $1/\eta_{oc}$ 开始呈指数衰减。

7.1.5.2 黏性对流副区:$\nu/\gamma \gg 1$

在这个区间的某个尺度上,大的运动学黏性率 ν 开始对湍流速度场起到平滑作用，这个尺度要比小的分子扩散率 γ 开始对标量场起作用的尺度大很多（对于波数而言则是前者比后者小很多）。在速度谱的黏性截断点和标量谱的扩散截断点之间的区间内，标量场被那些尺度很大却已经具有黏性的涡旋以平均应变率 $(\varepsilon/\nu)^{1/2}$ 解构，但同时它还没有受到自己的分子扩散率的影响。Batchelor（1959）假设此处的标量谱应该满足 $E_c = E_c(\kappa, \chi_c, (\varepsilon/\nu)^{1/2})$，于是根据量纲分析可得：

$$E_c \sim \chi_c (\varepsilon/\nu)^{-1/2} \kappa^{-1} \tag{7.17}$$

这个关系在实验中被观测到（Gibson 和 Schwarz，1963），也被直接数值模拟证实（图 7.1）。

Batchelor（1959）假设，在这样的约束条件之下标量谱的扩散截断尺度，也就是现在人们所知道的贝彻勒微尺度 η_B，是由 γ 和应变速率 $(\varepsilon/\nu)^{1/2}$ 决定的。这样就得到：

$$\eta_{\mathrm{B}} = f(\gamma, (\varepsilon/\nu)^{1/2}) \sim \left(\frac{\gamma}{(\varepsilon/\nu)^{1/2}} \right)^{1/2} \sim \eta \left(\frac{\gamma}{\nu} \right)^{1/2} \tag{7.18}$$

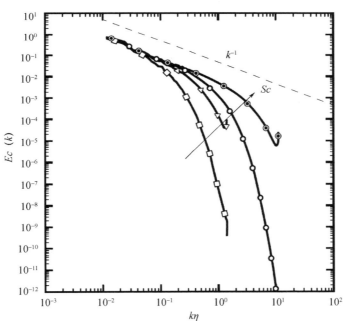

图 7.1　从不同施密特数 Sc 取值的四个直接数值模拟个例中计算获得的三维标量谱（是有量纲的，单位是单位波数的标量方差）。□：$Sc=1/8$；▽：$Sc=1$；○：$Sc=4$；⊙：$Sc=64$。标记为□和▽的曲线的数据来自 256^3 个格点的模拟结果；标记为○和⊙的曲线的数据来自 2048^3 个格点的模拟结果。标记为□的曲线显示出 Corrsin（1964）给出的方程（7.16）所描述的惯性扩散区的指数衰减迹象。标记为⊙的曲线显示出 Batchelor（1959）提出的方程（7.17）所描述的 κ^{-1} 黏性对流区。数据由 D. Donzis 和 P. K. Yueng 提供，详见 Donzis（2007）

7.1.5.3　速度谱

当波数增加、局地涡旋雷诺数 $Re(r)$ 减小，三维速度谱也从它的惯性区跌落下去。观测表明,这种偏离发生在 $0.01 \leqslant \kappa\eta \leqslant 0.1$ 区间。对于这个区间的谱有一些分析模型,例如,Pao(1965)运用类似于 Corrsin(1964)所用的谱传递假设所得到的结果,他发现:

$$E = \alpha\varepsilon^{1/3}\,\kappa^{-5/3}\exp\left[-\frac{3}{2}\alpha(\kappa\eta)^{4/3}\right] \tag{7.19}$$

7.1.6 直接数值模拟结果

从纳维-斯托克斯方程直接数值计算湍流运动被称为直接数值模拟(direct numerical simulation,DNS)。从 Orszag 和 Patterson(1972)进行的 $32^3 \cong 3\times10^4$ 个格点的模拟开始,这种方法得到稳步发展。如今直接数值模拟的网格数可达 $4096^3 \cong 6\times10^{10}$ 个。

图 7.1 显示了从数值模拟结果获得的标量谱。模拟产生了雷诺数足够大的平稳均匀湍流,从而揭示了惯性副区特征,其中施密特数的变化范围在 $1/8\sim64$,$Sc=1/8$ 的谱显示了与柯辛的惯性扩散区方程(7.16)相一致的衰减,$Sc=64$ 的谱显示了贝彻勒的黏性对流副区方程(7.17)所描述的 κ^{-1} 律。

§7.2 惯性区标度律的应用

在柯尔莫哥洛夫-奥布霍夫-柯辛假设中,标量湍流的控制参数在 $l \gg r \gg \eta$ 区间内变成为 r、串级速率 ε 和 χ_c,这个理论能够应用于很多问题当中。

7.2.1 大气扩散

Batchelor(1950)是最先把 Kolmogorov(1941)的假设应用于大气扩散问题的学者之一,他提出了两类问题:一个是连续点源的扩散,另一个是排放物的云(现在称为烟团)扩散。第一个就是我们在第 2 章中讨论的"泰勒问题",Kolmogorov(1941)的假设在这个问题上是不适用的(问题 7.23)。

第二个问题可以归纳为这样的问题:一个排放物烟团在均匀湍流场中移动时会被扭曲,当它处于 $l \gg D \gg \eta$ 阶段,系综平均的烟团直径 D 如何随时间变化?

尺度比烟团大很多的湍流涡旋只是移动烟团但不会扭曲烟团;尺度比烟团小很多的湍流涡旋只是使烟团产生褶皱。尺度与烟团尺度 D 相当的涡旋使烟团扭曲,扩大烟团的有效表面积,并且极大地增强对排放物的扩散,这些涡旋决定了系综平均的烟团增长,它们的速度尺度是 $u(D)$,由此可以写成:

$$\frac{\mathrm{d}D}{\mathrm{d}t} = u(D) \sim (D\varepsilon)^{1/3} \tag{7.20}$$

当时间足够长时,烟团的初始尺度变得并不重要,D 的行为遵循下式(Batchelor,1950):

$$D \sim \varepsilon^{1/2} \, t^{3/2} \tag{7.21}$$

上式这种情况已经被观测到（Gifford，1957）[①]。

7.2.2　结构函数参数

速度分量及保守标量的结构函数如下：

$$S_u = \overline{\left[\widetilde{u}_a(\boldsymbol{x},t) - \widetilde{u}_a(\boldsymbol{x}+\boldsymbol{r},t)\right]^2}, \qquad S_c = \overline{\left[\widetilde{c}(\boldsymbol{x},t) - \widetilde{c}(\boldsymbol{x}+\boldsymbol{r},t)\right]^2} \tag{7.22}$$

结构函数的特点是只包含均匀场的湍流分量，而平均量被定义所用的减法去除掉了。苏联院校的学者采用结构函数研究湍流理论以及电磁波和声波在湍流介质中传播已经有一定的历史。用 $r = |\boldsymbol{r}|$ 来划分惯性区的尺度，对 S_u 和 S_c 的主要贡献来自于尺度为 $r = |\boldsymbol{r}|$ 的湍流涡旋，所以：

$$\begin{aligned} S_u &= S_u(\varepsilon, r) = C_1 \varepsilon^{2/3} r^{2/3} \equiv C_{v^2} r^{2/3} \\ S_c &= S_c(\chi_c, \varepsilon, r) = C_2 \chi_c \varepsilon^{-1/3} r^{2/3} \equiv C_{c^2} r^{2/3} \end{aligned} \tag{7.23}$$

式中：常数 C_1 和 C_2 可以用规范的方法从差值计算和相应的谱中获得（见第 15 章）；C_{v^2} 和 C_{c^2} 分别被称为速度和标量的结构函数参数，对于速度而言，结构函数参数在一定程度上依赖于速度矢量与位移矢量 $\boldsymbol{r}$ 的相对方向（见本书第三部分）。

如果使用三阶量来定义，则有：

$$T_u = \overline{\left[\widetilde{u}_a(x,t) - \widetilde{u}_a(\boldsymbol{x}+\boldsymbol{r},t)\right]^3} \equiv C_3 \varepsilon r \tag{7.24}$$

式中：C_3 是常数，并且也取决于速度矢量与位移矢量 $\boldsymbol{r}$ 的相对方向。在它们相平行的特定情况下，我们知道它满足"柯尔莫哥洛夫 4/5 次律"且 $C_3 = 4/5$。它对于各向同性湍流是严格满足的（Frisch，1995；Hill，1997）。

7.2.3　次滤波尺度模拟

涡旋扩散率模式常被用来描述大涡模拟中的次滤波尺度通量 τ_{ij}^{d} 和 f_j（见第 6 章），标准的模式如下：

$$\tau_{ij}^{\mathrm{d}} = K s_{ij}^{\mathrm{r}}, \qquad f_j = -K_c \frac{\partial c^{\mathrm{r}}}{\partial x_j} \tag{7.25}$$

式中：$K \sim K_c \sim u_s \Delta$，$u_s$ 是次滤波尺度涡旋的速度尺度，Δ 是截断尺度。如果 Δ 落在惯性副区，则 $u_s = u(\Delta) = (\Delta \varepsilon)^{1/3}$。于是，这些涡旋扩散率的量级为 $u(\Delta)\Delta \sim \Delta^{4/3} \varepsilon^{1/3}$。因此，采用涡旋扩散率闭合方案的大涡模拟的有效雷诺数是 $(l/\Delta)^{4/3}$（问题 7.8）。

[①]　Sawford（2001）声称，除了吉福德（Gifford）的分析之外，对方程（7.21）描述的行为没有令人信服的证明。他认为这是由于很难在理论所需要的条件下进行可靠的扩散测量所导致的。

§7.3 耗散区间

各向同性场的性质是当坐标轴平移、翻转、旋转的时候其统计量不变[①]。因为产生机制是各向异性的(见第 5 章),自然发生的湍流不可能是各向同性的,但是各向同性的计算湍流是可以产生出来的(Yeung et al.,2002)。柯尔莫哥洛夫在介绍局地各向同性假设(Kolmogorov,1941),或者说是局限于耗散尺度的各向同性性质时,他写道:

……我们认为非常可能的情况是,在雷诺数(R_t)充分大的任意湍流流动当中,在充分小的空间范围内局地各向同性假设能够以很高的相似度被实现……这个充分小的空间范围不能紧靠固体边界或者流动的奇异点……

Kolmogorov(1941)进一步提出了关于大雷诺数的耗散区间湍流的两个相似假设。第一个是说它们只取决于 ε 和 ν,如果是这样,大雷诺数湍流的小尺度速度场的统计量被长度尺度 η 和速度尺度 υ 归一化之后,在所有的湍流流动中都是相等的。他的第二个假设是在惯性副区的空间尺度上统计量只取决于 ε 而不取决于 ν。Batchelor(1960)称这些假设为通用平衡理论。

7.3.1 局地各向同性

柯尔莫哥洛夫的局地各向同性假设在过去的一段时间里被认为在通常情况下与观测相符。但是最近,持续有迹象表明湍流标量场的细致结构具有各向异性,这转变了人们的观念。最常被提到的迹象是切变流中顺流方向扰动温度的空间导数 $\theta_{,x}$ 的偏斜度不为零(问题 7.20),

$$S = \frac{\overline{\theta_{,x}\,\theta_{,x}\,\theta_{,x}}}{(\overline{\theta_{,x}\,\theta_{,x}})^{3/2}} \tag{7.26}$$

图 7.2 所示为热线温度探头测量的典型 $\theta(t)$ 信号。其顺流空间导数可以通过"泰勒假设"得到,形式如下:

$$\theta_{,t} \cong -U\theta_{,x} \tag{7.27}$$

式中:U 是平均顺流速度。采用恰当的带宽 $\theta_{,x}$,通过方程(7.27),其顺流空间导数可以很容易地被测量出来。我们在第 5 章中已经看到对湍流量空间导数的主要贡献来自惯性副区之外的小尺度涡旋,导数统计量是局地各向同性假设适用的主要对象。

其中一个导数统计量就是 $\overline{(\theta_{,x})^3}$,当 x 轴调转方向时它的符号发生变化,因此,对于局地各向同性场而言它必须消失。但是依照 Warhaft(2000)的研究,实验室和大气中的测量结果表明当流动具有平均切变和温度梯度的时候,温度空间导数的偏斜度的量值大约为 1。

---

① 将在第 14 章中讨论各向同性的张量含义。

图 7.2 显示的是被加热的射流中测量到的湍流温度信号，它的"斜坡-峭壁"结构在很多其他的流动中被观测到。这种结构显示出对温度导数的主导贡献者是一些特定的涡旋，而这些涡旋受到大尺度温度梯度的影响。这意味着标量场的很大尺度的统计量与很小尺度的统计量之间存在直接联系。

这样的局地各向异性迹象使得湍流界大为震惊。在湍流流动中涡旋尺度范围 $l/\eta \sim R_{\rm t}^{3/4}$ 可以非常大，一个听起来似乎很有道理的说法是在很大的尺度区间上通过能量和标量方差的串级过程串联起来的这些尺度完全不同的涡旋之间只能存在微弱联系，而没有直接的相互作用。所以在 $R_{\rm t}$ 值非常大的情况下局地各向同性似乎也是有道理的。但是就像测量所揭示的标量精细结构的瞬时细节那样，如图 7.2 所示，很明显的情况是在湍流流动中最大涡旋与最小涡旋之间可以发生直接的、持续的相互作用。例如，Kang 和 Meneveau(2001)发现，在中等雷诺数（$R_\lambda = 350$）的实验室湍流当中局地各向异性特征在标量场中比各向同性特征更为显著。

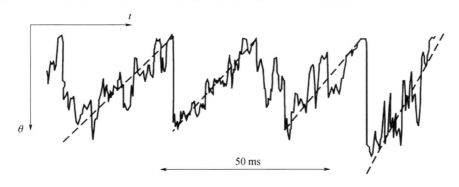

图 7.2 在被加热的射流中测量到的温度时间序列所显示的"斜坡-峭壁"结构。引自 Warhaft（2000）

如果含能区的各向异性是湍流的内在属性，那么 Kolmogorov(1941)提出的局地各向同性只是在大雷诺数情况下的渐近趋势假设。在中等雷诺数的典型实验室湍流中出现一些局地各向异性是可以想见的，而温度导数的偏斜度在那里大致为零也只是流动对称性所导致的结果。比如，设想一个圆柱体后面的湍流尾流，其中 x 方向是顺流方向，y 方向是沿着圆柱体的轴向，这种情况下，由于对称性，y 轴方向翻转之后统计量不变，所以 $\theta_{,y}$ 的偏斜度为零。各向同性意味着在大雷诺数情况下 $\theta_{,x}$ 的偏斜度趋近于零。但是 Sreenivasan(1991)指出几乎没有迹象表明存在这种渐近行为，于是他的结论是：

实验结果提示我们局地各向同性对切变流中的标量而言不是个自然的概念，除非是在极端的雷诺数条件下，而这种情况在地球上似乎是不可能出现的。

Warhaft(2000)在他的文章中年写道：

我们推想我们应该不至于被灌输得满脑子只有柯尔莫哥洛夫现象……一个本

质上讲是各向异性的标量场应该看起来是自然合理的。我们可以想象,当大的涡旋作用于标量梯度的时候,明显的不连续可能会发生。正是由于各向同性的共性特征具有强烈的吸引力,它转移了我们的注意力。

我们将在第 14 章中讲述局地各向同性的更多细节。

7.3.2 耗散区域的结构

如图 7.3 所示,湍流速度和标量的导数信号中出现"尖峰",表明它们的量值在零与大值之间交替。如同本书第三部分中将要讨论的,表征一个信号的"尖峰"的量是平整度 F。对于湍流速度和湍流标量信号,F 的典型值在高斯值 3 附近,但是它们的导数的 F 值会更大。早期低 R_t 值情况下的实验室测量结果显示 F 表现出符合柯尔莫哥洛夫通用平衡假说所描述的不依赖于 R_t 的行为特征(Batchelor,1960)。

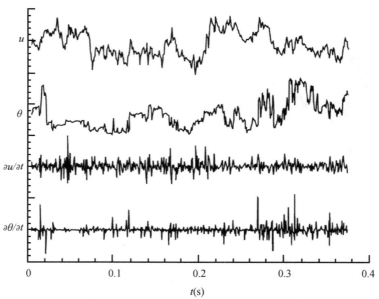

图 7.3 在横向存在平均温度梯度的实验室湍流中测量到的顺流速度、温度,以及它们的导数的起伏信号(按从上往下顺序)。依据泰勒假设,时间导数可以被认为正比于顺流空间导数。引自 Warhaft (2000)

到 20 世纪 60 年代末期,在更大的 R_t 值情况下的测量结果显露出的迹象表明,速度导数和温度导数的平整度随 R_t 增大而增加。一个物理解释是:耗散涡旋与含能涡旋不同,它们的空间分布在给定时刻是不均匀的,它们更倾向于以一种转瞬即逝的"爆发"方式集中于局部空间,这样的情形随着 R_t 的增大变得更加突出。这种现象被称为耗散间歇性。

基于 Batchelor 和 Townsend(1949)的工作,Corrsin(1962)假设当 R_t 足够大时

湍流场"具有双重特征，在相对大的区域里基本上是细致结构可被忽略的位势流，在相对小的区域里有很强的细致结构并发生黏性耗散。"柯辛（Corrsin）认为这些耗散区域是薄片形状，并提出了一个关于间歇性统计量的简单模型。Tennekes（1968）认为柯辛的模型存在内在不自洽的缺陷，他建议的替代方案是耗散活动的区域是直径为 η、长度为 λ 的管状结构（图 7.4），其中 λ 为泰勒微尺度（见 1.9 节）；他进一步假设在体积为 λ^3 的空间里存在一个这样的管状耗散区域。

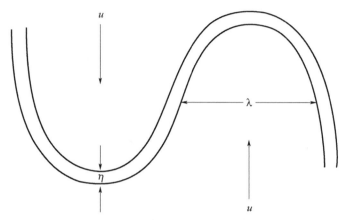

图 7.4 Tennekes（1968）提出的湍流耗散区域模型

现在关于耗散结构的见解包括以更为复杂的方式分布的薄片、具有不同长度尺度褶皱的薄片，以及薄片与管子的混合体。这里我们将采用特内克斯（Tennekes）的管状模型，因为它可以让我们对细致结构的统计量所做的估计既简单又具有启发性。

从 $\varepsilon \sim u^3/l \sim \nu u^2/\lambda^2$ 这个关系开始，它意味着 $l/\lambda \sim R_t^{1/2} \sim R_\lambda$。于是耗散区域所占体积的份额如下：

$$体积份额 \sim \frac{\eta^2 \lambda}{\lambda^3} \sim \frac{\eta^2}{\lambda^2} \sim \frac{\eta^2}{l^2} R_t \sim R_t^{-1/2} \sim R_\lambda^{-1} \tag{7.28}$$

此处用到了方程（1.35）。该模型告诉我们，湍流流动中耗散区域所占体积的份额随着 R_t 增大而减小。

这个模型还告诉我们，随着 R_t 增大，速度导数信号中的尖峰也会增长。依据该模型，最大量值的速度导数具有的量级为 $\partial u/\partial x \sim u/\eta$，所以它预测出的导数四阶量的平均值的量级是：

$$\overline{\left(\frac{\partial u}{\partial x}\right)^4} \sim \frac{u^4}{\eta^4} \times 体积份额 \sim \frac{u^4}{\eta^4} \times \frac{\eta^2}{\lambda^2} \sim \frac{u^4}{\eta^2 \lambda^2} \tag{7.29}$$

依据泰勒微尺度 λ 的定义，导数方差是 $\overline{(\partial u/\partial x)^2} \sim u^2/\lambda^2$，所以速度导数的平整度就是：

$$F_{\partial u/\partial x} = \overline{\left(\frac{\partial u}{\partial x}\right)^4} \Big/ \left[\overline{\left(\frac{\partial u}{\partial x}\right)^2}\right]^2 \sim \left(\frac{\lambda}{\eta}\right)^2 \sim R_{\rm t}^{1/2} \sim R_\lambda \qquad (7.30)$$

在多种类型流动中的观测结果(图 7.5)表明，$F_{\partial u/\partial x}$ 确实随着 $R_{\rm t}$ 增大而增大，但是简单模型明显高估了增长速率。图 7.5 中的曲线显示 $F_{\partial u/\partial x} \sim R_{\rm t}^{0.17} \sim R_\lambda^{0.34}$，其指数是方程(7.30)中的三分之一。

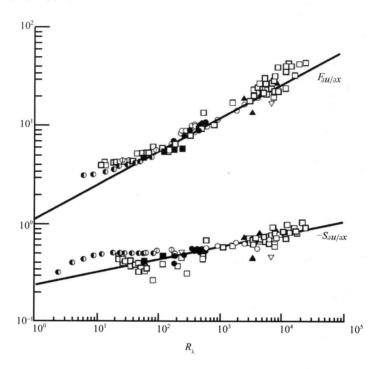

图 7.5　在不同类型湍流流动中观测到的顺流速度导数的偏斜度和平整度随 R_λ 变化的情况。直线是方程(7.34)的预测结果，即 $-S_{\partial u/\partial x} \sim (F_{\partial u/\partial x})^{3/8}$，它基于修正的柯尔莫哥洛夫假设。引自 Sreenivasan 和 Antonia (1997)

§7.4　修正的柯尔莫哥洛夫标度律

Moffatt(2002)曾讲述过"挫败感"给贝彻勒(G. K. Batchelor)和 20 世纪 60 年代初期研究湍流的其他人带来的苦恼：

这些挫败感来自于 1961 年在法国马赛举行的那次传奇性的会议，它的召开标志着湍流统计物理研究所前身的成立。这次会议对贝彻勒(他也是这次会议的组织者之一)来讲是他一生的转折点。柯尔莫哥洛夫(Kolmogorov)到会，还有奥布霍夫(Obukhov)、雅格罗姆(Yaglom)、米里昂施奇科夫(Millionshchikov)……；冯·卡门

（von Karman）和泰勒（G. I. Taylor）——二战前研究湍流的教父级人物——也到会了；这次会议可谓星光闪耀，这一领域的明星人物——柯辛（Stan Corrsin）、拉姆雷（John Lumley）、萨夫曼（Philip Saffman）、克瓦兹涅（Les Kovasznay）、克瑞奇南（Bob Kraichnan）、普罗德曼（Ian Proudman），还有贝彻勒本人，他们都悉数到会。

　　会议的亮点之一……是斯图尔特（Bob Stewart）展示了数十个符合 $\kappa^{-5/3}$ 谱的具有说服力的早期实验结果，这对柯尔莫哥洛夫理论提供了有力支持……但是随后，柯尔莫哥洛夫做了个报告，我记得他是用法语讲的，这个报告对于连法国人在内的与会者都很难懂，不过其要旨是很清楚的，他说……朗道（Landau）指出了他的理论的缺陷……柯尔莫哥洛夫表示指数−5/3 应该稍作调整，而且更高阶统计量可能会受到更大的影响……

　　我一直把 1961 年马赛会议看作是湍流研究的分水岭，这个领域最重要的基础被柯尔莫哥洛夫所做的报告动摇；新的理论方案……在数学上是如此复杂，以至于实在难以看出数学描述与物理认识之间的基本联系，而这种联系恰恰是体现真正的研究进展所必要的。

　　假如贝彻勒早已因为在描述湍流方面遭遇到的数学困境而感到挫败，那么或许真正让他心灰意冷的是出现了与柯尔莫哥洛夫理论不一致的明显迹象，这使他最终放弃湍流研究而转向了其他领域[①]。

　　Kolmogorov（1962）用局地平均耗散率 ε_r 取代了他在 1941 年假设中用到的系综平均耗散率 ε，ε_r 被定义为半径为 r 的球体内的瞬时局地耗散率 $\tilde{\varepsilon}$ 的平均值：

$$\varepsilon_r(\boldsymbol{x},t) = \frac{3}{4\pi r^3} \int\limits_{|\boldsymbol{h}| \leqslant r} \tilde{\varepsilon}(\boldsymbol{x}+\boldsymbol{h},t)\,\mathrm{d}\boldsymbol{h} \tag{7.31}$$

局地耗散率被定义为：

$$\tilde{\varepsilon} = \frac{\nu}{2}\left(\frac{\partial u_i}{\partial x_j}+\frac{\partial u_j}{\partial x_i}\right)\left(\frac{\partial u_i}{\partial x_j}+\frac{\partial u_j}{\partial x_i}\right) \tag{7.32}$$

所以它的系综平均为 ε。如果平均的尺度 r 比 l 小，使得任何空间非均匀的作用可以忽略不计，那么局地平均耗散率 ε_r 的系综平均就是 ε。

　　Obukhov（1962）讨论了这个新尺度假设的应用问题。尺度为 r 的涡旋的速度尺度原来是 $(\varepsilon r)^{1/3}$，现在它依赖于 ε_r，于是需要一个不同的标记：

$$u_{\varepsilon_r}(r) = (\varepsilon_r r)^{1/3} \qquad \varepsilon_r \text{ 固定不变} \tag{7.33}$$

这里的一个新的提法是条件标度。也就是说，假如 $u_{\varepsilon_r}(r) = (\varepsilon_r r)^{1/3}$ 是观测数据集当中具有指定 ε_r 值的子集的速度尺度，于是由 $u_{\varepsilon_r}(r)$ 构成的类似表达式必须经过最终针对所有 ε_r 值进行的平均计算。这使得原先的柯尔莫哥洛夫假设与修正的柯尔莫哥洛夫假设所预报的结果不同：对于相似表达式 $f(\varepsilon_r,r)$ 而言，应该有 $\overline{f(\varepsilon_r,r)} \neq$

---

　　① 巧合的是，马赛会议之后不久，雷利（Lilly）写了一篇文章（Lilly，1962），他在文中富有预见性地倡导将数值模拟引入湍流研究（Wyngaard，2004）。

$f(\overline{\varepsilon_r}, r) = f(\varepsilon, r)$。只有当 f 是 ε_r 的线性函数时，才会有 $\overline{f(\varepsilon_r, r)} = f(\overline{\varepsilon_r}, r)$，而这并非是常见的情况。

原先的柯尔莫哥洛夫假设认为速度导数矩的尺度可以用 ε 和 ν 来表示，比如：

$$\overline{\left(\frac{\partial u}{\partial x}\right)^2} \sim \frac{\varepsilon}{\nu}, \quad \overline{\left(\frac{\partial u}{\partial x}\right)^3} \sim \left(\frac{\varepsilon}{\nu}\right)^{3/2}, \quad \overline{\left(\frac{\partial u}{\partial x}\right)^4} \sim \left(\frac{\varepsilon}{\nu}\right)^2 \tag{7.34}$$

于是，速度导数的偏斜度和平整度的原先预报结果是常数：

$$S_{\partial u/\partial x} = \frac{\overline{\left(\frac{\partial u}{\partial x}\right)^3}}{\left(\overline{\left(\frac{\partial u}{\partial x}\right)^2}\right)^{3/2}} = 常数, \quad F_{\partial u/\partial x} = \frac{\overline{\left(\frac{\partial u}{\partial x}\right)^4}}{\left(\overline{\left(\frac{\partial u}{\partial x}\right)^2}\right)^2} = 常数 \tag{7.35}$$

可是这些结果未被观测到（图 7.5）。基于修正的假设，这些矩变成：

$$\overline{\left(\frac{\partial u}{\partial x}\right)^2} \sim \frac{\overline{\varepsilon_r}}{\nu} = \frac{\varepsilon}{\nu}, \quad \overline{\left(\frac{\partial u}{\partial x}\right)^3} \sim \frac{\overline{\varepsilon_r^{3/2}}}{\nu^{3/2}}, \quad \overline{\left(\frac{\partial u}{\partial x}\right)^4} \sim \frac{\overline{\varepsilon_r^2}}{\nu^2} \tag{7.36}$$

所以速度导数的偏斜度和平整度的预报结果是：

$$S_{\partial u/\partial x} = \frac{\overline{\varepsilon_r^{3/2}}}{\varepsilon^{3/2}}, \quad F_{\partial u/\partial x} = \frac{\overline{\varepsilon_r^2}}{\varepsilon^2} \tag{7.37}$$

如同第三部分中要讨论的，具有间歇性的变量（就像大 R_t 值情况下的湍流速度和湍流温度的导数）被观测到其概率密度与高斯分布相比具有更大的峰值和更宽的"尾区"。对这样一个变量取平方使得它是正值，同时保留它的间歇性特征，想来局地平均的耗散率 ε_r 的行为特征应该符合这种方式。针对这样一种变量的有效模型是"对数正态"分布，即随机变量取对数之后其概率分布密度具有高斯分布或正态分布。所以 Obukhov（1962）提出：

$$\varepsilon_r = \varepsilon_0 e^{\upsilon}, \quad \ln \varepsilon_r = \ln \varepsilon_0 + \upsilon \tag{7.38}$$

这里 ε_0 是几何平均耗散率，υ 是均值为零、方差为 σ^2 的高斯随机变量。对于这样简单的间歇模型，局地平均耗散率的 p 指数形式的平均值是：

$$\overline{\varepsilon_r^p} = \varepsilon_0^p \overline{e^{p\upsilon}} = \varepsilon_0^p e^{\frac{p^2 \sigma^2}{2}} \tag{7.39}$$

于是方程（7.39）意味着：

$$\overline{\varepsilon_r} = \varepsilon_0 e^{\frac{\sigma^2}{2}}, \quad \overline{\varepsilon_r^{3/2}} = \varepsilon_0^{3/2} e^{\frac{9\sigma^2}{8}}, \quad \overline{\varepsilon_r^2} = \varepsilon_0^2 e^{2\sigma^2} \tag{7.40}$$

相对应的 ε 矩是：

$$\varepsilon = \overline{\varepsilon_r} = \varepsilon_0 e^{\frac{\sigma^2}{2}}, \quad \varepsilon^{3/2} = (\overline{\varepsilon_r})^{3/2} = \varepsilon_0^{3/2} e^{\frac{3\sigma^2}{4}}, \quad \varepsilon^2 = (\overline{\varepsilon_r})^2 = \varepsilon_0^2 e^{\sigma^2} \tag{7.41}$$

这些关系表明如果 $\alpha \neq 1$，则 $\overline{\varepsilon_r^{\alpha}} \neq \varepsilon^{\alpha}$。所以，运用奥布霍夫的对数正态分布模型来描述局地平均耗散率，修正后的假设对应于（7.37）式的方程变成：

$$S_{\partial u/\partial x} \sim e^{\frac{9\sigma^2}{8}} / e^{\frac{3\sigma^2}{4}} \sim e^{\frac{3\sigma^2}{8}}, \quad F_{\partial u/\partial x} \sim e^{2\sigma^2} / e^{\sigma^2} \sim e^{\sigma^2} \tag{7.42}$$

所以有：

$$S_{\partial u/\partial x} \sim (F_{\partial u/\partial x})^{3/8} \tag{7.43}$$

这个关系与观测结果符合得很好（图 7.5）。

Kolmogorov(1962)建议，方程(7.38)中的 $\ln \varepsilon_r$ 的方差 σ^2 具有如下形式：

$$\sigma^2 = A(\boldsymbol{x},t) + \mu_1 \ln \frac{l}{r} \qquad (7.44)$$

式中：$A(\boldsymbol{x},t)$ 取决于流场的大尺度结构，μ_1 是个通用常数。这个式子的意思是，耗散起伏的强度随着平均体积的尺度 r 的减小而增大。这种情况得到了多种流动中的观测结果的支持。依据方程(7.44)可以有：

$$e^{\sigma^2} = e^A e^{\mu_1 \ln l/r} \sim e^{\ln(l/r)^{\mu_1}} \sim \left(\frac{l}{r}\right)^{\mu_1} \qquad (7.45)$$

假设取 $r \sim \lambda$，即泰勒微尺度，则有：

$$\frac{l}{\lambda} \sim \frac{u\lambda}{\nu} = R_\lambda \qquad (7.46)$$

于是方程(7.45)变成：

$$e^{\sigma^2} \sim R_\lambda^{\mu_1} \qquad (7.47)$$

所以，对于 $r \sim \lambda$，方程(7.42)的预报结果变成：

$$S_{\partial u/\partial x} \sim R_\lambda^{3\mu_1/8}, \qquad F_{\partial u/\partial x} \sim R_\lambda^{\mu_1} \qquad (7.48)$$

观测结果(图 7.5)意味着 $\mu_1 \sim 1/3$。这个值略大于被公认的观测值 0.25(Sreenivasan 和 Kailasnath，1993)。这个区域里的湍流行为特征已经引起了广泛的关注，很多复杂的模型被提出(Sreenivasan 和 Antonia，1997)。

Tennekes 和 Woods(1973)提出，因为强切变促进了云滴的碰撞，大 R_t 值情况下云湍流的细致结构的间歇性应该显著增强了湍流碰并的效率。Shaw 等(1998)讨论了由此造成的云滴优势聚集，它会引起过饱和场的间歇性(Shaw，2000)。

Shaw(2003)解释了这种优势聚集的机制[①]。湍流速度和云滴数浓度的控制方程如下：

$$\frac{\mathrm{d}v_i}{\mathrm{d}t} = \frac{1}{\tau_d}(u_i - v_i) + g_i, \qquad \frac{\partial n}{\partial t} + v_i \frac{\partial n}{\partial x_i} = -n \frac{\partial v_i}{\partial x_i} \qquad (7.49)$$

式中：τ_d 是来自斯托克斯解的云滴惯性时间尺度，v_i 是云滴速度。方程(7.49)的第二个式子右边是个负的云滴速度散度，它表明局地的云滴聚集。

对于 τ_d 小的情况，可以把方程(7.49)的第一个式子的解写成：

$$v_i = u_i + \tau_d g_i - \tau_d \left(\frac{\partial u_i}{\partial t} + u_j \frac{\partial u_i}{\partial x_j}\right) + O(\tau_d^2) \qquad (7.50)$$

所以在主导量级上，云滴速度散度是：

$$\frac{\partial v_i}{\partial x_i} = -\tau_d \frac{\partial u_i}{\partial x_j} \frac{\partial u_j}{\partial x_i} = -\frac{\tau_d}{4}(s_{ij}s_{ij} - r_{ij}r_{ij}) \qquad (7.51)$$

这里用到了 $u_{i,j} = s_{ij} + r_{ij}$，即应变率张量与旋转率张量之和，如方程(2.73)所示。方程(7.51)意味着强的局地涡度造成正的云滴散度；弱的局地涡度造成负的云滴散度

---

① 作者感谢雷蒙德·绍(Raymond Shaw)对这个机制所做的专门讨论。

（即辐合），云滴聚集，于是提高了云滴的碰撞率。这种云滴速度散度的方差是：

$$\overline{\frac{\partial v_i}{\partial x_i}\frac{\partial v_j}{\partial x_j}} = \tau_{\mathrm d}^2\overline{\frac{\partial u_i}{\partial x_j}\frac{\partial u_j}{\partial x_i}\frac{\partial u_k}{\partial x_m}\frac{\partial u_m}{\partial x_k}} \sim \tau_{\mathrm d}^2 F_{\partial u/\partial x}\left[\left(\frac{\partial u}{\partial x}\right)^2\right]^2 \sim \tau_{\mathrm d}^2 F_{\partial u/\partial x}\left(\frac{\varepsilon}{\nu}\right)^2 \quad (7.52)$$

这里已经把缩并的导数张量表示成 $F_{\partial u/\partial x}$ 的形式。如图 7.5 所示，平整度随湍流雷诺数增大而增加，因而在积云中的值被认为要比实验室中的情况大很多。

§7.5　二维湍流

对于二维湍流，流动被限制在一个平面上，这种情形作为一种模型被用来描述大气中最大尺度的运动。我们将看到，它与三维湍流一起共同构成人们对湍流的认识，而它在计算上更容易实现。

7.5.1　涡度与保守标量

我们将考虑 x-y 平面上的运动：$\tilde u_i = [\tilde u(x,y,t),\tilde v(x,y,t),0]$。涡度只有一个垂直于平面的分量：$\tilde\omega_i = [0,0,\tilde\omega_3(x,y,t)]$。其结果是方程（1.28）中的涡旋伸缩项为零，而方程写成如下形式：

$$\frac{D\tilde\omega_3}{Dt} = \frac{\partial\tilde\omega_3}{\partial t} + \tilde u_i\frac{\partial\tilde\omega_3}{\partial x_i} = \nu\frac{\partial^2\tilde\omega_3}{\partial x_i\partial x_i} \quad (7.53)$$

它与保守标量方程（1.31）相同。方程（7.53）中缺少涡旋伸缩项使得二维湍流的速度场明显不同于三维湍流中的情形（Tennekes，1978）。

保守标量 c 的梯度 $g_i=c_{,i}$ 满足：

$$\frac{D\tilde g_i}{Dt} = \tilde g_{i,t} + \tilde u_j\tilde g_{i,j} = -\tilde u_{j,i}\tilde g_j + \nu\tilde g_{i,jj} \quad (7.54)$$

方程（7.54）右边第一项能够改变二维和三维流动中保守标量梯度的大小和方向。卫星图像显示这种伸缩和倾斜过程使得大尺度、准二维湍流水汽场看上去与三维情形非常相似，因为二维流动中唯一的涡度分量 $\tilde\omega_3$ 是个保守量，它的梯度 $\tilde\omega_{3,i}$ 满足方程（3.22）。

二维湍流中缺乏涡旋拉伸意味着没有降尺度能量串级，但是仍然存在标量方差的串级。垂直涡度作为一个标量参与了这种串级过程。涡度场的扭曲产生了涡度的空间结构，它可以延伸到耗散尺度，其间产生了惯性区，在这个惯性区间里传递的是涡度方差而不是动能。

7.5.2　涡度拟能的尺度间传递

如果我们把二维湍流中的涡度这个标量表示成系综平均值与扰动部分之和，即 $\tilde\omega_3=\Omega+\omega$，则扰动涡度 ω 的方程是：

$$\frac{\partial\omega}{\partial t} + \Omega_{,j}u_j + \omega_{,j}U_j + \omega_{,j}u_j - \overline{\omega_{,j}u_j} = \nu\omega_{,jj} \quad (7.55)$$

(7.55)式乘以 ω，取系综平均，重写分子项，并略去黏性扩散项，就得到均方扰动涡度的二分之一(或称为涡度拟能[①])的演变方程：

$$\frac{1}{2}\frac{\partial \overline{\omega^2}}{\partial t} + U_j\left(\frac{\overline{\omega^2}}{2}\right)_{,j} + \overline{u_j\omega}\,\Omega_{,j} + \left(\frac{\overline{u_j\omega^2}}{2}\right)_{,j} = -\nu\,\overline{\omega_{,j}\omega_{,j}} \qquad (7.56)$$

这个方程与标量方差方程(5.7)相同。存在平均涡度梯度 $\Omega_{,j}$ 的情况下，一段位移能够产生一个涡度扰动，所以 $\overline{u_j\omega}\Omega_{,j}$ 是平均梯度产生项。平均平流项和湍流输送项是散度形式，其作用只是在平面上转移涡度方差。所以我们得出的结论是，如方程(7.56)所示，涡度拟能在物理空间上达到平稳的、总体平衡的状态意味着：

$$通过平均涡度梯度产生涡度拟能的速率$$
$$=通过黏性消耗掉涡度拟能的速率 \qquad (7.57)$$

现在来评估一下作用于涡度拟能的分子耗散的空间尺度。仍然把含能湍流的速度尺度和长度尺度记为 u 和 l，把扰动涡度的尺度记为 ω，则平均涡度梯度为 ω/l，扰动涡度的梯度为 ω/λ_2，其中长度尺度 λ_2 待定。方程(7.56)中主导项的尺度估算如下：

$$\Omega_{,j}\,\overline{u_j\omega} \sim \frac{\omega^2 u}{l}, \quad \nu\,\overline{\omega_{,j}\omega_{,j}} = \chi_\omega \sim \nu\,\frac{\omega^2}{\lambda_2^2}$$

所以使两者相等可得：

$$\frac{\omega^2 u}{l} \sim \nu\,\frac{\omega^2}{\lambda_2^2}; \quad \frac{\lambda_2}{l} \sim \left(\frac{\nu}{ul}\right)^{1/2} \sim R_t^{-1/2} \qquad (7.58)$$

当湍流雷诺数 R_t 很大的时候，方程(7.58)表明在 l 和 λ_2 之间存在很大的尺度区间，就像在三维湍流中一样。

如同在三维湍流中运用泰勒微尺度和黏性耗散一样，当把 λ_2 理解为作用于涡度拟能的分子耗散涡旋的空间尺度的时候，我们必须特别小心。实际上，ω/λ_2 是涡度梯度的一个估计值。因为耗散涡旋的均方根涡度比 ω 小，耗散涡旋的长度尺度比 λ_2 小。

7.5.3　惯性区串级过程及标度率

方程(7.58)意味着在大 R_t 值的情况下二维湍流的涡旋尺度 r 具有很大的区间范围，即 $l \gg r \gg \lambda_2$。这些涡旋包含了很少的涡度拟能，并且分子耗散的作用也很小。用标量方差收支方程(7.4)来理解二维湍流的这个惯性区的涡度拟能，它表明涡度拟能的串级速率与波数无关，其量值就等于涡度拟能的分子耗散平均速率 χ_ω。如果 $\Psi(\kappa)$ 是涡度谱，则有：

$$\int_0^\infty \Psi(\kappa)\,d\kappa = \overline{\omega^2} \qquad (7.59)$$

---

① 按照 Frisch(1995)的说法，这个术语是由雷瑟(C. Leith)提出的。

那么 Kolmogorov(1941)的思想意味着在这个惯性区中:

$$\Psi = \Psi(\kappa, \chi_\omega) \sim \chi_\omega^{2/3} \kappa^{-1} \tag{7.60}$$

就像 Kraichnan(1967)和 Batchelor(1969)指出的那样。因为涡度谱是 κ^2 乘以能谱 $E(\kappa)$,于是惯性区的能谱是:

$$E(\kappa) \sim \chi_\omega^{2/3} \kappa^{-3} \tag{7.61}$$

如果 E_c 是二维湍流中保守标量(而不是涡度)的谱密度,那么与之相对应的惯性区的柯尔莫哥洛夫假设是 $E_c = E_c(\kappa, \chi_c, \chi_\omega)$。于是基于量纲分析的结果是:

$$E_c \sim \chi_c \chi_\omega^{-1/3} \kappa^{-1} \tag{7.62}$$

它是方程(7.60)的一般形式。

对于二维湍流惯性区中涡旋速度和标量强度的尺度 $u(r)$ 和 $c(r)$,可以写成如下形式:

$$u(r) = u(r, \chi_\omega) \sim r\chi_\omega^{1/3}, \quad c(r) = c(r, \chi_\omega, \chi_c) \sim \chi_c^{1/2} \chi_\omega^{-1/6} \tag{7.63}$$

这些二维尺度与如方程(2.66)和(7.10)所示的三维尺度相比,它们依赖于 r 的行为特征有很大差异。在二维情况下,速度尺度 $u(r)$ 随尺度减小而减小的速率更快($\sim r$ 而不是 $r^{1/3}$),能谱也与三维湍流的 $\kappa^{-5/3}$ 谱明显不同,二维情况下它是更为陡峭的 κ^{-3} 谱。

7.5.4　前向与反向串级

McWilliams(2006)和 Vallis(2006)都讨论了在一个很窄的涡旋尺度区间受到强迫驱动的二维湍流。他们的研究结果显示,能量守恒和涡度拟能守恒适用于早期无黏性阶段,意味着存在一个降尺度的前向(指向小尺度)的涡度拟能串级和一个升尺度的反向的能量串级。数值模拟证实了这个景象,其结果显示出源自强迫波数 κ_f 的前向和反向串级。于是能谱遵循如下关系:

$$E(\kappa) \sim \varepsilon^{2/3} \kappa^{-5/3}, \quad \kappa < \kappa_f; \quad E(\kappa) \sim \chi_\omega^{2/3} \kappa^{-3}, \quad \kappa > \kappa_f \tag{7.64}$$

依据方程(6.93)和(6.95),能量串级速率 ε 和标量方差串级速率 χ_c 可以写成:

$$\varepsilon = I = \overline{u_i^r u_j^s s_{ij}^s} - \overline{u_i^s u_j^s s_{ij}^r}, \quad \chi_\omega = I_c = 2\overline{c^r u_j^r c_{,j}^s} - 2\overline{c^s u_j^s c_{,j}^r} \tag{7.65}$$

因其包含标量通量与标量梯度的缩并,I_c 在二维和三维湍流中的属性相同。但是,作为应力和应变率的缩并,I 在这两种情形之下有很大差别,在三维情形中 I 有两种类型的项,包括 4 个涉及完全在水平面上的相互作用项和 5 个涉及垂直速度的项,后一组被认为与涡度的伸缩有关。在二维情形中只有前一组的四项起作用,所以由此可以推断,在这两种情形之下动能的尺度间传递机制是不同的。

7.5.5　大气中的观测结果

对边界层之上的速度谱观测结果进行最全面介绍的或许就是纳斯托姆和盖格

发表的文章了(Nastrom 和 Gage，1985)。它们的研究结果基于 6000 架次商业飞行的飞机观测，如图 7.6 所示。在小波数部分谱按照 κ^{-3} 衰减，谱宽大约是 10^1 的一半；而在大波数部分的更大谱宽上则表现为 $\kappa^{-5/3}$ 谱。按 Vallis(2006)的说法，−3 次律这部分可能与涡度拟能的前向串级有关，但是对小尺度部分的 $\kappa^{-5/3}$ 律的原因不清楚。Gage(1979)曾提出二维湍流会因为反向能量串级而呈现 $\kappa^{-5/3}$ 能谱分布；而 Gage 和 Nastrom(1986)声称，假设"波破碎"是小尺度能量的重要来源应该是合理的。Lilly(1989)的研究结果显示，湍流闭合模型表明前向涡度拟能串级与反向能量串级在二维湍流中可以并存，其能量来源可以同时出现在大尺度和小尺度上。

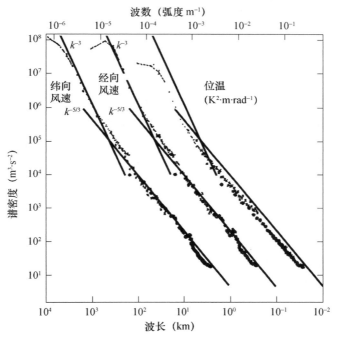

图 7.6　上层大气的水平速度谱和温度谱。引自 Nastrom 和 Gage(1985)

针对主要概念的提问

(除非特别说明，这里的问题针对的都是三维湍流)

7.1　什么是惯性副区？湍流流动具有惯性副区需要什么条件？描述其物理基础。

7.2　讨论湍流惯性副区的能量学。是什么决定了这个区间起始端和终止端的涡旋尺度？

7.3　解释为什么黏性耗散速率与流体的黏性率(即黏性系数)无关。

7.4　当普朗特数和施密特数不等于 1 的时候，解释标量谱在哪里变得与速度谱不一样,如何不一样,为什么不一样。

7.5 解释温度和速度信号如何在量值上与它们的导数信号不同,这些差异会随 R_t 的增大如何变化?

7.6 什么是耗散间歇性? 在怎样的问题中它会变得重要?

7.7 观测到的湍流细致结构的行为如何背离了柯尔莫哥洛夫通用平衡假设?

7.8 举例说明低层大气的某种过程可能会受到耗散间歇性的强烈影响。

7.9 讨论二维湍流与三维湍流在惯性区的相似之处。

7.10 解释二维湍流涡度方差收支与三维湍流标量方差收支的相似之处。

7.11 在柯尔莫哥洛夫提出关于小尺度结构的通用假设之前湍流研究已经有很长时间,你认为为什么会经过那么长时间才出现这些假设? 柯尔莫哥洛夫的这个发现的关键之处是什么?

7.12 解释 Kolmogorov(1941)思想的柯尔莫哥洛夫—奥布霍夫修正版本的物理本质,你能从物理上推理说明局地细致结构尺度参数要比整体参数更合理吗? 你能想出其他领域的某个问题中情况也是这样的吗?

7.13 定性解释低 R_t 值的实验室湍流中的最小尺度结构与积云中的最小尺度结构之间的差异,以及它如何影响这两种湍流情形中的云滴物理过程。

7.14 解释如何把关于三维湍流整体动力学的柯尔莫哥洛夫思想应用于二维湍流,为什么它们在细节上不同? 有什么不同?

问　题

7.1 解释为什么在惯性区中对于分隔尺度 r 而言对结构函数的主要贡献来自于尺度为 r 的涡旋。

7.2 二维湍流的柯尔莫哥洛夫微尺度取决于什么? 试建立它们的表达式,确定由它们定义的雷诺数,用微尺度来评估 TKE 收支中黏性耗散项的相对大小。

7.3 n 阶速度结构函数是 $\overline{[u(x+r)-u(x)]^n}$,其中 u 是速度分量,假设 $r = |r|$ 是惯性副区中的尺度,

(a)在原始柯尔莫哥洛夫假设前提之下它的行为是怎样的?

(b)在修正的柯尔莫哥洛夫假设前提之下它的行为是怎样的?

(c)运用奥布霍夫的耗散起伏模型,对比两者的预报结果,其差异如何依赖于阶数 n?

7.4 当一个涡旋经过探头时其通过探头的时间比涡旋翻转时间短,假设在这种情况下泰勒假设是有效的,试证明这个假设,然后用它建立一个对于尺度为 r 的涡旋而言泰勒假设可以适用的判据,并解释如何理解你的结果。

7.5 惯性区标度率(7.63)式中关于涡度的结果可以理解为:在二维流动中涡度是个保守量,所以涡度起伏向小尺度传递时不改变强度。对这个解读进行讨论,

这个论点对三维流动中的标量起伏意味着什么? 这个解读正确吗?

7.6 湍流耗散区中设定某种形状的想法与局地各向同性相矛盾吗? 请予以讨论。

7.7 运用所需的间歇性模型,讨论在大 R_t 值情况下湍流中局地、瞬时的速度导数如何与 Kolmogorov(1941) 理论的预报结果不同。

7.8 运用 7.2.3 节的结果,证明采用涡旋扩散率闭合方案的大涡模拟的有效雷诺数的量级是 $(l/\Delta)^{4/3}$ 。

7.9 一种商用"ε 测量仪"用空间两点测量到的速度差值的均方值来确定 ε,解释其原理。

7.10 从物理上解释在湍流流动中对耗散尺度起调整作用的反馈机制(7.1.2 节)。

7.11 从物理上解释在湍流流动中当标量扩散率变化时为什么标量谱的惯性区的截断尺度也发生变化,以及如何变化。

7.12 从物理上解读柯辛谱(7.14)式,你能解释为什么有时把它称为"渗漏管"模型吗?

7.13 证明柯辛表达式(7.16)是(7.14)式和(7.15)式构成的系统的解。

7.14 解释关于温度结构函数参数的方程(7.23)中 ε 的负指数的物理意义。

7.15 证明 $R_t^{1/2} \sim R_\lambda$ 。

7.16 假设 $\tilde{u}$ 是标准差为 σ 的随机变量,且定义 $u = \tilde{u}/\sigma$。用性质 $\overline{(u^2 - u)^2} \geqslant 0$ 和 $\overline{(u^2 + u)^2} \geqslant 0$ 来证明 $|S| \leqslant (F+1)/2$,其中 F 和 S 分别是 u 和 $\tilde{u}$ 的平整度和偏斜度。

7.17 证明惯性区谱(7.5)式和(7.9)式如何遵循量纲分析针对它们的基本假设。

7.18 推导扰动涡度的方程,用它来推导涡度方差收支方程。参照第 5 章建立的 TKE 收支方程,证明涡度收支方程中的主导项是涡旋伸缩产生项和黏性作用引起的耗散项。

7.19 从方程(7.65)出发证明在二维湍流和三维湍流中 I_c 的性质相同,但 I 的性质不同。I 不同的本质是什么?

7.20 对三阶矩有贡献的傅里叶成分的矢量波数之和为零(第 6 章 6.5 节)。证明这个约束条件使得 $\overline{(\partial\theta/\partial x_1)^3}$ 具有来自含能区的贡献。然后用观测结果 $\partial\theta/\partial x_1$ 的偏斜度大约为 1 所蕴含的标度率来证明对它起主要贡献的三个波数却都在耗散区内。

7.21 在方程(5.35)中显示 $s/s_d \sim R_t^{1/4}$,其中 s 和 s_d 分别是含方差区和耗散区的标量强度尺度,在那里我们用到了假设 $\gamma \sim \nu$。证明在一般情况下可以推导出 $s/s_d \sim Co_t^{1/4}$ 。

7.22 在惯性区尺度上方程(7.21)所预报的烟团增长速率要比线性增长速率更快,从物理上予以解释。

7.23 解释为什么 Kolmogorov(1941) 假设可以应用于烟团扩散,却不能用于连续点源的"泰勒扩散"问题（第 4 章）。

参考文献

Batchelor G K，1950. The application of the similarity theory of turbulence to atmospheric diffusion [J]. Quart J Roy Meteor Soc，76：133-146.

Batchelor G K，1959. Small-scale variation of convected quantities like temperature in turbulent fluid. Part I. General discussion and the case of small conductivity[J]. J Fluid Mech，5：113-133.

Batchelor G K，1960. The Theory of Homogeneous Turbulence[M]. Cambridge：Cambridge University Press.

Batchelor G K，1969. Computation of the energy spectrum in homogeneous two-dimensional turbulence[J]. Phys Fluids Suppl II，12：233-239.

Batchelor G K，1996. The Life and Legacy of G I Taylor[M]. Cambridge：Cambridge University Press.

Batchelor G K，Townsend A A，1949. The nature of turbulent motion at large wave-numbers[J]. Proc R Soc London，Series A，199：238-255.

Corrsin S，1951. On the spectrum of isotropic temperature fluctuations in an isotropic turbulence [J]. J Appl Phys，22：469-473.

Corrsin S，1962. Turbulent dissipation fluctuations[J]. Phys Fluids，5：1301-1302.

Corrsin S，1964. Further generalizations of Onsager's model for turbulent spectra[J]. Phys Fluids，7：1156-1159.

Donzis D A，2007. Scaling of turbulence and turbulent mixing using terascale numerical simulations [D]. School of Aerospace Engineering，Georgia Institute of Technology.

Eyink G L，Sreenivasan K R，2006. Onsager and the theory of hydrodynamic turbulence[J]. Rev Mod Phys，78：87-135.

Frisch U，1995. Turbulence，The Legacy of A N Kolmogorov[M]. Cambridge：Cambridge University Press.

Gage K S，1979. Evidence for a $\kappa^{-5/3}$ law inertial range in mesoscale two-dimensional turbulence[J]. J Atmos Sci，36：1950-1954.

Gage K S，Nastrom G D，1986. Theoretical interpretation of atmospheric wavenumber spectra of wind and temperature observed by commercial aircraft during GASP[J]. J Atmos Sci，43：729-740.

Gibson C H，Schwartz W H，1963. The universal equilibrium spectra of turbulent velocity and scalar fields[J]. J Fluid Mech，16：365-384.

Gifford F Jr.，1957. Atmospheric diffusion of smokepuffs[J]. J Meteorol，14：410-414.

Grant H L，Stewart R W，Moilliet A，1962. Turbulence spectra from a tidal channel[J]. J Fluid Mech，12：241-263.

Hill R J，1997. Applicability of Kolmogorov's and Monin's equations of turbulence[J]. J Fluid Mech，353：67-81.

Kang H S，Meneveau C，2001. Passive scalar anisotropy in a heated turbulent wake：New observations and implications for large-eddy simulations[J]. J Fluid Mech，442：161-170.

Kolmogorov A N, 1941. The local structure of turbulence in incompressible viscous fluid for very large Reynolds numbers[J]. C R Acad Sci, U R S S, 30: 301-305.

Kolmogorov A N, 1962. A refinement of previous hypotheses concerning the local structure of turbulence in a viscous incompressible fluid at high Reynolds number[J]. J Fluid Mech, 13:82-85.

Kraichnan R, 1967. Inertial ranges in two-dimensional turbulence[J]. Phys Fluids, 10:1417-1423.

Lilly D K, 1962. On the numerical simulation of buoyant convection[J]. Tellus, 14:148-172.

Lilly D K, 1989. Two-dimensional turbulence generated by energy sources at two scales[J]. J Atmos Sci, 46:2026-2030.

Lumley J L, Davis S H, 2003. Stanley Corrsin: 1920-1986[J]. Ann Rev Fluid Mech, 35:1-10.

Moffatt H K, 2002. G. K. Batchelor and the homogenization of turbulence[J]. Ann Rev Fluid Mech, 34:19-35.

McWilliams J C, 2006. Fundamentals of Geophysical Fluid Dynamics[M]. Cambridge:Cambridge University Press.

Nastrom G D, Gage K S, 1985. A climatology of atmospheric wavenumber spectra of wind and temperature observed by commercial aircraft[J]. J Atmos Sci,42:950-960.

Obukhov A M, 1949. Structure of the temperature field in turbulent streams[R]. Izv Akad Nauk SSSR, Geogr Geofiz, 13:58.

Obukhov A M, 1962. Some specific features of atmospheric turbulence[J]. J Fluid Mech, 13:77-81.

Orszag S A, Patterson G S Jr., 1972. Numerical simulation of three-dimensional homogeneous isotropic turbulence[J]. Phys Rev Lett, 28:76-79.

Pao Y-H, 1965. Structure of turbulent velocity and scalar fields at large wave number[J]. Phys Fluids, 8:1063-1075.

Sawford B, 2001. Turbulent relative dispersion[J]. Ann Rev Fluid Mech, 33:289-317.

Shaw R A, 2000. Supersaturation intermittency in turbulent clouds [J]. J Atmos Sci, 57: 3452-3456.

Shaw R A, 2003. Particle-turbulence interactions in atmospheric clouds[J]. Ann Rev Fluid Mech, 35:183-227.

Shaw R A, Reade W, Collins L, et al, 1998. Preferential concentration of cloud droplets by turbulence: Effects on the early evolution of cumulus cloud droplet spectra[J]. J Atmos Sci, 55:1965-1976.

Sreenivasan K R, 1991. On local isotropy of passive scalars in turbulent shear flows[J]. Proc R Soc London,Series A, 434:165-182.

Sreenivasan K R, Antonia R A, 1997. The phenomenology of small-scale turbulence[J]. Ann Rev Fluid Mech, 29:435-472.

Sreenivasan K R, Kailasnath P, 1993. An update on the intermittency exponent in turbulence[J]. Phys Fluids A, 5: 512-514.

Taylor G I, 1938. The spectrum of turbulence[J]. Proc R Soc London,Series A, 164:476-490.

Tennekes H, 1968. A simple model for the small-scale structure of turbulence[J]. Phys Fluids, 11:669-671.

Tennekes H, 1978. Turbulent flow in two and three dimensions[J]. Bull Am Meteor Soc, 59: 22-28.

Tennekes H, Woods J D, 1973. Coalescence in a weakly turbulent cloud[J]. Quart J Roy Meteor Soc, 99:758-763.

Vallis G, 2006. Atmospheric and Oceanic Fluid Dynamics[M]. Cambridge: Cambridge University Press.

Warhaft Z, 2000. Passive scalars in turbulent flows[J]. Ann Rev Fluid Mech, 32:203-240.

Wyngaard J C, 2004. Changing the face of small-scale meteorology[A]//In Atmospheric Turbulence and Mesoscale Meteorology, E Fedorovich, R Rotunno, B Stevens, Eds,Cambridge:Cambridge University Press.

Yueng P K, Xu S, Sreenivasan K R, 2002. Schmidt number effects on turbulent transport with uniform scalar gradient[J]. Phys Fluids, 14:4178-4191.

第二部分

大气边界层湍流

第8章 大气湍流方程

§8.1 引言

在这一章中我们首先推导干空气的控制方程。在浅层流体的约束条件下,这些方程在传统上可被用于有热量输送和有浮力的实验室湍流。其次,把方程推广到更具一般性的湿空气(干空气和水汽)和有云空气(干空气、水汽和水滴)当中。

密度变化从两个方面影响低层大气中的湍流。首先,密度随高度减小(离地 1 km 的垂直范围内大约减小 10%)使我们重新考虑有关湍流混合的一些直观认识;其次,由地表热量输送引起的密度扰动能够使得白天和夜间的湍流不同,就像白天和夜晚那样不同。

§8.2 干空气的控制方程

8.2.1 等熵的静力平衡基态大气

层结大气中温度、气压和密度随高度的变化情况通常可以基于理想气体假设用流体静力学进行描述。我们从静止的、绝热的基本状态开始[①],用下标"0"表示,把干空气的理想气体方程写成如下形式:

$$p_0 = \rho_0 R_d T_0 \tag{8.1}$$

式中:R_d 是干空气的气体常数。在 8.3 节中我们将把(8.1)式推广到包含水汽和水滴的更一般形式。基态变量只是高度(x_3 或 z)的函数。

在第一部分中我们曾在运动方程中采用了修改过的气压,它的垂直梯度包含了重力项。现在需要考虑气压可变的情况,于是重新使用传统的气压。对于静止的基态大气,取向上为 x_3 的正方向,则重力矢量为 $g_i = (0,0,-g)$,于是运动方程(1.19)的垂直分量是:

$$-\frac{\mathrm{d}p_0}{\mathrm{d}x_3} - \rho_0 g = 0 \tag{8.2}$$

在这里采用常微分方程是因为在大气的基本状态中 x_3 是唯一的独立变量。

---

① 本章中的系列方程是对 Lumley 和 Panofsky(1964)专著中方程的重新编排和拓展。

因为大气的基本状态有气压、温度和密度三个变量，所以还需要第三个方程。于是增加一个关于大气比熵（单位质量的熵）s 的方程：

$$T\frac{Ds}{Dt} = \frac{Dh}{Dt} - \frac{1}{\rho}\frac{Dp}{Dt} \qquad (8.3)$$

式中：$h = c_p T$ 是比焓，c_p 是定压比热。这里用了物质导数 D/Dt（见第 1 章），因为我们会用流体块的无摩擦、绝热虚位移来确定随 z 有变化的基本状态。对于这样熵为常数或等熵的位移，可以把方程（8.3）写成：

$$T_0\frac{Ds_0}{Dt} = 0, \text{所以} \frac{Dh_0}{Dt} = \frac{1}{\rho_0}\frac{Dp_0}{Dt} \qquad (8.4)$$

这意味着基态大气廓线与下列性质有关：

$$\frac{dh_0}{dx_3} = \frac{1}{\rho_0}\frac{dp_0}{dx_3} \qquad (8.5)$$

式中：$h_0 = c_p T_0$。由方程（8.2）和（8.5）可得：

$$\frac{dT_0}{dx_3} = -\frac{g}{c_p} \qquad (8.6)$$

即绝热温度廓线方程。高度每上升 100 m，温度下降大约 1 K。由方程（8.1）、（8.2）和（8.6）可以算出 p_0 和 ρ_0 的廓线（问题 8.2）。

8.2.2 流动引起的对基态的偏离：质量守恒

如同在第一部分中一样，我们用波浪号标记有运动的湍流大气的物理量，把它们表示成基态变量与小偏差量之和，偏差量是实际量偏离基态的量值，用撇号表示：

$$\tilde{p} = p_0(z) + \tilde{p}'(\boldsymbol{x},t), \quad \tilde{T} = T_0(z) + \tilde{T}'(\boldsymbol{x},t), \quad \tilde{\rho} = \rho_0(z) + \tilde{\rho}'(\boldsymbol{x},t) \qquad (8.7)$$

偏差量也有波浪号，因为它们包含了平均值和扰动部分。

这里需要偏差量是个小的量，这样就可以在基本状态附近进行线性化处理。于是，方程（8.7）的表达方式与第一部分中把湍流场分解成系综平均值加上扰动部分的处理是完全不同的，因为从湍流场分解出来的扰动量不一定是小的量。

依据在基态附近的线性泰勒级数展开，我们把密度偏差量表示成温度偏差与气压偏差之和：

$$\tilde{\rho}' = \tilde{\rho}'(\tilde{T},\tilde{p}) \cong \frac{\partial\rho}{\partial T}\bigg|_0 \tilde{T}' + \frac{\partial\rho}{\partial p}\bigg|_0 \tilde{p}' = -\frac{\rho_0}{T_0}\tilde{T}' + \frac{1}{R_d T_0}\tilde{p}' \qquad (8.8)$$

观测表明，扰动气压的量级是 ρu^2。如果气压偏差量也是这个量级，那么它对 $\tilde{p}'$ 的贡献的量级是 $\gamma\rho_0 u^2/c^2$，其中 $\gamma = c_p/c_v$，c 是声速 $(\gamma R_d T)^{1/2}$。因此，基于这个论据可知气压偏差量对方程（8.8）的贡献正比于流体马赫数的平方，且非常小。所以可以把它忽略掉，并把方程（8.8）写成如下形式：

$$\tilde{\rho}' = -\frac{\rho_0}{T_0}\tilde{T}' \qquad (8.9)$$

质量守恒方程(1.17)可以写成:

$$\frac{\partial \tilde{\rho}}{\partial t} + \frac{\partial \tilde{\rho}\,\tilde{u}_i}{\partial x_i} = \frac{D\tilde{\rho}}{Dt} + \tilde{\rho}\frac{\partial \tilde{u}_i}{\partial x_i} = 0 \tag{8.10}$$

对于密度偏差足够小的情况它变成:

$$\tilde{u}_3\frac{\mathrm{d}\rho_0}{\mathrm{d}x_3} + \rho_0\frac{\partial \tilde{u}_i}{\partial x_i} \cong 0 \tag{8.11}$$

速度散度是:

$$\frac{\partial \tilde{u}_i}{\partial x_i} \cong -\frac{\tilde{u}_3}{\rho_0}\frac{\mathrm{d}\rho_0}{\mathrm{d}x_3} = \frac{\tilde{u}_3}{H_\rho};\quad \frac{1}{H_\rho} \equiv -\frac{1}{\rho_0}\frac{\mathrm{d}\rho_0}{\mathrm{d}x_3} \tag{8.12}$$

式中:H_ρ是均质大气高度(标准大气高度)。依据理想气体定律可得(问题 8.3):

$$H_\rho = \frac{R_\mathrm{d}T_0\gamma}{g} \tag{8.13}$$

它的量级是 10 km。

如果速度散度与 u/l 相比很小,便可以认为速度散度为零,由方程(8.12)可知这需要满足:

$$\frac{\tilde{u}_3}{H_\rho} \ll \frac{u}{l} \tag{8.14}$$

如果湍流边界层中 $\tilde{u}_3 \sim u$(它通常对应于水平均匀的情况),那么当 $l \ll H_\rho$ 时速度散度就可以被忽略。因为 l 的量级是边界层厚度,想要把速度场当成是无散度的,那么就要求边界层厚度必须明显小于均质大气高度 H_ρ。我们将会看到这种情况是常见的,但也不尽然。

当忽略 ρ_0 的垂直变化的时候,实际是在做鲍兴尼斯克近似(Boussinesq approximation)。它使得速度散度为零的假设得以满足,但我们也应该看到它的副作用。如 Vallis(2006)讨论的那样,弹性近似使得 ρ_0 随高度变化,它可以被用于深对流的情形。

8.2.3　动力学和热力学

可变密度大气的运动方程如下:

$$\frac{\partial \tilde{u}_i}{\partial t} + \tilde{u}_j\frac{\partial \tilde{u}_i}{\partial x_j} = -\frac{1}{\tilde{\rho}}\frac{\partial \tilde{p}}{\partial x_i} - g_i - 2\,\varepsilon_{ijk}\,\Omega_j\,\tilde{u}_k + \nu\,\nabla^2\,\tilde{u}_i \tag{8.15}$$

上式右边的第三项是地球旋转矢量 Ω_j 与流体速度矢量的叉乘,被称为柯氏力项,它出现在方程中是因为坐标系跟随地球一起转动而成为非惯性坐标系。流动的速度尺度是 U,长度尺度是 L,方程(8.15)中主导项的量级是 U^2/L。当 $\Omega U \sim U^2/L$ 时,柯氏力项就是重要的一项,其中 $\Omega = |\Omega_j| \sim 10^{-4}$ s^{-1}。这是大气流动中的典型情况,但不是工程流动中的情况。

在可变密度流动当中运动学黏性系数 ν 也是可变的,ν 的变化对速度和耗散涡旋的长度尺度有影响,但对湍流耗散率没有影响(问题 8.4)。

在基本状态附近对气压梯度的偏差量进行线性化：

$$-\frac{1}{\tilde{\rho}}\frac{\partial \tilde{p}}{\partial x_i}=-\frac{1}{\rho_0+\tilde{\rho}'}\left(\frac{\partial p_0}{\partial x_i}+\frac{\partial \tilde{p}'}{\partial x_i}\right)\cong -\frac{1}{\rho_0}\frac{\partial p_0}{\partial x_i}-\frac{1}{\rho_0}\frac{\partial \tilde{p}'}{\partial x_i}+\frac{\tilde{p}'}{\rho_0^2}\frac{\partial p_0}{\partial x_i} \quad (8.16)$$

由(8.2)式和(8.9)式可得：

$$-\frac{1}{\tilde{\rho}}\frac{\partial \tilde{p}}{\partial x_i}\cong g\delta_{3i}-\frac{1}{\rho_0}\frac{\partial \tilde{p}'}{\partial x_i}-g\frac{\tilde{\rho}'}{\rho_0}\delta_{3i}\cong g\delta_{3i}-\frac{1}{\rho_0}\frac{\partial \tilde{p}'}{\partial x_i}+\frac{g}{T_0}\tilde{T}'\delta_{3i} \quad (8.17)$$

运用(8.17)式之后方程(8.15)变成：

$$\frac{\partial \tilde{u}_i}{\partial t}+\tilde{u}_j\frac{\partial \tilde{u}_i}{\partial x_j}=-\frac{1}{\rho_0}\frac{\partial \tilde{p}'}{\partial x_i}-2\varepsilon_{ijk}\Omega_j\tilde{u}_k+\frac{g}{T_0}\tilde{T}'\delta_{3i}+\nu\nabla^2\tilde{u}_i \quad (8.18)$$

方程(8.18)中包含了浮力项，即方程右边的倒数第二项。

地球表面可以比其上方的大气暖（就像晴朗白天陆地上的情况，地表因吸收太阳辐射而增温），或者比其上方的大气冷（就像晴朗的夜晚，地表通过释放长波辐射而降温），水体表面温度通常也会在一定程度上与其上方的空气不同。这导致地表与空气之间的热量输送，于是造成靠近地面的空气温度廓线偏离$T_0(z)$。如果z高度处的空气块比$T_0(z)$暖，其温度偏差$\tilde{T}'$为正值，则按照方程(8.18)它会受到向上的浮力，于是"暖空气上升"；如果气块比局地温度$T_0(z)$冷，$\tilde{T}'$为负值，则会受到向下的浮力。$\tilde{T}'=0$的气块其浮力是中性的（即浮力为零）。

对于温度变量而言，如果在大气中的等熵位移过程中它保持不变，使用具有这种性质的温度会比较方便，就像是实验室尺度的流动中的常温一样。为此，依据比熵方程(8.3)并重写理想气体定律的形式，可以定义位温θ：

$$\frac{Ds}{Dt}=\frac{c_p}{T}\frac{DT}{Dt}-\frac{R_d}{p}\frac{Dp}{Dt}=\frac{c_p}{\theta}\frac{D\theta}{Dt} \quad (8.19)$$

因此经过等熵位移之后θ是守恒的：

$$\frac{Ds}{Dt}=\frac{c_p}{\theta}\frac{D\theta}{Dt}=0 \quad (8.20)$$

方程(8.19)的解是：

$$\theta(t)=C\left[p(t)\right]^{\frac{-R_d}{c_p}}T(t) \quad (8.21)$$

式中：C是常数。

尺度分析表明，在低层湍流大气当中沿气块轨迹的气压变化主要是由背景气压在垂直梯度方向上的垂直位移引起的，而非由气压的湍流扰动引起（问题8.23）。因此，我们按照惯例把方程(8.21)中的独立变量理解为z（即离地面的距离），而不是时间，并把常数C选为$\left[p(0)\right]^{R_d/c_p}$，这样就得到：

$$\theta(z)=T(z)\left[\frac{p(0)}{p(z)}\right]^{\frac{R_d}{c_p}} \quad (8.22)$$

在这样的约定之下，z高度处的位温就是原处于该高度的气块等熵移动到地面后所具有的温度。

大气中的湍流运动涉及速率为 $\tilde{\varepsilon}$ 的黏性耗散和速率为 $\tilde{Q}$ 的热量输送,所以湍流干空气的熵方程是:

$$\frac{D\tilde{s}}{Dt} = \frac{c_p}{\tilde{\theta}}\frac{D\tilde{\theta}}{Dt} = \frac{\tilde{\varepsilon}}{\tilde{T}} - \frac{\tilde{Q}}{\tilde{T}} \tag{8.23}$$

单位质量流体的局地、瞬时耗散速率为:

$$\tilde{\varepsilon} = \frac{\nu}{2}\left(\frac{\partial\tilde{u}_i}{\partial x_j} + \frac{\partial\tilde{u}_j}{\partial x_i}\right)\left(\frac{\partial\tilde{u}_i}{\partial x_j} + \frac{\partial\tilde{u}_j}{\partial x_i}\right) \tag{7.32}$$

虽然黏性耗散在 TKE 方程中始终很重要,在方程(8.23)中它只是在流动速度远大于通常在低层大气中观测到的值时才变得重要(问题 8.5),于是可以把它忽略掉。我们把热量输送表示成因热传输和辐射而引起的热通量的散度形式:

$$\tilde{Q} = \frac{1}{\tilde{\rho}}\frac{\partial}{\partial x_i}\left(-k\frac{\partial\tilde{T}}{\partial x_i} + \tilde{R}_i\right) \tag{8.24}$$

式中:k 是热传导率(即热传导系数),于是方程(8.23)就变成:

$$\frac{D\tilde{\theta}}{Dt} = \frac{\tilde{\theta}}{c_p}\frac{D\tilde{s}}{Dt} = -\frac{\tilde{\theta}}{\tilde{\rho}c_p\tilde{T}}\left(-k\frac{\partial^2\tilde{T}}{\partial x_i\partial x_i} + \frac{\partial\tilde{R}_i}{\partial x_i}\right) \tag{8.25}$$

我们可以把它写成:

$$\frac{D\tilde{\theta}}{Dt} = \frac{\tilde{\theta}}{\tilde{T}}\alpha\nabla^2\tilde{T} - \frac{\tilde{\theta}}{\tilde{\rho}c_p\tilde{T}}\frac{\partial\tilde{R}_i}{\partial x_i} \tag{8.26}$$

式中:$\alpha = k/\rho c_p$ 是热扩散率(即热扩散系数)。

依据(8.21)式,方程(8.26)中的热传导项乘以 $\tilde{\theta}/\tilde{T}$ 应该正比于 $\tilde{p}^{-R/c_p}$。在含能区之外湍流气压谱要比温度谱和速度谱衰减得更快(第 7 章),所以在热传导很重要的小尺度上 $\tilde{\theta}/\tilde{T}$ 的空间变化可以忽略不计。于是我们可以把它放到 ∇^2 算子里面去:

$$\frac{\tilde{\theta}}{\tilde{T}}\nabla^2\tilde{T} \cong \nabla^2\left(\frac{\tilde{\theta}}{\tilde{T}}\right)\tilde{T} = \nabla^2\tilde{\theta} \tag{8.27}$$

于是位温守恒方程(8.26)变为:

$$\frac{D\tilde{\theta}}{Dt} = \alpha\nabla^2\tilde{\theta} - \frac{\tilde{\theta}}{\tilde{\rho}c_p\tilde{T}}\frac{\partial\tilde{R}_i}{\partial x_i} \tag{8.28}$$

如果我们对位温定义一个基本状态和一个偏差量,即 $\tilde{\theta} = \theta_0 + \tilde{\theta}'$,那么由(8.22)式可以得到:

$$\theta_0 + \tilde{\theta}' = (T_0 + \tilde{T}')\left[\frac{\tilde{p}(0)}{\tilde{p}(z)}\right]^{\frac{R}{c_p}} \cong (T_0 + \tilde{T}')\left[\frac{p_0(0)}{p_0(z)}\right]^{\frac{R}{c_p}} \tag{8.29}$$

那么基本状态量之间和偏差量之间具有下列关系:

$$\theta_0 = T_0\left[\frac{\tilde{p}(0)}{\tilde{p}(z)}\right]^{\frac{R}{c_p}}, \quad \tilde{\theta}' = \tilde{T}'\left[\frac{\tilde{p}(0)}{\tilde{p}(z)}\right]^{\frac{R}{c_p}} \tag{8.30}$$

方程(8.30)表明,温度偏差与位温偏差,以及它们的垂直梯度,通常是不同的。

8.2.4　标量成分守恒

当一种没有源或汇(即质量守恒)的物质成分在流动中被输送并发生分子扩散

的时候,它的密度 $\tilde{\rho}_c$ 满足:

$$\frac{\partial \tilde{\rho}_c}{\partial t} + \frac{\partial \tilde{\rho}_c \tilde{u}_i}{\partial x_i} = \gamma \frac{\partial^2 \tilde{\rho}_c}{\partial x_i \partial x_i} \tag{1.29}$$

我们可以把它写成如下形式:

$$\frac{D \tilde{\rho}_c}{D t} = -\tilde{\rho}_c \frac{\partial \tilde{u}_i}{\partial x_i} + \gamma \frac{\partial^2 \tilde{\rho}_c}{\partial x_i \partial x_i} \tag{8.31}$$

运用方程(8.12)来表示速度散度,可以得到:

$$\frac{D \tilde{\rho}_c}{D t} = -\tilde{\rho}_c \frac{\tilde{u}_3}{H_\rho} + \gamma \frac{\partial^2 \tilde{\rho}_c}{\partial x_i \partial x_i} \tag{8.32}$$

这就是说,只有在均质大气高度具有大值的约束条件之下,被输送的质量守恒成分的密度才是保守的。一般情况下,在上升运动中它是减小的,而在下沉运动中它是增大的,因为伴随这些运动会分别发生绝热膨胀和绝热压缩。因为这个原因,湍流混合无法使得质量守恒的痕量成分在垂直方向上形成上下一致的平均密度。

然而,混合比 $\tilde{c} = \tilde{\rho}_c / \tilde{\rho}$ 是个保守量,它满足(问题 8.6):

$$\frac{D \tilde{c}}{D t} = \frac{\partial \tilde{c}}{\partial t} + \tilde{u}_i \frac{\partial \tilde{c}}{\partial x_i} = \frac{\gamma}{\tilde{\rho}} \frac{\partial^2 \tilde{\rho}_c}{\partial x_i \partial x_i} \cong \gamma \frac{\partial^2 \tilde{c}}{\partial x_i \partial x_i} \tag{8.33}$$

作为一个保守量,尽管 $\tilde{\rho}_c$ 不能做到这样,但 $\tilde{c}$ 可以在垂直方向上混合成上下一致的分布(问题 8.1)。

8.2.5 干空气方程组

有关干空气的动力学、热力学及保守成分的方程组是:

$$\frac{\partial \tilde{u}_i}{\partial t} + \tilde{u}_j \frac{\partial \tilde{u}_i}{\partial x_j} = -\frac{1}{\rho_0} \frac{\partial \tilde{p}'}{\partial x_i} - 2\varepsilon_{ijk} \Omega_j \tilde{u}_k + \frac{g}{\theta_0} \tilde{\theta}' \delta_{3i} + \nu \nabla^2 \tilde{u}_i \tag{8.34}$$

$$\frac{\partial \tilde{u}_i}{\partial x_i} = 0 \tag{1.18}$$

$$\frac{\partial \tilde{\theta}}{\partial t} + \tilde{u}_i \frac{\partial \tilde{\theta}}{\partial x_i} = \alpha \nabla^2 \tilde{\theta} - \frac{\tilde{\theta}}{\rho_0 c_p \tilde{T}} \frac{\partial \tilde{R}_i}{\partial x_i} \tag{8.35}$$

$$\frac{\partial \tilde{c}}{\partial t} + \tilde{u}_i \frac{\partial \tilde{c}}{\partial x_i} = \gamma \frac{\partial^2 \tilde{c}}{\partial x_i \partial x_i} \tag{8.36}$$

这里 $\tilde{\theta}'$ 和 $\tilde{p}'$ 是位温和气压偏离绝热、静止干空气基本状态 θ_0 和 $p_0(z)$ 的偏差量。依据方程(8.30)有 $\tilde{T}'/T_0 = \tilde{\theta}'/\theta_0$,所以在方程(8.34)中用 $g\tilde{\theta}'/\theta_0$ 来表示浮力项。

§8.3 考虑水汽、液态水及相变

清洁大气是干空气与水汽的混合体,我们应该称之为湿空气。有云空气还会有液态水。水是大气动力学和热力学的主要参与者,因此需要对方程进行拓展,以便把水的作用包括进来。

8.3.1　水汽的作用

包含了干空气质量 M_d 和水汽质量 M_v 的混合气体,它的气体常数 R 是(问题 8.21):

$$R = \frac{M_d R_d + M_v R_v}{M_d + M_v} \tag{8.37}$$

式中:R_d 和 R_v 分别是干空气和水汽的气体常数:

$$R_d = R^* / m_d, \quad R_v = R^* / m_v \tag{8.38}$$

式中:R^* 是普适气体常数,m_d 和 m_v 是干空气和水汽的分子量。引入比湿 q 的概念,其定义为:

$$q = \frac{M_v}{M_d + M_v} = \frac{\rho_v}{\rho} \tag{8.39}$$

可以把方程(8.37)写成:

$$R = (1-q)R_d + q R_v = (1-q) R_d + q\left(\frac{m_d}{m_v}\right) R_d = (1+0.61q)R_d \tag{8.40}$$

于是在含有水汽的湍流大气当中气体常数 R 是有扰动的,8.2 节中的空气密度偏差量 $\tilde{\rho}' = \tilde{\rho}'(\tilde{T})$ 就变成了 $\tilde{\rho}' = \tilde{\rho}'(\tilde{T}, \tilde{R})$。如果在干空气的基本状态附近对气体常数进行线性化,即 $\tilde{R} = R_d + \tilde{R}'$,由方程(8.40)可知 $\tilde{R}' = 0.61qR_d$,由此可以得到:

$$\frac{\tilde{\rho}'}{\rho_0} \cong -\frac{\tilde{T}'}{T_0} - 0.61q \tag{8.41}$$

上式定量给出了既暖又湿的空气具有怎样的浮力。

方程(8.41)把两个因子的贡献引入湿空气的浮力当中,我们可以采用替代方案来表示,即运用方程(8.40)可以把干空气的气体常数写在湿空气状态方程中:

$$p = \rho R T = \rho R_d T(1 + 0.61q) \tag{8.42}$$

于是,如果定义湿空气的虚温 T_v 为:

$$T_v = T(1 + 0.61q) \tag{8.43}$$

则湿空气的状态方程(8.42)可以写成:

$$p = \rho R_d T_v \tag{8.44}$$

从物理上讲,T_v 是干空气具有与温度为 T 的湿空气相同的气压和密度时所拥有的温度。

习惯上会把位温的定义(8.21)式推广到更一般的情况,即虚位温:

$$\theta_v(z) = T_v(z) \left[\frac{p(0)}{p(z)}\right]^{\frac{R}{c_p}} = T(1 + 0.61q) \left[\frac{p(0)}{p(z)}\right]^{\frac{R}{c_p}} = \theta(1 + 0.61q) \tag{8.45}$$

这是个保守量(问题 8.16)。所以,在湿空气当中我们使用虚位温(而不是位温)的偏差量来表示运动方程(8.34)中的浮力变量。

8.3.2　拓展到有云空气

有云空气的密度 ρ_{cl} 是:

$$\rho_{cl} = \frac{M_d + M_v + M_l}{\text{体积}} = \rho_d + \rho_v + \rho_l \tag{8.46}$$

按照湿空气定义重写上式可得：

$$\rho_d + \rho_v = \rho_{cl} - \rho_l = \rho_{cl}\left(1 - \frac{\rho_l}{\rho_{cl}}\right) = \rho_{cl}(1 - q_l) \tag{8.47}$$

式中：$q_l = \rho_l/\rho_{cl}$ 是比液态水含量。求解有云空气密度可得：

$$\rho_{cl} = \frac{\rho_d + \rho_v}{(1 - q_l)} = \frac{p}{R_d T_v (1 - q_l)} = \frac{p}{R_d T_{vcl}} \tag{8.48}$$

其中，T_{vcl} 是有云空气的虚温：

$$T_{vcl} = T_v(1 - q_l) \cong T(1 + 0.61q - q_l) \tag{8.49}$$

此处已经略去了高阶量。像 T_v 一样，在状态方程中 T_{vcl} 用的也是干空气的气体常数，即：

$$p = \rho_{cl} R_d T_{vcl} \tag{8.50}$$

位温的拓展形式是：

$$\theta_{vcl}(z) = \theta_v(1 - q_l) \cong \theta(1 + 0.61q - q_l) \tag{8.51}$$

8.3.3 有云空气的保守温度

我们已经看到，在干空气中运用熵守恒直接引出了位温的概念，它在等熵过程（可逆绝热过程）中是个保守量。但是，正如 Bohren 和 Albrecht(1998)感叹的那样，在有云空气中运用熵守恒时情况会非常复杂：

（在有云空气中考虑熵守恒）是令人烦扰的，按这个想法你几乎肯定会得出错误的结果。我们数次推导了饱和气块的温度垂直递减率，每次得到的结果都不同。实际上，你好像是在寻找相似的表达式，但与我们的不同。不过，我们所要考虑的问题是什么样的情况是正确的。

下面我们应该总结一下波赫仁-埃尔布里奇(Bohren-Albrecht)的结果。

一个温度为 T 的饱和云块包含干空气质量 M_d，其分气压、气体常数及定压比热为 ρ_d、R_d 和 c_{pd}。总水（水汽加液态水）混合比是 w_t；水汽混合比是 w_s；液态水的比热是 c_w；蒸发潜热是 l_v。依据 Bohren 和 Albrecht(1998)书中的方程(6.113)，总熵守恒表示成：

$$\frac{1}{M_d}\frac{DS}{Dt} = (w_t c_w + c_{pd})\frac{1}{T}\frac{DT}{Dt} - \frac{R_d}{p_d}\frac{Dp_d}{Dt} + \frac{D}{Dt}\left(\frac{l_v w_s}{T}\right) \tag{8.52}$$

把加权比热 $w_t c_w + c_{pd}$ 标记为简单形式 c_p（译者注：此处原著作者用斜体下标表示有云空气的定压比热，以示与干空气定压比热 c_p 的不同），方程就变成：

$$\frac{1}{M_d}\frac{DS}{Dt} = \frac{c_p}{T}\frac{DT}{Dt} - \frac{R_d}{p_d}\frac{Dp_d}{Dt} + \frac{D}{Dt}\left(\frac{l_v w_s}{T}\right) = \frac{c_p}{\theta_d}\frac{D\theta_d}{Dt} + \frac{D}{Dt}\left(\frac{l_v w_s}{T}\right) \tag{8.53}$$

其中，θ_d 是"干空气"的位温：

$$\theta_d(z) = T_d(z) \left[\frac{p_d(0)}{p_d(z)} \right]^{\frac{R_d}{c_p}} \tag{8.54}$$

用方程(8.53)定义相当位温 θ_e：

$$\frac{1}{M_d} \frac{DS}{Dt} = \frac{c_p}{\theta_d} \frac{D\theta_d}{Dt} + \frac{D}{Dt}\left(\frac{l_v w_s}{T} \right) = \frac{c_p}{\theta_e} \frac{D\theta_e}{Dt} \tag{8.55}$$

θ_e 在有云空气的等熵过程中是保守的，其中包括凝结和蒸发过程。由此得到的 θ_e 公式是(Betts，1973)：

$$\theta_e = \theta_d \exp\left(\frac{l_v w_s}{c_p T} \right) = T \left(\frac{p_d(0)}{p_d} \right)^{\frac{R_d}{c_p}} \exp\left(\frac{l_v w_s}{c_p T} \right) \tag{8.56}$$

从物理上讲，如果一个云块经历可逆的绝热上升过程到达一个气压充分低的高度从而使其中的水汽全部凝结出来，那么 θ_e 近似等于这时云块所具有的位温。

§8.4　湿空气的平均方程

下面我们来讨论湿空气的平均方程，首先考虑可以进行空间平均或系综平均的一般情况。由此会看到，平均计算产生了包含热力学量的一些雷诺项。然后我们把第 5 章中的系综平均雷诺通量方程拓展到包含浮力效应和柯氏力效应的一般情况。

8.4.1　一般情况

动量方程、连续方程、热力学方程和水汽方程分别如下：

$$\frac{\partial \tilde{u}_i}{\partial t} + \tilde{u}_j \frac{\partial \tilde{u}_i}{\partial x_j} = -\frac{1}{\rho_0} \frac{\partial \tilde{p}'}{\partial x_i} - 2\varepsilon_{ijk} \Omega_j \tilde{u}_k + \frac{g}{\theta_0} \tilde{\theta}'_v \delta_{3i} + \nu \nabla^2 \tilde{u}_i \tag{8.57}$$

$$\frac{\partial \tilde{u}_i}{\partial x_i} = 0 \tag{1.18}$$

$$\frac{\partial \tilde{\theta}}{\partial t} + \tilde{u}_j \frac{\partial \tilde{\theta}}{\partial x_j} = \alpha \nabla^2 \tilde{\theta} - \frac{\tilde{\theta}}{\rho_0 c_p \tilde{T}} \frac{\partial \tilde{R}_j}{\partial x_j} \tag{8.35}$$

$$\frac{\partial \tilde{q}}{\partial t} + \tilde{u}_i \frac{\partial \tilde{q}}{\partial x_i} = \gamma \frac{\partial^2 \tilde{q}}{\partial x_i \partial x_i} \tag{8.36}$$

这里水汽混合比 $\tilde{q} \equiv \tilde{\rho}_v / \tilde{\rho}$ 也被称为比湿，它是一个保守量；ρ_0 和 θ_0 是背景大气(即基态大气)的密度和位温廓线，$\tilde{p}'$ 是偏离背景大气廓线 p_0 的偏差量，$\tilde{\theta}'$ 是偏离背景大气值 θ_0 的虚位温偏差量：

$$\tilde{\theta}'_v = \tilde{\theta}_v - \theta_0 = \tilde{\theta}(1 + 0.61\tilde{q}) - \theta_0 \tag{8.58}$$

式中：$\tilde{R}_j$ 是辐射通量，α 是湿空气的热扩散系数。

在大气中应用这些方程涉及太大的尺度范围，以至于数值计算无法将它们完全分辨出来，所以在试图进行数值求解之前我们通过对这些方程求平均来减小尺度范围。用上划线表示平均(系综平均或空间平均)，给出一套方程：

$$\frac{\partial \overline{\widetilde{u}_i}}{\partial t} + \overline{\widetilde{u}_j} \frac{\partial \overline{\widetilde{u}_i}}{\partial x_j} = -\frac{1}{\rho_0} \frac{\partial \overline{\widetilde{p}'}}{\partial x_i} - 2\varepsilon_{ijk} \Omega_j \overline{\widetilde{u}_k} + \frac{g}{\theta_0} \overline{\widetilde{\theta}'_v} \delta_{3i} + \frac{1}{\rho_0} \frac{\partial \tau_{ij}}{\partial x_j}$$

其中，
$$\frac{\tau_{ij}}{\rho_0} = \overline{\widetilde{u}_i \widetilde{u}_j} - \overline{\widetilde{u}_i}\,\overline{\widetilde{u}_j} \tag{8.59}$$

$$\frac{\partial \overline{\widetilde{u}_j}}{\partial x_j} = 0 \tag{8.60}$$

$$\frac{\partial \overline{\widetilde{\theta}}}{\partial t} + \overline{\widetilde{u}_j} \frac{\partial \overline{\widetilde{\theta}}}{\partial x_j} = -\frac{\partial f_{\theta_j}}{\partial x_j} - \frac{1}{\rho_0 c_p} \left(\overline{\frac{\widetilde{\theta}}{\widetilde{T}}} \frac{\partial \overline{\widetilde{R}_j}}{\partial x_j} \right), \quad f_{\theta_j} = \overline{\widetilde{u}_j \widetilde{\theta}} - \overline{\widetilde{u}_j}\,\overline{\widetilde{\theta}} \tag{8.61}$$

$$\frac{\partial \overline{\widetilde{q}}}{\partial t} + \overline{\widetilde{u}_j} \frac{\partial \overline{\widetilde{q}}}{\partial x_j} = -\frac{\partial f_{q_j}}{\partial x_j}, \quad f_{q_j} = \overline{\widetilde{u}_j \widetilde{q}} - \overline{\widetilde{u}_j}\,\overline{\widetilde{q}} \tag{8.62}$$

平均的虚位温偏差量是
$$\overline{\widetilde{\theta}'_v} = \overline{\widetilde{\theta}} + 0.61 \overline{\widetilde{\theta}\,\widetilde{q}} - \theta_0 \tag{8.63}$$

　　这些方程里有我们在第一部分中遇到的雷诺项：方程(8.59)中的运动学雷诺应力 τ_{ij}，方程(8.61)和(8.62)中的标量雷诺通量 f_{θ_j} 和 f_{q_j}。平均计算使得方程(8.61)中产生了辐射通量散度与 $\widetilde{\theta}/\widetilde{T}$ 构成的协方差，但尺度分析表明这一项很小，已经把它略去(问题 8.19)。此外，方程(8.63)中有一个雷诺项，就像对有云空气中保守温度方程(8.56)取平均之后的情况一样。传统上这样的"热力学"雷诺项基本都会在未经讨论的情况下被忽略掉，但是 Larson 等(2001)的结果表明这会使得数值模拟结果出现偏差。

8.4.2　系综平均方程

　　我们把方程组中的相关变量写成系综平均值与扰动部分之和，把水汽混合比 $\widetilde{q}$ 当作一般的保守标量 $\widetilde{c}$：

$$\widetilde{u}_i = U_i + u_i, \quad \widetilde{p}' = P + p, \quad \widetilde{\theta}'_v = \Theta'_v + \theta_v$$

$$\frac{\widetilde{\theta}}{\rho_0 c_p \widetilde{T}} \frac{\partial \widetilde{R}_i}{\partial x_i} = \mathcal{R} + r, \quad \widetilde{c} = C + c, \quad \widetilde{\theta} = \Theta + \theta \tag{8.64}$$

于是平均方程为：

$$\frac{\partial U_i}{\partial t} + U_j \frac{\partial U_i}{\partial x_j} + \frac{\partial}{\partial x_j} \overline{u_i u_j} = -\frac{1}{\rho_0} \frac{\partial P}{\partial x_i} - 2\varepsilon_{ijk} \Omega_j U_k + \frac{g}{\theta_0} \Theta'_v \delta_{3i} \tag{8.65}$$

$$\frac{\partial U_i}{\partial x_i} = 0 \tag{8.66}$$

$$\frac{\partial \Theta}{\partial t} + U_i \frac{\partial \Theta}{\partial x_i} + \frac{\partial \overline{\theta u_i}}{\partial x_i} + \mathcal{R} = 0 \tag{8.67}$$

$$\frac{\partial C}{\partial t} + U_i \frac{\partial C}{\partial x_i} + \frac{\partial \overline{c u_i}}{\partial x_i} = 0 \tag{8.68}$$

因为分子扩散项很小(除非是在非常接近地表的地方)，我们已经把它们从上述相关方程中略去。

按照本书第一部分中归纳的步骤可以推导出扰动量的方程,但是此处还是要特别给出热力学扰动量的方程:

$$\frac{\partial \theta}{\partial t} + U_i \frac{\partial \theta}{\partial x_i} + u_i \frac{\partial \Theta}{\partial x_i} + u_i \frac{\partial \theta}{\partial x_i} - \overline{u_i \frac{\partial \theta}{\partial x_i}} = r + \alpha \nabla^2 \theta \tag{8.69}$$

方程主导项的量级是 s/τ_t,其中 s 是 θ 的强度尺度,$\tau_t \sim l/u$ 是湍流时间尺度;扰动辐射项的量级是 r/τ_r,其中 τ_r 是辐射时间尺度。依据 Townsend(1958) 的结果我们假设 $\tau_r \gg \tau_t$,所以方程(8.69)中的扰动辐射项可以被忽略。

运动学雷诺应力张量的分量方程是:

$$\frac{\partial \overline{u_i u_k}}{\partial t} + U_j \frac{\partial \overline{u_i u_k}}{\partial x_j} = -\overline{u_j u_k} \frac{\partial U_i}{\partial x_j} - \overline{u_j u_i} \frac{\partial U_k}{\partial x_j} \quad \text{(平均梯度产生项)}$$

$$- \frac{\partial \overline{u_i u_k u_j}}{\partial x_j} \quad \text{(湍流输送项)}$$

$$- \frac{1}{\rho_0} \left(\overline{u_k \frac{\partial p}{\partial x_i}} + \overline{u_i \frac{\partial p}{\partial x_k}} \right) \quad \text{(气压梯度相互作用项)}$$

$$- 2\varepsilon_{ijm} \Omega_j \overline{u_m u_k} - 2\varepsilon_{kjm} \Omega_j \overline{u_m u_i} \quad \text{(柯氏力项)}$$

$$+ \frac{g}{\theta_0} (\overline{\theta_v u_k} \delta_{3i} + \overline{\theta_v u_i} \delta_{3k}) \quad \text{(浮力产生项)}$$

$$- \frac{2\varepsilon}{3} \delta_{ik} \quad \text{(分子耗散项)} \tag{8.70}$$

保守标量的通量方程是:

$$\frac{\partial \overline{cu_i}}{\partial t} + U_j \frac{\partial \overline{cu_i}}{\partial x_j} = -\overline{u_j u_i} \frac{\partial C}{\partial x_j} - \overline{cu_j} \frac{\partial U_i}{\partial x_j} \quad \text{(平均梯度产生项)}$$

$$- \frac{\partial \overline{cu_i u_j}}{\partial x_j} \quad \text{(湍流输送项)}$$

$$- \frac{1}{\rho_0} \left(\overline{c \frac{\partial p}{\partial x_i}} \right) \quad \text{(气压梯度相互作用项)}$$

$$- 2\varepsilon_{ijk} \Omega_j \overline{u_k c} \quad \text{(柯氏力项)}$$

$$+ \frac{g}{\theta_0} \overline{c\theta_v} \delta_{i3} \quad \text{(浮力产生项)} \tag{8.71}$$

保守标量方差的方程是:

$$\frac{\partial \overline{c^2}}{\partial t} + U_j \frac{\partial \overline{c^2}}{\partial x_j} = -2 \overline{u_j c} \frac{\partial C}{\partial x_j} \quad \text{(平均梯度产生项)}$$

$$- \frac{\partial \overline{c^2 u_j}}{\partial x_j} \quad \text{(湍流输送项)}$$

$$- 2\gamma \overline{\frac{\partial c}{\partial x_j} \frac{\partial c}{\partial x_j}} \quad \text{(分子耗散项)} \tag{8.72}$$

在每个二阶矩的收支方程中我们都采用了大雷诺数情况下分子消耗项的局地各向同性形式(见本书第三部分)。

针对主要概念的提问

8.1 从物理上解释为什么暖空气会上升。

8.2 解释如何用熵守恒性质来定义位温 θ，熵守恒如何使得位温在气压和温度都发生变化的移动轨迹上保持为常数。

8.3 从物理上解释均质大气高度。

8.4 解释保守变量的意义。

8.5 解释为什么在大气中空气密度和被输送的某个成分的密度都不是保守量，但它们的比值是保守量。

8.6 证明 T_v 是干空气具有与温度为 T 的湿空气相同的气压和密度时所拥有的温度。

8.7 解释如何把保守温度的概念推广到包含相变的情况。

8.8 解释"热力学"雷诺项意味着什么，它们为什么会出现。

问　题

8.1 将一定量的某种成分加入湍流流动中（例如，把咖啡伴侣加入咖啡当中）形成均匀混合的必要条件是这种成分是质量守恒的，从物理上解释为什么是这样。

8.2 计算 $p_0(z)$ 和 $\rho_0(z)$。

8.3 推导均质大气高度的表达式，即方程(8.13)。

8.4 解释为什么运动学黏性系数随温度变化的这个特性在温度有变化时却对湍流流动的黏性耗散率不起作用。

8.5 对比方程(8.23)中黏性耗散项与温度项的相对大小，其中黏性耗散率和温度全时间导数的尺度分别是 $\tilde{\varepsilon} \sim u^3/l$，$D\tilde{T}/Dt \sim \theta u/l$。耗散项在边界层中重要吗？在雷暴超级单体中呢？在飓风（台风）中呢？

8.6 证明混合比是个保守变量。

8.7 从物理上解释为什么应用于位温的标量梯度守恒方程表明对于等温边界层会出现负的（向下）温度通量，而存在绝热温度梯度的时候温度通量为零。

8.8 建立混合比起伏与温度起伏和该种成分密度起伏的关系式，这个表达式在什么时候能够被简化？如何简化？

8.9 推导水汽混合比和温度的协方差守恒方程。当地表温度高于空气温度时地表发生蒸发，此时协方差的符号是正还是负？当地表温度低于空气温度时地表发生蒸发，情况又如何？在对流边界层顶部之上位温更高而混合比更低，这里的情况会是怎样的？

8.10 讨论当 TKE 方程中垂直温度通量为负值时浮力项的作用，在什么样的物理条件下这种情况会发生？在哪个分量的能量方程中它的影响可以被直接感受到？你认为它的影响可以间接地被能量的其他分量感受到吗？通过什么机制？

8.11 假设在大气压下水汽密度只取决于温度，推导出像方程(8.8)一样但针对水汽密度的表达式，得到的水汽浮力项的形式是什么样的？暖空气是上升还是下沉？

8.12 涡旋扩散模式能够同时应用于保守变量和非保守变量吗？请予以讨论。

8.13 证明 TKE 方程中的柯氏力项消失了，但是柯氏力效应能够在速度分量间传递能量。

8.14 证明柯氏力项不能改变标量通量的大小，但是能改变它的方向。

8.15 证明如方程(8.58)定义的 θ_e 能够像方程(8.55)所表示的那样在有云空气中满足熵守恒。

8.16 证明虚位温是个保守变量。

8.17 湍流中动力生成的气压扰动量的均方根的量级是 ρu^2，假如 $u = 1 \text{ m} \cdot \text{s}^{-1}$，计算大气边界层中背景基态气压的变化达到 ρu^2 量值所发生的高度。

8.18 对相当位温方程(8.56)取平均，你能用平均量来表示 $\overline{\theta_e}$ 吗？试运用指数函数的两项式展开，估算出平均运算时它产生的雷诺项的量级，并讨论这些项重要吗？

8.19 运用尺度分析方法证明在方程(8.61)中被忽略的辐射协方差项确实很小。

8.20 估算方程(8.63)中雷诺项的量级，并讨论它会是重要的吗？

8.21 用各成分的状态方程证明方程(8.37)。

8.22 用状态方程和静力平衡关系推导绝热大气中 $\rho(z)$ 的表达式。

8.23 用尺度分析方法证明在低层湍流大气中沿气块轨迹出现的气压变化主要是由背景垂直气压梯度上发生的垂直位移引起的，而不是气压的湍流扰动引起的。

参考文献

Betts A，1973. Non-precipitating cumulus convection and its parameterization[J]. Quart J R Meteor Soc，99：178-196.

Bohren C F，Albrecht B A，1998. Atmospheric Thermodynamics[M]. New York：Oxford University Press.

Larson V E，Wood R，Field P，et al，2001. Systematic biases in the microphysics and thermodynamics of numerical models that ignore subgrid-scale variability[J]. J Atmos Sci，58：1117-1128.

Lumley J L，Panofsky H A，1964. The Structure of Atmospheric Turbulence[M]. New York：Interscience.

Townsend A A，1958. The effects of radiative transfer on turbulent flow of a stratified fluid[J]. J

Fluid Mech，4：361-375.

Vallis G K，2006. Atmospheric and Oceanic Fluid Dynamics[M]. Cambridge：Cambridge University Press.

第9章 大气边界层

§9.1 概述

运动流体当中的固体在其表面之上会形成一个边界层(图 9.1)。在固体边缘附近边界层流动是层流性的;在下游距离 x_{tran} 处流动变成湍流性的,此处的局地雷诺数 $U_{\infty}x_{\text{tran}}/\nu$ 通常超过 5×10^5。这种湍流边界层可以通过可视化技术被观察到(Van Dyke,1982)。

20 世纪 70 年代初,McAllister 等(1969)和 Little(1969)分别开创的声探空技术使得大气边界层也被可视化(图 9.2)。瞬时的边界层顶(图 2.2)可能薄得难以观测[1]。Neff 等(2008)讨论了在南极使用声探测仪探测准平稳大气边界层的相关问题。

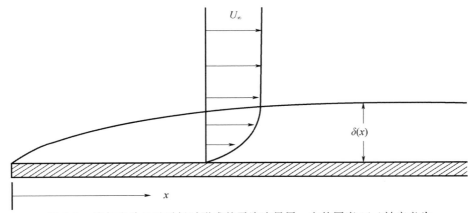

图 9.1 均匀流动经过平板时形成的平流边界层。它的厚度 $\delta(x)$ 被定义为距离平板表面的某个高度,这个高度上的顺流速度与自由流动速度 U_{∞} 的比值为某个设定值

---

① 声探空技术为很多气象学家提供了大气边界层具有瞬时性薄顶的最初证据,但是兰肖(D. Lenschow)在私人通讯上发表观点认为,很多熟知气球探空的气象学家早就知道穿过大气边界层顶时温度和湍流强度会发生急剧变化。

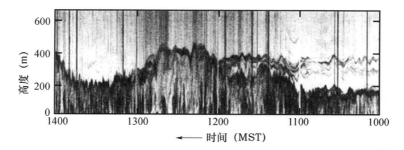

图 9.2 对流边界层的声探空记录。在平均太阳时 11:00 之前大气边界层厚度
大约为 200 m,12:30 增长到大约 400 m,13:30 下降到 200 m,14:00 再次
增长到 400 m。图片由 W. D. Neff 提供。引自 Wyngaard (1988)

大气边界层具有以下一些重要特征:

• 它是个含有连续湍流的区域,该区域的顶边界是具有瞬时性的很薄的、有卷曲的、不断变化的分界面,在分界面之上是具有稳定层结的无湍流流动。作为湍流流动的自由边界(图 2.1),其局地的瞬时厚度可能只有柯尔莫哥洛夫微尺度 η 的量级(Corrsin 和 Kistler,1955;Corrsin,1972);

• 取平均之后的结果是在大气边界层顶部产生一个很厚的分界面;在其中平均温度随高度增高而平滑地增加,平均风速的分量在其中变化到它们在自由大气中的量值,而湍流则减小到几乎为零。它的厚度可以达到边界层平均厚度的 20%～50%;

• 在湍流应力散度、气压梯度力及柯氏力之间存在平均意义上的平衡状态时,水平均匀大气边界层的平均气流是平稳的,气流方向可以从平行于等压线变化到垂直于它们。第一种情况对应于应力散度项很小的情形(就像在平整的地表之上很厚的对流边界层中一样,见本书第 11 章),矢量形式的平均水平动量平衡关系(8.65)式接近于无湍流流动的极限情况:

$$0 = -\frac{1}{\rho_0}\nabla p - 2\,\Omega\times\boldsymbol{u} \qquad\qquad (9.1)$$

因为柯氏力项的方向垂直于 $\boldsymbol{u}$,用方程(9.1)点乘 $\boldsymbol{u}$ 就得到如下形式:

$$-\frac{1}{\rho_0}\nabla p \cdot \boldsymbol{u} = 0 \qquad\qquad (9.2)$$

所以 $\boldsymbol{u}$ 平行于等压线,如图 9.3 所示。第二种情况对应于柯氏力项相对较小的湍流流动,如同高度 z_i 处存在覆盖逆温层使得 $fz_i/u_* \ll 1$ 的情形(Csanady,1974),这种极限情况(问题 9.14)是“管道流”,即沿着平均气压梯度流动。

穿越等压线角度以如下方式参与大气边界层平均能量收支。在平稳、水平均匀的情况下,大气边界层的平均水平动量方程(8.65)如下:

$$0 = -\frac{\partial \overline{u_i u_j}}{\partial x_j} - \frac{1}{\rho_0}\frac{\partial P}{\partial x_i} - 2\varepsilon_{ijk}\Omega_j U_k \qquad\qquad i = 1,2 \qquad (9.3)$$

它表明湍流应力散度、气压梯度力及柯氏力之间的一种平衡状态。用 U_i 乘以这个方程并重写第一项,就得到单位质量水平气流的平均动能 $U_i U_i / 2$ 在平稳条件下的收支方程:

$$0 = -\frac{\partial}{\partial x_j} U_i \overline{u_i u_j} + \overline{u_i u_j} \frac{\partial U_i}{\partial x_j} - \frac{U_i}{\rho_0} \frac{\partial P}{\partial x_i} \tag{9.4}$$

上式右边第一项是个输送项,它在整个大气边界层中的积分为零(问题 9.13);第二项与 TKE 收支方程(见本书第 5 章)中对应项的符号相反,它代表了平均气流与湍流之间动能转换的速率;最后一项是平均气流在平均气压梯度力作用下产生平均动能(MKE)的速率。在把平均动能转化为湍流能量的过程中要维持住平均气流需要最后一项不为零。这需要穿越等压线角度 α 不为零(图 9.3)。

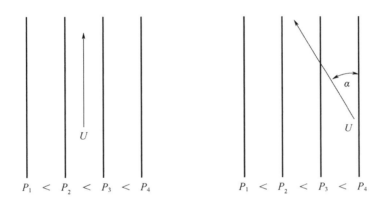

图 9.3　左图:平稳、水平均匀的无湍流流动(北半球的情形)
平行于等压线;右图:有湍流的平均气流穿越等压线,角度为 α

在稳定大气边界层中(即 $\partial \Theta / \partial z$ 为正的情况,见本书第 12 章),浮力产生项和黏性耗散项都是消耗 TKE 的速率,如方程(8.70)所示,所以湍流必须从平均气流中获取动能才能得以维持。其结果是需要更大的穿越等压线角度,在近地层这个角度的典型值大约是 45°;对地转流的这种适应性调整发生在稳定大气边界层的整层当中。与之相反,对流边界层当中(即 $\partial \Theta / \partial z$ 为负的情况,见本书第 11 章),大部分 TKE 由浮力生成;这使得穿越等压线角度较小,在此情形之下这种适应性调整则主要转移到对流边界层顶部的分界面(即夹卷层)完成。

- 大气边界层中湍流二阶矩收支方程(8.70)和(8.71)中的柯氏力项与主导项相比通常是小量(问题 9.17),因此可以将它忽略。

- 大气边界层厚度 h 可在几十米到一两千米范围内变化。晴天陆地上因地表能量收支的驱动边界层厚度 h 存在明显的日变化。日出之后地表的加热作用驱动浮力对流使得 h 随时间增大;通常在午后 h 达到最大值。在晴天的夜晚,由于地表的辐射冷却作用使得稳定边界层得以发展(但它比对流边界层浅很多);在它之上原处于对流边界层中的湍流衰退(见本书第 12 章),局地、瞬时的稳定边界层顶是有湍流空气与无湍流空气之间的分界面。这种夜间边界层会因为重力波破碎产生湍流而变得复杂。

• 浮力作用使得对流边界层与稳定边界层显著不同。中性(垂直热通量为零)很少出现,因为边界层中很小的虚温差异可以产生很大的浮力效应。数值模拟结果表明(假设时间足够长,以 $1/f$ 为单位)平衡的中性边界层能够建立起尺度为 u_*/f 的自身厚度,其中 $u_* = \sqrt{|\text{地表应力}|/\rho}$ 。但是,低于这个高度的大气经常是个逆温层,它通过消耗湍流来确立边界层的厚度。

• 晴天陆地上的近地层风速大小会有明显的日变化。在白天不稳定情况下风速大,在夜间稳定情况下风速小。

• 边界层的湍流雷诺数 R_t 要比实验室或数值模拟的湍流雷诺数大很多。基于雷诺数相似(见本书第 2 章),大气边界层中的含能涡旋结构被认为与低 R_t 值的情形没有太大的差别,所以实验室模拟(也称为流体模拟)是研究大气边界层中大的涡旋结构的有效方法。但是 R_t 值的差异使得大气边界层湍流的细致结构明显不同于实验室湍流的情形(见本书第 7 章)。

• 大气边界层湍流具有较大的时间尺度和较强起伏,这使得统计所需的平均时间长度(见本书第 2 章)可能超过大气边界层可被认为处于准平稳状态的时间尺度。于是造成大气边界层中湍流观测结果的一致性不如工程流动中的测量结果那么好。

• 人们对大气边界层靠近地面的部分(即近地层)的认识是最为充分的,部分原因是在这里的观测最容易实施,同时也是因为其结构和动力学特征取决于气流与地表的局地相互作用,这降低了水平不均匀性和非平稳性的影响。

我们将在接下来的章节里对这些问题做详细阐述。

§9.2　地表能量平衡

对流边界层和稳定边界层具有与稳定度相关的截然不同的结构特征,而稳定度状况又直接受到地表能量平衡的影响。地表能量平衡关系(即地表薄层的热力学第一定律,如图 9.4 所示)为:

$$\frac{\partial I}{\partial t} = C_t + R_n + C_b \tag{9.5}$$

式中:I 为薄层的内能,C_t 为通过空气热交换获得能量的净速率,R_n 为通过辐射获得能量的净速率,C_b 为通过土壤热交换获得能量的净速率。

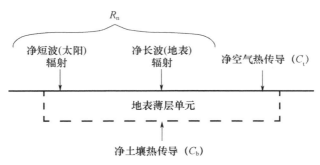

图 9.4   地表能量平衡关系(即方程(9.5))概念图

由于干燥地表 I 正比于薄层的厚度平均温度,所以对于厚度很小的薄层而言方程(9.5)实际上决定了地表的温度。知道近地层气温和风速条件就可以确定地表热量传输速率 C_t,如同第 1 章中的湍流圆管流一样,它由表面温度梯度造成的热传导完成,其上方的湍流大气使得近地层的热传导次层的厚度最小化,因而也使得维持 C_t 所需的跨越该层的温度差最小化(问题 9.18)。

如果地表温度高于它上面的空气温度,C_t 的方向向上,使得近地层空气呈现不稳定层结。如果地表温度低于它上面的空气温度,C_t 的方向向下,则近地层空气是稳定层结。图 9.5 呈现的是 1968 年堪萨斯试验在北美大草原干燥的地表上测量到的地表热通量日变化情况。

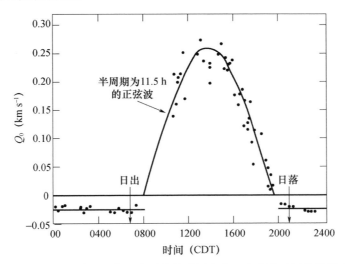

图 9.5   堪萨斯试验观测到的地表温度通量的时间变化。这些小时平均数据有些发散的原因是它们在夏季为期 3 周的观测期内的不同天里会有变化。引自 Wyngaard(1973)

通常情况下地表水分的贡献需要包含在方程(9.5)中,并且虚温(见本书第 10 章)垂直通量决定地表上方空气的稳定度状况。有蒸发的地表具有水汽混合比的正

（向上）通量，即使地表温度低于空气温度，这也会使得虚温通量为正。

由于地表水分蒸发在确定地表虚温通量中的决定性作用，而反过来地表虚温通量又决定了空气的稳定度状况，因此地表能量平衡是影响大气边界层的最重要因素之一。天气预报模式中有专门对此过程进行细致处理的模块。

大气边界层中整层热通量为零的中性情况很少出现（有时人们说它只存在于文献当中）。在阴天情况下地表与空气之间的温度可以非常接近于相等，因而地表热通量小到几乎可以忽略不计，此时 $z_i/L \cong 0$（其中 L 是莫宁-奥布霍夫长度，见第 10 章）。但是如果大气中离地 $1\sim 2$ km 处存在逆温层，在它下方发生的夹卷过程可以把覆盖逆温层空气扩散到边界层当中，于是地表的虚温通量可以消失但地表之上的虚温通量为负值，造成大气边界层呈现出稳定层结。

最有可能找到中性行星边界层的地方或许是海洋的表层。不过，海洋边界层观测明显滞后于大气边界层观测，因为海洋是颇具挑战性的研究环境。

§9.3 浮力效应

大气湍流的一个非常重要的特性就是它对浮力作用极其敏感。我们将首先通过简单的尺度分析来对此进行解阐释，然后讨论两个极限稳定度状态下的情形。

9.3.1 湍流对浮力的敏感程度

在纳维-斯托克斯方程（8.57）的垂直分量方程中有一个浮力项 $g\overline{\theta'_v}/\theta_0$，其中 $\overline{\theta'_v}$ 是虚位温偏离基态背景值的局地偏差量。如果定义温度尺度为 $\theta \sim \overline{\theta'_v}$，把方程中湍流惯性项的量级取为 u^2/l，它们的比值是湍流理查森数 Ri_t：

$$Ri_t = \frac{浮力\ /\ 质量}{惯性力\ /\ 质量} \sim \frac{g\theta/\theta_0}{u^2/l} \approx \frac{g\theta l}{\theta_0 u^2} \tag{9.6}$$

对于室内的气流，相关的尺度为 $\theta=1$ K、$l=1$ m 和 $u=1$ m·s^{-1}，于是 $Ri_t=1/30$，所以浮力并不重要。对于大气边界层中的气流，θ 和 u 的尺度不变，但 $l=1000$ m，相应的湍流理查森数 $Ri_t=30$，这样的情况下湍流浮力就非常重要。

与工程湍流相比，大气湍流具有更大的 l 和更小的 u，这两者都使得 Ri_t 更大。因此大气湍流中的浮力效应显得非常重要。下文中我们对温度不再总是使用修饰语"虚"，或它的下标"v"，但是通常情况下温度就应该被理解为虚温。

9.3.2 稳定层结与不稳定层结

方程（8.69）显示，当 $\partial\Theta/\partial z$ 为负值的时候[1]，气块的上升运动产生正的位温偏差 $\overline{\theta'}$，

---

　① 下文中，θ 和 T 通常分别指的是虚位温和虚温。

而下沉运动产生负的位温偏差,每种情况都倾向于增强运动,于是我们称之为不稳定层结。当 $\partial\Theta/\partial z$ 为正值的时候,气块做垂直运动的过程中感受到的是反向的加速度,这是稳定层结。

因为有很强的浮力效应,覆盖逆温层对于大气边界层而言其作用就像是一个"盖子"。假设一个向上运动的气块以垂直速度 w_i 进入具有更高位温的逆温层,气块温度与环境温度的差值 θ' 变成负值,这使得作用于气块的浮力 $g\theta'/\theta_0$ 方向向下。如果这个浮力让气块经过垂直距离 d 以后停下来,则浮力所做的功是 $gd\theta'/\theta_0$,它引起的气块动能变化是 $w_i^2/2$,两者应该相等,即:

$$\frac{gd\theta'}{\theta_0} \cong \frac{w_i^2}{2}, \quad d \cong \frac{w_i^2\theta_0}{2g\theta'} \tag{9.7}$$

取 $w_i=1\ \mathrm{m\cdot s^{-1}}$ 和 $\theta'=1\ \mathrm{K}$ 可得 $d\sim15\ \mathrm{m}$,这对于平均厚度为 1000 m 的覆盖逆温层而言是很小的一段距离。因此一个很弱的逆温层就能非常有效地抑制上升运动。例如,乘飞机从大城市起飞的时候,经常会看到污染物被困在边界层中形成灰暗的污染空气,这表明边界层之上存在覆盖逆温层。在美国科罗拉多州的丹佛市,这就是所谓的"棕色云"。

在不稳定层结中,$\partial\Theta/\partial z$ 为负值时,垂直温度通量 $\overline{w\theta}$ 为正值,所以 TKE 收支方程(8.70)中浮力项代表了获得动能的速率。在稳定层结中我们知道通量是负值,因此浮力项是消耗 TKE 的速率。把这个 TKE 收支项说成是浮力产生项会引起混淆,因为这会让人误以为这是个源项,所以在稳定条件下把这一项称为浮力消耗项。它代表了能量转换(问题 9.12)。

存在浮力效应的情况下,水平均匀的可分辨尺度场的 TKE 方程(6.54)变成:

$$\frac{1}{2}(\overline{u_i^r u_i^r})_{,t} = -U_{1,3}\,\overline{u_1^r u_3^r} - \frac{1}{\rho_0}\,(\overline{p^r u_3^r})_{,3} - I - \frac{1}{2}\,(\overline{u_i^r u_i^r u_3})_{,3} - (\overline{u_i^r u_i^s u_3^s})_{,3} + \frac{g}{\theta_0}\,\overline{\theta^r w^r} \tag{9.8}$$

如果空间分辨率足够高,使得 $\overline{\theta^r w^r} \cong \overline{\theta w}$,则浮力项就被很好地分辨出来,这种情况需要满足 $\Delta \ll l$。

相应地,次滤波尺度场的 TKE 方程(6.56)的更一般形式应该包含浮力效应:

$$\frac{1}{2}\,(\overline{u_i^s u_i^s})_{,t} = -U_{1,3}\,\overline{u_1^s u_3^s} - \frac{1}{\rho_0}\,(\overline{p^s u_3^s})_{,3} + I - \frac{1}{2}\,(\overline{u_i^s u_i^s u_3})_{,3}$$
$$- (\overline{u_i^r u_i^s u_3^r})_{,3} + \frac{g}{\theta_0}\,\overline{\theta^s w^s} - \varepsilon \tag{9.9}$$

如果区分可分辨尺度场和次滤波尺度场的滤波截断尺度处于含能涡的区间范围之外,即 $\Delta \ll l$,则次滤波尺度场包含的方差和通量就变得微不足道。于是就像本书第 6 章中所提到的,此时的 TKE 方程就变成:

$$\frac{1}{2}\,(\overline{u_i^s u_i^s})_{,t} \cong I - \varepsilon \tag{9.10}$$

上式代表了含能区之外的所有湍流涡旋的能量平衡,这是柯尔莫哥洛夫理论的中心思想。

9.3.3　对流大气边界层

当一个有浮力的气块从温暖潮湿的地面上升的时候,只要存在位温偏差 θ',浮力就得以持续,湍流速度梯度对气块的扭曲变形会增强它的温度梯度,这会加快分子扩散对这个温度偏差的消减作用(见本书第 3 章 3.3 节)。就那些对一个尺度为 r 的气块起到最有效扭曲作用的湍流涡旋而言,其消减速率为 $u(r)/r$,依据柯尔莫哥洛夫尺度律,它的量级为 $r^{-2/3}\varepsilon^{1/3}$;气块解构(消散)的时间尺度是它的倒数,即 $r^{2/3}\varepsilon^{-1/3}$,于是认为有浮力的最大气块能够维持住其温度偏差的时间也最长。对流边界层中的最大涡旋可以从地面一直延伸到覆盖逆温层的底部。

对流大气边界层的另一个显著特征是垂直扰动速度的偏斜度,定义为:

$$S_w = \frac{\overline{w^3}}{(\overline{w^2})^{3/2}} \tag{9.11}$$

偏斜度是表征正扰动与负扰动(即上升速度和下沉速度)之间差异的统计量。受地表加热驱动的对流边界层中 $S_w \cong 0.4 \sim 1.0$,上升运动要强于下沉运动,但由于 w 平均以后的值为零,所以上升运动所占比例较小。最有可能的 w 值是小的负值,即很弱的下沉运动。有云覆盖的对流边界层中 S_w 是负值,这样的对流边界层是云顶辐射冷却驱动的(Meong 和 Rotunno,1990)。在本书第 11 章中,将会讲到 w 偏斜度使得对流边界层呈现一些不对称的扩散特性。

由于浮力倾向于产生充满流体的强湍流涡旋,因此认为对流边界层具有很强的扩散性。我们可以通过观察晴天和阴天边界层中瞬时烟流的不同行为特征认识到这一点。阴天边界层里主要是机械湍流(切变产生的湍流),烟流可以在下游很长的一段距离里保持完整。但是在晴天里,烟流在对流驱动的大涡作用之下产生环绕扭曲(图 9.6)。在对流条件下系综平均的烟流宽度随下风距离快速扩展。

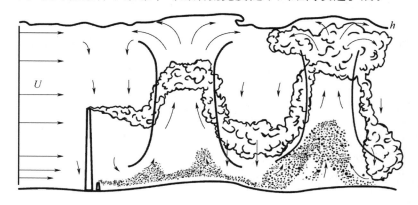

图 9.6　对流边界层中排放物瞬时烟流的示意图。引自 Briggs(1988)

9.3.4　稳定大气边界层

　　自然界中我们至少可以看到三种类型的稳定大气边界层。一种发生在边界层大气流经下游更冷地表的时候(图 9.7a)。第二种是覆盖逆温层里具有更高位温的空气被夹卷到边界层中,而同时地表热通量为零(图 9.7b),可能把这种情形称为"有覆盖逆温的中性"边界层更好一些,因为传统上讲中性意味着地表热通量为零。第三种或许是最为常见的情形,即晴天夜间更冷地表上面的边界层。每种稳定边界层通常都很薄(其厚度比白天对流边界层小一个量级),与对流边界层相比其大涡要小很多,也弱很多。

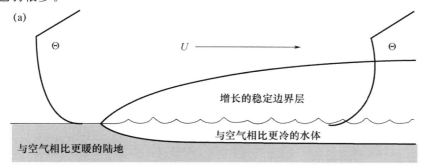

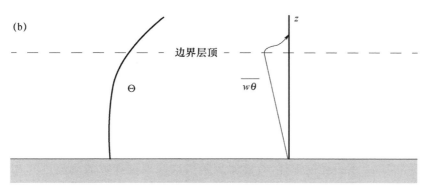

图 9.7　(a)气流经过更冷地表形成具有稳定层结的边界层;
(b)把上层更暖空气夹卷下来形成具有稳定层结的边界层。

　　在稳定条件下,TKE 方程(8.70)中的浮力项代表了通过浮力消耗而丧失动能的速率,即垂直湍流运动克服回复浮力做功的速率;浮力消耗是对黏性耗散率 ε 的补充。主要源项是切变产生项,它代表了雷诺应力与平均速度梯度相互作用而产生 TKE 的速率。这一项是主导项,因此大致满足这样的关系:切变产生项 $\cong$ 浮力消耗项 $+\varepsilon$。在浮力消耗足够小的情况下,即浮力消耗项 $\ll$ 切变产生项,湍流可以生存。但是当存在另一个源项的时候,在浮力消耗项 $\gg$ 切变产生项的情况下湍流也能够得以维持。我们会看到这种状态存在于覆盖在对流边界层之上的逆温层中;从其下方不断地有湍流动能输入,这使得湍流可以在没有切变产生的情况下存在。

上述情况使得稳定层结下的湍流出现临界状态成为可能,即浮力消耗加上黏性耗散与切变产生之间达到平衡,此时湍流处于平稳状态,但浮力损耗速率的增长会使湍流消亡。为了获得一些认知,让我们依据方程来看一看 TKE 的切变产生率和浮力消耗率的量级。假设速度尺度和长度尺度分别是 u 和 l,位温扰动的特征量值为 $\theta \sim l\partial\Theta/\partial z$,于是有:

$$\overline{uw}\frac{\partial U}{\partial z} \sim \frac{u^3}{l} \sim \frac{g}{\theta_0}\overline{w\theta} \sim \frac{g}{\theta_0}u\left(l\frac{\partial\Theta}{\partial z}\right) \tag{9.12}$$

这可以从量级上估计出能够在稳定层结中维持住其能量损失速率的最大涡旋的尺度:

$$l \sim \left(\frac{u^2}{\frac{g}{\theta_0}\frac{\partial\Theta}{\partial z}}\right)^{1/2} \tag{9.13}$$

尺度比 l 大很多的涡旋被稳定层结消除;尺度比 l 小很多的涡旋得以生存。这个长度尺度有时会用垂直速度方差来定义,用下标 B 表示:

$$l_B = \left(\frac{\overline{w^2}}{\frac{g}{\theta_0}\frac{\partial\Theta}{\partial z}}\right)^{1/2} = \frac{\sigma_w}{N} \tag{9.14}$$

式中:$N^2 = g/\theta_0\partial\Theta/\partial z$ 是布伦特-维萨拉(Brunt-Vaisala)频率的平方。l_B 被用于稳定层结的湍流模式当中(Brost 和 Wyngaard,1978;Nieuwstadt,1984;Hunt,1985)。Mason 和 Derbyshire(1990)在稳定边界层的大涡模拟研究中发现,有迹象表明这个尺度是存在的。

由于有选择地衰减掉了最大涡旋,稳定层结通过减小 l 和 u 来减弱湍流扩散率 $K \sim ul$。表征其强度的参数包括通量理查森数 R_f 和梯度理查森数 Ri:

$$R_f = \frac{\text{TKE 的浮力消耗速率}}{\text{TKE 的切变产生速率}} = \frac{\frac{g}{\theta_0}\overline{\theta w}}{\overline{u_iu_j}\frac{\partial U_i}{\partial x_j}}, \quad Ri = \frac{\frac{g}{\theta_0}\frac{\partial\Theta}{\partial z}}{\left(\frac{\partial U}{\partial z}\right)^2} \tag{9.15}$$

如同将要在第 12 章讲述的那样,有迹象表明当这些理查森数的值超过 0.2~0.3 时湍流将会被"熄灭"。

§9.4 平均结构与瞬时结构

或许你还记得某个夏日自己躺在室外的草地上观察头顶上那块积云的运动。那三维的、像花椰菜一样的湍流结构看上去好像被"冻结"住而不发生什么变化,这是因为大涡旋的时间尺度 l/u 太大了。对于大小适中的云,长度尺度为 $l \sim 1000$ m,速度尺度为 $u \sim 1$ m·s^{-1},其对应的时间尺度是 20 min,所以你需要观察 20 min 左右才能看到它的变化。通常不会看这么长的时间,因此我们可能知道更多的是云的瞬时特征而不是它的平均特征。

　　大多数湍流流动数值模式预报的是平均量,即系综平均值或网格单元上的空间平均值(见本书第 1 章)。例如,高斯烟流模式描述排放源下游排放物浓度的分布,它基于泰勒(G. I. Taylor)的系综平均解,针对的是平稳均匀湍流的扩散情形。但在实际中我们必须用较短时间内的平均观测值对其预报结果进行检验,于是模式检验结果会出现数据比较分散的情况。这使得想要依据模式检验结果在不充分的平均时间与模式物理基础之间进行归因成为一件困难的事情。这种情况在图 9.8 中可以看得很清楚。

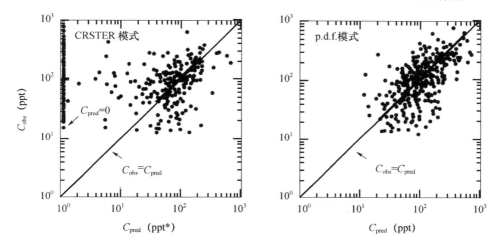

图 9.8　左图:金凯德(Kincaid)发电厂观测到的 SF_6 地面浓度与高斯烟流
CRSTER 模式预报结果的对比。观测值是 1 h 平均结果;
右图:改进的概率预报模式的对比结果。引自 Weil (1988)

§9.5　准平稳与局地均匀

　　陆上大气边界层因日变化而呈现非平稳特征;它也会因为天气条件和下垫面特征的空间变化在水平方向呈现非均匀特征。但是如果它的时间尺度和长度尺度小于那些外部因子变化的尺度,通常就可以应用平稳、水平均匀的大气边界层湍流模式。

　　下面来讨论一下时间变化问题。图 9.5 显示了堪萨斯试验测得的地表温度通量 Q_0 的时间变化情况。我们认为,如果其变化的时间尺度 $Q_0(\partial Q_0/\partial t)^{-1}$ 比大涡的翻转时间 h/u 大很多,则湍流可以被看作是准平稳的。这种情况下会有:

$$\frac{1}{Q_0}\frac{\partial Q_0}{\partial t}\frac{h}{u}\ll 1 \quad (准平稳) \tag{9.16}$$

　　另有分析表明,如果 $\partial h/\partial t\ll u$,则大气边界层厚度 h 的时间变化对湍流而言变得不

---

* 1 ppt$=10^{-12}$。

重要。覆盖逆温层的动力学机制通常会把 $\partial h/\partial t$ 量值限定在只有 u 的很小份额（见本书第 11 章），远离清晨和黄昏转换期的白天的大气边界层通常满足这样的条件。

非均匀性的问题可以用相同的方法来处理。如果 L_x 是下垫面条件变化的空间尺度，我们认为当 $L_x \gg l \sim h$ 时大气边界层湍流不会"感受"到下垫面的非均匀性，于是可以被看成是局地均匀的。相较于准平稳条件，满足 $L_x \gg l$ 这个要求会更难一些，但在有些应用当中它还是能满足的。

与对流边界层中的情况相比，稳定边界层中的湍流一般具有更小的空间尺度和更弱的扩散能力。所以认为稳定边界层对地形的非均匀性更为敏感，比如在轻度不平坦地形上的沿斜坡重力强迫（见本书第 12 章）。图 9.9 显示了清晨稳定边界层及 2 h 之后对流边界层中位温等值线的这种差别。

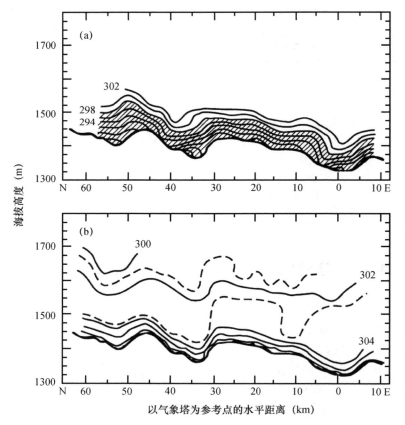

图 9.9　在轻度不规则地形之上观测到的两个时段的大气边界层位温等值线。
（a）清晨地表开始有加热作用之前，等值线基本上跟随地形变化，但有一定的变形；地面的最低温度出现在山谷中心的上游位置，但是上游斜坡上的温度一般要比下游高；
（b）地表加热作用驱动的混合过程发展比较充分时的情形，湍流混合作用几乎把夜间形成的水平和垂直梯度抹平，此时地表温度比混合层中的温度大约高 5 K。引自 Lenschow 等（1979）

§9.6　平均动量方程

在水平均匀的条件之下,很多物理量(平均气压除外)都与水平位置无关。如果是这样的话,平均的连续方程(8.66)就变成为 $\partial W / \partial t = 0$。由于 W 在地面为零,这表明它在所有地方都应该为零,于是 $U_i = [U(z), V(z), 0]$。于是平均动量方程(8.65)的水平分量方程变为:

$$\frac{\partial U}{\partial t} + \frac{\partial \overline{uw}}{\partial z} = -\frac{1}{\rho_0} \frac{\partial P}{\partial x} + 2\Omega_3 V$$

$$\frac{\partial V}{\partial t} + \frac{\partial \overline{vw}}{\partial z} = -\frac{1}{\rho_0} \frac{\partial P}{\partial y} - 2\Omega_3 U \tag{9.17}$$

我们把 $2\Omega_3 = 2\Omega\sin\theta$(其中 θ 是纬度)记为柯氏力参数 f。在平稳条件下的层流地转流的方程是:

$$0 = -\frac{1}{\rho_0} \frac{\partial P}{\partial x} + fV, \quad 0 = -\frac{1}{\rho_0} \frac{\partial P}{\partial y} - fU \tag{9.18}$$

于是有:

$$U = U_g = -\frac{1}{f\rho_0} \frac{\partial P}{\partial y}, \quad V = V_g = \frac{1}{f\rho_0} \frac{\partial P}{\partial x} \tag{9.19}$$

这种气压梯度力与柯氏力之间的地转平衡使得速度矢垂直于气压梯度:

$$U_i \frac{\partial P}{\partial x_i} = \frac{1}{f\rho_0} \left(-\frac{\partial P}{\partial y} \frac{\partial P}{\partial x} + \frac{\partial P}{\partial x} \frac{\partial P}{\partial y} \right) = 0 \tag{9.20}$$

在北半球(f 为正),地转流围绕高压中心顺时针运动,围绕低压中心逆时针运动;而在南半球,旋转方向则正好反过来。

我们常用地转流的解(9.19)式来代表水平气压梯度,即:

$$U_g = -\frac{1}{f\rho_0} \frac{\partial P}{\partial y}, \quad V_g = \frac{1}{f\rho_0} \frac{\partial P}{\partial x} \tag{9.21}$$

这样就可以把平均动量方程(9.17)写成如下形式:

$$\frac{\partial U}{\partial t} + \frac{\partial \overline{uw}}{\partial z} = f(V - V_g)$$

$$\frac{\partial V}{\partial t} + \frac{\partial \overline{vw}}{\partial z} = f(U_g - U) \tag{9.22}$$

其中,U_g 和 V_g 不能被理解为大气边界层中平均风速的分量;然而,fU_g 和 fV_g 是平均的运动学水平气压梯度,如方程(9.19)所示。

在平均动量方程(9.22)中应力散度项和地转偏差项的典型量值范围是 $10^{-4} \sim 10^{-3}$ m·s^{-2}。要把平均动量平衡关系看成是平稳、水平均匀的,则时间变化项和平流项的量值必须非常小(通常为 10^{-5} m·s^{-2})。这就是说,如果想要忽略时间变化项,局地加速度不能超过每小时变化 4 cm·s^{-1}。如果平均风速是 5 m·s^{-1},想要忽略平均平流项就需要在 10 km 的范围内速度的水平变化不超过 2 cm·s^{-1}。这些苛刻的要求意味着在通常情况下平稳、水平均匀的平均动量平衡关系并不能应用于真实的边界层大气。

9.6.1 埃克曼解

Ekman(1905)假设在涡旋扩散闭合方案 $(\overline{uw},\overline{vw})=-K\left(\dfrac{\partial U}{\partial z},\dfrac{\partial V}{\partial z}\right)$ 中 K 是常数。如果把 x 轴设定在地转风方向上(此处假设地转风不随高度变化),则 $V_g=0$。边界条件取为:$z=0$ 处平均风速为零,z 在很大的高度上平均风速接近于地转风 U_g。方程(9.22)的解是埃克曼螺线(Ekman spiral):

$$U=U_g(1-e^{-\gamma z}\cos\gamma z),\quad V=U_g\,e^{-\gamma z}\sin\gamma z,\quad \gamma=(f/2K)^{1/2} \qquad (9.23)$$

当 γz 很小时有 $U=V\to\gamma z\,U_g$,而当 γz 很大时(即处于边界层之上)则有 $U\to U_g$,$V\to V_g=0$,所以近地层风向与边界层之上地转风向之间的夹角是 45°。

有几个原因使得埃克曼解(9.23)式并不对应于地球物理边界层的真实情况。首先,数值试验表明这种中性边界层从任意初始条件出发达到平衡状态需要数倍于 $1/f$ 的时间,即其量级对应于一天的时间尺度,在如此长的时间上要保持水平均匀几乎是不可能的;其次,观测表明决定大气边界层厚度的因素是覆盖逆温层而不是埃克曼动力学;再次,平均的水平气压梯度(地转风)通常随高度有显著变化;最后,下垫面及稳定度效应会造成 u 和 l 都随高度有显著变化,使得 $K\sim ul$ 具有明显的垂直结构,在 K 为常数的条件下得到的平均动量方程的解会很不符合物理规律,这一点可以从库埃特流动(Couette flow)中得到证实(问题 9.19)。

因此,只有在稳定层结或斜压条件下我们才有机会看到在大气边界层中风向转动 45°角的埃克曼螺旋分布。在典型的对流条件下埃克曼解通常无法代表应力和平均风速的垂直分布情况。

9.6.2 斜压情形

水平密度梯度会造成水平气压梯度随高度 z 变化,形成所谓的斜压性,它会显著影响大气边界层结构。从地转风的定义(9.21)式可以看到:

$$\begin{aligned}f\,\frac{\partial U_g}{\partial z}&=-\frac{\partial}{\partial z}\left(\frac{1}{\rho_0}\frac{\partial P}{\partial y}\right)=-\frac{1}{\rho_0}\frac{\partial}{\partial y}\frac{\partial P}{\partial z}+\frac{1}{\rho_0}\frac{\partial\rho_0}{\partial z}\frac{1}{\rho_0}\frac{\partial P}{\partial y}\\[2mm]&=\frac{\partial}{\partial y}\left(-\frac{1}{\rho_0}\frac{\partial P}{\partial z}\right)+\frac{fU_g}{H_\rho}\end{aligned} \qquad (9.24)$$

式中:H_ρ 是均质大气高度,大约为 12 km。因为边界层厚度与 H_ρ 相比很小,所以方程(9.24)右边的第二项不重要。为了评估方程右边的第一项,我们来看平均动量方程的垂直分量:

$$\frac{\partial U_3}{\partial t}+U_j\frac{\partial U_3}{\partial x_j}+\frac{\partial\overline{u_3u_j}}{\partial x_j}=-\frac{1}{\rho_0}\frac{\partial P}{\partial x_3}-2\varepsilon_{3jk}\Omega_jU_k+\frac{g}{\theta_0}\overline{\theta'} \qquad (9.25)$$

我们首先来看方程(9.25)各项的尺度。水平平均速度的尺度为 U_0,垂直平均速度的

尺度为 W_0,湍流速度的尺度为 u,水平梯度的空间尺度为 L_x,局地时间变化的尺度为 L_x/U_0,垂直梯度的空间尺度为 H。平均连续方程意味着:

$$\frac{U_0}{L_x} \sim \frac{W_0}{H} \tag{9.26}$$

因此有 $W_0 \sim HU_0/L_x$。于是方程(9.25)各项的量级如下:

$$时间变化项、平均平流项:\frac{U_0^2 H}{L_x^2}$$

$$湍流通量散度项:\frac{u^2}{H} \tag{9.27}$$

$$旋\;转\;项:fU_0$$

$$浮\;力\;项:\frac{g}{\theta_0}\overline{\theta'}$$

如果 $\overline{\theta'} \sim 1\,\mathrm{K}$,则浮力项的量级是 $3\times10^{-2}\,\mathrm{m\cdot s^{-2}}$。如果 $U_0 \sim 10\,\mathrm{m\cdot s^{-1}}$ 且 $H \sim 10^3\,\mathrm{m}$,则旋转项的量级是 $10^{-3}\,\mathrm{m\cdot s^{-2}}$,明显小于浮力项。

时间变化项和平流项的大小还取决于特征水平尺度 L_x,如果 L_x 的量级是 $10^4\,\mathrm{m}$(这意味着 10 km 范围内水平辐合为 $10\,\mathrm{m\cdot s^{-1}}$,这是个很大的值),那么这些惯性项的量级为 $10^{-3}\,\mathrm{m\cdot s^{-2}}$,也比浮力项小很多。

我们的结论是,如果 L_x 足够大,则可以把流体静力学近似用于 U_3 方程,写成如下形式:

$$\frac{1}{\rho_0}\frac{\partial P}{\partial z} = \frac{g}{\theta_0}\overline{\theta'} \tag{9.28}$$

对(9.28)式求 y 导数,并结合(9.24)式的结果,可以得到 U_g 随高度 z 变化的表达式:

$$f\frac{\partial U_g}{\partial z} = -\frac{g}{\theta_0}\frac{\partial \overline{\theta'}}{\partial y} + \frac{fU_g}{H_\rho} = -\frac{g}{T_0}\frac{\partial T}{\partial y} + \frac{fU_g}{H_\rho} \tag{9.29}$$

类似地可以得到:

$$f\frac{\partial V_g}{\partial z} = \frac{g}{T_0}\frac{\partial T}{\partial x} + \frac{fV_g}{H_\rho} \tag{9.30}$$

通常情况下这些表达式中右边第一项要比第二项重要很多。

依据方程(9.29)和(9.30),在低层大气中平均虚温的水平梯度为每 10 km 变化 3 K(这种情况并不罕见),它会产生每 1000 m 变化 $10\,\mathrm{m\cdot s^{-1}}$ 的地转风切变(斜压性)。于是,平均的水平气压梯度在贯穿大气边界层厚度的范围内发生了根本性变化。海洋锋附近的水平密度梯度会产生类似的效应。

9.6.3　埃克曼抽吸

在地转风没有明显的平流作用和垂直变化的情况下,准平稳大气边界层的平均垂直涡度方程就变成湍流摩擦力与柯氏力之间的平衡:

$$\frac{\partial^2 \overline{uw}}{\partial y \partial z} - \frac{\partial^2 \overline{vw}}{\partial x \partial z} = f\left(\frac{\partial U}{\partial x} + \frac{\partial V}{\partial y}\right) = -f\left(\frac{\partial W}{\partial z}\right) \tag{9.31}$$

从地表到边界层顶 h 对 (9.31) 式进行积分 (在边界层顶处湍流消失), 可得:

$$\frac{\partial \overline{vw}(0)}{\partial x} - \frac{\partial \overline{uw}(0)}{\partial y} = \frac{1}{\rho_0}\left(\frac{\partial \tau^f_{23}(0)}{\partial x} - \frac{\partial \tau^f_{13}(0)}{\partial y}\right) = -fW(h) \tag{9.32}$$

式中: $(\tau^f_{13}(0), \tau^f_{23}(0))$ 是下垫面作用于流体的切应力矢量。它的负值表示作用于地表的切应力, 习惯上把它表示成正比于某参考高度 (比如, 离地面 10 m 处) 平均风速 S_{ref} 与平均风矢 (U_{ref}, V_{ref}) 的乘积:

$$(\tau^s_{13}(0), \tau^s_{23}(0)) = -(\tau^f_{13}(0), \tau^f_{23}(0)) = C_d \rho_0 S_{ref}(U_{ref}, V_{ref}) \tag{9.33}$$

式中: C_d 是拖曳系数。对于围绕高压中心或低压中心的环形对称流动而言, 取 S_{ref} 和 ρ_0 为常数, 可以运用 (9.33) 式把 (9.32) 式写成如下形式:

$$C_d S_{ref} \overline{\omega_3} = fW(h), \quad \overline{\omega_3} = \frac{\partial V_{ref}}{\partial x} - \frac{\partial U_{ref}}{\partial y} \tag{9.34}$$

式中: $\overline{\omega_3}$ 是参考高度上的平均垂直涡度。在北半球 f 为正值, 对于高压 $\overline{\omega_3}$ 为负, 而对于低压 $\overline{\omega_3}$ 为正; 在南半球 f 和 $\overline{\omega_3}$ 的符号会反过来。于是在南北半球 (9.34) 式都表明对应于高压 $W(h)$ 为负而对应于低压 $W(h)$ 为正, 其典型量值为 1 cm·s^{-1}, 这个值与夹卷过程驱动的边界层增厚速率相比经常是不可忽略的。高压控制下的大气边界层会更浅薄一些, 云也会更少。

针对主要概念的提问

9.1 对比层流边界层顶和湍流边界层顶的性质。

9.2 对比湍流边界层瞬时顶边界和平均顶边界的性质。

9.3 解释为什么大气边界层平均气流不可能是地转流。

9.4 解释声探空如何能识别大气边界层的瞬时顶边界。

9.5 解释为什么地表能量平衡是影响大气边界层的最重要因素之一。

9.6 解释如何理解方程 (9.4) 中的各项。

9.7 解释为什么仅通过近地层观测来判别大气边界层的稳定度特征可能得到不真实的结果, 这种方式如何导致错误地判别出稳定边界层？ 以及如何导致错误地判别出不稳定边界层？

9.8 什么是次网格 TKE? 为什么要求它不直接受浮力影响？

9.9 讨论使得大气边界层变成稳定层结的三种机制。

9.10 解释为什么稳定层结对大涡旋的影响要远甚于小涡旋。

9.11 解释为什么平均边界层结构与瞬时边界层结构之间的差异会影响到对扩散过程的模拟, 以及如何影响。

9.12 解释为什么埃克曼解在通常情况下不适用于大气边界层。

9.13　为什么在大气边界层中平均的水平气压梯度会倾向于随高度变化？这种随高度的变化通常会很显著吗？为什么这种情况不会发生在工程流动当中？

9.14　解释埃克曼抽吸的物理机制。

9.15　对流边界层中垂直速度的平整度参数一般不会明显偏离高斯值 3。依据问题 7.16 中的判据,解释为什么大约为 1 的偏斜度已经是很大的值。

问　题

9.1　已知地表温度通量(图 9.5)是由分子扩散形成,试计算堪萨斯试验正午时分的地表温度梯度,并从物理上解释为什么这个梯度会非常大(想一想我们对圆管流管壁通量的讨论,详见第 1 章)。

9.2　有时我们把对流边界层模拟成上升气流和下沉气流的混合体,其中上升气流和下沉气流所占的面积份额和垂直速度分别是 $f^{\mathrm{u}}, w^{\mathrm{u}}$ 和 $f^{\mathrm{d}}, w^{\mathrm{d}}$(上标 u 和 d 分别表示"上升"和"下沉")。从物理上解释下面的式子:

$$f^{\mathrm{u}} + f^{\mathrm{d}} = 1, \quad w^{\mathrm{u}} f^{\mathrm{u}} + w^{\mathrm{d}} f^{\mathrm{d}} = 0$$

还有两个方程是:

$$(w^{\mathrm{u}})^2 f^{\mathrm{u}} + (w^{\mathrm{d}})^2 f^{\mathrm{d}} = \overline{w^2}, \quad (w^{\mathrm{u}})^3 f^{\mathrm{u}} + (w^{\mathrm{d}})^3 f^{\mathrm{d}} = \overline{w^3}$$

对这两个方程也给予物理解读。求解方程组,并对得到的解进行讨论。

9.3　用温度扰动、平均温度梯度以及所需其他量的估计值来说明为什么大气边界层很少能够显示出中性状态(即不受浮力影响)。

9.4　对于准平稳和局地均匀概念(9.5 节),以及平均动量平衡对时间变化和水平非均匀性的敏感性(9.6 节),讨论它们之间的联系。

9.5　讨论水平气压梯度随高度 z 变化如何改变了准平稳、水平均匀大气边界层中平均动量平衡的性质。在很强的对流条件下哪一项会在很大程度上平衡掉这个高度变化,予以解释,并画出在这种极限条件下动量平衡关系中那三项的垂直廓线,与气压梯度不随高度变化的情况进行对比。

9.6　画出存在覆盖逆温时对流边界层处于准平衡状态下的垂直温度通量廓线。

9.7　证明埃克曼解(9.23)式满足 K 为常数条件下的平衡、水平均匀动量方程。

9.8　无线电探空仪是测量低层大气垂直廓线的标准仪器。悬挂在比空气轻的气球之下的探头测量路径上的温度和水汽,并把信号传回地面。讨论如何在数值模拟当中运用这些数据。

9.9　把埃克曼解(9.23)式推广到地转风随高度线性变化的更一般形式,这个解有合理的物理意义吗？

9.10　讨论在大气边界层中确定动量的涡旋扩散系数所需要的平均时间长度。

9.11　解释正的地表温度通量滞后于日出(图 9.5),以及负的通量滞后于日落的原因。

9.12 按照能量守恒观点,浮力消耗 TKE 的损失速率一定会在其他地方作为源项出现。把垂直运动方程中的浮力项改写成密度扰动的形式,用连续方程的垂直积分乘以高度,可以看出它会出现在哪里。试解释其物理意义。

9.13 方程(9.4)右边第一项的物理意义是什么? 证明它在大气边界层垂直方向上的积分为零。

9.14 考虑水平均匀、准平稳大气边界层在其顶部 z_i 处有强覆盖逆温层,并使得 $f z_i / u_* \ll 1$ 的情况,分析两个平均的水平动量方程中各项的量级,并证明方程蜕变成湍流管道流的方程。讨论这种极限条件下的地转适应会发生在什么地方? 在这个适应当中平均气流方向是怎样变化的?

9.15 写出湍流罗斯贝数(turbulent Rossby number)的表达式,即作用于含能涡旋的惯性力与柯氏力的比值。估算它在大气边界层中的量值大小。

9.16 从方程(9.28)出发推导出方程(9.29)和(9.30)。

9.17 证明大气边界层的湍流二阶矩收支方程(8.70)和(8.71)中柯氏力项与主导项相比是小量。

9.18 假设地表之上的气流是没有湍流的层流,用地表能量平衡关系解释为什么在中纬度夏季晴天的白天地表浅层水体会沸腾而在夜间会结冰。

9.19 湍流管道流(图 3.1)的上下壁面以速度 U_w 反向运动,这种情况被称为湍流库埃特流动(turbulent Couette flow)。这种流动在实验室中通过反向转动半径分别为 R 和 $R+\delta R$ 的两个圆筒模拟出来,其中 $\delta R \ll R$;这时可以用笛卡尔坐标系。

(a)用这种流动的顺流周期性证明其顺流平均气压梯度为零;

(b)求解顺流平均动量方程的总应力廓线;

(c)运用涡旋扩散 K 闭合方案,证明平均速度廓线很敏感地依赖于 K 廓线;

(d)画出能够给出真实平均速度廓线的 K 廓线;

(e)讨论 K 闭合的含义。

参考文献

Briggs G, 1988. Analysis of diffusion field experiments[C]//In Lectures on Air Pollution Modeling, A Venkatram and J Wyngaard, Eds, Boston: American Meteorological Society.

Brost R A, Wyngaard J C, 1978. A model study of the stably stratified planetary boundary layer [J]. J Atmos Sci, 35:1427-1440.

Corrsin S, 1972. Random geometric problems suggested by turbulence[R]. Statistical Models and Turbulence, Lecture Notes in Physics, 12, Springer-Verlag, pp300-316.

Corrsin S, Kistler A L, 1955. Free-stream Boundaries of Turbulent Flows[R]. NACA TR 1244, NACA, Washington, D C.

Csanady G T, 1974. Equilibrium theory of the planetary boundary layer with an inversion lid[J]. Bound-Layer Meteor, 6:63-79.

Ekman V W, 1905. On the influence of the Earth's rotation on ocean currents[J]. Arch Math Astron Phys, 2:1-52.

Hunt J C R, 1985. Diffusion in the stably stratified atmospheric boundary layer[J]. J Climate App Meteor, 24:1187-1195.

Lenschow D H, Stankov B B, Mahrt L, 1979. The rapid morning boundary-layer transition[J]. J Atmos Sci, 36:2108-2124.

Little C G, 1969. Acoustic methods for the remote probing of the lower atmosphere[J]. Proc IEEE, 57:571-578.

Mason P J, Derbyshire S H, 1990. Large-eddy simulation of the stably stratified atmospheric boundary layer[J]. Bound-Layer Meteor, 53:117-162.

McAllister L G, Pollard J R, Mahoney A R, et al, 1969. Acoustic sounding: A new approach to the study of atmospheric structure[J]. Proc IEEE, 57:579-587.

Moeng C-H, Rotunno R, 1990. Vertical-velocity skewness in the buoyancy-driven boundary layer [J]. J Atmos Sci, 47:1149-1162.

Neff W, Helmig D, Grachev A, et al, 2008. A study of boundary layer behavior associated with high NO concentrations at the South Pole using a minisodar, tethered balloon, and sonic anemometer[J]. Atmos Env, 42:2762-2779.

Nieuwstadt F T M, 1984. The turbulent structure of the stable, nocturnal boundary layer[J]. J Atmos Sci, 41:2202-2216.

Van Dyke M, 1982. An Album of Fluid Motion[M]. Stanford: Parabolic Press.

Weil J C, 1988. Dispersion in the convective boundary layer[C]//In Lectures on Air Pollution Modeling, A Venkatram and J Wyngaard, Eds, Boston: American Meteorological Society.

Wyngaard J C, 1973. On surface-layer turbulence[C]//Workshop on Micrometeorology, D A Haugen, Eds, Boston: American Meteorological Society, pp101-149.

Wyngaard J C, 1988. Structure of the PBL[C]// In Lectures on Air Pollution Modeling, A Venkatram and J Wyngaard, Eds, Boston: American Meteorological Society.

第 10 章　大气近地层

§10.1 "常通量"层

在靠近平坦均匀下垫面的低层大气当中,水平面上的湍流切应力矢量 $-\rho_0\,\overline{u_iu_3}$ 的方向与平均风速矢量 U_i 的方向相同[①]。按照微气象学的习惯,我们把这个方向取为 x 方向,水平均匀的平均动量方程(9.22)在平稳条件下的形式如下:

$$\frac{\partial\,\overline{uw}}{\partial z}=f(V-V_g)\,,\qquad\frac{\partial\,\overline{vw}}{\partial z}=f(U_g-U)\tag{10.1}$$

对它从地面到边界层顶 h(此处湍流消失)做垂直积分,可得:

$$-\overline{uw}(0^+)=\frac{\tau_0}{\rho_0}=f\int_0^h(V-V_g)\,\mathrm{d}z\,,\qquad\overline{vw}(0^+)=0=f\int_0^h(U-U_g)\,\mathrm{d}z\tag{10.2}$$

式中,τ_0 是地表切应力。方程(10.1)及其积分形式(10.2)意味着在北半球(f 为正值)且 (U_g,V_g) 不随高度变化的情况下,近中性的风速 (U,V) 和动量通量 $(\overline{uw},\overline{vw})$ 廓线形状如图 10.1 所示(问题 10.1)。

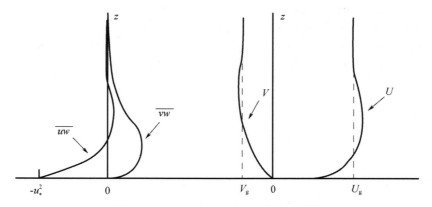

图 10.1　当 U_g 和 V_g 不随高度变化时的
运动学切应力(左图)和平均风速(右图)垂直廓线示意图

---

① 这种情况应该不同于有运动或波动起伏的海洋表面之上的情况(Grachev et al. ,2003)。

方程(10.1)和图 10.1 表明,U_g 和 V_g 不随高度变化,$\partial \overline{uw}/\partial z$ 和 $\partial \overline{vw}/\partial z$ 在紧靠地面的地方最大。所以,如果动量通量梯度在紧靠地面这个地方是最大的,那么为什么还要把近地层称为"常通量层"呢?

答案就隐含在靠近地面的湍流行为当中,如图 10.2 所示。如同在本章附录中所阐释的那样,w 的水平波数谱的谱峰所对应的波数具有 $1/z$ 的量级(并且湍流切应力协谱的谱峰也是如此)。所以,在传统上人们一直把离地距离 z 看作是近地层湍流的长度尺度。但是在特别不稳定的情况下,能够撑满整个边界层的最大涡旋造成近地面 u 和 v 的水平波数谱的谱峰所对应的波数具有边界层厚度 h 倒数的量级。这些近地面的大尺度水平运动已经被人们用术语称为是消极的(Bradshaw,1967)。

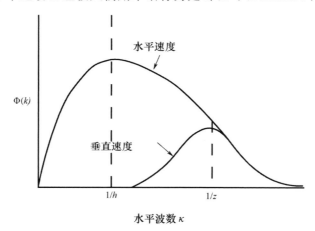

图 10.2　对流近地层速度谱示意图

顺流的平均动量方程(10.1)在靠近地面处的尺度是:

$$\frac{u_*^2}{h} \sim \frac{\partial \overline{uw}}{\partial z} = -fV_g \tag{10.3}$$

当用近地层尺度对其无量纲化之后它是个小量:

$$\frac{z}{u_*^2} \frac{\partial \overline{uw}}{\partial z} \sim \frac{z}{h} \ll 1 \tag{10.4}$$

类似地,$\partial \overline{w\theta}/\partial z$ 的量级是 Q_0/h。于是用近地层尺度对其无量纲化之后它也是个小量:

$$\frac{z}{Q_0} \frac{\partial \overline{w\theta}}{\partial z} \sim \frac{z}{h} \ll 1 \tag{10.5}$$

当用近地层尺度度量这些湍流通量的垂直梯度的时候,它们的量值都小到可以忽略不计,因此近地层通常被称为常通量层。Horst(1999)认为更合适的说法是地表通量层。

§10.2 莫宁-奥布霍夫相似

10.2.1 量纲分析

莫宁-奥布霍夫（Monin-Obukhov，简称 M-O）相似假设为我们理解大气近地层提供了重要基础。它基于量纲分析和白金汉 π 定理（Buckingham Pi Theorem），这个方法对于如何确定一个物理问题当中的因变量能够提供最优方案。白金汉 π 定理指出，如果能在一个物理问题中确认出那个因变量的 $m-1$ 个控制参数（即总变量数为 m），且如果其中量纲的个数为 n（也就是说，具有独立量纲的参数是 n 个，其他参数的量纲可以用这 n 个量纲来表示），那么：

• 用这些控制参数进行无量纲化，可以构成 $m-n$ 个无量纲参量，独立参量的量纲不能用其他参量的量纲来表示，无量纲参量的选取可以是任意的；

• 这 $m-n$ 个无量纲参量由某种函数关系联系在一起，所以因变量可以被看作是那些控制参数的函数。

确认控制参数需要全面理解问题当中的物理关系，并且需要好的直觉。我们将用第 1 章中的例子来阐明这个分析过程。

Kolmogorov(1941)假设耗散区间湍流的长度尺度 η 和速度尺度 υ 只取决于单位质量流体的耗散率 ε 及流体的运动学黏性系数 ν：

$$\eta = \eta(\varepsilon, \nu), \quad \upsilon = \upsilon(\varepsilon, \nu) \tag{10.6}$$

对未知数 η 和 υ 的量纲分析过程相类似，所以选择用 η 来进行说明。

因为假设因变量受 ε 和 ν 控制，所以 $m-1=2$，即 $m=3$。η 的单位是 L，ε 的单位是 $L^2 T^{-3}$，ν 的单位是 $L^2 T^{-1}$。有 $n=2$ 个量纲（L 和 T），所以由 η、ε 和 ν 构成的独立无量纲参量是 $m-n=1$ 个，这个无量纲量就是 $\eta \varepsilon^{1/4} / \nu^{3/4}$。因为只有一个参量，它不可能是其他参量的函数，也就是说，它应该是个常数：

$$\frac{\eta \varepsilon^{1/4}}{\nu^{3/4}} = 常数, \quad \eta = 常数 \times \left(\frac{\nu^3}{\varepsilon}\right)^{1/4} \tag{10.7}$$

在柯尔莫哥洛夫的结果当中取常数为 1，即方程(1.34)。

这是我们遇到的量纲分析问题中的一个简单例子，它简单到不需要寻找函数关系式，便可以得出答案：如果长度尺度 η 只取决于 ε 和 ν，则这些量遵循(10.7)式，因为 ε 和 ν 只能构建出这样一个长度尺度。

第 1 章的圆管-摩擦问题可以很好地证明白金汉 π 定理的作用。圆管湍流流动的管壁平均应力取决于什么参数呢？很显然，圆管直径 D、横截面上的平均速度 $\bar{u}_{ave}$、流体密度 ρ 及运动学黏性系数 ν 是影响因子；另一个因子是管壁的粗糙元特征尺度 h_r，凸起的粗糙元伸入扩散副层当中，从而增加了阻力，所以有(问题 10.19)：

$$\bar{\tau}_{wall} = \bar{\tau}_{wall}(D, \bar{u}_{ave}, \rho, \nu, h_r) \tag{10.8}$$

这里有 $m-1=5$ 个控制参数,有 $n=3$ 个量纲,所以有 $m-n=3$ 个无量纲参量,它们之间存在函数关系。依照惯例把它们取为:

$$f = \frac{2\,\overline{\tau}_{\text{wall}}}{\rho\,\overline{u}_{\text{ave}}^2}, \quad Re = \frac{\overline{u}_{\text{ave}}D}{\nu}, \quad \frac{h_{\text{r}}}{D} \tag{10.9}$$

于是可以把摩擦因子 f 写成:

$$f = f(Re, h_{\text{r}}/D) \tag{10.10}$$

习惯上把 f 看作是 Re 的函数,而 h_{r}/D 是参变量,如图 1.2 所示。

10.2.2　M-O 控制参数

我们所说的莫宁-奥布霍夫相似假设(简称 M-O 相似)基于 Obukhov(1946)及后来 Monin 和 Obukhov(1954)发表的论文。Foken(2006)在发表的回顾性文章中详细讨论了它的发展演变过程。在 M-O 相似假设中,有 5 个参数控制着平坦均匀的陆地下垫面之上的准平稳湍流结构:湍流长度尺度 l,取为离地面距离 z;湍流速度尺度 u,取为摩擦速度 u_*(即平均的运动学地表应力的平方根);平均地表温度通量 Q_0;保守标量成分的平均地表通量 C_0;以及浮力参数 g/θ_0。对于近地层结构,我们指的是风速的平均垂直梯度、位温的平均垂直梯度以及保守标量混合比的垂直梯度,还有一些湍流统计量。

一个隐含的假设是边界层中近地层之上的部分对近地层没有重要影响。于是,取 $l \sim z$ 就与本章附录中所讨论的近地面垂直速度的运动学特征相一致。取摩擦速度 u_* 作为湍流速度尺度是很自然的选择,因为从刚离开地面开始平均切应力基本上完全是由湍流作用来实现的。相类似地,保守标量的平均地表通量除以 u_* 对标量起伏来讲是一个恰当的强度尺度。引入平均地表温度通量是因为它正比于近地层 TKE 的浮力产生率。最后,考虑浮力参数 g/θ_0 是因为它出现在运动方程(8.56)中。

在第 8 章里我们把虚位温定义为 $\tilde{T}_v = \tilde{T}(1+0.61\tilde{q})$,其中 $\tilde{q}$ 是比湿。把瞬时量分解成平均量加扰动量(回到我们之前使用的标记方式),即 $\tilde{T} = T+\theta, \tilde{q} = Q+q$,那么 $\theta_v \cong \theta + 0.61qT$ 就把这些扰动量联系在一起。而虚位温的平均垂直湍流通量是(问题 10.18):

$$\overline{\theta_v w} \cong \overline{\theta w} + 0.61T\,\overline{qw} \tag{10.11}$$

水汽通量的贡献可能非常重要,所以通常情况下 Q_0 取为虚位温的平均地表通量。

下面来讨论一下为什么 M-O 控制参数组里没有考虑其他的因子:

• 没有把边界层厚度 h 考虑进来的原因是想当然地假设它对近地层湍流没有直接影响。然而我们很快就会看到,对流边界层的大涡对近地面水平速度起伏有实质性的贡献;

• 不考虑平均风速的原因是对湍流的描述必须满足伽利略转换(Galilean transformation)之后的不变性(所谓伽利略转换就是以不变的速度移动坐标系),而平均速度不具备伽利略不变性(Galilean invariant);

• 单位质量的湍流柯氏力(量级为 fu)与单位质量的湍流惯性力(量级为 u^2/l,其中 $l \sim z$)相比非常小,即湍流罗斯贝数的倒数 $fz/u \ll 1$,这对 $l \sim h$ 的情况也能满足,因此可以不考虑湍流柯氏力的作用;

• 分子扩散作用被忽略不计,因为近地层中的湍流雷诺数 R_t 太大了。因此 M-O 相似并不适用于耗散区间的结构,耗散区间的湍流结构取决于分子扩散;

• 地表粗糙元的特征长度是所谓的粗糙度 z_0,它没有被考虑进来,因此 M-O 相似的限制条件是 $z \gg z_0$。

10.2.3　M-O 相似的具体形式

5 个 M-O 控制参数加上 1 个未知因变量构成 6 个参数($m=6$),在它们当中出现了 4 个量纲($n=4$):长度、时间、温度,还有 c。因此,有 $m-n=2$ 个独立的无量纲参量,它们之间有函数关系。M-O 相似把因变量取为那个被 z,u_*,$T_*=-Q_0/u_*$ 及 $c_*=-C_0/u_*$ 无量纲化的变量;另一个参数取为 z/L,其中 $L=-u_*^3\theta_0/\kappa g Q_0$ 是莫宁-奥布霍夫长度[①],$\kappa \cong 0.4$ 是冯·卡门常数[②]。于是白金汉 π 定理告诉我们,这个被无量纲化了的因变量只是 z/L 的函数。

不稳定条件下($Q_0>0$)L 为负值,稳定条件下($Q_0<0$)L 为正值,中性条件下($Q_0=0$)L 为无穷大;于是 M-O 独立变量的取值范围是 $-\infty < z/L < \infty$。当 $|z/L|$ 足够小的时候层结为近中性,这种情况出现在靠近地面的地方,并且要满足 $z \ll |L|$。

M-O 相似意味着近地层的平均风速梯度、平均虚位温梯度及平均水汽混合比梯度满足下列关系:

$$\frac{\kappa z}{u_*}\frac{\partial U}{\partial z} = \phi_m\left(\frac{z}{L}\right) \tag{10.12a}$$

$$-\frac{\kappa z u_*}{Q_0}\frac{\partial \Theta}{\partial z} = \frac{\kappa z}{T_*}\frac{\partial \Theta}{\partial z} = \phi_h\left(\frac{z}{L}\right) \tag{10.12b}$$

$$-\frac{\kappa z u_*}{C_0}\frac{\partial C}{\partial z} = \frac{\kappa z}{c_*}\frac{\partial C}{\partial z} = \phi_c\left(\frac{z}{L}\right) \tag{10.12c}$$

式中:ϕ_m、ϕ_h 和 ϕ_c 是 z/L 的函数。这些函数具有普适性,即对于所有局地均匀、准平稳的近地层其函数形式是相同的(ϕ_m、ϕ_h 和 ϕ_c 应该具有各自的函数形式)。在 T_* 和 c_* 定义中的负号是为了使 ϕ_h 和 ϕ_c 为正值,因为 ϕ_m 是正值。

通常人们会假设 $\phi_h=\phi_c$,但是 Warhaft(1976)就曾对此提出质疑,因为标量通量方程(8.71)中的浮力项对于位温和其他保守标量(如水汽)是不一样的。我们在第 11 章中将会对此做更为详细的讨论。

---

① 　Businger 和 Yaglom(1971)及 Foken(2006)指出,莫宁-奥布霍夫长度由 Obukhov(1946)提出,所以将其称为奥布霍夫长度更为合适。

② 　通常认为冯·卡门常数 κ 的量值约为 0.4。在 1968 年堪萨斯试验中测量结果是 0.35。后来 Andreas 等(2006)公布的观测结果是 0.39。

冯·卡门常数 κ 于 20 世纪初被提出,用于标度靠近壁面充满湍流的区域里的摩擦速度:

$$\kappa \equiv \frac{(|\tau_0|/\rho)^{1/2}}{z\partial U/\partial z} = \frac{u_*}{z\partial U/\partial z} \tag{10.13}$$

将 κ 引入平均风速切变的 M-O 函数的定义中(即方程(10.12a)),是为了使其在中性条件下的取值为 1.0,即 $\phi_m(0) = 1.0$。为与之相对应,在 ϕ_h 和 ϕ_c 的定义(即方程(10.12b)和(10.12c))中也引入了 κ。

堪萨斯试验首先实现了对近地层中平均风速廓线和平均温度廓线以及湍流通量的观测。图 10.3 显示了 M-O 函数 ϕ_m 和 ϕ_h 的观测结果。从每幅图中都可以看到数周的观测数据能明显地重叠在一起并分布在宽泛的稳定度区间范围内,显现出良好的一致性。

Hogstrom(1988)指出,在大量的近地层观测试验中观测到的 M-O 函数 ϕ_m 和 ϕ_h 存在很大差异,原因应该归于测量仪器探头对气流的扭曲作用(详见第 16 章)。他给出了在一个排除了这种影响并降低其他观测误差的试验中获得的观测结果,并建议取如下函数形式:

$$
\begin{aligned}
&\text{稳定：} \phi_m = 1.0 + 4.8\frac{z}{L}, \quad \phi_h = 1.0 + 7.8\frac{z}{L} \\
&\text{不稳定：} \phi_m = \left(1 - 19.3\frac{z}{L}\right)^{-1/4}, \quad \phi_h = \left(1 - 12\frac{z}{L}\right)^{-1/2}
\end{aligned}
\tag{10.14}
$$

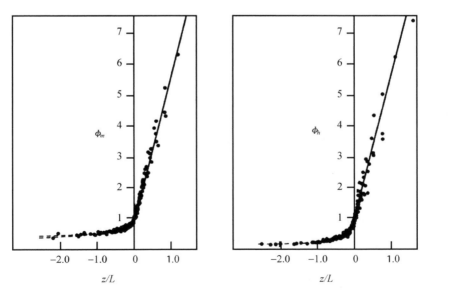

图 10.3　1968 年堪萨斯试验得到的平均速度切变(左图)和平均位温梯度(右图)的 M-O 函数。M-O 函数的定义如方程(10.12)所示。引自 Businger 等（1971）

10.2.4 M-O 相似的实际应用

10.2.4.1 风速和温度廓线

如方程(10.12)所示,M-O 相似能够预报局地均匀、准平稳大气近地层中的平均风速和虚位温的垂直梯度:

$$\frac{\partial U}{\partial z} = \frac{u_*}{\kappa z}\phi_m\left(\frac{z}{L}\right), \quad \frac{\partial \Theta}{\partial z} = \frac{T_*}{\kappa z}\phi_h\left(\frac{z}{L}\right) \tag{10.15}$$

对于稳定条件下的 ϕ_m 和 ϕ_h,人们建议的函数形式是线性的,因而比较容易积分。 比如,按照豪格斯特罗姆(Hogstrom)给出的 ϕ_m 和 ϕ_h 函数形式,可以得出:

$$U(z) = \frac{u_*}{\kappa}\left[\ln\frac{z}{z_0} + 4.8\frac{z}{L}\right], \quad \Theta(z) = \Theta(z_r) + \frac{T_*}{\kappa}\left[\ln\frac{z}{z_r} + 7.8\frac{z}{L}\right] \tag{10.16}$$

式中: z_r 是"地表"空气温度的参考高度。

对于不稳定条件下的 ϕ_m 和 ϕ_h,不同的研究者给出了很多不同的函数形式,这些函数形式很难进行积分计算。基于对 Hogstrom(1988)提供的大样本数据的拟合结果,Wilson(2001)提出了关于 ϕ_m 和 ϕ_h 的如下关系式:

$$\phi_{m,h} = (1 + \gamma |z/L|^{2/3})^{-1/2} \tag{10.17}$$

他同时给出了它们的积分形式,即平均廓线:

$$U(z) = \frac{u_*}{\kappa}\left[\ln\frac{z}{z_0} - 3\ln\left(\frac{1 + \sqrt{1 + \gamma_m |z/L|^{2/3}}}{1 + \sqrt{1 + \gamma_m |z_0/L|^{2/3}}}\right)\right] \tag{10.18}$$

$$\Theta(z) = \Theta(z_r) + \frac{P_t T_*}{\kappa}\left[\ln\frac{z}{z_r} - 3\ln\left(\frac{1 + \sqrt{1 + \gamma_h |z/L|^{2/3}}}{1 + \sqrt{1 + \gamma_h |z_r/L|^{2/3}}}\right)\right] \tag{10.19}$$

并建议将其中的常数取为: $\kappa = 0.4, P_t = 0.95, \gamma_m = 3.6, \gamma_h = 7.9$。

10.2.4.2 其他观测结果得到的一个近地层性质

在中性层结中的观测结果显示:

$$\frac{\sigma_w}{u_*} = \frac{(\overline{w^2})^{1/2}}{u_*}\Bigg|_{z/L=0} \cong 1.2 \tag{10.20}$$

因此,在近中性条件下(即 $|z/L| \ll 1$)可以用 $\sigma_w/1.2$ 来代替 u_*。测量 σ_w 要比测量 $u_* \cong \sqrt{-\overline{uw}}$ 来得容易,因为前者所需的平均时间长度要短很多(见第 2 章)。

10.2.4.3 诊断地表通量

天气和气候模式用 10.2.4.1 节中的那些 M-O 平均廓线来诊断地表通量。 例如,对于地表动量通量 $\tau_0 \equiv \rho_0 u_*^2$,方程(10.16)和(10.18)表明 $U_{ref} \equiv U(z_{ref})$ 取决于 $\tau_0, \rho_0, z_{ref}, z_0$ 和 L。 所以,如果将其写成 $\tau_0 = f(U_{ref}, z_{ref}, z_0, L, \rho_0)$,则依据量纲分析原理可知,有 $m-1=5$ 个控制参数,$n=3$ 个量纲,即 M、L 和 T。

于是 π 定理告诉我们,有 $m-n=3$ 个独立的无量纲量,它们之间存在函数关系。 如果将其选择为 $\tau_0/\rho_0 U_{ref}^2, z_{ref}/z_0$ 和 z_{ref}/L,则可以写出下列函数关系:

$$\frac{\tau_0}{\rho_0\,U_{\text{ref}}^2} \equiv C_{\text{d}} = C_{\text{d}}\,(z_{\text{ref}}/\,z_0\,,z_{\text{ref}}/L) \tag{10.21}$$

这就是地表应力的拖曳定律：$\tau_0 = C_{\text{d}}\rho_0 U_{\text{ref}}^2$，其中 C_{d} 为拖曳系数（drag coefficient）。

按照这样的思路可以推导出关于地表温度通量的地表交换系数 C_h（问题 10.3）。于是，已知地表之上某个高度 z_{ref} 处的 U 和 Θ，平均水汽混合比 Q，还有地表粗糙度 z_0 和针对温度和水汽的相应长度尺度，以及在这些内层高度上的 Θ 和 Q，那么 M-O 相似就可以给出地表的动量通量、热通量和水汽通量。事实上所有大尺度的气象模式都是以这种方式来确定地表通量的。

10.2.4.4 L 的物理意义

在近地层坐标中 TKE 的切变产生率和浮力产生率分别为：

$$切变产生率 = -\overline{uw}\,\frac{\partial U}{\partial z}$$

$$浮力产生率 = \frac{g}{\theta_0}\,\overline{\theta w} \cong \frac{g}{\theta_0}\,Q_0 \tag{10.22}$$

因为浮力产生率与 z 无关，在非常靠近地面的地方切变产生率可以超过浮力产生率很多。如果我们定义一个高度 z_{e}，使得在这个高度上浮力产生率等于中性情况下的切变产生率，即：

$$u_*^2\left(\frac{u_*}{\kappa z_{\text{e}}}\right) = \frac{g}{\theta_0}Q_0 \tag{10.23}$$

则 z_{e} 为：

$$z_{\text{e}} = \frac{u_*^3\,\theta_0}{\kappa g Q_0} = |L| \tag{10.24}$$

所以 $|L|$ 是对浮力在动力学上变得重要的那个高度的一个粗略估计。

10.2.4.5   准平稳、局地均匀

这里我们将第 9 章中介绍的可以忽略非平稳和非均匀影响的通用判据应用在近地层中。例如，可以针对雷诺应力方程（8.70）写出：

$$时间变化 \sim \frac{u^2}{\tau_{\text{u}}} \sim \frac{u_*^2}{\tau_{\text{u}}}, \quad 产生率 \sim \frac{u^3}{l} \sim \frac{u_*^3}{z} \tag{10.25}$$

式中：τ_{u} 是非平稳的时间尺度。如果满足下列要求就可以把时间变化项忽略掉：

$$\frac{u_*^2}{\tau_{\text{u}}} \ll \frac{u_*^3}{z}, \quad 或\frac{z}{u_*\,\tau_{\text{u}}} \ll 1 \tag{10.26}$$

如果 $z = 10\text{ m}$，$u_* = 0.3\text{ m}\cdot\text{s}^{-1}$，且"$\ll$"号意味着 10 倍以上的差别，为使得近地层表现出准平稳性质，这需要 τ_{u} 大于 5 min。这在实际当中是不难满足的。

对于水平非均匀性，雷诺应力方程拥有一个平均平流项：

$$平均平流 \sim U\,\frac{\partial\overline{uw}}{\partial x} \sim U\,\frac{u_*^2}{L_x} \tag{10.27}$$

式中：L_x 是非均匀性的水平尺度。如果要忽略平均平流项，需要满足：

$$U \frac{u_*^2}{L_x} \ll \frac{u_*^3}{z}, \quad \text{或} \frac{L_x}{z} \gg \frac{U}{u_*} \tag{10.28}$$

式中：U/u_* 的取值取决于高度、稳定度和地表粗糙度，但其典型值的范围是 $10\sim$ 30。如果"$\gg$"号意味着 10 倍以上的差别，这表明 L_x 必须比高度的 $100\sim300$ 倍还要大。如果 $z=10$ m，则 L_x 必须大于 $1\sim3$ km。这样均匀的场地是很难找到的。

10.2.4.6　理查森数——另一种稳定度参数

M-O 稳定度参数 z/L 包含了地表通量，但在实际应用中使用的是离地某高度处的通量。首次进行这样的通量观测是在 20 世纪 50 年代，并且进入 70 年代之后，这样的观测主要用于研究。如今，观测费用不那么高了，可靠的测量通量仪器大家也都能买得起。但是对于应力测量，由于时间平均的收敛速度很慢导致的数据分散让人十分沮丧。

本书第 9 章介绍了湍流理查森数，即：

$$Ri_t = \frac{\text{浮力} / \text{质量}}{\text{惯性力} / \text{质量}} \sim \frac{g\theta l}{\theta_0 u^2} \tag{9.6}$$

如果取 $\theta \sim l\partial\Theta/\partial z, u \sim l\partial U/\partial z$，则上式就变成：

$$Ri_t \sim \frac{\dfrac{g}{\theta_0} \dfrac{\partial \Theta}{\partial z}}{\left(\dfrac{\partial U}{\partial z}\right)^2} \equiv Ri \tag{10.29}$$

式中：Ri 被称为梯度理查森数（gradient Richardson number），它是另一种形式的稳定度参数。由此可以把方程（10.29）写成：

$$Ri = \frac{z}{L} \frac{\phi_h}{\phi_m^2} = f(z/L) \tag{10.30}$$

原则上讲（10.30）式可以反过来写成 $z/L = f^{-1}(Ri)$。因此，z/L 或者是 Ri 都可以作为近地层的稳定度参数。

通量理查森数 R_f 是依据湍流动能方程收支关系来定义的，在近地层中 R_f 的定义式是：

$$R_f = \frac{\text{浮力产生率}}{\text{切变产生率}} = \frac{\dfrac{g}{\theta_0}\overline{\theta w}}{\overline{uw}\dfrac{\partial U}{\partial z}} \tag{10.31}$$

如果把涡旋扩散率的定义写成如下形式：

$$K_m = -\frac{\overline{uw}}{\dfrac{\partial U}{\partial z}}, \quad K_h = -\frac{\overline{\theta w}}{\dfrac{\partial \Theta}{\partial z}} \tag{10.32}$$

于是上式满足 $K_h/K_m = \phi_m/\phi_h$。并且可以把两个理查森数联系起来：

$$R_f = \frac{z}{L}\phi_m^{-1} = \frac{K_h}{K_m}Ri \tag{10.33}$$

§10.3　M-O 相似的渐近行为

实验学家们通常通过在不同高度上实施湍流观测来获得 z/L 的一定取值范围（比如，在堪萨斯试验中的观测高度是 5.66 m、11.3 m 和 22.6 m），并且通过在一段时间内观测 u_* 和 Q_0 的变化获得 L 的一定取值范围。在给定时刻，最靠近地面的高度上最接近中性条件，离地越远越偏离中性条件。当近地层变得非常不稳定或非常稳定的时候，有理由认为存在极限状态。

10.3.1　渐近的不稳定状态

在近地层中 TKE 的浮力产生率与高度无关，而切变产生率随高度减小。因此，可以认为超过某个高度之后切变生成的直接作用与浮力产生相比变得不重要了。换个说法，即可以认为机械湍流（由切变产生，用特征量 u_* 来表征）在某个 $-z/L$ 值变得不重要。我们可以从 M-O 控制参数组里删除 u_* 来检验切变生成不重要的含义。

有两种方法可以将 u_* 排除在 M-O 参数之外。第一种方法是只用 4 个参数来重新构建 M-O 相似：g/θ_0，z，Q_0 和 C_0，加上一个未知量 $m=5$ 个参数，有 $n=4$ 个量纲，所以依据白金汉 π 定理可知有 $m-n=1$ 个无量纲量，且它应该是个常数。于是由 4 个控制参数可以构成如下尺度：

$$u_{\mathrm{f}} = \left(\frac{g}{\theta_0} Q_0 z\right)^{1/3}, \quad T_{\mathrm{f}} = \frac{Q_0}{u_{\mathrm{f}}}, \quad c_{\mathrm{f}} = \frac{C_0}{u_{\mathrm{f}}}, \quad z \qquad (10.34)$$

式中：下标 f 的意思是自由对流（free convection），或无平均风速的对流。这样就可以写成：

$$\frac{\sigma_w}{u_{\mathrm{f}}} = \frac{(\overline{w^2})^{1/2}}{u_{\mathrm{f}}} = C_1, \quad \frac{\sigma_\theta}{T_{\mathrm{f}}} = C_2 \qquad (10.35)$$

式中：C_1 和 C_2 是常数。这就是说，在非常不稳定的条件下 $\sigma_w(z)$ 和 $\sigma_\theta(z)$ 趋向于它们在自由对流条件下的行为特征。

用 M-O 术语可以把方程（10.35）重新写成如下形式：

$$\frac{\sigma_w}{u_*} = C_1 \frac{u_{\mathrm{f}}}{u_*} \sim (-z/L)^{1/3}, \quad \frac{\sigma_\theta}{T_*} = C_2 \frac{T_{\mathrm{f}}}{T_*} \sim (-z/L)^{-1/3} \qquad (10.36)$$

如图 10.4 所示，观测结果与这两个方程的预报结果相符合。

第二种方法是推断在 $-z/L$ 值很大的时候其 M-O 相似行为变得与 u_* 无关。例如，对于 σ_w，因为通常将其写成 $\sigma_w = u_* f(z/L)$，当 $-z/L$ 值很大的时候相似函数变成 $1/u_*$，使得 $\sigma_w = f u_*$ 与 u_* 无关，这意味着 $f(z/L) \sim (-z/L)^{1/3}$。类似地，为使 σ_θ 与 u_* 无关，σ_θ/T_* 必须按照 $(-z/L)^{-1/3}$ 变化。

Tennekes（1970）将此称为局地自由对流（local free convection）尺度律。局地各

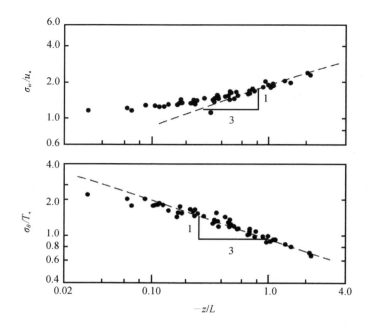

图 10.4 按照 M-O 坐标绘制的堪萨斯试验中不稳定条件下垂直速度
均方根(上图)和温度均方根(下图)的观测结果。虚线是按方程(10.36)预报的非常不稳定
情况下的渐近趋势线。引自 Wyngaard (1973)。

向同性(见本书第三部分)是大波数涡旋的各向同性行为;局地自由对流是在 $-z/L$
值很大的时候像自由对流一样的行为。

虽然 M-O 相似存在一些偏差,但 w 和 θ 的统计量还是很好地符合 M-O 相似,并
且呈现局地自由对流特征。依据图 10.4,偏差出现在 $-z/L$ 值很小的地方;σ_w 的自
由对流行为出现在大约 $-z/L = 2$ 的地方,而温度方差的自由对流行为出现得更早
一些。TKE 收支关系中切变产生项和浮力产生项写成 M-O 形式如下:

$$-\overline{uw}\frac{\partial U}{\partial z} = \frac{u_*^3}{\kappa z}\phi_m, \qquad \frac{g}{\theta_0}\overline{\theta w} = -\frac{u_*^3}{\kappa z}\frac{z}{L} \tag{10.37}$$

ϕ_m 随着不稳定性的增强而单调下降,例如,堪萨斯试验数据(图 10.3)在不稳定一侧
可以用 $\phi_m = (1-15z/L)^{-1/4}$ 拟合得很好,当 $z/L = -2$ 时,σ_w 的局地自由对流行为
出现。按照这个表达式进行计算,结果表明此时浮力产生速率超过切变产生速率差
不多有 5 倍。

10.3.2 渐近的稳定状态

对于速度场中尺度为 r 的涡旋而言(见本书第 2 章),扰动浮力与扰动惯性力之
比就是"涡旋理查森数" $Ri_e(r)$,即:

$$Ri_e(r) = \frac{g\theta r}{\theta_0 [u(r)]^2} = \frac{g\theta r^{1/3}}{\theta_0 \varepsilon^{2/3}} \qquad (10.38)$$

式中：θ 是虚位温起伏的强度尺度。Ri_e 依赖于 $r^{1/3}$，意味着最大涡旋所感受到的浮力作用最大；而小尺度涡旋则主要受惯性力和（最小尺度上）黏性力控制。因此，当 z/L 从零变为正值的时候，最大涡旋最先衰减。在稳定的近地层中浮力消耗的相对重要性随着高度的增加而增加；在某个高度上涡旋尺度变得受限于稳定度。不那么严格地讲，在这个高度上湍流不能"感受"离地高度 z，就像在无层结的近地层中一样。

这种情况提示我们，在非常稳定的条件下，z 不再是 M-O 控制参数，所以就只剩下 g/θ_0，Q_0，C_0 和 u_*。于是在这种极限情况下的特征尺度是：

$$\text{速度：} u_*, \quad \text{温度：} T_*, \quad \text{标量：} c_*, \quad \text{长度：} L \qquad (10.39)$$

无量纲量再次变成常数，比如，这个所谓的"局地无 z 标度"（Wyngaard，1973；本书第 12 章）表明：

$$\frac{\partial U}{\partial z} \sim \frac{u_*}{L}, \quad \frac{\partial \Theta}{\partial z} \sim \frac{T_*}{L} \qquad (10.40)$$

所以 M-O 相似廓线函数是：

$$\phi_m = \frac{\kappa z}{u_*} \frac{\partial U}{\partial z} \sim \frac{z}{L}, \quad \phi_h = \frac{\kappa z}{T_*} \frac{\partial \Theta}{\partial z} \sim \frac{z}{L} \qquad (10.41)$$

这些理论分析结果与观测相符；如图 10.3 所示，堪萨斯试验数据在整个稳定区间内基本上是线性的。

§10.4　偏离 M-O 相似关系

在平均速度为零的对流边界层当中，含能涡旋的速度尺度被认为至少取决于 g/θ_0、Q_0 和边界层高度 z_i 这几个参数。它们可以定义一个自由对流速度尺度 w_*：

$$w_* = \left(\frac{g}{\theta_0} Q_0 z_i \right)^{1/3} \qquad (10.42)$$

取 $Q_0 = 0.2 \text{ m} \cdot \text{K} \cdot \text{s}^{-1}$ 及 $z_i = 1000 \text{ m}$，陆上晴天的典型值是 $w_* \sim 2 \text{ m} \cdot \text{s}^{-1}$。

由 w_* 和 L 的定义我们可以写成 $w_*/u_* = \kappa^{-1/3}(-z_i/L)^{1/3}$。在大气边界层中 $-z_i/L$ 的值可以达到几百，所以出现 $w_* \gg u_*$，这样类似于自由对流的情况并不鲜见。因为 w_* 的定义中包含了 z_i 这个非 M-O 参数，近地层中由这些大尺度涡旋引起的水平阵风不满足 M-O 相似，就像 Panofsky 等（1977）所指出的那样。图 10.5～图 10.7 中的数据与这种情况相一致。但近地层运动学（见本章附录）认为 $\overline{w^2}$ 仅受到大的湍流涡旋的微弱影响，因而非常接近 M-O 相似关系所描述的行为特征，这一点可以从图 10.5 中看到。

Businger（1973）简要地探究了这些大的对流涡旋对近地层结构的影响：

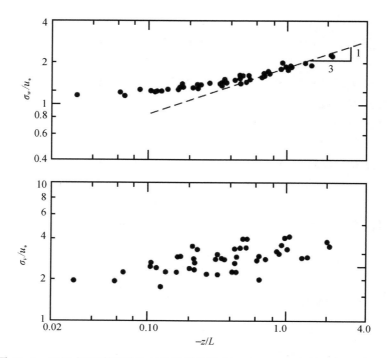

图 10.5　1968 年堪萨斯试验在对流近地层中 5.7 m、11.3 m 和 22.6 m 几个
高度上测量的垂直湍流速度均方根（上图）和水平湍流速度均方根（下图）的 M-O 图。
σ_w 与 M-O 相似关系符合得很好，但σ_v符合得不好。引自 Wyngaard（1988）

考虑……一个很大的均匀区域，其自由对流贯穿整个行星边界层并达到一个高度 h。平均风速 $U=0$，因此$u_*=0$。……现在考虑靠近地面的一层，其经历的时间与大尺度对流相比要短，而比建立起局地风廓线所需的时间要长，这样的情况……让我们相信，对这个区域进行水平平均，存在湍流的平均切变产生项，它与平均风速无关，却与边界层中的对流环流有关。

他后来假设以这种方式产生的局地摩擦速度可以用 $w_* f(h/z_0)$ 来标度，其中 f 是一个关于 h/z_0 的减函数。Zilitinkevich 等（2006）已经对这个问题的细节进行了研究，并证实地表粗糙度是影响近地层结构和自由对流中热量输送的重要参数。可以想象得到，这些作用延伸到弱风、很不稳定的情况，导致 M-O 相似关系失效。

Hill（1989）补充阐述了标量 M-O 相似关系的含义。一个发现是任意两个标量间的相关系数是±1，这不符合物理规律。于是他认为在这里有必要把地表的标量物理学过程考虑进来，从而获得真实的结果。

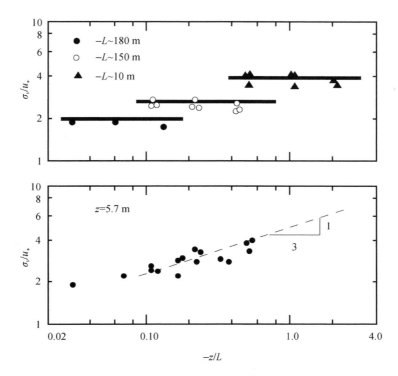

图 10.6　用图 10.5 中的部分 σ_v 数据重新绘制的图。下图:限定在某个

固定高度上(此处是 5.7 m)测量到的局地自由对流情形下的三个不同个例的数据,

这些数据显示出如同图 10.5 中的 σ_w 一样的局地自由对流情形;上图:采用这些个例中三个不同

高度上的数据,这些数据表明 σ_v 只是微弱地依赖于高度 z。如果是这样的话,下图的变化趋势

似乎是由包含在如方程(10.42)所示的 w_* 定义中的边界层厚度引起的。引自 Wyngaard (1988)

10.4.1　协方差的收支

人们对控制湍流动能、温度方差、雷诺应力以及温度通量的方程或收支关系的了解已经有一段时间了,但是 1968 年堪萨斯试验实现了在大气近地层中针对它们的首次全面观测。

10.4.1.1　TKE 的收支

在近地层坐标中,方程(8.70)可以写成如下形式:

$$\overline{uw}\,\frac{\partial U}{\partial z} + \frac{\partial}{\partial z}\,\frac{\overline{u_i u_i w}}{2} = -\frac{1}{\rho_0}\,\frac{\partial}{\partial z}\,\overline{pw} + \frac{g}{\theta_0}\,\overline{\theta w} - \varepsilon \tag{10.43}$$

按顺序,这些项分别是切变产生、湍流输送、气压输送、浮力产生及黏性耗散。

在堪萨斯试验中,对除气压输送项外所有收支项都在 M-O 稳定度范围内进行了测量(Wyngaard 和 Coté, 1971)。一个出人意料的发现是通过气压输送获得 TKE

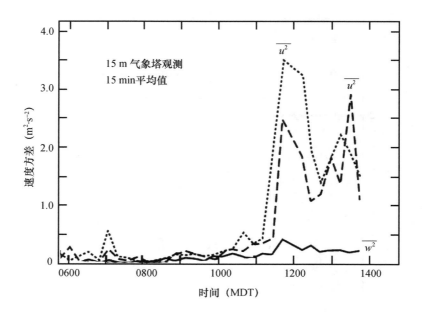

图 10.7　对流近地层风速方差的时间演变情况。刚过当地时间 11:00 边界层
高度 z_i 快速增长；水平风速方差 $\overline{u^2}$ 和 $\overline{v^2}$ 也快速增长，如同采用 w_* 标度所预报的那样。
但是符合 M-O 相似的 $\overline{w^2}$ 却没有快速增长。引自 Banta（1985）

的速率很大，这一项是收支方程中那些能被测量项的余差。直到当时，气压输送项
通常被认为是可以忽略不计的，所以堪萨斯试验的这一发现在微气象界激起了很多
讨论和争论。到了大约 20 世纪 90 年代，在不稳定一侧得到了一致性结果，如图
10.8 所示，总之，它们证实了堪萨斯试验的结果。气压输送引起的较大获取速率大
致与湍流输送引起的损失速率相平衡，所以切变产生与浮力产生之和大致与黏性耗
散相平衡。Bradley 等（1981a）也给出了相同的结果。

　　稳定条件下的 TKE 收支关系给出的是一幅更为平和的图像。人们发现湍流输
送和气压输送都可以忽略不计，所以切变产生项基本上就与浮力消耗和黏性耗散相
平衡。

10.4.2　保守标量方差的收支

　　由方程（8.72）可知，准平稳条件下的位温方差收支关系是：

$$\overline{\theta w}\,\frac{\partial \Theta}{\partial z} + \frac{\partial}{\partial z}\,\frac{\overline{w\theta^2}}{2} = -\chi \tag{10.44}$$

在平均梯度产生、湍流输送和分子耗散之间建立起平衡。对于整个稳定度区间，堪
萨斯试验数据表明平均梯度产生是主要源项，因此在不稳定近地层中这个收支关系
的一阶近似就是局地平衡，即平均梯度产生与分子耗散之间的平衡。Bradley 等

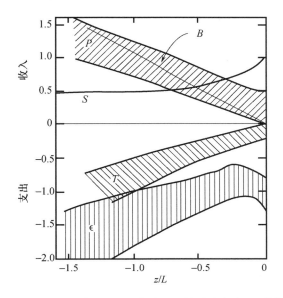

图 10.8　不稳定近地层中的 TKE 收支。B 是浮力产生，P 是气压输送，
S 是切变产生，T 是湍流输送，ϵ 是黏性耗散。这些项都用 kz、u_*
和 Q_0 进行了无量纲化。引自 Wyngaard (1992)

(1981b)的观测证实了这一点。

　　水汽混合比(q)方差的收支关系具有相同的形式，但是浮力产生 $\overline{qw}$ 和 $\overline{\theta w}$ 之间的差别(10.2.3 节)对方差有影响(问题 10.20)，在近地层中被标度的 q 方差要大 2～3 倍，且被标度的分子耗散率大约要大 30％(Katul 和 Hseih，1999)。

10.4.3　切应力的收支

　　由方程(8.70)可知，在准平稳条件下的运动学切应力的主要分量 $\overline{uw}$ 的收支关系是：

$$\overline{w^2}\frac{\partial U}{\partial z}+\frac{\partial}{\partial z}\overline{uww}=-\frac{1}{\rho_0}\left(\overline{w\frac{\partial p}{\partial x}}+\overline{u\frac{\partial p}{\partial z}}\right)+\frac{g}{\theta_0}\overline{\theta u} \tag{10.45}$$

上式已经忽略掉柯氏力项和黏性耗散项。忽略前者是因为这一项在大气边界层中是个小量，忽略后者是依据局地各向同性(见本书第 14 章)。

　　在不稳定近地层中，堪萨斯试验结果(Wyngaard et al.，1971)显示出一种存在于切变产生(主要源项)、浮力产生(次要源项)与气压输送引起的损失之间的三方平衡。基于不稳定近地层富于变化的瞬时特性，人们或许会认为在 $\overline{uw}$ 的收支关系中会有显著的湍流输送，但出人意料的是这一项很小，它只是主导项的 10％ 量级或更少。这提醒我们，局地的、瞬时的结构对于期望值来讲难以提供有效信息，反之亦然。

　　近中性情况下 $\overline{uw}$ 收支的一个很好的近似关系是：

$$\overline{w^2}\frac{\partial U}{\partial z} = \text{气压项引起的损失速率} \tag{10.46}$$

如果把损失项写成 $-\overline{uw}/\tau$，其中 τ 是一个时间尺度。则方程（10.46）就可以变成涡旋扩散率形式：

$$\overline{uw} \sim -\overline{w^2}\tau\frac{\partial U}{\partial z} \tag{10.47}$$

10.4.4 $\overline{w\theta}$ 的收支

由方程（8.71）可知，在准平稳条件下的 $\overline{w\theta}$ 收支关系是：

$$\overline{w^2}\frac{\partial \Theta}{\partial z} + \frac{\partial}{\partial z}\overline{ww\theta} = -\frac{1}{\rho_0}\overline{\theta\frac{\partial p}{\partial z}} + \frac{g}{\theta_0}\overline{\theta^2} \tag{10.48}$$

堪萨斯试验结果（Wyngaard et al.，1971）显示，在近中性条件下浮力项和输送项都可以忽略不计。因此，如同 $\overline{uw}$ 收支一样，在近中性情况下 $\overline{w\theta}$ 收支关系变成平均梯度产生与气压损耗之间的平衡：

$$\overline{w^2}\frac{\partial \Theta}{\partial z} = -\frac{1}{\rho_0}\overline{\theta\frac{\partial p}{\partial z}} \tag{10.49}$$

如果把后面这一项写成 $-\overline{w\theta}/\tau$，其中 τ 是一个时间尺度，则有：

$$\overline{w\theta} = -\overline{w^2}\tau\frac{\partial \Theta}{\partial z} \tag{10.50}$$

这就像前一小节中应力收支关系的情况一样。

虽然 $\overline{uw}$ 收支与 $\overline{w\theta}$ 收支之间具有总体上的相似之处，但相对于 $\overline{w\theta}$ 而言，浮力项显得更重要。这就给我们一个提示，即在不稳定条件下平均梯度与湍流通量之间的耦合对于温度来讲要比动量弱。在本书第 11 章中将会讲述，在对流边界层中较高的高度上保守标量的这种耦合会消失。

10.4.5 $\overline{u\theta}$ 的收支

依据各向同性和 Bradley 等（1982）的观测结果，略去分子耗散项，在准平稳条件下由方程（8.71）可知 $\overline{u\theta}$ 的收支关系是：

$$\overline{uw}\frac{\partial \Theta}{\partial z} + \overline{\theta w}\frac{\partial U}{\partial z} + \frac{\partial}{\partial z}\overline{wu\theta} = -\frac{1}{\rho_0}\overline{\theta\frac{\partial p}{\partial x}} \tag{10.51}$$

堪萨斯试验结果显示在近中性的近地层当中湍流输送是小量，收支关系进一步蜕变成如下形式：

$$\overline{uw}\frac{\partial \Theta}{\partial z} + \overline{\theta w}\frac{\partial U}{\partial z} = -\frac{1}{\rho_0}\overline{\theta\frac{\partial p}{\partial x}} \tag{10.52}$$

这是两个产生率与湍流气压梯度引起的损耗速率之间的平衡。

关于测量湍流气压信号，Bradshaw（1994）写道：

测量湍流流动中的气压起伏是极其困难的一件事：这个量具有 ρu^2 的量级，但是，它们是由速度场引起的静止气压探头上的气压起伏，也就是说，信噪比的量级是

1。尽管 $S/N = O(1)$ 就无法提取信号的说法是个谬误,但在这种情况下想要测量出气压起伏的准确信号的想法还是没有得到广泛的认可。

不过,有迹象表明他们的气压探头能测量到信噪比优于 1 的气压起伏(Wyngaard et al.,1994),Wilczak 和 Bedard(2004)证实在方程(10.51)中的湍流输送项是小量,并且发现由方程(10.52)和(10.51)左边的测量结果推断出来的气压协方差与直接测量值之间符合得非常好。

附录　近地面的长度尺度

由于在地表处 w 消失,因此在靠近地面的地方可以把扰动速度的零散度模型写成下列式子:

$$w(x,y,z,t) = -\int_0^z \left(\frac{\partial u}{\partial x}(x,y,z',t) + \frac{\partial v}{\partial y}(x,y,z',t) \right) dz' \tag{10.53}$$

我们可以用具有随机矢量系数 $\boldsymbol{a}_n = (a_{1n}, a_{2n})$ 的水平波数为 $\boldsymbol{\kappa}_n = (\kappa_{1n}, \kappa_{2n})$ 的傅里叶成分的求和形式来表示时间为 t 的水平面上 $\boldsymbol{x} = (x,y)$ 这一点的扰动水平速度 $\boldsymbol{u} = (u,v)$:

$$\boldsymbol{u}(\boldsymbol{x},z,t;\alpha) = \sum_{n=-N}^N \boldsymbol{a}_n(\boldsymbol{\kappa}_n,z,t,\alpha) e^{i\boldsymbol{\kappa}_n \cdot \boldsymbol{x}} \tag{10.54}$$

式中:α 是样本指数。它使得 $\partial u/\partial x$ 满足下式:

$$\frac{\partial u}{\partial x} = \sum_{n=-N}^N i\,\kappa_{1n}\,a_{1n}\,e^{i\boldsymbol{\kappa}_n \cdot \boldsymbol{x}} \tag{10.55}$$

运用(10.53)~(10.55)式可以把 w 写成:

$$w(\boldsymbol{x},z,t;\alpha) = -\int_0^z \left(\sum_{n=-N}^N i\,(\kappa_{1n}a_{1n} + \kappa_{2n}a_{2n}) dz' \right) e^{i\boldsymbol{\kappa}_n \cdot \boldsymbol{x}}$$

$$= -i \sum_{n=-N}^N \left(\kappa_{1n}\int_0^z a_{1n} dz' + \kappa_{2n}\int_0^z a_{2n} dz' \right) e^{i\boldsymbol{\kappa}_n \cdot \boldsymbol{x}} \tag{10.56}$$

在远大于高度 z 的水平尺度上(即 $\kappa_n z \ll 1$,其中 $\kappa_n = |\boldsymbol{\kappa}_n|$),我们认为傅里叶系数 $\boldsymbol{a}_n$ 随高度只有微弱的变化,因为具有大水平尺度(小 κ)的湍流涡旋应该不会具有小的垂直尺度。因此,对于 $\kappa_n z \ll 1$ 的情况能够把(10.56)式中的积分近似地写成:

$$\int_0^z a_{1n} dz' \cong a_{1n}z, \quad \int_0^z a_{2n} dz' \cong a_{2n}z \tag{10.57}$$

所以方程(10.56)就变成:

$$w(\boldsymbol{x},z,t;\alpha) \cong -iz \sum_{n=-N}^N (\kappa_{1n}a_{1n} + \kappa_{2n}a_{2n}) e^{i\boldsymbol{\kappa}_n \cdot \boldsymbol{x}}$$

$$= -\sum_{n=-N}^N iz\,\boldsymbol{a}_n \cdot \boldsymbol{\kappa}_n\, e^{i\boldsymbol{\kappa}_n \cdot \boldsymbol{x}}, \quad \kappa_n z \ll 1 \tag{10.58}$$

因此, w 的傅里叶系数是 (u,v) 的傅里叶系数点乘 $-iz\boldsymbol{\kappa}_n$。因为任意波数的谱正比于该波数的傅里叶系数的均方值,它满足:

$$w \text{ 谱} \cong (\kappa_n z)^2 \times (u,v) \text{谱}, \quad \kappa_n z \ll 1 \tag{10.59}$$

在远小于 z 的水平尺度上(即 $\kappa_n z \gg 1$),我们认为傅里叶系数 a_n 随高度快速变化,因为这些系数是均值为零的随机变量,它们的 z 积分趋近于零。我们认为在 $\kappa_n z \ll 1$ 与 $\kappa_n z \gg 1$ 两种情形之间的过渡区发生在 $\kappa_n \sim 1/z$ 尺度上,所以在近地层水平面上的速度谱行为应该如图 10.2 中所示,即使 u 和 v 谱的谱峰出现在量级为大气边界层厚度 h 的尺度上(对应于最大对流涡旋的下扫效应),w 谱的谱峰还是会出现在小得多的尺度上——其水平波数的量级为 $1/z$。

运动学切应力 $\overline{uw}$ 的协谱(即在水平面上对 $\overline{uw}$ 贡献的密度是波数的函数,见本书第 15 章)在任意波数上都正比于 u 和 w 的傅里叶系数的量值乘积的平均值(见本书第三部分)。已知这些量值是波数的函数(图 10.2),则会看到这个应力协谱的谱峰一定出现在 w 谱的谱峰位置,即 $\kappa \sim 1/z$。所以近地层中水平运动的大尺度部分,即 $\kappa < 1/z$ 的那部分,对 $\overline{uw}$ 没有什么贡献。这部分运动被称为消极运动。

针对主要概念的提问

10.1 解释"常通量层"概念,为什么将其称为"地面通量层"更恰当?

10.2 讨论如何从平均运动方程推断出如图 10.1 所示的平均速度廓线和应力廓线。

10.3 解释量纲分析的基本思想。

10.4 对于 M-O 相似,在可能的其他控制参数中,你认为哪个最重要?说明理由。

10.5 解释 M-O 相似的一些用途。

10.6 解释 M-O 相似的一些不足或缺陷。

10.7 解释 M-O 相似的两个极限状态,如何简化它们的物理模型,以及简化的理由。

10.8 从物理上解释图 10.7 中水平速度起伏在 11:00 之后的短时间内突然增强,而垂直速度起伏却没有这样的行为。

10.9 解释 TKE 收支关系中气压输送项的物理意义。

10.10 对于三个速度分量的每个分量都有一个拉格朗日积分时间尺度(见本书第 4 章),你认为在近地层中各自的行为特征如何?其中有哪一个是符合 M-O 相似的吗?

10.11 解释准平稳和局地均匀的含义,以及它们如何简化近地层湍流过程的分析。

10.12 从物理上解释为什么想要真实地测量到湍流气压起伏是很困难的。

10.13 用你自己的语言解释近地层 u 和 v 起伏对边界层厚度很敏感,而 w 起伏却不是这样的。

10.14 在不稳定条件下的近地层 $\overline{uw}$ 和 $\overline{w\theta}$ 收支关系中湍流输送相对不重要,除非此处湍流非常强,讨论这种情况的物理意义及隐含的意思。

10.15　解释为什么最大尺度的湍流涡旋对浮力最为敏感。

问　题

10.1　解释为什么图 10.1 中的平均风速廓线和应力廓线与方程(10.1)和(10.2)相一致。

10.2　讨论下列几个量是否满足 M-O 相似：

(a) 耗散率 ε；

(b) 柯尔莫哥洛夫微尺度 η；

(c) 水平速度起伏；

(d) 拖曳系数 C_d。

10.3　推导像方程(10.21)一样但是针对地表温度通量的表达式。

10.4　解释怎样能够用近地层中两个高度上的平均温度差 $\Delta \Theta$ 和平均速度差 ΔU 的测量结果来表示地表温度通量和动量通量。

10.5　在斜压边界层中 M-O 相似能够成立吗？予以讨论。

10.6　观测结果表明温度结构函数 $\overline{[\theta(x) - \theta(x+r)]^2}$ 在 $\eta \ll r \ll z$ 区间里符合 $C_{T^2} r^{2/3}$，C_{T^2} 符合 M-O 相似吗？如果符合，写出它的相似关系。

10.7　在 M-O 假设前提之下，对流边界层和稳定边界层的近地面区域具有相同的统计结构，这在物理上是合理的吗？予以讨论。

10.8　在上面覆盖有更干的逆温层的对流边界层中，边界层顶的夹卷过程产生湿度起伏，这会影响湿度起伏的 M-O 相似吗？予以讨论。

10.9　讨论中性条件下 u、v 和 w 动能方程中的分量间传递项的作用，它们的量级是什么？尝试用示意图解释它们的物理含义。

10.10　解释为什么近地层中 $\overline{u\theta}$ 是非零的，产生它的机制是什么？在自由对流条件下它的行为特征是怎样的？为什么我们通常不在乎它的存在？

10.11　讨论 R_f 和 Ri 的渐近稳定状态的行为特征，这种状态如何被用来确定夜间大气边界层厚度？

10.12　解释在湍流流动的计算中二阶矩收支的作用。

10.13　推导近地层中动量的涡旋扩散率的表达式，讨论它的渐近行为特征。

10.14　辨识并讨论垂直温度通量的浮力产生项，在不稳定条件下它起什么作用？在稳定条件下又如何？

10.15　解释为什么大涡模拟通常在大气近地层中表现不如人意(提示，考虑靠近地面的地方垂直速度场的长度尺度的行为特征)。

10.16　在大气边界层的大涡模拟当中地表通量通常是通过常规的地气交换系数由可分辨(计算出的)场来确定，这合理吗？予以讨论。

10.17 对于系综平均值为 U、方差为 $\overline{u^2}$、积分时间尺度为 τ 的湍流流动,要确定一个时间的平稳函数 $\tilde{u}(t)$ 的时间平均值 $\overline{u}^T$,用量纲分析方法来确定时间 T。你能得到像方程(2.36)一样的答案吗?请解释。

10.18 证明方程(10.11)基于很好的近似关系。

10.19 对于 10.2.1 节中谈及的圆管流,为什么管长 L 不是个控制参数?

10.20 讨论 $\overline{qw}$ 和 $\overline{\theta w}$ 的浮力产生项有什么差别,以及这种差别会如何影响它们的收支关系。

10.21 为什么在方程(10.38)中没有使用 $\theta(r)$?

参考文献

Andreas E L,Claffey K J,Jordan R E,et al,2006. Evaluations of the von Kármán constant in the atmospheric surface layer[J]. J Fluid Mech,559:117-149.

Banta R,1985. Late-morning jump in TKE in the mixed layer over a mountain basin[J]. J Atmos Sci,42:407-411.

Bradley E F,Antonia R A,Chambers A J,1981a. Turbulence Reynolds number and the turbulent kinetic energy balance in the atmospheric surface layer[J]. Bound-Layer Meteor,20:183-197.

Bradley E F,Antonia R A,Chambers A J,1981b. Temperature structure in the atmospheric surface layer[J]. Bound-Layer Meteor,20:275-292.

Bradley E F,Antonia R A,Chambers A J,1982. Streamwise heat flux budget in the atmospheric surface layer[J]. Bound-Layer Meteor,23:3-15.

Bradshaw P,1967. "Inactive" motion and pressure fluctuations in turbulent boundary layers[J]. J Fluid Mech,30:241-258.

Bradshaw P,1994. Turbulence:The chief outstanding difficulty of our subject[J]. Experiments in Fluids,16:203-216.

Businger J A,1973. A note on free convection[J]. Bound-Layer Meteor,4:323-326.

Businger J A,Yaglom,A M,1971. Introduction to Obukhov's paper "Turbulence in an Atmosphere with a Non-uniform Temperature" [J]. Bound-Layer Meteor,2:3-6.

Businger J A,Wyngaard J C,Izumi Y,et al,1971. Flux-profile relationships in the atmospheric surface layer[J]. J Atmos Sci,28:181-189.

Foken T,2006. 50 years of Monin-Obukhov similarity theory[J]. Bound-Layer Meteor,119:431-447.

Grachev A A,Fairall C W,Hare J E,et al,2003. Wind stress vector over ocean waves[J]. J Phys Ocean,33:2408-2429.

Hill R J,1989. Implications of Monin-Obukhov similarity theory for scalar quantities[J]. J Atmos Sci,46:2236-2244.

Hogstrom U,1988. Non-dimensional wind and temperature profiles in the atmospheric surface layer[J]. Bound-Layer Meteor,42:263-270.

Horst T W,1999. The footprint for estimation of atmosphere-surface exchange fluxes by profile techniques[J]. Bound-Layer Meteor, 90:171-188.

Katul G G, Hseih C I, 1999. A note on the flux-variance similarity relationships for heat and water vapour in the unstable atmospheric surface layer[J]. Bound-Layer Meteor, 90:327-338.

Kolmogorov A N, 1941. The local structure of turbulence in incompressible viscous fluid for very large Reynolds numbers[J]. Doklady ANSSSR, 30:301-305.

Monin A S, Obukhov A M, 1954. Osnovnye zakonomernosti turbulentnogo peremeshivanija v prizemnom sloe atmosfery (Basic laws of turbulent mixing in the atmosphere near the ground) [J]. Trudy geofiz inst ANSSSR, 24(151):163-187.

Obukhov A M, 1946. "Turbulentnost" v temperaturnoj - neodnorodnoj atmosphere (Turbulence in an atmosphere with a non-uniform temperature) [J]. Trudy Inst Theor Geofiz ANSSSR, 1: 95-115.

Panofsky H A, Tennekes H, Lenschow D H, et al, 1977. The characteristics of turbulent velocity components in the surface layer under convective conditions[J]. Bound-Layer Meteor, 11: 355-361.

Tennekes H, 1970. Free convection in the turbulent Ekman layer of the atmosphere[J]. J Atmos Sci, 27:1027-1034.

Warhaft Z, 1976. Heat and moisture flux in the stratified boundary layer[J]. Quart J R Meteor Soc, 102:703-707.

Wilczak J M, Bedard A, 2004. A new turbulence microbarometer and its evaluation using the budget of horizontal heat flux[J]. J Atmos Ocean Tech, 21:1170-1181.

Wilson K, 2001. An alternative function for the wind and temperature gradients in unstable surface layers[J]. Bound-Layer Meteor, 99:151-158.

Wyngaard J C, 1973. On surface-layer turbulence[C]//Workshop on Micrometeorology, D A Haugen, Eds, American Meteorological Society, pp101-149.

Wyngaard J C, 1988. Structure of the PBL[C]//Lectures on Air-Pollution Modeling, A Venkatram and J C Wyngaard, Eds, American Meteorological Society, pp9-61.

Wyngaard J C, 1992. Atmospheric turbulence[J]. Ann Rev Fluid Mech, 24:205-233.

Wyngaard J C, CotéO R, 1971. The budgets of turbulent kinetic energy and temperature variance in the atmospheric surface layer[J]. J Atmos Sci, 28:190-201.

Wyngaard J C, CotéO R, Izumi Y, 1971. Local free convection, similarity, and the budgets of shear stress and heat flux[J]. J Atmos Sci, 28:1171-1182.

Wyngaard J C, Siegel A, Wilczak J, 1994. On the response of a turbulent-pressure probe and the measurement of pressure transport[J]. Bound-Layer Meteorol, 69:379-396.

Zilitinkevich S S, Hunt J C R, Esau L N, et al, 2006. The influence of large convective eddies on the surface-layer turbulence[J]. Quart J R Meteor Soc, 132:1423-1456.

第 11 章　对流边界层

§11.1　引言

图 11.1 显示了对流边界层的平均结构。近地层（最下方占边界层 10％的那部分）是最容易实施观测的地方，因而人们对它的认识最为充分。近地层之上是混合层（在英文中是 mixed layer 而不是 mixing layer，前者的意思是"被混合的一层"，而后者的意思是"不同速度的平行流动之间的湍流切变层"[①]），此处的湍流扩散率是最大的，而风速和保守标量的平均梯度却是最小的。混合层与自由大气之间是界面层（也就是通常所说的夹卷层），其顶部的平均高度 h_2 可被看作是受地面驱动的对流气块（热泡）能够达到的最大高度，其底部所在高度 h_1 被看作是无湍流的自由大气向下穿越能够达到的最深位置。平均的对流边界层厚度 z_i 位于 h_1 和 h_2 之间，通常把它定义在虚位温的垂直湍流通量达到负的最大值的高度上。

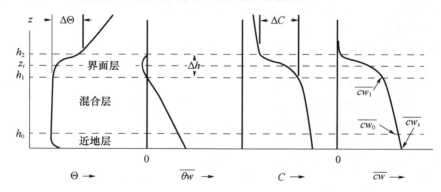

图 11.1　对流边界层中平均量及其垂直通量廓线的示意图，包括分层、相应高度及相关参数。左图：虚位温及其垂直通量；右图：保守标量及其垂直通量。引自 Deardorff (1979)

§11.2　混合层：速度场

11.2.1　混合层相似

对于准平稳的混合层而言，其控制参数至少应该包括 M-O 参数组的 u_*, z,

[①]　Tennekes(1974)认为从语义学的准确性来讲应该用 mixed layer 而不是 mixing layer。

g/θ_0，Q_0（虚位温的地表通量）和 $\overline{cw}_s$（保守标量的地表通量），再加上边界层厚度 z_i。量纲分析（见本书第 10 章）告诉我们，有 $m-1=6$ 个控制参数，及 $n=4$ 个量纲。所以有 $m-n=3$ 个独立的无量纲参量，一个是无量纲的因变量，习惯上把另外两个取为 z/z_i 和 z_i/L，最后一个是针对整个对流边界层的稳定度参数。

依据 M-O 长度 L 的定义，对流速度尺度 w_* 的方程（10.42）可以进一步写成：

$$w_* = \left(\frac{g}{\theta_0}Q_0 z_i\right)^{1/3} \cong 0.7u_*\left(-\frac{z_i}{L}\right)^{1/3} \tag{11.1}$$

所以当边界层稳定度参数 $-z_i/L$ 非常大的时候 w_* 要比摩擦速度 u_* 大很多。于是 Deardorff(1970) 认为当 $-z_i/L$ 为大值的时候边界层呈现出类似于自由对流的状态。观测和数值模拟表明，当 $-z_i/L$ 超过 5～10 的时候这种状态就出现了。

这个渐近状态被称为混合层相似。此时 $m-1=5$（不考虑 u_*，因为它不重要了），$n=4$，所以只有两个无量纲参量。速度尺度是 w_*，长度尺度是 z 和 z_i，保守标量的强度尺度是 $c_*=\overline{cw}_s/w_*$；被这些尺度无量纲化后的边界层变量应该是 z/z_i 的函数。如图 11.2 所示，它应用于速度统计量很成功，但是它对于标量统计量并不适用，因为它忽略了夹卷过程在混合层顶形成的标量通量。Deardorff(1974) 指出，这个通量是引起混合层上部标量起伏的另一个源。

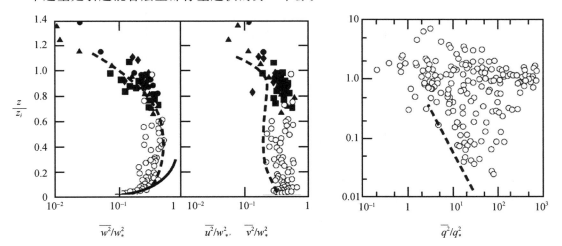

图 11.2　左图：对流边界层中的水平速度方差和垂直速度方差，虚线是对流槽实验结果；实线是堪萨斯试验的近地层观测数据的渐近状态曲线；空心圆是明尼苏达观测数据；实心标记是英格兰阿什彻奇(Ashchurch)的观测数据；引自 Caughey (1982)。右图：当对流边界层顶夹卷过程是主要源时混合层相似对水汽起伏的描述失效，虚线是在如图 10.4 所示的非常不稳定的近地层中观测到的保守标量的行为曲线，引自 Wyngaard (1988)

现在人们已经知道，混合层相似在其他方面也不一定正确，例如，侧向和顺流方向的积分尺度（见本书第三部分）在自由对流时是相等的，但平均风速的出现可以使它们产生两倍以上的差别。如同下面将要讨论的,看来还有其他作用(比如,水平平均气压梯度的垂直变化(斜压性)以及随 z 有变化的平均动量的水平平流)也会影响到对流边界层的结构。

11.2.2 TKE 收支

由方程(8.70)可得水平均匀边界层的 TKE 收支方程(问题 11.20):

$$\frac{1}{2}\frac{\partial \overline{u_i u_i}}{\partial t} = -\left(\overline{uw}\frac{\partial U}{\partial z} + \overline{vw}\frac{\partial V}{\partial z}\right) - \frac{\partial}{\partial z}\frac{\overline{u_i u_i w}}{2} - \frac{1}{\rho_0}\frac{\partial}{\partial z}\overline{pw} + \frac{g}{\theta_0}\overline{\theta w} - \varepsilon \quad (11.2)$$

上式等号右边依次是切变产生(S)、湍流输送(T)、气压输送(P)、浮力产生(B),以及黏性耗散。

图 11.3 显示了准平稳混合层中由铁塔观测、气球观测和飞机观测得到的 TKE 收支关系,其中各项已经被混合层相似参数组 $w_*^3/z_i = gQ_0/\theta_0$ 无量纲化,这样的无量纲化使得地面的浮力产生项的值为 1.0。气压输送项(它不能被直接观测到,而是通过计算方程中其他项的余差得到)在不稳定近地层是 TKE 的收入项,这在图 10.8 中也能看到。湍流输送项在近地层中也会起到重要作用。

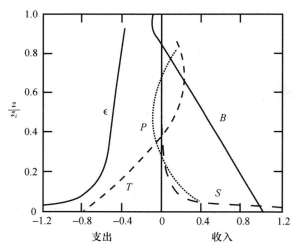

图 11.3 Lenschow 等(1980)从一系列观测结果中
归纳总结出的被(w_* 和 z_i)无量纲化以后的 TKE 收支关系(ε 是黏性耗散率,
T 是湍流输送,P 是气压输送,S 是切变产生,B 是浮力产生)

11.2.3 平均动量平衡

平稳、水平均匀的平均水平动量平衡关系如下:

$$\frac{\partial \overline{uw}}{\partial z} = -\frac{1}{\rho_0}\frac{\partial P}{\partial x} + fV, \qquad \frac{\partial \overline{vw}}{\partial z} = -\frac{1}{\rho_0}\frac{\partial P}{\partial y} - fU \quad (11.3)$$

如果水平速度尺度是 $\hat{U}$，湍流速度尺度和长度尺度分别是 u 和 l，则方程(11.3)中摩擦力项与柯氏力项的比值是罗斯贝数 $u^2/f\hat{U}l$。在典型的大气边界层中 $u = 1\ \mathrm{m \cdot s^{-1}}$，$f = 10^{-4}\ \mathrm{s^{-1}}$，$\hat{U} = 10\ \mathrm{m \cdot s^{-1}}$，$l = 10^3\ \mathrm{m}$，那么罗斯贝数大约为 1，所以柯氏力项通常是重要的。但是在工程流动中 l 更小，这使得相应的罗斯贝数要大很多，于是柯氏力项可以忽略不计。

在等密度的工程边界层中的气压场，特别是平均气压梯度，是通过泊松方程与速度场耦合在一起的(问题 11.15)。但是在大气边界层中平均气压梯度是由流体静力学决定的(见本书第 9 章)。于是如果通过对 z 求导并用方程(9.29)和(9.30)来表示水平平均气压梯度的 z 导数，则可以把方程(11.3)转化成如下形式：

$$\frac{\partial^2\,\overline{uw}}{\partial z^2} = -\frac{g}{T_0}\frac{\partial T}{\partial x} + f\frac{\partial V}{\partial z},\qquad \frac{\partial^2\,\overline{vw}}{\partial z^2} = -\frac{g}{T_0}\frac{\partial T}{\partial y} - f\frac{\partial U}{\partial z} \tag{11.4}$$

由此可知，方程(11.4)意味着在适中的水平温度梯度条件下大气边界层中的应力廓线呈现出明显的曲线形状。

11.2.3.1　正压情形

对于在水平方向上温度一致的情形，经由 u_* 和 z_i 无量纲化后的平均应力收支方程(11.4)变成：

$$\frac{\partial^2\,(\overline{uw}/u_*^2)}{\partial(z/z_i)^2} = \left(\frac{fz_i}{u_*}\right)\frac{z_i}{u_*}\frac{\partial V}{\partial z},\qquad \frac{\partial^2\,(\overline{vw}/u_*^2)}{\partial(z/z_i)^2} = -\left(\frac{fz_i}{u_*}\right)\frac{z_i}{u_*}\frac{\partial U}{\partial z} \tag{11.5}$$

无量纲数 fz_i/u_* 的典型值大约为 1 或更小(取 $f = 10^{-4}\ \mathrm{s^{-1}}$，$z_i = 1000\ \mathrm{m}$，$u_* = 0.3\ \mathrm{m \cdot s^{-1}}$，其值为 1/3)。当对流条件增强的时候(即 $-z_i/L$ 增大)可认为平均风速切变应该减小，因此由方程(11.5)推断应力廓线的弯曲度也是减小的。图 11.4 和图 11.5 中 Deardorff(1972a)的大涡模拟结果很好地展现了这种变化趋向。

图 11.6 展示了正压对流边界层中应力和平均风速廓线的理想化模型。我们可以运用近地层坐标并把动量方程(11.3)写成如下形式来推断它的垂直结构：

$$\frac{\partial\,\overline{uw}}{\partial z} = f(V - V_g),\qquad \frac{\partial\,\overline{vw}}{\partial z} = f(U_g - U) \tag{11.6}$$

从地面开始 U 随高度 z 增加而 V 为零，在混合层中 U 随高度几乎不变而 V 依然为零。因为 $\overline{uw}$ 线性减小到边界层顶位置其值为零，所以它的梯度不随高度变化，其值为 u_*^2/z_i。于是方程(11.6)中的 U 分量方程是：

$$\frac{u_*^2}{z_i} = -fV_g,\qquad 即\ V_g = -\frac{u_*^2}{fz_i} \tag{11.7}$$

在混合层中 $\partial V/\partial z \cong 0$，所以 $\overline{vw} \cong 0$。由方程(11.6)的第二个式子可知 $U \cong U_g$。

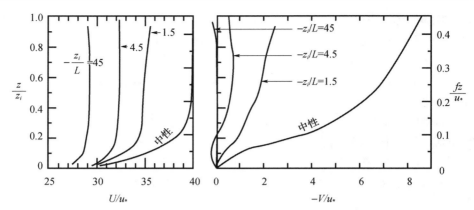

图 11.4　Deardorff(1972a)大涡模拟得到的北纬 45°大气边界层中平均风速廓线。
近地层之上的平均风速切变随 $-z_i/L$ 增加而显著减小。中性曲线靠近右侧纵坐标轴，
不稳定曲线靠近左侧纵坐标轴

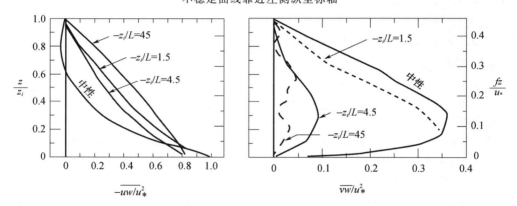

图 11.5　蒂尔多夫(Deardorff，1972a)大涡模拟得到的大气边界层中顺流方向湍流应力(左)和
侧向湍流应力(右)廓线。它们的弯曲程度在中性条件下非常明显，但当不稳定程度达到 $-z_i/L = 45$
时其弯曲程度几乎减小到零。右图中的中性曲线靠近右侧纵坐标轴，不稳定曲线靠近左侧纵坐标轴。

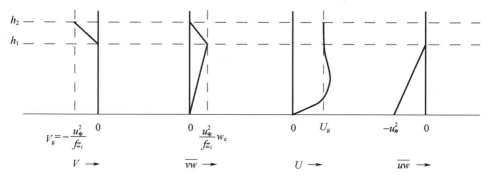

图 11.6　正压对流边界层中平均速度和应力的理想化廓线。w_e 是
11.4.2 节中要讲的夹卷速度；x 和 U 是沿着近地层平均风速的方向

$V \to V_{\mathrm{g}}$ 的调整适应过程发生在界面层中，如图 11.6 所示。如果风向偏转角是 α，则 $\tan\alpha = V_{\mathrm{g}}/U_{\mathrm{g}} \cong -u_*^2/fUz_i$，它通常具有的量级是 u_*/U，值很小，于是 $\tan\alpha \cong \alpha \cong -u_*^2/fUz_i$。所以，风向偏转角可能只有几度，比中性边界层中的典型值小很多。最后，如同 11.4.1 节中将要讨论的，出现跨越逆温层的平均速度跳跃 ΔV 时，速率为 w_{e} 的夹卷过程在逆温层底部产生一个侧向的应力 $-w_{\mathrm{e}}\Delta V \cong w_{\mathrm{e}}\alpha U \cong w_{\mathrm{e}}u_*^2/fz_i$，如图 11.6 所示。

11.2.3.2　斜压情形

图 11.6 中所展示的平均风速和应力廓线并不是对流边界层中通常观测到的情形，因为经常出现的水平温度梯度会使它变成斜压边界层。方程（11.4）表明斜压性在平稳条件下与具有平均风速切变的柯氏力和具有弯曲廓线形状的应力相平衡。一个很自然的问题就是湍流混合是否能够使得平均风速切变最小化，并使斜压性与应力之间建立起平衡。图 11.7 显示的是陆地上对流边界层在非常不稳定（$-z_i/L = 250$）时平均风向发生了 $180°$ 变化，表明这个想法不成立。

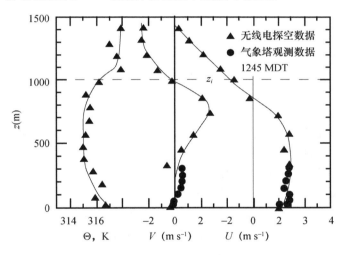

图 11.7　博尔德（Boulder）大气观测站观测到的 $-z_i/L \sim 250$ 时的平均风速廓线。尽管处于非常不稳定条件之下，平均风向从地面到覆盖逆温层底部还是变化了 $180°$。引自 Wyngaard（1985）

图 11.8 显示了 AMTEX 试验冬季冷空气爆发期间中国东海上观测到的平均风速廓线、地转风廓线和应力廓线。为了理解它们，我们把平均风速切变的平衡方程（11.4）写成如下形式：

$$\frac{\partial^2 \overline{uw}}{\partial z^2} = f\left(\frac{\partial V}{\partial z} - \frac{\partial V_{\mathrm{g}}}{\partial z}\right), \quad \frac{\partial^2 \overline{vw}}{\partial z^2} = f\left(\frac{\partial U_{\mathrm{g}}}{\partial z} - \frac{\partial U}{\partial z}\right) \tag{11.8}$$

如图 11.8 所示的 AMTEX 弯曲应力廓线表明，方程（11.8）的左侧是负值；方程右侧也是负值，至少混合层下部肯定是这样的。但是就像通常的情况一样，观测数据无法对方程(11.8)进行定量检验。

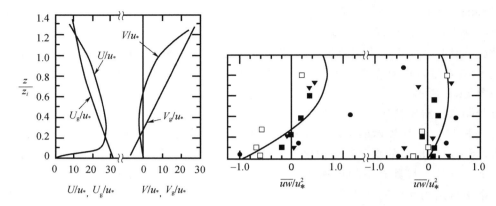

图 11.8　AMTEX 试验观测到的斜压对流边界层平均廓线。
左图：平均风速和地转风,引自 Garratt 等 (1982)；
右图：运动学湍流应力,引自 Lenschow 等(1980)

在平稳的斜压混合层中最简单的平均动量平衡关系是方程(11.3)(它的平均切变平衡关系是方程(11.8)),它们都很容易被水平平流或非平稳性破坏。如果对流边界层中应力散度达到 $u_*^2/z_i \cong 10^{-4}$ m·s^{-2} 量级,那么在 100 km 水平距离上 10 m·s^{-1} 的平均风速出现 1 m·s^{-1} 的变化和平均风速每小时变化 0.4 m·s^{-1} 都能使得应力散度达到那个量级。同样地,平均切变方程(11.8)也很容易被水平平流或非平稳性破坏。Lemone 等(1999)观测到的一些斜压边界层显示出很明显的平均速度切变,他们认为这是由平均水平动量平衡方程中出现大的时间变化项而引起的(问题 11.19)。

11.2.3.3　对涡旋扩散率模型的直接检验

最简单的湍流闭合方案假设运动学湍流偏应力,即运动学湍流应力 $\overline{uw}$ 与它的各向同性形式 $\overline{u_k u_k}\,\delta_{ij}/3 = 2e\delta_{ij}/3$ 的差(见本书第 14 章),正比于应变率张量：

$$-\left(\overline{u_i u_j} - \frac{2}{3}\,\delta_{ij}e\right) = K_m\left(\frac{\partial U_i}{\partial x_j} + \frac{\partial U_j}{\partial x_i}\right) \tag{11.9}$$

式中：$e = \overline{u_i u_i}/2$。比例因子,即涡旋扩散率[①],用一个下标 m 代表动量,以示与保守标量涡旋扩散率的区别。在水平均匀的大气边界层中方程(11.9)右边的对角线项消失,所以这个模式使得 $\overline{u_i u_j}$ 的对角线项等于 $2e/3$；这种情况是通常观测不到的。

对于水平均匀、准平稳大气边界层中的非对角线项,方程(11.9)意味着：

$$\overline{uw} = -K_m\frac{\partial U}{\partial z}, \quad \overline{vw} = -K_m\frac{\partial V}{\partial z} \tag{11.10}$$

---

① 湍流理论学家总是批评这种把湍流通量表示成 $-K$ 乘以平均梯度的表示方式,但是据说约翰·霍普金斯大学的科瓦茨涅(Les Kovasznay)则说如此来定义涡旋扩散率是他的个人权利。我们在此讨论的是它的含义。

在近地层中方程(11.10)代表的是通过测量 $\partial U/\partial z$ 和 u_*^2 来确定 $K_m(z)$ 的一种方法：

$$K_m(z) = -\frac{\overline{uw}}{\partial U/\partial z} \simeq \frac{\tau_0/\rho_0}{\partial U/\partial z} = \frac{u_*^2}{\partial U/\partial z} \tag{11.11}$$

$\partial U/\partial z$ 在近地层中的情况已被人们熟知，并可被莫宁-奥布霍夫相似函数 ϕ_m（见本书第 10 章）描述。例如，Wilson(2001)的 ϕ_m 函数(10.17)式具有自由对流的极限形式，在此情况下 K_m 可表示成：

$$K_m \sim u_f z \sim \left(\frac{g}{\theta_0}Q_0\right)^{1/3} z^{4/3} \tag{11.12}$$

由方程(11.10)定义的 K_m 在近地层之上的情况至今难以从文献中找到记载，或许部分原因在于其结果会表现出固有的数据发散性。为说明这一点，考虑边界层中部的运动学应力 $\overline{uw}$ 具有的量级是 $-u_*^2$，所以如果 $K_m \sim 0.05 w_* z_i$（下面很快会讲到这是个合理的估计）则平均风速切变是：

$$\frac{\partial U}{\partial z} = \frac{-\overline{uw}}{K_m} \simeq \frac{u_*^2}{0.05 w_* z_i} \tag{11.13}$$

对于 $z_i = 1500$ m，$u_* = 0.3$ m·s^{-1}，$w_* = 2$ m·s^{-1} 这些陆地上晴天对流边界层的典型值，可以得出 $\partial U/\partial z \simeq 6 \times 10^{-4}$ s^{-1}，即在 1000 m 的高度范围内风速差是 0.6 m·s^{-1}。由于有限的时间平均导致的平均速度差的不确定性是用速度起伏的均方根来度量的（见本书第 2 章），这个量级是 w_* 的量级，所以它在这里是 1000 m 的高度范围内风速差的 3 倍。相类似地，时间平均应力的误差是用 w_*^2 来度量的，在这里它比平均应力大两个量级。因此，要在混合层中采用传统测量方法并依据方程(11.10)作为 K_m 的定义来确定其可信的量值几乎是不可能的，因为这需要无法企及的平均时间长度。

11.2.3.4　由应力收支关系得到的推论

雷诺应力收支方程(8.70)提供了诊断 K_m 行为的另一种途径。正如在第 9 章中所讨论的，大气边界层中柯氏力项通常是小量，于是在平稳、水平均匀条件下这些应力的收支关系就变成切变产生(S)、湍流输送(T)、浮力产生(B)及气压协方差(P)这几项之间的平衡：

$$\frac{\partial}{\partial t}\overline{uw} = 0 = -\overline{w^2}\frac{\partial U}{\partial z} - \frac{\partial}{\partial z}\overline{uww} + \frac{g}{\theta_0}\overline{\theta u} - \frac{1}{\rho_0}\left(\overline{w\frac{\partial p}{\partial x}} + \overline{u\frac{\partial p}{\partial z}}\right) \tag{11.14}$$

$$\frac{\partial}{\partial t}\overline{vw} = 0 = -\overline{w^2}\frac{\partial V}{\partial z} - \frac{\partial}{\partial z}\overline{vww} + \frac{g}{\theta_0}\overline{\theta v} - \frac{1}{\rho_0}\left(\overline{w\frac{\partial p}{\partial y}} + \overline{v\frac{\partial p}{\partial z}}\right) \tag{11.15}$$

我们继续把 x 轴取在近地层平均风速的方向上。Wyngaard(1984)发现在明尼苏达试验(Kaimal et al., 1976)中侧向平均风切变足够大从而使得 $\overline{vw}$ 收支关系能被分辨出来的情况有两次，而在 AMTEX 试验(Lenschow et al., 1980)中四次观测得到了 $\overline{uw}$ 收支关系。用这些观测数据可以直接计算出 S、T 和 B 这几项，计算方程(11.14)和(11.15)的余差可以得到 P。图 11.9 显示了观测结果，表明在每个收支

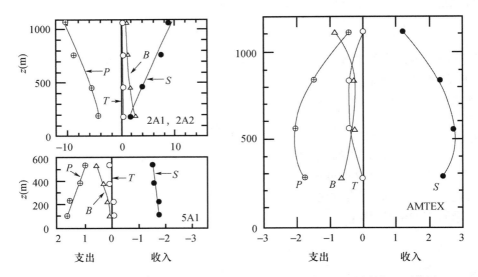

图 11.9　运动学应力收支方程(11.14)和(11.15)在对流边界层中的观测结果。

S 是切变产生项，T 是湍流输送项，B 是浮力产生项，P 是气压损耗项，单位是 10^{-3} m² · s⁻³；

左图：明尼苏达试验观测到的 $\overline{vw}$ 收支关系；右图：AMTEX 试验观测到的 $\overline{uw}$ 收支关系；

引自 Wyngaard (1984)

关系中主要的源项是切变产生项，而主要的汇项是气压协方差项[①]。

我们可以定义气压协方差项的罗塔时间尺度（Rotta, 1951），使其在两个应力分量中具有不同的值：

$$-\frac{1}{\rho_0}\left(\overline{w\frac{\partial p}{\partial x}} + \overline{u\frac{\partial p}{\partial z}}\right) = -\frac{\overline{uw}}{\tau^s}, \quad -\frac{1}{\rho_0}\left(\overline{w\frac{\partial p}{\partial y}} + \overline{v\frac{\partial p}{\partial z}}\right) = -\frac{\overline{vw}}{\tau^l} \quad (11.16)$$

图 11.10 的左图显示，由图 11.9 中观测到的应力收支关系确定的 τ^s 和 τ^l 在量值上没有很明显的差别，所以可以简单地将其写成 τ。于是应力收支方程(11.14)和(11.15)可以被写成涡旋扩散率的形式：

$$\overline{uw} \cong -\overline{w^2}\tau\left(1 + \frac{T+B}{S}\right)_{\overline{uw}}\frac{\partial U}{\partial z} = -K_m^s\frac{\partial U}{\partial z} \quad (11.17)$$

$$\overline{vw} \cong -\overline{w^2}\tau\left(1 + \frac{T+B}{S}\right)_{\overline{vw}}\frac{\partial V}{\partial z} = -K_m^l\frac{\partial V}{\partial z} \quad (11.18)$$

图 11.2 和图 11.10 表明在对流边界层中部可能满足 $\overline{w^2}\tau \cong 0.05 w_* z_i$ 。

---

①　方程(11.14)和(11.15)右边的收入项决定了应力的符号，例如，在 2A1 和 2A2 这样的情况下图 11.9 显示 $\overline{vw}$ 是正值，所以收入项是正值。但是在 5A1 这种情况下 $\overline{vw}$ 是负值，所以收入项也是负值。

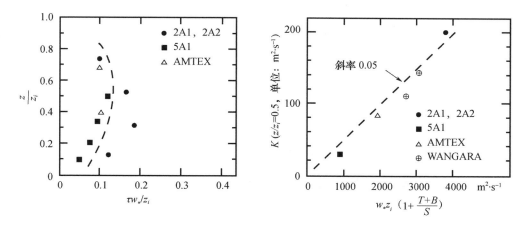

图 11.10　左图:依据应力收支关系中气压损耗项的模型(11.16)式从观测
数据估算出的时间尺度 τ^s 和 τ^l;右图:观测得到的对流边界层中部的
涡旋扩散率(纵坐标)及由方程(11.17)和(11.18)计算的结果。引自 Wyngaard (1984)

图 11.10 的右图给出了明尼苏达试验和 AMTEX 试验中依据方程(11.17)和
(11.18),即把它们当作 $w_* z_i[1+(T+B)/S]$ 的函数,计算出来的 $z \cong 0.5z_i$ 高度
的 K_m^s 和 K_m^l。Deardorff(1974)针对旺格拉(Wangara)试验第 33 天的对流边界层实
施了大涡模拟[①],图中还包括了从第 14 h 和 15 h 的模拟结果估算出的边界层中部的
K_m^s 和 K_m^l。图中结果显示 K_m^s 和 K_m^l 之间没有明显的差别,并且这些结果告诉我们
在对流边界层中部可能存在 $K_m \cong 0.05w_* z_i$ 的关系。比例因子 $1+(T+B)/S$ 在
对流边界层中部的变化范围是 0.6～1.25,这个取值范围给出了 K_m 在这个高度的
变化范围。

正如在第 10 章 10.2.4.5 节中所讨论的,如果把 $\overline{uw}$ 收支方程中的时间变化项
和水平平流项写成 $\overline{uw}/\tau_u$ 和 $U\overline{uw}/L_x$ 的形式,其中 τ_u 和 L_x 是非平稳和非均匀尺度,
那么如果 $\tau_u \gg \tau$ 且 $L_x \gg \tau U$,则方程(11.17)所需要的准平稳、局地均匀假设是成立
的。对方程(11.18)也一样(问题 11.18)。用 $\tau = 0.1z_i/w_*$(图 11.10),$z_i =$
1000 m,$U = 10$ m $\cdot$ s^{-1} 及 $w_* = 1$ m $\cdot$ s^{-1},可以推算出 $\tau_u \gg 100$ s 和 $L_x \gg 1000$ m,
在很多情况下这样的要求并不难满足。于是,如果除此之外应力收支关系在 $-z_i/L$
值的合理范围内遵循方程(11.17)和(11.18)的描述,那么这些涡旋扩散率的表达式
在应用中是有用的。

---

① 蒂尔多夫(Deardorff)的大涡模拟有 40^3 个网格点,在 CDC6600 计算机的主机上运行,运算时间比实际
时间慢 10 倍。后来在 2007 年用 40^3 大涡程序在 IBM SP5 计算机上运行的计算时间比实际时间快 16 倍——比
蒂尔多夫当时的运算速度快 160 倍(引自皮特·沙利文(Peter Sullivan),私人通讯)。

§11.3 混合层:保守标量场

在水平均匀的大气边界层中,保守标量的平均浓度 C 满足:

$$\frac{\partial C}{\partial t} + \frac{\partial \overline{cw}}{\partial z} = 0 \tag{11.19}$$

如图 11.1 所示,通常 $\overline{cw}$ 在混合层的底部和顶部都是非零的。在水平均匀的情况下 $\partial C/\partial z$ 不随时间变化,$\overline{cw}$ 随高度 z 线性变化(问题 11.14)。

11.3.1 "顶部向下"和"底部向上"的扩散

由于保守标量成分 $\tilde{c}$ 受线性微分方程控制,因此可以把它的解叠加在相同的速度场上。由此便可以把由混合层顶部和底部标量通量形成的 C 廓线分开来考虑,并把各自的过程称为顶部向下和底部向上扩散。这些说法并非指的是标量通量的方向,而是指通量施加在什么位置[①]。

下面我们从动力学角度来考虑准平稳、水平均匀对流边界层中的被动标量,即那些不影响速度场的标量。温度和水汽不是被动标量,因为它们包含浮力。但是可以假设在相同边界条件和初始条件下两种保守标量在相同的速度场中所经历的扩散过程相同,使得人们可以从被动保守痕量成分在给定速度场中的扩散行为中推断出温度和水汽在那个速度场中的扩散特性。

我们把标量通量廓线写成两个线性廓线之和,每个都具有非零的边界通量:

$$\overline{cw}(z) = \overline{cw}_0 + (\overline{cw}_1 - \overline{cw}_0)\frac{z}{z_i} = \overline{cw}_0\left(1 - \frac{z}{z_i}\right) + \overline{cw}_1\left(\frac{z}{z_i}\right) \tag{11.20}$$

图 11.11 的右图是痕量成分 $\tilde{c}$ 顶部向下扩散的示意图,顶部通量是正值而地表通量是零。这里顶部的通量是由夹卷过程引起的低浓度空气(c 为负值)的向下湍流运动(w 为负值)和高浓度的边界层空气的向上湍流运动所形成的,在准平稳状态之下 $\overline{cw}$ 是线性的,$\partial \overline{cw}/\partial z$ 为正值,于是 $\partial C/\partial t$ 为负值,如图中所示。

底部向上的情况如图 11.11 左图所示,这里通量散度为负值,所以 C 随时间增加,这里混合层顶的夹卷过程伴随着界面层中浓度随高度的变化,这会引起顶部向下扩散。所以底部向上过程不像顶部向下过程,它好像不能单独存在。

一个自然而然的问题就是顶部向下扩散和底部向上扩散是否具有相同的扩散特性。这会是流动中关于中间平面统计对称的情形,比如,两个平面之间的对流,底面加热而顶面冷却,两个面上的热通量值相等。这里的涡旋扩散率 K_b 和 K_t 的廓线是关于中间平面对称的:$K_t(1 - z/z_i) = K_b z/z_i$。但是大气边界层不是关于中间

---

① 在上层海洋的应用中顶指的是温跃层,而底指的是海洋表面。

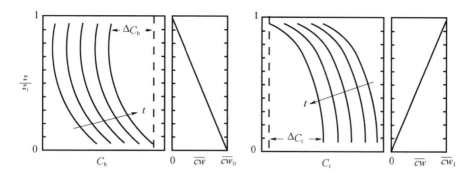

图 11.11　底部向上扩散（左图）和顶部向下扩散（右图）所对应的保守标量
通量和平均值廓线的示意图。引自 Wyngaard（1987）

平面对称的,顶部向下扩散与底部向上扩散之间没有这样的对称性[①]。

　　为验证该不对称性,可以用它的守恒方程的线性形式来表示保守标量场是同时存在于速度场中顶部向下和底部向上这两部分之和:

$$\tilde{c} = \tilde{c}_b + \tilde{c}_t, \quad C = C_b + C_t, \quad c = c_b + c_t \tag{11.21}$$

最简单的混合层相似假设是它们各自过程的平均标量梯度只取决于这个过程边界上的通量、混合层尺度 w_* 和 z_i,以及高度 z:

$$\frac{\partial C_t}{\partial z} = -\frac{\overline{cw_1}}{w_* z_i} g_t(z/z_i), \quad \frac{\partial C_b}{\partial z} = -\frac{\overline{cw_0}}{w_* z_i} g_b(z/z_i) \tag{11.22}$$

式中: g_t 和 g_b 是无量纲函数。于是,对称问题就变成是否存在 $g_b(z/z_i) = g_t(1 - z/z_i)$。

11.3.1.1　早期大涡模拟结果

　　Moeng 和 Wyngaard(1984,1986a,1986b)运用 40^3 个网格点的大涡模式模拟了被动保守"颜料"在稳定度为 $-z_i/L \cong 10$ 的对流边界层中的扩散过程。一种蓝色颜料从地表连续排放,在准平稳状态下它经历底部向上和顶部向下扩散。红色颜料从上方连续地被夹卷到对流边界层中,它只经历顶部向下过程。函数 g_t 依据方程(11.22)直接从红色颜料浓度场确定:

$$g_t = -\frac{w_* z_i}{\overline{cw_1}} \frac{\partial C_t}{\partial z} \tag{11.23}$$

依据分解式 $C = C_b + C_t$ 和梯度函数的定义式(11.22),我们可以写出:

$$g_b = -\frac{w_* z_i}{\overline{cw_0}} \left(\frac{\partial C}{\partial z} + \frac{\overline{cw_1}}{w_* z_i} g_t \right) \tag{11.24}$$

其中, g_t 是已知的,这使得可以从蓝色颜料浓度场的统计结果中来计算 g_b。

　　得到的无量纲平均梯度 g_b 和 g_t 如图 11.12 所示。 g_b 的符号在 $z \cong 0.6 z_i$ 处

[①]　事实上,人们认为湍流边界层通常不具备这样的对称性。

改变,原因是 $\partial C_b/\partial z$ 的符号在此处发生了改变。由于底部向上通量在此处是非零值,这意味着底部向上扩散率 K_b 在此处存在一个奇点,而 K_t 的表现很好,所以这两个涡旋扩散过程确实是不对称的。

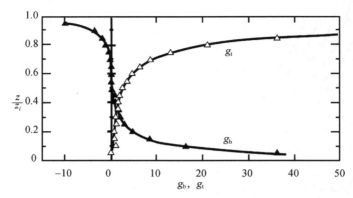

图 11.12　按方程(11.22)定义并由大涡模拟结果计算出的无量纲平均梯度函数 g_b 和 g_t。引自 Moeng 和 Wyngaard (1984)

　　基于大涡模拟研究,Patton 等(2003)提出了植被冠层之上 g_b 和 g_t 的修正形式。Wang 等(2007)试图从森林观测站经过校准的二氧化碳长期单点观测数据来确定它们的形式。之前的努力并没有成功,在他们看来主要原因在于对它们的观测很困难[①]。Wang 等(2007)的研究结果在定性上与大涡模拟结果相一致,但它们之间的一些差异却很难得到合理的解释。

　　湍流通量收支方程(8.71)能让我们看到涡旋扩散率的行为特征。在平稳且水平均匀的条件下,对于顶部向下和底部向上的标量,它变成如下形式:

$$\frac{\partial \overline{c_t w}}{\partial t} = 0 = -\overline{w^2}\frac{\partial C_t}{\partial z} - \frac{\partial \overline{c_t w^2}}{\partial z} + \frac{g}{\theta_0}\overline{c_t \theta} - \frac{1}{\rho_0}\left(\overline{c_t \frac{\partial p}{\partial z}}\right) \qquad (11.25)$$

$$0 \quad = \quad M \quad + \quad T \quad + \quad B \quad + \quad P$$

$$\frac{\partial \overline{c_b w}}{\partial t} = 0 = -\overline{w^2}\frac{\partial C_b}{\partial z} - \frac{\partial \overline{c_b w^2}}{\partial z} + \frac{g}{\theta_0}\overline{c_b \theta} - \frac{1}{\rho_0}\left(\overline{c_b \frac{\partial p}{\partial z}}\right) \qquad (11.26)$$

方程右边各项依次是平均梯度产生项 M、湍流输送项 T、浮力产生项 B 及气压损耗项 P。

　　图 11.13 显示了 Moeng 和 Wyngaard(1986a)运用 40^3 个格点的大涡模拟结果计算的收支情况。它们不仅不对称,而且差别非常大。顶部向下的收支主要是受平均梯度产生项这个收入项控制;浮力产生项通常更小,支出项是湍流输送项和气压

---

　　① 　如同在第 2 章中所讨论的,单点观测的时间平均值与系综平均值之差的方差可以用积分尺度/平均长度来度量。而大涡模拟水平区域平均的相应量是用这个比例的平方来度量的。所以单点观测的时间平均结果要比大涡模拟的区域平均结果要发散很多。

损耗项。在底部向上的收支关系中,浮力产生(而不是平均梯度产生)是主要源项;平均梯度产生和湍流输送通常会更小,主要支出项是气压损耗项。

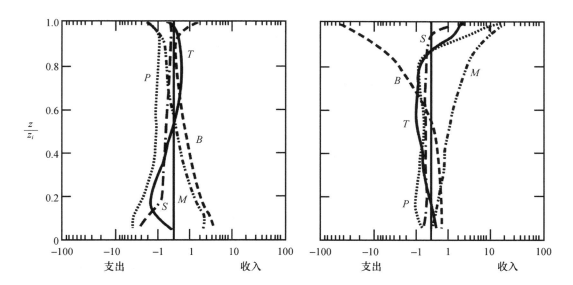

图 11.13 保守标量的底部向上通量的收支关系(11.26)式(左图)和顶部向下
通量的收支关系(11.25)式(右图)的大涡模拟计算结果。各项都被 w_*、z_i 和边界上的
通量无量纲化。横坐标刻度在 -1 和 1 之间是线性的(之外是指数的)。其中,M 是平均梯度产生项,
T 是湍流输送项,B 是浮力产生项,P 是气压损耗项,S 是次网格项。
引自 Moeng 和 Wyngaard (1986a)

11.3.1.2 标量方差

运用顶部向下和底部向上的分解方案(11.21)式,可以把被动保守标量 c 的方差写成如下形式:

$$\overline{c^2} = \overline{c_t^2} + 2\,\overline{c_t c_b} + \overline{c_b^2} \tag{11.27}$$

考虑混合层顶部标量通量的最简单尺度假设是取 c_t 统计量的控制参数为 w_*,z_i 和 $\overline{cw}_1$;c_b 统计量的控制参数为 w_*,z_i 和 $\overline{cw}_0$;而它们的联合统计量的控制参数是 w_*,z_i,$\overline{cw}_0$ 和 $\overline{cw}_1$。所以依据方程(11.27),Moeng 和 Wyngaard(1984)写出如下关系:

$$\overline{c^2} = \left(\frac{\overline{cw}_1}{w_*}\right)^2 f_t(z/z_i) + 2\left(\frac{\overline{cw}_0\,\overline{cw}_1}{w_*^2}\right) f_{tb}(z/z_i) + \left(\frac{\overline{cw}_0}{w_*}\right)^2 f_b(z/z_i) \tag{11.28}$$

他们发现在边界层中部 $f_b \sim 1, f_{tb} \sim 1, f_t \sim 6$。

顶部向下和底部向上标量场的相关系数是:

$$r_{tb} = \frac{\overline{c_t c_b}}{(\overline{c_t^2}\,\overline{c_b^2})^{1/2}} = \frac{f_{tb}}{(f_t f_b)^{1/2}} \mathrm{sgn}(\overline{cw}_0\,\overline{cw}_1) \tag{11.29}$$

式中:sgn 的意思是"取其符号"。Moeng 和 Wyngaard(1984)发现在对流边界层中

部 $|r_{tb}| \sim 0.5$。f_{tb} 的符号为正具有很有趣的含义,例如,如果两种物质在向混合层中扩散,一种从上往下,另一种从下往上,那么 $\overline{cw}_0$ 为正,而 $\overline{cw}_1$ 为负,则混合层中部 $r_{tb} \cong -0.5$。如果两种物质发生二元反应,则其平均反应速率是:

$$\text{平均反应速率} \propto \overline{\tilde{c}_1 \tilde{c}_2} = C_1 C_2 + \overline{c_1 c_2} \tag{11.30}$$

因为方程(11.29)表明此处 $\overline{c_1 c_2}$ 是负值,平均的反应速率要小于平均浓度所对应的反应速率(也就是说,平均反应速率并不是由平均浓度决定的)。

由图 11.13 可知,顶部向下和底部向上标量的通量收支关系中存在明显的浮力产生项,对于 $\overline{w\theta}$ 和 $\overline{wc}$ 而言这些项分别正比于 $\overline{\theta^2}$ 和 $\overline{\theta c}$,通过对 θ 和 c 的顶部向下和底部向上这两部分的分解,并运用方程(11.27)和(11.28)中的方案(问题 11.16),可以推导出关于 $\overline{\theta c}$ 和 $\overline{\theta^2}$ 廓线的如下表达式:

$$\overline{\theta c} = \frac{\overline{w\theta}_0 \, \overline{wc}_0}{w_*^2} \left[R_\theta R_c f_t + (R_\theta + R_c) f_{tb} + f_b \right], \quad R_\theta = \frac{\overline{w\theta}_1}{\overline{w\theta}_0}, \quad R_c = \frac{\overline{wc}_1}{\overline{wc}_0} \tag{11.31}$$

$$\overline{\theta^2} = \frac{(\overline{w\theta}_0)^2}{w_*^2} (R_\theta^2 f_t + 2R_\theta f_{tb} + f_b) \tag{11.32}$$

方程(11.31)和(11.32)表明,$\overline{w\theta}$ 和 $\overline{wc}$ 无量纲收支关系中的浮力产生项是不同的,除非 $R_\theta = R_c$,即除非标量 c 和 θ 的顶部与底部通量之比 R 相同。对流边界层的自然特性使得 R_θ 为负值;但 R_c 可以为正值,这种情况就像地表有蒸发且覆盖逆温层中是更为干燥空气的对流边界层中的水汽扩散行为一样。所以,两个通量收支关系以及两个涡旋扩散率都倾向于是不同的。

11.3.2 标量 K 闭合的通用化处理

我们已经知道,在顶部向下的扩散行为中(混合层顶部的物质通量不为零,而底部通量为零的情形)K 显示出很好的表现,但是在底部向上的扩散行为中 K 值要大很多且在混合层中部存在奇点。

后面这个现象较早由 Deardorff(1966)指出,就像"存在向上热通量,即 $\overline{w\theta} > 0$,却没有或存在反向(正的)位温梯度,即 $\partial \Theta / \partial z \geqslant 0$"的情形一样,他从观察到此类现象的一些研究中归纳出这个问题。在高分辨大涡模拟中(Moeng 和 Wyngaard,1989)也发现了这样的现象。在这样的位置上温度方差收支方程(10.44)中的平均梯度产生项的量级微不足道,甚至表现为是微弱的支出项;收入项是湍流从下方对方差的向上输送。

因为 K 闭合的简单性对数值模拟很有吸引力,它的不合理行为激发人们努力对它进行改进,最简单有效的改进方案由 Deardorff(1972b)提出:

$$\overline{w\theta} = -K \left(\frac{\partial \Theta}{\partial z} - \gamma_\theta \right) \tag{11.33}$$

并以 $\overline{w\theta}$ 守恒方程(10.48)的一个简单模型来估算 γ_θ,即等于 $g \overline{\theta^2} / \theta_0 \, \overline{w^2}$。Holtslag

和 Moeng(1991)运用该方程的不同模型得到了另一个估算方案。

运用 Moeng 和 Wyngaard(1989)对 96^3 个网格点的大涡模拟结果,Holtslag 和 Moeng(1991)也推导出一个用于通量-梯度公式(11.33)的 K 表达式:

$$K = \frac{(1 - z/z_i + R_c z/z_i)\widetilde{K}_b \widetilde{K}_t}{(1 - z/z_i)\widetilde{K}_t + R_c (z/z_i)\widetilde{K}_b}, \quad R_c = \overline{cw}_1 / \overline{cw}_0 \tag{11.34}$$

这里 $\widetilde{K}_t$ 和 $\widetilde{K}_b$ 是顶部向下和底部向上涡旋扩散率 K_t 和 K_b 的修正形式,它们的表达式如下:

$$\frac{\widetilde{K}_b}{w_* z_i} = \left(\frac{z}{z_i}\right)^{4/3} \left(1 - \frac{z}{z_i}\right)^2, \quad \frac{\widetilde{K}_t}{w_* z_i} = 7 \left(\frac{z}{z_i}\right)^2 \left(1 - \frac{z}{z_i}\right)^3 \tag{11.35}$$

Fiedler(1984)讨论了将涡旋扩散率表示成更具一般性的积分形式:

$$\overline{wc}(z,t) = \int D(z,z') \frac{\partial}{\partial z} C(z',t) \mathrm{d}z' \tag{11.36}$$

它是 Berkowicz 和 Prahm(1979)"谱扩散"模型的物理空间版本。Stull(1984)的"过渡湍流"闭合方案也是一种这样的通用形式。Hamba(1993)关于保守标量涡旋扩散率的二项式表达式,即:

$$\overline{wc} = -K \frac{\partial C}{\partial z} + K_2 \frac{\partial^2 C}{\partial z^2} \tag{11.37}$$

能够再现 Moeng 和 Wyngaard(1984)大涡模拟结果中顶部向下和底部向上扩散。

11.3.3　对混合层相似的通用化

方程(11.21)和(11.22)构成了对准平稳、水平均匀混合层中包含了顶部标量通量的平均标量梯度的混合层相似表述:

$$\frac{\partial C}{\partial z} = -\frac{\overline{cw}_1}{w_* z_i} g_\mathrm{t}(z/z_i) - \frac{\overline{cw}_0}{w_* z_i} g_\mathrm{b}(z/z_i) \tag{11.38}$$

对流边界层中典型的虚位温垂直通量廓线形状如图 11.1 所示。当方程(11.38)用于 Θ 时,顶部的虚温通量是负值(它是由覆盖逆温层中的夹卷过程造成的),使得方程右边两项的符号相反,结果 Θ 廓线在对流边界层中几乎上下一致。毫无疑问这是混合层术语的原意,而在其中保守标量"被充分混合"(混合成浓度上下一致)的想法是完全错误的。

地表有蒸发的对流边界层中的水汽混合比为我们提供了每天都会出现的"没能充分混合"的平均标量廓线反例。典型的水汽通量廓线在混合层顶部具有正值,原因是上面更干的空气被夹卷下来,如图 11.1 所示。这种情形下方程(11.38)右边的两项符号相同,形成了混合层中很明显的水汽混合比平均梯度。

图 11.14 通过对比混合层中比湿(保守的水汽变量)和位温的平均垂直廓线说明了这一点。33 d 的平均探空廓线抹去了瞬时的细节,呈现出的平均比湿具有明显的垂直梯度,而平均位温的梯度基本上为零。

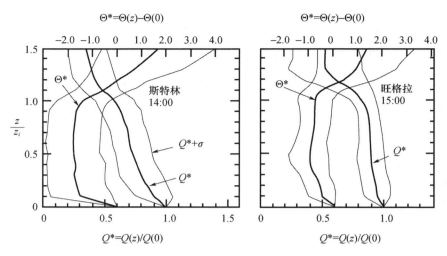

图 11.14　在科罗拉多州的斯特林(Sterling，Colorado)(左图)和旺格拉(Wangara)(右图)
观测到的晴天正午前后的位温和比湿的平均探空廓线。中间的粗线是斯特林 33 d 和
旺格拉 9 d 观测的平均值,细线代表±1 个标准差。引自 Mahrt(1976)

§11.4　界面层

11.4.1　夹卷通量

对流边界层顶是很局地、瞬时很薄的,但经过时间平均、空间平均或系综平均之
后就变成很厚的一个界面层。它的厚度 $\Delta h = h_2 - h_1$(图 11.1),按照 Willis 和 Dear-
dorff(1974)水槽实验结果,与 z_i 之间有很好的比例关系。它在混合层顶这个位置维
持着动量、位温、水汽以及痕量成分的夹卷通量。

我们在阐述位温夹卷通量的时候会略微放宽经常用到的水平均匀假设,从而允
许出现非零的平均垂直速度 W。这意味着水平风速场的散度不为零,因为存在很好
的近似关系 $\partial U/\partial x + \partial V/\partial y + \partial W/\partial z = 0$。于是平均位温方程是:

$$\frac{\partial \Theta}{\partial t} + W \frac{\partial \Theta}{\partial z} + \frac{\partial \overline{w\theta}}{\partial z} = 0 \qquad (11.39)$$

我们把方程(11.39)从 z_i(即图 11.1 中温度通量最大负值所在高度)积分到 h_2(通量
消失的高度),在积分第一项时要用到莱布尼兹法则,即按如下公式积分:

$$\frac{\partial}{\partial t} \int_{z_i(t)}^{h_2(t)} \Theta \mathrm{d}z = \Theta(h_2) \frac{\partial h_2}{\partial t} - \Theta(z_i) \frac{\partial z_i}{\partial t} + \int_{z_i}^{h_2} \frac{\partial \Theta}{\partial t} \mathrm{d}z \qquad (11.40)$$

在第二项的积分当中要用到中值定理,即:

$$\int_{z_i}^{h_2} W \frac{\partial \Theta}{\partial z} \mathrm{d}z = W(h_m)[\Theta(h_2) - \Theta(z_i)], \quad z_i \leqslant h_m \leqslant h_2 \tag{11.41}$$

因为 $\overline{w\theta}$ 在 h_2 处消失,第三项积分的结果是 $-\overline{w\theta}(z_i)$。

界面层厚度的典型值范围是 $0.2 \sim 0.6 z_i$。但尽管如此,习惯上还是取极限情况 $h_2 - z_i \to 0$,即取界面层的跳跃模型。在这种厚度为零的极限条件下,方程(11.39) 中有几项的积分就消失了(问题 11.21),积分的结果就变成:

$$\overline{w\theta}(z_i) \equiv \overline{w\theta}_1 = -\left(\frac{\partial z_i}{\partial t} - W(z_i)\right)[\Theta(h_2) - \Theta(z_i)] = -w_e \Delta\Theta \tag{11.42}$$

式中:夹卷速率 w_e 是无湍流流体被湍流流体侵蚀的平均速度。如果 $w_e = -W$,夹卷速度就与平均下沉速率相平衡,于是 $\partial z_i / \partial t = 0$。这种情况经常发生在天气条件稳定的海上边界层。在陆地上,w_e 经常在上午和下午的前几个小时超过 $|W|$,使得 z_i 增长。在高压天气系统控制下埃克曼抽吸(见本书第 9 章)造成 W 是负值,抑制 z_i 增长,并且限制了混合层顶小块积云的形成。在高压控制区经常是晴空。

对于动量和保守标量的通量而言,其跳跃方程是:

$$\overline{uw}_1 = -w_e \Delta U, \quad \overline{vw}_1 = -w_e \Delta V, \quad \overline{wc}_1 = -w_e \Delta C \tag{11.43}$$

很显然,夹卷速率 w_e 是个很重要的参数。

11.4.2　夹卷速率

陆地上混合层的增厚速率通常是每小时几十米到大约 $100\ \mathrm{m}(1 \sim 3\ \mathrm{cm \cdot s^{-1}})$。但是对流速度尺度 w_* 的典型值至少是 $1\ \mathrm{m \cdot s^{-1}}$,并且通常会更大。那么为什么会是 $w_e \ll w_*$?

答案就隐含在稳定度对湍流的作用当中。在界面层中浮力产生项代表的是 TKE 的损失速率,因为此处 $\overline{w\theta}$ 是负值。所以在平稳状态下湍流能量收支表现为:

从切变产生、湍流输送和气压输送获得 TKE 的速率
= 因黏性耗散和浮力消耗而损失 TKE 的速率 (11.44)

如果其下方的边界层处于自由对流状态,切变产生项消失,在正压对流边界层中它也是非常小的,在这种情况下 TKE 收支关系中的源项只有来自下方的湍流输送和气压输送。

在覆盖于对流边界层之上的界面层中可以估计出这个输送项具有的量级是 $w_*^3 / \Delta h$,其中 Δh 是界面层的厚度(图 11.1)。如果用 z_i 来度量 Δh,那么它具有 w_*^3 / z_i 的量级。因此,一个能够表征界面层湍流特征的通量理查森数是:

$$R_\mathrm{f} = \frac{\text{因浮力而损失能量的速率}}{\text{因输送而获得能量的速率}} \sim \frac{\dfrac{g}{\theta_0} w_e \Delta\Theta}{w_*^3 / z_i} \tag{11.45}$$

观测表明,在平稳的湍流中 R_f 不会超过一个相对较小的值,一般情况下是 $0.2 \sim 0.3$;在更大的值上湍流就会消失。

我们可以从另一个角度来看待它,如果在界面层中 $R_f \rightarrow$ 常数 $= a$,那么一个粗略的 TKE 收支关系是:

$$-\frac{g}{\theta_0}\overline{w\theta}_1 = a\frac{w_*^3}{z_i} \tag{11.46}$$

于是按照 w_* 的定义它满足 $-\overline{w\theta}_1/Q_0 = a$,这是常见的对流边界层闭合方案,即温度的夹卷通量与地表通量的比值是一个负的常数。

可表征对流边界层结构的特征量(问题 11.21)是另一个理查森数(Deardorff 和 Willis,1985):

$$R_* = \frac{\dfrac{g}{\theta_0}z_i\Delta\Theta}{w_*^2} \tag{11.47}$$

式中:R_* 通常很大。如果 $z_i = 1\ \mathrm{km}$,$\Delta\Theta = 1\ \mathrm{K}$,$w_* = 1\ \mathrm{m\cdot s^{-1}}$,则 $R_* = 30$。按照 R_f 和 R_* 的定义,即方程(11.45)和(11.47),它们之间有如下关系:

$$\frac{R_f}{R_*} = \frac{w_e}{w_*} \tag{11.48}$$

所以,通常情况下 $R_* = 30$,$R_f \cong 0.3$,则 $w_e \sim 0.01w_*$,这个值确实很小。

在界面层中,湍流起伏的强度从混合层中的值减小到其上方自由大气中非常小的值。因此,可以想见界面层中的湍流扩散率比混合层中要小,而垂直梯度会较大。如果已知紧靠边界层的自由大气中的平均量(平均速度、平均温度、平均水汽混合比)以及地面值,而不知道这些平均量在穿过近地层、混合层和界面层时其变化是如何分配的,那么我们可以用一套耦合的方程组来模拟各层的情况,并估计出它的廓线。

用这种方法,人们发现斜压对流边界层会把平均风速切变集中在界面层中,方程(11.43)的"跳跃条件"意味着那里的湍流动能收支关系中会出现正的切变产生项:

$$-\overline{uw}\frac{\partial U}{\partial z} - \overline{vw}\frac{\partial V}{\partial z} \cong \frac{w_e}{\Delta h}\left[(\Delta U)^2 + (\Delta V)^2\right] \tag{11.49}$$

即使是在正压情况下,也会看到在跨越界面层时会有一个平均的风速跳跃,使得平均风速在上边界满足地转条件。因此得出的结论是通常情况下在界面层存在不可忽略的切变产生项。如果是这样的话,在界面层中 $R_f \rightarrow a$ 的情形意味着负的夹卷通量与地表通量的比值可能超过 a 值。

针对主要概念的提问

11.1　讨论对流边界层的三层结构。

11.2　讨论混合层相似的思想,举例说明统计量遵循或不遵循混合层相似。

11.3　讨论对流边界层中 TKE 收支的行为特征。

11.4　什么是 K 闭合?为什么在混合层中检验它的可靠性是如此困难?为什么在

数值计算场中检验它会容易许多？

11.5　解释图 11.6 中所呈现的平均廓线的形状。

11.6　解释为什么用大气边界层中的观测数据来检验平均动量平衡关系是非常困难的事。

11.7　解释如何从雷诺应力和标量通量的收支关系得到涡旋扩散率的表达式。

11.8　解释顶部向下扩散和底部向上扩散的含义，为什么前者可以独立存在，而后者则不能？

11.9　人们已经发现当顶部和底部都有通量进入对流边界层的情况下标量场顶部向下部分与底部向上部分这两者的相关系数为负值，请解释它的物理意义。

11.10　解释为什么对流边界层经常对 Θ 能够"充分混合"，而对 Q 却不能。

11.11　解释夹卷速率的概念。

11.12　从物理上解释为什么夹卷速率通常要比湍流速度尺度 u 小很多。

11.13　从物理上解释为什么大气边界层倾向于是斜压性的，为什么在工程边界层中却不是这样的？

11.14　从物理上解释为什么垂直温度通量在不稳定层结中是 TKE 的源项，而在稳定层结中是 TKE 的汇项。

问　题

11.1　解释为什么混合层相似的概念与局地自由对流的概念相一致。

11.2　建立对于混合层相似而言水平非均匀和时间变化的作用可以被忽略不计的判据。

11.3　讨论在对流边界层中进行应力观测所需要的平均时间，它能解释我们对应力廓线所知甚少的原因吗？

11.4　讨论图 11.2 中右图所呈现的混合层相似对标量的不适用，该图对于标量的 M-O 相似又意味着什么？

11.5　验证平均动量的水平平流项在平均切变方程中的潜在重要性，它有可能与斜压性一样重要吗？

11.6　从物理上解释方程(11.29)中相关系数 r_{tb} 不为零的原因，你能判别它的符号是正还是负吗？

11.7　将方程(11.42)推广到界面层具有有限厚度的更真实情形，这会对结果有显著的影响吗？

11.8　站在混合长模型的角度解释为什么涡旋扩散率模式在描述对流边界层中保守标量的扩散行为时是失败的。

11.9　在对流边界层中观测应力会受到数据分散的困扰，如图 11.8 所示，面积平均会对此有何帮助？请运用空间平均收敛于系综平均的表达式予以解释。

11.10 推导对流边界层中 $\overline{w^3}$ 的守恒方程,对它做尽可能的简化,它的主要源项是哪个? 它能否解释为什么 $\overline{w^3}$ 是正的?

11.11 推导对流边界层中 $\overline{\theta^3}$ 的守恒方程,对它做尽可能的简化,它的主要源项是哪个? 能否用它来预测 $\overline{\theta^3}$ 的符号?

11.12 第 11.3 节的结果对于云中痕量物质的垂直扩散意味着什么?

11.13 讨论在斜压对流边界层中参数 $m = fz_i/w_*$ 对平均风速廓线的影响,你能从物理上解释如何理解 m 吗?

11.14 用方程(11.19)来说明在准平稳、水平均匀的大气边界层中标量通量廓线是线性的。

11.15 对纳维-斯托克斯方程求散度,推导出气压的泊松方程,它如何表明大气边界层中的气压场与等密度工程流动中的气压场有本质的差别?

11.16 运用方程(11.27)和(11.28)中的方案,推导方程(11.31)和(11.32),假设任意两个 c_t 及任意两个 c_b,是完全相关的。(这样的假设合理吗? 予以讨论)

11.17 推导方程(11.33)中 γ_θ 的 Deardorff 表达式,用标量守恒方程(10.48),假设湍流输送可以忽略不计,并且用 Rotta 时间尺度来表示气压损耗项。

11.18 如果 $\tau_u \gg \tau$ 且 $L_x \gg \tau U$,证明方程(11.14)和(11.15)中的时间变化项和水平平流项可以忽略不计。

11.19 建立一个能在平均动量平衡方程(11.3)中可以忽略时间变化项的判据,然后证明这个判据在实际当中很难得到满足。

11.20 证明从方程(8.70)可以得到水平均匀大气边界层的 TKE 收支方程(11.2),并解释为什么柯氏力项消失了?

11.21 解释为什么关于 R_* 的方程(11.47)是表征对流边界层结构的特征量。

参考文献

Berkowicz R,Prahm L P,1979. Generalization of K-theory for turbulent diffusion. Part I:Spectral turbulent diffusivity concept[J]. J Appl Meteor,18:266-272.

Caughey S J,1982. Observed characteristics of the atmospheric boundary layer[C]//In Atmospheric Turbulence and Air Pollution Modelling,F T M Nieuwstadt and H Van Dop,Eds,Dordrecht:Reidel,pp107-158.

Deardorff J W,1966. The counter-gradient heat flux in the atmosphere and in the laboratory[J]. J Atmos Sci,23:503-506.

Deardorff J W,1970. Convective velocity and temperature scales for the unstable planetary boundary layer and for Rayleigh convection[J]. J Atmos Sci,27:1211-1213.

Deardorff J W,1972a. Numerical investigation of neutral and unstable planetary boundary layers [J]. J Atmos Sci,29:91-115.

Deardorff J W,1972b. Theoretical expression for the counter-gradient vertical heat flux[J]. J Geophys Res,77:5900-5904.

Deardorff J W，1974. Three-dimensional numerical study of the height and mean structure of a heated planetary boundary layer[J]. Bound-Layer Meteor，7：81-106.

Deardorff J W，1979. Prediction of convective mixed-layer entrainment for realistic capping inversion structure[J]. J Atmos Sci，36：424-436.

Deardorff J W，Willis G E，1985. Further results from a laboratory model of the convective planetary boundary layer[J]. Bound-Layer Meteor，32：205-236.

Fiedler B H，1984. An integral closure model for the vertical turbulent flux of a scalar in a mixed layer[J]. J Atmos Sci，41：674-680.

Garratt J R，Wyngaard J C，Francey R J，1982. Winds in the atmospheric boundary layer - prediction and observation[J]. J Atmos Sci，39：1307-1316.

Hamba F，1993. A modified first-order model for scalar diffusion in the convective boundary layer [J]. J Atmos Sci，50：2800-2810.

Holtslag A A M，Moeng C-H，1991. Eddy diffusivity and countergradient transport in the convective atmospheric boundary layer[J]. J Atmos Sci，48：1690-1698.

Kaimal J C，Wyngaard J C，Haugen D A，et al，1976. Turbulence structure in the convective boundary layer[J]. J Atmos Sci，33：2152-2169.

Lemone M A，Zhou Mingyou，Moeng C-H，et al，1999. An observational study of wind profiles in the baroclinic convective mixed layer[J]. Bound-Layer Meteor，90：47-82.

Lenschow D H，Wyngaard J C，Pennell W T，1980. Mean-field and second-moment budgets in a baroclinic，convective boundary layer[J]. J Atmos Sci，37：1313-1326.

Mahrt L，1976. Mixed layer moisture structure[J]. Mon Wea Rev，104：1403-1407.

Moeng C-H，Wyngaard J C，1984. Statistics of conservative scalars in the convective boundary layer[J]. J Atmos Sci，41：3161-3169.

Moeng C-H，Wyngaard J C，1986a. Recalculation of the pressure-gradient/scalar covariance in top-down and bottom-up diffusion[J]. J Atmos Sci，43：1182-1183.

Moeng C-H，Wyngaard J C，1986b. An analysis of closures for pressure-scalar covariances in the convective boundary layer[J]. J Atmos Sci，43：2499-2513.

Moeng C-H，Wyngaard J C，1989. Evaluation of turbulent transport and dissipation closures in second-order modeling[J]. J Atmos Sci，46：2311-2330.

Patton E G，Sullivan P P，Davis K J，2003. The influence of a forest canopy on top-down and bottom-up diffusion in the planetary boundary layer[J]. Quart J R Meteor Soc，129：1415-1434.

Rotta J C，1951. Statistiche theorie nichthomogener turbulenz[J]. Z Phys，129：547-572.

Stull R B，1984. Transilient turbulence theory，Part 1：The concept of eddy mixing across finite distances[J]. J Atmos Sci，41：3351-3367.

Tennekes H，1974. The atmospheric boundary layer[J]. Phys Today，27：52-63.

Wang W，Davis K J，Yi C，et al，2007. A note on the top-down and bottom-up gradient functions over a forested site[J]. Bound-Layer Meteor，124：305-314.

Willis G E，Deardorff J W，1974. A laboratory model of the unstable planetary boundary layer[J]. J Atmos Sci，31：1297-1307.

Wilson D K, 2001. An alternative function for the wind and temperature gradients in unstable sur-face layers[J]. Bound-Layer Meteor,99:151-158.

Wyngaard J C, 1984. The mean wind structure of the baroclinic, convective boundary layer[C]// Proceedings of the First Sino-American Workshop on Mountain Meteorology, E Reiter, Z Baozhen, and Q Yongfu, Eds, American Meteorological Society, pp371-396.

Wyngaard J C, 1985. Structure of the planetary boundary layer and implications for its modeling [J]. J Climate Appl Meteor, 24:1131-1142.

Wyngaard J C, 1987. A physical mechanism for the asymmetry in top-down and bottom-up diffu-sion[J]. J Atmos Sci, 44:1083-1087.

Wyngaard J C, 1988. Structure of the PBL[C]//Lectures on Air-Pollution Modeling, A Venkatram and J C Wyngaard, Eds, American Meteorological Society, pp9-61.

第 12 章 稳定边界层

§12.1 引言

稳定边界层与对流边界层不同,就像夜晚与白天不同一样。稳定边界层通常更薄,扩散能力要小很多;烟囱排放的烟羽在清晨的稳定边界层中能够保持完整的形状向下游延展很远的距离,这与中午的情况完全不同。晴天日落时分地面风速的减小是很明显的风气候学现象(Arya,2001),细心的人经常会观察到这种现象。图 12.1 可以看出其根本原因:对于不变的平均水平气压梯度,稳定层结中的地面风速比中性或不稳定层结中的要小。因此,夜间的较低风速会持续到日出时分对流边界层开始发展。

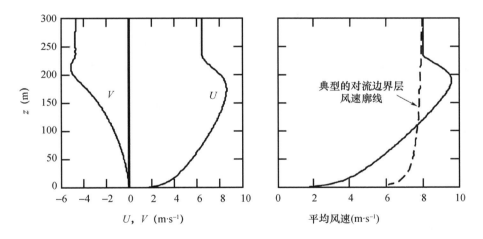

图 12.1 左图:大涡模拟计算的稳定边界层平均风速分量的廓线,坐标 x 轴平行于地面风速;右图:大涡模拟结果的平均风速廓线,与之相对比的是用威尔森(Wilson)公式,即方程(10.18),计算出来的对流边界层平均风速廓线,计算条件是 $L=-15$ m, $z_0=0.01$ m, $u_*=0.46$ m·s^{-1},以及相同的平均水平气压梯度。在稳定边界层和对流边界层的近地层风速存在明显差异。
大涡模拟数据由 NCAR 的 Peter Sullivan 提供

我们曾在第 9 章里讲过稳定边界层的例子。图 9.7 中的两幅示意图显示了气流经过更冷的地面以及夹卷过程把上方更暖的空气卷下来形成稳定层结的机制。或许最为常见的例子是晴天陆上夜间边界层。另一个例子就是南极的"长期"稳定边界层,它是倾斜的寒冷地面之上的逆温层与通常是沿斜坡方向的平均气压梯度共同作用的结果(Neff et al., 2008)。

下面我们将要讲到,稳定边界层中的湍流多半拥有脆弱的动力学平衡,所以与对流边界层相比,稳定边界层结构更难认识和描述,但是通过分析研究、模拟研究以及观测研究,它正在越来越被人们所了解。

下面对这一章的内容做如下安排。一开始会回顾一下稳定层结中的湍流能量学以及超过一定的稳定程度湍流就不能存在的推断;然后讨论一些二阶矩闭合和大涡模拟在稳定边界层中的应用。12.2 节介绍人们熟知的陆上边界层在黄昏时分的过渡转换——近地面气流的响应,发生在下午且处于对流边界层中的较高位置的惯性振荡、斜坡效应以及重力波。在 12.3 节中会讨论准平稳稳定边界层的一些重要现象——处于覆盖逆温之下且靠近冷却地表的极限结构、平衡高度公式以及极限的地表热通量;将这个高度公式泛化为中性和稳定边界层范围内的一般形式;以及基于大涡模拟获得的对稳定边界层结构的认识。在 12.4 节中将介绍稳定边界层演变过程中的一些重要的动力学图像和结构特征。12.5 节将讨论平衡状态下稳定边界层的厚度模型。

12.1.1 稳定层结的湍流能量学

覆盖在对流边界层之上的界面层是稳定层结(见本书第 11 章),但是界面层内的 TKE 收支关系中有两个收入项,即切变产生及来自其下方对流边界层的湍流输送。前一项涉及雷诺应力,当层结的稳定性足够强时它会消失。但是输送项的来源在界面层之外,所以我们不能指望它对这个稳定层结会很敏感。与之不同的是,稳定边界层的 TKE 收入项只有切变产生,所以它的湍流会对稳定层结很敏感。图 12.2 和图 12.3 显示了地表开始冷却、稳定层结建立起来之后湍流参数的迅速衰减。

对于切变驱动的湍流,其动力学平衡并非是很脆弱的,为什么稳定层结能让它发生改变呢?

答案就在把 TKE 消耗于黏性和浮力的不同机制当中。黏性力只能直接影响最小尺度的湍流;在平衡状态下通过黏性耗散失去能量的平均速率与通过柯尔莫哥洛夫能量串级获得能量的速率达到平衡(见本书第 6 章),如果黏性耗散速率大于串级速率,则耗散涡旋的动能会减小,从而减小耗散速率,反之亦然。但是浮力只对那些含能涡旋直接产生显著影响,过强的稳定度会使它们熄灭,这就中断了能量串级,从而使得残余的湍流消亡。

我们运用动能收支方程(8.70)的分量方程来阐明准平稳、水平均匀的稳定边界层中的能量收支问题。Wyngaard 和 Coté(1971)发现湍流输送项要比切变产生项和黏性耗散项小,堪萨斯试验观测结果表明气压输送项也是小项,因此对气压协方差项进行重写,把能量的分量收支方程写成它的一级近似形式:

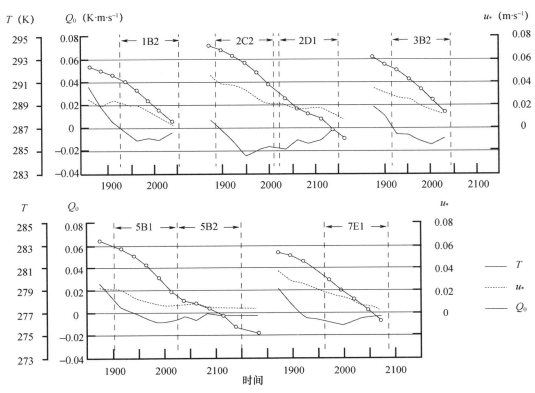

图 12.2　1973 年明尼苏达试验在 1 m 高度处观测到的温度、摩擦速度 u_* 以
及地表温度通量 Q_0 的时间变化。引自 Caughey 等（1979）

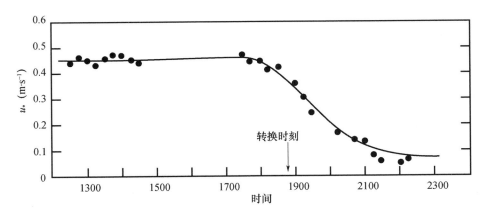

图 12.3　1973 年明尼苏达试验第二阶段观测到的黄昏时分摩擦速度 u_* 的衰减，
实线是二阶闭合模式的预报结果。引自 Wyngaard（1975）

$$\frac{1}{2}\frac{\partial \overline{u^2}}{\partial t} = 0 = -\overline{uw}\frac{\partial U}{\partial z} + \frac{1}{\rho_0}\overline{p\frac{\partial u}{\partial x}} - \frac{\varepsilon}{3} \qquad (12.1)$$

$$\frac{1}{2}\frac{\partial \overline{v^2}}{\partial t} = 0 = \frac{1}{\rho_0}\overline{p\frac{\partial v}{\partial y}} - \frac{\varepsilon}{3} \qquad (12.2)$$

$$\frac{1}{2}\frac{\partial \overline{w^2}}{\partial t} = 0 = \frac{1}{\rho_0}\overline{p\frac{\partial w}{\partial z}} + \frac{g}{\theta_0}\overline{\theta w} - \frac{\varepsilon}{3} \qquad (12.3)$$

于是,方程(12.3)中的浮力项变成了负的,它表示因克服浮力做功而损失 $\overline{w^2}/2$ 的平均速率(见本书第 9 章);谱动力学(见本书第 16 章)表明这个损失速率发生在 w 场的含能区间;方程(12.3)中的耗散率项是另一个损失能量的平均速率。所以气压协方差项必须提供能与之相平衡的能量输入平均速率,这样才能使湍流得以维持。因为不可压性的约束,气压协方差项的三个分量之和为零。可以看到 $\overline{w^2}$ 能够保持非零值是因为分量间的能量传递,即能量从水平速度起伏向垂直速度起伏传递(见本书第 5 章)。

在第 9 章中我们介绍了梯度理查森数,在近地层坐标中它是如下形式:

$$Ri = \frac{g}{\Theta_0}\frac{\partial \Theta}{\partial z}\Big/\left(\frac{\partial U}{\partial z}\right)^2 \qquad (12.4)$$

Kondo 等(1978)的近地层观测显示,温度和速度信号在 $Ri < 0.2$ 时表现为充分的湍流行为,但在更加稳定时出现间歇性湍流;特别是温度场,当 Ri 进一步增大,湍流变得更加间歇、更加微弱,最终消失。湍流的这种间歇性使得人们对夜间稳定边界层的观测、理解和描述更具挑战性。

Nieuwstadt(2005)通过直接数值模拟管道流来研究稳定层结中湍流的维持机制。流动由气压梯度驱动、水平均匀、下边界无滑脱(速度为零)、上边界是自由滑动边界(无应力),初始时刻是中性湍流流动,随后的计算中在下边界施加一个负的常值热通量。他发现只在 $h/L < 0.5$ 的情况下湍流能够维持[①]。纽斯塔特(Nieuwstadt)还发现弱的稳定层结会增加黏性耗散率,这需要增加切变产生率来与之相平衡。可以这样来理解:按照方程(10.38),稳定层结对湍流的衰减作用在最大涡旋上最强,它减小了涡旋尺度 l,从而增大了耗散率 $\varepsilon \sim u^3/l$。由此引起的切变产生率的增加超过了浮力消耗能量的速率。

12.1.2 稳定层结的二阶闭合模式

数值模拟自 20 世纪 60 年代就被用于大气边界层。"二阶矩闭合"出现在 20 世纪 70 年代。在工程界(见本书第 5 章),使用这些模式获得的经验告诉人们,想要让这些模式具有通用性的希望很渺茫。细网格大涡模拟"数据集"促进了大气应用当中的模式检验。在这方面 Moeng 和 Wyngaard(1989)得到的结论是耗散率和湍流输

---

① 按照纽斯塔特的习惯这个值是 1.25,因为在 L 的定义中没有包含冯·卡门常数(von Karman constant)。

送的切变流闭合方案在对流边界层中表现得很不好。

二阶矩模式在稳定边界层中的表现似乎要好一些,因为在稳定层结中二阶矩收支关系中的湍流输送项(见本书第 5 章)远不如在对流边界层中那么重要。因而简单的气压协方差闭合方案好像就够用了。Delage(1974)用涡旋扩散率模式加上 TKE 的时间变化方程来研究稳定边界层结构,其结果从物理上来讲看上去是合理的。随后又有很多研究,包括 Wyngaard(1975)的二阶闭合模式,在其中"调和"进了一些堪萨斯试验的观测结果,它很好地再现出 1973 年明尼苏达试验夜间观测到的近地层量的演变过程。

这个模式系统催生了 Brost 和 Wyngaard(1978)的更为简单的稳定边界层模式(简称 BW 模式)。通过忽略二阶矩方程中的湍流输送、时间变化、柯氏力项,用 $\varepsilon \simeq u^3/l$ 和一个 l 模式替换掉复杂的 ε 参数化方案,他们把 11 个关于二阶矩的偏微分方程简化为 8 个代数方程(Fitzjarrald,1979)。BW 模式方程组的解非常接近于原来模式系统的解。

后来 Nieuwstadt(1984)研究显示,当 BW 模式方程组被局地运动学应力 $\tau(z) = [(\overline{uw})^2 + (\overline{vw})^2]^{1/2}$ 及局地垂直温度通量 $\overline{w\theta}(z)$ 无量纲化后,它们的解只依赖于局地 M-O 长度:

$$\Lambda(z) = -\frac{\tau^{3/2}}{k(g/\theta_0)\overline{\theta w}} \tag{11.5}$$

纽斯塔特把这个量称为局地标度,它隐含的意思是,这套方程中的湍流量被温度和动量的通量归一化后可被 $z/\Lambda(z)$ 的普适函数描述。纽斯塔特把局地标度率看作是"M-O 相似在整个稳定边界层的拓展"。

纽斯塔特还指出,对于 $z \gg \Lambda$ 的情况,这套方程应该显示出在非常稳定的边界层中观测到的"无 z 标度"行为(见本书第 10 章)。从物理上讲,这意味着在非常稳定的条件下湍流的长度尺度是由局地尺度 Λ 而非 z 来决定的。

纽斯塔特展示了稳定条件下在荷兰的卡博(Cabauw)高塔上的观测数据,在"局地相似"坐标中的结果(即把在高度 z 测量的变量用该高度上的通量无量纲化,然后将其作为 z/Λ 的函数进行做图)支持局地标度假设和无 z 极限状态的概念。

M-O 长度 L 与高度无关,所以就像在第 10 章中所讲述的,可以用 $\phi_m(z/L)$、τ_0 和 Q_0 去计算 $U(z)$。但是在 $\Lambda = \Lambda(z)$ 的局地标度当中,为了获得垂直结构,人们需要知道 $\tau(z)$ 和 $\overline{w\theta}(z)$。基于通量理查森数和梯度理查森数都是 0.2 的假设,Nieuwstadt(1984)发现在平稳条件下这些通量廓线的解是:

$$\overline{w\theta} = Q_0(1-z/h), \quad \tau = u_*^2(1-z/h)^{3/2} \tag{12.6}$$

12.1.3　稳定边界层的大涡模拟

那些早期大涡模拟在稳定边界层中的应用包括 Meson 和 Debyshire(1990)的工作。他们在平坦均匀下垫面上厚度为 1000 m 的模拟区域上进行了 $40 \times 32 \times 62$ 格点、水平分辨率为 12 m 的模拟,发现从稳定状态开始模拟非常困难(因为湍流是衰减的),于是从中性湍流边界层开始,然后使下垫面冷却。他们做了三个数值实验,冷却开始之后模拟持续2 h,个例 B 的地表热通量非常小(-0.01 m·s^{-1}·K),有点像明尼苏达试验中的一些观测结果(图 12.2);个例 C 的地表热通量是它的 3 倍;个例 D 则是设置了固定的冷却(降温)速度。

他们的模拟结果显示了摩擦速度的快速衰减,如图 12.3 所示,以及 2 h 内建立起来的很薄的准平衡稳定边界层。在个例 B 中平衡的稳定边界层厚度是 200 m;在稳定边界层顶处通量理查森数和梯度理查森数都单调增长到大约 0.2。在结论中他们指出,Nieuwstadt(1984)模式、Debyshire(1990)改编的模式以及 Brost 和 Wyngaard(1978)的模式(BW 模式),它们之间有着广泛的一致性。

梅森和德贝舍(Mason 和 Derbyshire)使用的次网格模式是个标准模式(见本书第 6 章),该模式把次网格应力设置成正比于可分辨的应变率,这种把次网格应力与可分辨应变速率强行联系在一起的做法使得从可分辨运动向次网格运动的动能传递速率始终为正值。但是,正如人们所知,这个速率在湍流流动中的瞬时情况是可正可负,既可以由可分辨运动传递过来,也可以向可分辨运动传递过去。后来,考虑到只能单向传递能量的标准次网格模式可能并不适合于稳定边界层,因为它会造成流动出现虚假的层流化,于是 Kosovic 和 Curry(2000)采用了双向传递能量的大涡模式来研究稳定边界层,他们的研究结果与观测和纽斯塔特的解析解都符合得很好。

§12.2 黄昏时分陆上大气边界层的转换

在晴天的黄昏时分太阳接近地平线,此时的地表净短波辐射接近于零(图 9.4)。在地表能量收支关系中地表的长波辐射冷却成了主导项,使辐射的净效应从地表加热变成地表冷却,这改变了地表垂直温度梯度的符号,并改变了地表热通量的方向(问题 12.3)。在地表扩散副层(见本书第 1 章)之上,这个向下的热通量持续地由湍流运动来实现。它的散度虽被辐射热通量散度有所补偿(Garratt 和 Brost,1981),但还是造成近地面空气冷却。

随着时间的推移,湍流在边界层中把这种冷却向上扩散,于是将会看到,所产生的稳定层结效应随着离地距离的增加而增加,同时在之上原处于对流边界层的地方湍流衰减,因为作为输入源的浮力产生项减小到零。这种衰减削弱了水平平均动量收支关系中的湍流应力散度项,会使得在离地一段距离的地方激发出惯性振荡。

12.2.1 靠近地面处的响应

我们把地表温度通量 Q_0(图 9.5)改变符号的阶段定义为转换期。在转换期之后,能够跨越对流边界层的大涡旋开始衰减,正在显现的稳定层结也使得地表应力和近地面风速减小(问题 12.10 和 12.11)。图 12.2 和图 12.3 显示了明尼苏达试验中转换期前后近地面温度、摩擦速度 u_* 和 Q_0 随时间的变化情况。

有关黄昏对流边界层衰减过程的观测数据很少,但是 Nieuwstadt 和 Brost (1986)的大涡模拟研究为我们提供了一些认识。他们关注的是一个有些不同的问题,即准平稳对流边界层对地表热通量突然中断(变为零)的响应。在转换期之后经历大约 z_i/w_* 的时间之后 TKE 开始衰减,衰减的时间尺度具有 $l/u \sim z_i/w_*$ 的量级。温度方差的衰减开始得更早——或许因为在具有极其微弱甚至略显为正值的温度梯度的对流边界层当中只有一个源项,即来自下方的湍流输送。

接下来要讲的是听起来似乎合理的关于夜间稳定边界层中稳定层结平均状态的演变模型。在转换期之后,地表驱动的冷却层的顶部平均高度 $z_{cw}(t)$,如图 12.4 所示,因湍流扩散向上移动。我们把初始的近地层层结取为中性的,把这种平均冷却波的初始垂直速度 v_{cw} 取为 $\sim u_*$,因此初始的 z_{cw} 时间轨迹:

$$z_{cw} = v_{cw}t \sim u_* t \tag{12.7}$$

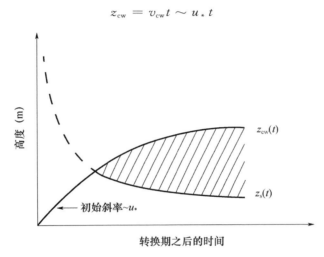

图 12.4　在刚生成的夜间稳定边界层中稳定层结向上扩散的示意图。标注为 $z_{cw}(t)$ 的曲线是处在扩散过程中的冷却波的上边缘;标记为 $z_s(t)$ 的曲线的实线部分是平均高度,在此高度之上这个冷却作用具有动力学显著性。两条曲线之间的阴影部分是受稳定层结影响的区域

在某个 $z_s < z_{cw}$ 的高度处,由向上扩散的稳定层结造成的对周围环境中 TKE 的浮力消耗速率在动力学上的作用变得重要起来。我们把 z_s 定义为某个特征高度,在这个高度上 TKE 的浮力消耗速率是切变产生速率的一个给定比例 $a(a < 1)$:

$$\frac{g}{\theta_0}\overline{w\theta}(z_s) = a\,\overline{uw}(z_s)\frac{\partial U}{\partial z}(z_s) \tag{12.8}$$

我们需要 z_s 不超过冷却波已经扩散到的高度 z_{cw}:

$$z_s(t) \leqslant z_{cw}(t) \tag{12.9}$$

用中性层结尺度律对方程(12.8)做如下近似处理:

$$\frac{g}{\theta_0} Q_0 = -a \frac{u_*^3}{k z_s}, \quad z_s(t) = a \frac{-u_*^3}{k \frac{g}{\theta_0} Q_0} \sim aL(t) \tag{12.10}$$

式中：$L(t)$ 是随时间变化的 M-O 长度。运用约束条件(12.9)式可得：

$$aL(t) \leqslant z_s(t) \leqslant z_{cw}(t) \tag{12.11}$$

在图 12.4 中标出来的阴影区域 $z_s \leqslant z \leqslant z_{cw}$ 就是受到由地表冷却作用引起的增长的稳定层结影响的气层。经过差不多一个小时左右就会出现一层较浅的(一般不超过几百米的厚度)夜间稳定边界层。

12.2.2 上方的惯性振荡

如同在第 11 章中已经讨论过的，在准平稳、水平均匀的混合层中平均动量方程是：

$$\begin{aligned}
\frac{\partial U}{\partial t} &= -\frac{\partial \overline{uw}}{\partial z} + f(V - V_g) \cong 0 \\
\frac{\partial V}{\partial t} &= -\frac{\partial \overline{vw}}{\partial z} + f(U_g - U) \cong 0
\end{aligned} \tag{12.12}$$

在黄昏时分的转换期，上方主要受浮力产生项支撑的湍流开始衰减，造成这些方程中的应力散度项衰减，在若干个大涡翻转时间里，平均动量方程已经失去了这些重要的项，于是平均风速分量开始随时间演变：

$$\frac{\partial U}{\partial t} = f(V - V_g), \quad \frac{\partial V}{\partial t} = f(U_g - U) \tag{12.13}$$

把平均水平速度定义为复数形式 $W(z,t) = U(z,t) + iV(z,t)$[①]，便于表达联立方程 (12.13) 的解。如果相应的复数地转风只与高度 z 有关，即 $W_g(z) = U_g(z) + iV_g(z)$，则满足 $\Delta W \equiv W - W_g$ 的方程是：

$$\frac{\partial \Delta W}{\partial t} = -if \Delta W \tag{12.14}$$

它的解是(问题 12.13)：

$$\Delta W(t) = \Delta W(t_0) e^{-if(t-t_0)} = \Delta W(t_0)[\cos f(t-t_0) - i\sin f(t-t_0)] \tag{12.15}$$

式中：t_0 是方程(12.12)中应力散度变为零的时刻。

对于在下午对流边界层中处于混合层的那些高度而言，方程(12.15)会在晴天给这些高度上的风速带来重要后果。用复共轭速度(用星号表示)乘以方程(12.15)可得：

$$\Delta W(t) \Delta W^*(t) = |\Delta W(t)|^2 = \Delta W(t_0) \Delta W^*(t_0) = \text{常数} \tag{12.16}$$

对于速度的物理分量而言，这意味着(问题 12.14)：

---

① 这是个惯用的标记法。读者在这里不应该把 W 与平均垂直速度相混淆，此处平均垂直速度消失了。

$$(\Delta U)^2 + (\Delta V)^2 \equiv [U(z,t) - U_g(z)]^2 + [V(z,t) - V_g(z)]^2$$
$$= [U(z,t_0) - U_g(z)]^2 + [V(z,t_0) - V_g(z)]^2 = 常数$$

$$(12.17)$$

方程(12.17)是只有气压梯度和柯氏力的情况下随时间变化的平均水平流动(既没有湍流也没有平均平流的流动)的动能守恒表现方式。当流动衰变成无湍流状态时我们可以去掉修饰语平均,并把方程(12.17)理解为速度与地转风之差的平方,且不随时间变化。水平风速的方向随时间改变,但是它的能量约束条件(12.17)式使得这个矢量的尖端在 $U-V$ 平面上画出一个圆圈路径,如图 12.5 所示,圆心是 (U_g, V_g);其半径平方为 $R^2 = [U(t_0) - U_g]^2 + [V(t_0) - V_g]^2$,其角频率为 f。这种现象,正如 Blackadar(1957)讨论的那样,是夜间急流或低空急流的一个成因。

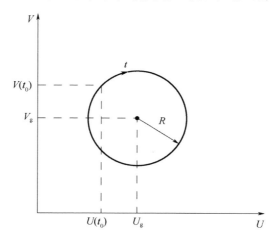

图 12.5　稳定边界层之上湍流衰减之后可能存在的水平风速矢量的惯性振荡示意图。
风矢的初始值是 $[U(t_0),V(t_0)]$,它随时间演变,画出一个顺时针(北半球)
的圆形轨迹,其角频率为 f,半径的平方为 $R^2 = [U(t_0) - U_g]^2 + [V(t_0) - V_g]^2$

我们将考虑初始状态是正压对流边界层(图 11.6)和斜压对流边界层(图 11.8)的不同情况。从方程(11.6)、图 11.5 和图 11.6 的正压情况中可以估算出:

正压:$\Delta U \ll \Delta V \cong u_*^2 / f z_i \cong 5 u_*$,　$(\Delta U)^2 + (\Delta V)^2 \cong 25 u_*^2$　(12.18)

对于斜压情形,依据图 11.8 有:

斜压:$\Delta U \cong 5 u_*$,　$\Delta V \cong 10 u_*$,　$(\Delta U)^2 + (\Delta V)^2 \cong 125 u_*^2$　(12.19)

这些结果表明,惯性振荡的强度会受到斜压性的强烈影响。考虑到因水平速度的螺旋形状引起的风向变化和近地层中稳定度对平均风速的抑制作用的联合影响,在几小时内会在夜间边界层中造成地面平均风速与几百米高度处风速之间出现显著差异。

如 Stull(1988)所讨论的,低空急流很常见。除上面讨论的这个原因之外,还有几种强迫作用能产生低空急流，这样的急流会使得来自地面源和高架源的排放物在夜间的扩散行为有很大的不同，并且对风能发电来讲既有有利影响也有不利影响。

尽管陆上晴天的每个晚上都会出现稳定边界层，但人们对它的结构和动力学特征的认识要比对流情形少很多。

12.2.3　斜坡地形的作用

在斜坡地形上由更冷也更重的空气所经受的下坡浮力对稳定边界层的平均动量平衡非常重要。下面将分析与水平面有一个很小夹角 β 的平坦斜坡上的气流。把坐标轴转动 β 角度使得 x 和 y 轴都平行于地面，则在旋转后的坐标系里平行于地面的水平均匀动量方程（Caughey et al.，1979）是：

$$\frac{\partial U}{\partial t} + \frac{\partial \overline{uw}}{\partial z} = f(V - V_g) - \frac{g}{\theta_0}\overline{\theta'}\beta_x$$
$$\frac{\partial V}{\partial t} + \frac{\partial \overline{vw}}{\partial z} = f(U_g - U) - \frac{g}{\theta_0}\overline{\theta'}\beta_y \qquad (12.20)$$

式中：β_x 和 β_y 是斜坡角 β 在 x 和 y 方向的分量，$\overline{\theta'}$ 是偏离 θ_0 的偏差量。

如果定义平均风向为 $\alpha = \tan^{-1}(V/U)$，那么可以从 U 和 V 的方程（12.20）推导出关于 α 的方程（问题 12.8）如下：

$$\frac{d\alpha}{dt} = \frac{1}{S^2}\left(V\frac{\partial \overline{uw}}{\partial z} - U\frac{\partial \overline{vw}}{\partial z}\right) + f\left(\frac{G}{S}\cos\gamma - 1\right) + \frac{g}{\theta_0}\frac{\overline{\theta'}}{S^2}(V\beta_x - U\beta_y)$$

$$(12.21)$$

这里，γ 是地转风与平均风速之间的夹角。在如图 12.2 所示的明尼苏达试验观测结果中，到每次观测的中间时段，方程（12.21）中的斜坡项在离地 4 m 处就已经变得很重要了。在 7 次观测中有 5 次其量值达到 f，这个值相当于平均风向每小时转动 20°的速率（问题 12.19）。

事实是地球上很少有陆地表面能像明尼苏达观测场地那样水平（意思是其他地方的坡度一般都比明尼苏达观测场更大），所以可以得出结论：在夜间稳定边界层中下坡力会是很重要的，它们会催生局地下泄流；这些下坡风随时间变化，并且会以非常复杂的方式相互作用。

12.2.4　处理重力波的一种方法

夜间边界层是产生和传播重力内波的温床，而它们又与湍流发生相互作用。Coulter(1990)曾报道过声探空观测结果，他发现开尔文-亥姆霍兹（Kelvin-Helmholtz，简称 KH）波及 KH 不稳定能够引起速度均方根及边界层其他湍流量出现 2～4 倍的变化。图 12.6 显示了后半夜稳定边界层中声探空观测记录，它呈现出很强的重力波特征。

Finnigan 等(1984)采用 Reynolds 和 Hussein(1972)提出的流体变量三项分解

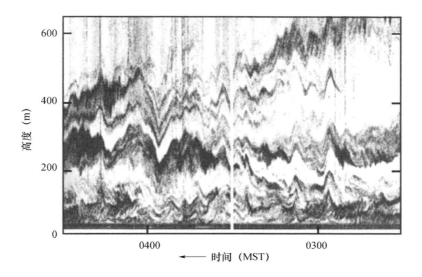

图 12.6　夜间边界层中有很强重力波的声探空记录。

照片由 W. D. Neff 提供；引自 Wyngaard (1988)

的方法，即平均＋湍流＋波动，来分离夜间稳定边界层中的湍流和波动，以及它们的相互作用。这样的分解一般情况下是分解成系综平均值加上扰动量，它把速度、气压及保守标量场分解成如下形式：

$$\tilde{u}_i = U_i + u_i^{\mathrm{w}} + u_i^{\mathrm{t}}, \quad \tilde{p} = P + p^{\mathrm{w}} + p^{\mathrm{t}}, \quad \tilde{c} = C + c^{\mathrm{w}} + c^{\mathrm{t}} \qquad (12.22)$$

与以往一样，波浪号代表全变量，大写字母表示系综平均值，但这里的上标 w 和 t 表示扰动量中的波动部分和湍流部分。

一个变量的分解 $\tilde{a} = A + a^{\mathrm{w}} + a^{\mathrm{t}}$ 包含了相平均和系综平均。相平均的定义如下：

$$\tilde{a}^{\mathrm{p}} = \lim_{N \to \infty} \left(\frac{1}{N} \sum_{n=1}^{N} \tilde{a}(t + n\tau) \right) = A + a^{\mathrm{w}} \qquad (12.23)$$

其中，a^{t} 的相平均为零。在平稳条件下，时间平均会收敛于系综平均，所以在实际中人们用以下方法来确定平均值部分 A：

$$A = \lim_{T \to \infty} \frac{1}{T} \int_0^T \tilde{a}(t) \mathrm{d}t \qquad (12.24)$$

于是，取 $\tilde{a}$ 的时间平均可得到它的平均值部分 A；从 $\tilde{a}$ 的相平均值中减去 A 就得到波动部分 a^{w}；然后从 $\tilde{a}$ 中减去相平均值 $A + a^{\mathrm{w}}$ 就得到湍流部分 a^{t}。

平均计算法则（Finnigan et al., 1984）如下：

$$(a^{\mathrm{t}})^{\mathrm{p}} = 0, \quad \overline{a^{\mathrm{w}}} = 0, \quad \overline{a^{\mathrm{t}}} = 0$$
$$\overline{ab} = \overline{a}\,\overline{b}, \quad (a^{\mathrm{w}} b)^{\mathrm{p}} = a^{\mathrm{w}} b^{\mathrm{p}}, \quad (\overline{a} b)^{\mathrm{p}} = \overline{a} b^{\mathrm{p}}$$

$$\overline{a^{\mathrm{p}}} = \bar{a}, \quad \overline{a^{\mathrm{p}}} = \bar{a}, \quad \overline{(a^{\mathrm{w}}b^{\mathrm{t}})} = (\overline{a^{\mathrm{w}}b^{\mathrm{t}}})^{\mathrm{p}} = 0 \tag{12.25}$$

对方程的分解过程如下所述。动量方程是：

$$\frac{\partial \tilde{u}_i}{\partial t} + \tilde{u}_j \frac{\partial \tilde{u}_i}{\partial x_j} = -\frac{1}{\rho_0} \frac{\partial \tilde{p}'}{\partial x_i} - 2\varepsilon_{ijk} \Omega_j \tilde{u}_k + \frac{g}{\theta_0} \tilde{\theta}' \delta_{3i} + \nu \nabla^2 \tilde{u}_i \tag{8.57}$$

对其求相平均后得到 $U_i + u_i^{\mathrm{w}}$ 的方程；对其求系综平均后得到 U_i 的方程。从 $U_i + u_i^{\mathrm{w}}$ 的方程中减去 U_i 的方程得到 u_i^{w} 的方程。从方程(8.57)中减去 $U_i + u_i^{\mathrm{w}}$ 的方程得到 u_i^{t} 的方程。相同的步骤可以应用于如下位温方程：

$$\frac{\partial \tilde{\theta}}{\partial t} + \tilde{u}_i \frac{\partial \tilde{\theta}}{\partial x_i} = \alpha \tilde{\theta}_{,jj} \tag{12.26}$$

扰动速度场的波动部分和湍流部分的方程如下：

$$u_{i,t}^{\mathrm{w}} + u_{i,j}^{\mathrm{w}}U_j + U_{i,j}u_j^{\mathrm{w}} + r_{ij,j}^{\mathrm{w}} + (u_i^{\mathrm{w}}u_j^{\mathrm{w}} - \overline{u_i^{\mathrm{w}}u_j^{\mathrm{w}}})_{,j} = -\frac{1}{\rho_0} p_{,i}^{\mathrm{w}} + \frac{g}{\theta_0}\theta^{\mathrm{w}}\delta_{3i} \tag{12.27}$$

$$u_{i,t}^{\mathrm{t}} + u_{i,j}^{\mathrm{t}}U_j + U_{i,j}u_j^{\mathrm{t}} - r_{ij,j}^{\mathrm{w}} + (u_i^{\mathrm{t}}u_j^{\mathrm{t}} - \overline{u_i^{\mathrm{t}}u_j^{\mathrm{t}}} + u_i^{\mathrm{t}}u_j^{\mathrm{w}} + u_i^{\mathrm{w}}u_j^{\mathrm{t}})_{,j}$$
$$= -\frac{1}{\rho_0} p_{,i}^{\mathrm{t}} + \frac{g}{\theta_0}\theta^{\mathrm{t}}\delta_{3i} + \nu u_{i,jj}^{\mathrm{t}} \tag{12.28}$$

这里，

$$r_{ij}^{\mathrm{w}} = \left[(u_i^{\mathrm{t}}u_j^{\mathrm{t}})^{\mathrm{p}} - \overline{u_i^{\mathrm{t}}u_j^{\mathrm{t}}} \right] \tag{12.29}$$

在波动成分的方程里略去了分子扩散项。方程(12.27)和(12.28)相加就是所需的扰动速度 $u_i = \tilde{u}_i - U_i$ 的方程：

$$u_{i,t} + u_{i,j} U_j + U_{i,j} u_j + (u_i u_j)_{,j} - (\overline{u_i u_j})_{,j} = -\frac{1}{\rho_0} p_{,i} + \frac{g}{\theta_0}\theta\delta_{3i} + \nu u_{i,jj} \tag{12.30}$$

θ 的波动部分和湍流部分满足：

$$\theta_{,t}^{\mathrm{w}} + \theta_{,j}^{\mathrm{w}}U_j + \Theta_{,j}u_j^{\mathrm{w}} + r_{j\theta,j}^{\mathrm{w}} + (u_j^{\mathrm{w}}\theta^{\mathrm{w}} - \overline{u_j^{\mathrm{w}}\theta^{\mathrm{w}}})_{,j} = 0 \tag{12.31}$$

$$\theta_{,t}^{\mathrm{t}} + \theta_{,j}^{\mathrm{t}}U_j + \Theta_{,j}u_j^{\mathrm{t}} - r_{j\theta,j}^{\mathrm{w}} + (u_j^{\mathrm{t}}\theta^{\mathrm{t}} - \overline{u_j^{\mathrm{t}}\theta^{\mathrm{t}}} + u_j^{\mathrm{w}}\theta^{\mathrm{t}} + u_j^{\mathrm{t}}\theta^{\mathrm{w}})_{,j} = \gamma\theta_{,jj}^{\mathrm{t}} \tag{12.32}$$

这里我们定义：

$$r_{j\theta}^{\mathrm{w}} = \left[(u_j^{\mathrm{t}}\theta^{\mathrm{t}})^{\mathrm{p}} - \overline{u_j^{\mathrm{t}}\theta^{\mathrm{t}}} \right] \tag{12.33}$$

则它们的和就是扰动温度的方程：

$$\theta_{,t} + \theta_{,j}U_j + \Theta_{,j} u_j + (u_j\theta - \overline{u_j\theta})_{,j} = \gamma \theta_{,jj} \tag{12.34}$$

通过构建波动成分和湍流成分的动能收支方程，Finnigan 等(1984)发现动能由波动运动传向湍流，并且这个传递机制依赖于波动场的非线性特征。这样产生的 TKE 主要是通过克服浮力做功被消耗掉的，而不是被黏性耗散掉的。他们指出，这与他们研究的流动因受强稳定度的作用而使得湍流呈现出的准二维特征相一致。后来 Finnigan(1988)把这个方程推广到更具一般性的非平稳波动的情形，并对几种波动-湍流相互作用的细节进行了研究。

§12.3　准平稳稳定边界层

我们在第 10 章中已经讲过，M-O 相似给出了稳定近地层中湍流统计量的明显特征。而且，声探空观测(Neff 和 Coulter，1986；Neff et al.，2008)提供迹象表明，夜间稳定边界层和极地长期的稳定边界层都存在准平稳状态。这些认识上的进展激励人们针对稳定边界层开展分析研究。

12.3.1　稳定近地层的极限状态

如图 10.3 所示，在非常稳定的条件下风速和位温的平均垂直梯度的行为表明：

$$\phi_m = \frac{kz}{u_*}\frac{\partial U}{\partial z} \sim \frac{z}{L}, \quad \text{所以}\ \frac{\partial U}{\partial z} \sim \frac{u_*}{L} \tag{12.35}$$

且 $\partial\Theta/\partial z$ 的情况类似。这反映出在非常稳定的条件之下出现了无 z 标度。

我们还可以从通量理查森数来看这种稳定的极限情况，它是 TKE 的浮力消耗与 TKE 的切变产生的比值：

$$R_\mathrm{f} = \frac{\dfrac{g}{\theta_0}\overline{\theta w}}{\overline{uw}\dfrac{\partial U}{\partial z}} \tag{12.36}$$

用 M-O 相似的术语可以表达为(问题 12.17)：

$$R_\mathrm{f} = \frac{z}{L}\frac{1}{\phi_m} \tag{12.37}$$

因为 $\phi_m = 1 + \beta z/L$(图 10.3)，其中 $\beta \cong 5$，于是有：

$$R_\mathrm{f} = \frac{z/L}{1+\beta z/L} \tag{12.38}$$

所以在非常稳定的近地层中 $R_\mathrm{f} \to 1/\beta \cong 0.2$。

12.3.2　夹卷形成的层结

如图 9.7 所示，大气边界层可以通过上方暖空气的向下夹卷而成为稳定层结，有时它被称为"有覆盖逆温的中性"边界层。这里可以重新审视第 10 章中介绍的涡旋尺度为 r 的"涡旋理查森数" Ri_e：

$$Ri_\mathrm{e}(r) = \frac{g\theta r}{\theta_0\,[u(r)]^2} = \frac{g\theta\,r^{1/3}}{\theta_0\varepsilon^{2/3}} \tag{10.38}$$

$Ri_\mathrm{e}(r)$ 是作用于尺度为 r 的含能区间涡旋的扰动浮力和惯性力之比，其中 θ 是位温起伏的幅度。我们把方程(10.38)理解为那些最大的涡旋感受到最强的浮力。如果取 $\theta \sim l\partial\Theta/\partial z$，则有：

$$Ri_\mathrm{e}(r) = \left(\frac{g}{\theta_0}\frac{\partial\Theta}{\partial z}\right)\frac{l\,r^{1/3}}{\varepsilon^{2/3}} = N^2\,\frac{l\,r^{1/3}}{\varepsilon^{2/3}} \tag{12.39}$$

式中：N 是布伦特-维萨拉频率（Brunt-Vaisala frequency）。如果把耗散率写成 $\varepsilon \sim \sigma_w^3/l$，其中 σ_w 是垂直速度起伏的均方根，并且取 $r=l$，则方程（12.39）是：

$$Ri_e(l) = \frac{N^2 l^2}{\sigma_w^2} \tag{12.40}$$

我们可以认为 $Ri_e(l)$ 会像通量理查森数一样在非常稳定的条件下趋近于一个常数，使得湍流尺度趋近于浮力的长度尺度 l_b：

$$l_b \sim \frac{\sigma_w}{N} \sim \frac{u}{N} \tag{12.41}$$

如同下面将要讨论的，u/N 被当作是稳定层结在平衡的极限状态下含能涡旋的长度尺度。

12.3.3　夜间稳定边界层的平衡高度

Derbyshire（1990）基于 Nieuwstadt（1984）的局地标度模式分析确定了能够表征夜间稳定边界层平衡状态的一些物理量。一个要用到的假设是通量理查森数 R_f 是常数。这可能是总体而言可以接受的假设，因为方程（12.38）显示 R_f 能够变化的范围被限制在 $z \leqslant L$ 内。

在准平稳状态之下平均位温梯度与时间无关，

$$\frac{\partial}{\partial t}\frac{\partial \Theta}{\partial z} = 0 = -\frac{\partial^2 \overline{\theta w}}{\partial z^2} \tag{12.42}$$

所以如（12.6）式所示，$\overline{\theta w}$ 廓线是线性的：$\overline{\theta w} = Q_0(1-z/h)$，其中，$h$ 是稳定边界层厚度，地表热通量 Q_0 是负值，方向由空气指向地面。由 R_f 的定义及线性 $\overline{\theta w}$ 廓线可得：

$$R_f = \frac{\frac{g}{\theta_0}\overline{w\theta}}{\overline{uw}\frac{\partial U}{\partial z} + \overline{vw}\frac{\partial V}{\partial z}} = \frac{\frac{g}{\theta_0}Q_0(1-z/h)}{\overline{uw}\frac{\partial U}{\partial z} + \overline{vw}\frac{\partial V}{\partial z}} \tag{12.43}$$

它可以被写成如下形式：

$$\overline{uw}\frac{\partial U}{\partial z} + \overline{vw}\frac{\partial V}{\partial z} = \frac{g}{\theta_0}\frac{Q_0}{R_f}\left(1 - \frac{z}{h}\right) \tag{12.44}$$

采用复数协方差 $T = \overline{uw} + i\,\overline{vw}$ 及复数平均速度 $W = U + iV$，如果 T 与 dW/dz 平行，方程（12.44）可写成：

$$T^* \frac{dW}{dz} = \frac{g}{\theta_0}\frac{Q_0}{R_f}\left(1 - \frac{z}{h}\right) \tag{12.45}$$

其中，$*$ 表示复共轭。

用复数来表示，准平稳的平均水平动量平衡关系是：

$$\frac{dT}{dz} = -if(W - W_g) \tag{12.46}$$

式中：$W_g = U_g + iV_g$。对（12.46）式求导，假设 $W_g \neq W_g(z)$，并乘以 T^*，再根据方程

（12.45），可以得到：

$$T^* \frac{\mathrm{d}^2 T}{\mathrm{d}z^2} = -if \frac{g}{\theta_0} \frac{Q_0}{R_\mathrm{f}} \left(1 - \frac{z}{h}\right) \tag{12.47}$$

T 廓线的一个解是：

$$T = -u_*^2 \left(1 - \frac{z}{h}\right)^\alpha \tag{12.48}$$

式中：$\alpha = \alpha^r + i\alpha^i$ 是待定复常数。将（12.48）式代入（12.47）式，使两边的指数相等，则可以得到 $\alpha^* + \alpha - 2 = 1$，这意味着 $\alpha^r = 3/2$。要求方程两边的虚部相等，则可以得到 $\alpha^i = \sqrt{3}/2 \mathrm{sgn}(f)$。所以 $\alpha = 3/2 + (\sqrt{3}/2)i\,\mathrm{sgn}(f)$。

确定了 α 之后，由方程（12.47）可得稳定边界层厚度 h 的表达式：

$$h^2 = -\sqrt{3}\,R_\mathrm{f} \frac{u_*^4}{\frac{g}{\theta_0} Q_0 |f|} = \sqrt{3}k R_\mathrm{f} \left(\frac{u_* L}{|f|}\right) \tag{12.49}$$

对于 $R_\mathrm{f} \cong 0.2 \sim 0.25$，则会得到：

$$h \cong 0.4 \left(\frac{u_* L}{|f|}\right)^{1/2}, \quad \frac{h|f|}{u_*} \cong 0.4 \left(\frac{u_*}{|f|L}\right)^{-1/2} \tag{12.50}$$

这或许是指数律公式的首次解析推导，而最初由 Zilitinkevich（1972）运用量纲分析方法推导出过这样的结果。

模式计算（Businger 和 Arya，1974；Brost 和 Wyngaard，1978）和数值模拟（Zilitinkevich，2007）支持方程（12.50），结果表明，如果稳定边界层达到准平稳状态，其厚度 h 与 $(u_* L/|f|)^{1/2}$ 预报的结果很接近。这意味着 h 的值可能会很小，例如，假设 $u_* = 0.1\ \mathrm{m \cdot s^{-1}}$，$L = 100\ \mathrm{m}$，$f = 10^{-4}\ \mathrm{s^{-1}}$，比例系数取 0.4，则方程（12.50）给出的结果是 $h \sim 100\ \mathrm{m}$。

12.3.4　维持稳定边界层湍流的约束条件

Derbyshire（1990）利用 T 廓线方程（12.48）把方程（12.45）写成如下形式：

$$\frac{\mathrm{d}W}{\mathrm{d}z} = -\frac{g}{\theta_0} \frac{Q_0}{u_*^2 R_\mathrm{f}} (1 - z/h)^{1-\alpha^*} \tag{12.51}$$

从地面到 z 对方程进行积分，确定 $z = h$ 处的取值，从而给出了地转拖曳定律（问题 12.22）：

$$\frac{G}{u_*} = \frac{1}{kR_\mathrm{f}} \frac{h}{L} \tag{12.52}$$

这个拖曳定律与方程（12.49）一起，再加上恒等式 $gQ_0/\theta_0 = -u_*^3/(kL)$，意味着地表浮力通量是：

$$\frac{g}{\theta_0} Q_0 = -\frac{R_\mathrm{f}}{\sqrt{3}} G^2 |f| \tag{12.53}$$

在德贝舍（Derbyshire）的解析模式里右边的参数都是常数，所以这个方程说的是地表浮力通量也是常数,显然这需要进一步解读。

Derbyshire(1990)把方程(12.53)的意思解释成平稳的稳定边界层在依然保有充分湍流的情况下,即在 $Ri \cong 0.25$ 时没有出现湍流的间歇性和衰减(见本书12.1.1 节)的情况下能够有的最大地表浮力通量。因此可以把方程(12.53)写成如下形式来支持这个说法:

$$R_f = \frac{-\sqrt{3}\,\frac{g}{\theta_0}\,Q_0}{G^2\,|f|} \cong 常数 \qquad (12.54)$$

分式中的分子正比于稳定边界层中浮力消耗 TKE 的平均速率。因为 $|f|G$ 是平均水平气压梯度的量级,MKE 平衡关系(第 5 章 5.5.2 节)显示分母正比于平均流动动能 MKE 的产生率。如果 MKE 收支是保持平衡的,分母也正比于稳定边界层 TKE 的平均产生率。因此,如德贝舍认为的那样,方程(12.54)可以被理解为对稳定边界层最大"总体"通量理查森数的一个估计值,即超过它湍流就不能维持:

$$R_f(\max) = 常数 \sim \frac{稳定边界层中\ TKE\ 的平均浮力消耗率}{稳定边界层中\ TKE\ 的平均切变产生率} \qquad (12.55)$$

Nieuwtadt(2005)对稳定层结中的湍流管道流的直接数值模拟为德贝舍的最大通量理查森数,即方程(12.55),提供了一些令人好奇的支持依据。他设置底部冷却并具有表面应力,在管道顶部采用"自由滑脱"条件使得应力和浮力通量在此处消失,所以这个流动从定性上来讲就像是没有明显柯氏力效应的稳定边界层。他发现当 M-O 长度 L 变得小于两倍管道厚度的时候流动变成了没有湍流的层流,这可以被表示成如同方程(12.55)一样的关于最大总体通量理查森数的约束条件(问题12.23)。

稳定边界层的地表热通量由地表能量平衡来确定。在晴天的夜间,地表能量平衡受辐射效应控制,而不怎么受稳定边界层动力学的影响。看起来这样的稳定边界层倾向于出现强烈的地表冷却,以至于总体通量理查森数超过阈值,从而使得湍流消亡。

12.3.5 大涡模拟提供的认识

几个不同版本的大涡模式(Beare et al.,2006)对稳定边界层结构的模拟结果表明,在足够高的分辨率上(网格距为 3 m 或更小)它们在各方面都符合得很好。测试个例是 Kosovic 和 Curry(2000)模拟的稳定边界层,初始位温廓线在 100 m 之下不随高度变化,之上随高度的变化率是 $0.01\ \mathrm{K \cdot m^{-1}}$,地转风是 $8\ \mathrm{m \cdot s^{-1}}$,地表的冷却速率是 $0.25\ \mathrm{K \cdot h^{-1}}$ 且持续 9 h 来获得 $h/L \cong 2$ 的适中稳定边界层。

一个有趣的景象是平均风速廓线(图 12.1)在稳定边界层顶处呈现"急流"形状——风速超过地转风大约 20%(问题 12.20)。当与黄昏转换期之后出现的惯性振荡(见本书 12.2.2 节)耦合在一起的时候,这会导致夜间稳定边界层顶部出现非常明显的风速极大值。图 12.7 显示了涡旋扩散率 K_m 和 K_h 廓线,Brost 和 Wyngaard(1978)的代数模型给出的涡旋扩散率廓线落在了大涡模拟数据的中间。

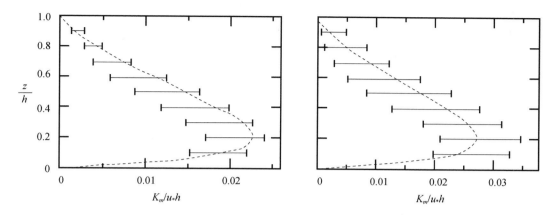

图 12.7　数值模拟得到的稳定边界层涡旋扩散率廓线。水平线表示 11 个垂直分辨率
为 6 m 的大涡模拟结果的分布范围，虚曲线是 Brost 和 Wyngaard(1978)代数模式的
计算结果，Beare 等(2006)做了一些修订

§12.4　稳定边界层的演变

12.4.1　结构

在针对草地夜间稳定边界层的研究中，Mahrt 等(1998)发现了转换期之后出现的两种极限情况：一种是充满湍流的弱稳定情况，它通常出现在夜间稳定边界层初期准平稳阶段，或是出现在强风和/或有云天气；另一种是强稳定情况，它出现在晴天，有很大的地表冷却速率及较小的风速，它的湍流较弱且有间歇性，即使是靠近地面的地方也是如此，其地表浮力通量大概能达到 12.3.4 节中讨论的极限值。

图 12.8 显示了 1973 年明尼苏达试验中在晴天的上半夜时段测量到的湍流方差和协方差廓线。所用数据为中段观测数据，该时段从转换期之后 1 h 算起，但是测量结果已经显现出比较明显的相似结构。边界层厚度遵循平衡关系式，即方程(12.50)，但是比例系数大约是平衡值的两倍(Caughey et al.，1979)。

这种状态是易变的，不过在每次观测中都持续到转换期之后大约 5 h 才结束。在有些观测中平均风向会因为非常小的地形坡度(0.0014)或斜压性而产生显著变化；其他的观测中会出现非常稳定的情形，在离地 4 m 处湍流就消失了。

Businger(1973)提出在非常稳定的情形之下的间歇机会调制湍流。湍流的熄灭会使动量方程中的湍流摩擦项(即湍流应力项)消失，于是失去平衡的水平气压梯度会使气流加速，直至理查森数变得足够小而产生湍流。Van de Wiel 等(2002)提供的结果显示，地面植被对这个间歇性动力学机制有很强的影响。

夜间稳定边界层还会与我们讨论的这些情况不同。例如，Mahrt 和 Wickers

（2003）描述了美国中西部相对平坦的草地上进行的 CASES99 试验中观测到的夜间边界层截然不同的垂直结构特征。除了"传统"稳定边界层厚度的变化之外，他们还观测到被他们称为"由上向下"型的稳定边界层，在其中 TKE 随高度增加，而且湍流输送项是从上向下输入所引起的 TKE 局地收入速率。在这种情况下 TKE 的主要源项是上方与夜间急流相关的切变产生项。Banta 等（2002）对这种夜间急流的细节做过一些讨论。

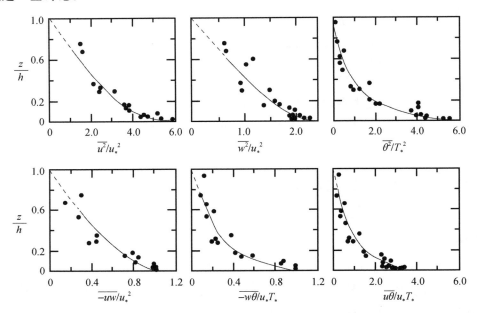

图 12.8　如图 12.2 所示的明尼苏达试验中观测的上半夜无量纲方差和协方差的垂直廓线。
7 次观测中稳定边界层厚度 h 的变化范围是 30～400 m。图中虚线是对数据
的目测拟合结果。引自 Caughey 等（1979）

12.4.2　参数化

用高分辨大涡模拟对天气预报模式中的 19 个稳定边界层参数化方案进行测试（Cuxart et al.，2006），其结果显示差异很大。比如，预报的涡旋扩散率廓线的离散程度要比图 12.7 中的结果大出一个量级。

这类稳定边界层参数化方案通常是一维的，因为稳定边界层厚度会比水平网格距小很多。它们用到的公式特别具有挑战性，因为能否出现湍流取决于稳定层结的作用，而这个作用的效果会随层结强度的变化而改变。Derbyshire（1999）推荐在稳定边界层参数化方案中使用局地理查森数，他指出，这样的公式能够模仿出非常稳定边界层的行为特征。

§12.5　模拟中性和稳定边界层的平衡高度

Zilitinkevich 等(2007)建议采用"埃克曼公式"$h_E \sim (K/|f|)^{1/2}$ 来表示中性和稳定边界层的平衡高度 h_E,其中 f 是柯氏力参数,K 是特征涡旋扩散率,其量值大致为 $u_T l_T$——边界层湍流速度尺度与长度尺度的乘积。他们对三种边界层状态进行参数化:"真正中性"边界层,它的地表热通量为零,地表之上是中性层结;"常见中性"边界层(即我们所说的"有覆盖逆温的中性"情况,图 9.7),它的地表热通量为零,地表之上是强度为 N 的稳定层结;以及"夜间稳定"边界层,其地表温度通量为负值,地表之上是中性层结。$u_T l_T$ 按如下规定选取:

- "真正中性"($Q_0 = 0, N = 0$) $u_T l_T \sim u_* h_E$;
- "常见中性"($Q_0 = 0, N > 0$) $u_T l_T \sim u_* (u_* N^{-1})$;
- "夜间稳定"($Q_0 < 0, N = 0$) $u_T l_T \sim u_* L$。

常见中性情况下的湍流长度尺度,$l_T \sim u_* N^{-1}$,是由 Kitaigorodskii 和 Joffre (1988)提出的,它类似于方程(12.41)中的 l_b。在夜间稳定情况下,$l_T \sim L$,它对应的就是方程(12.35)。

这样的解析公式让我们可以把边界层高度表示为:

$$h_E \sim \frac{u_*}{|f|}, \quad 真正中性边界层$$

$$h_E \sim \frac{u_*}{|fN|^{1/2}}, \quad 常见中性边界层 \qquad (12.56)$$

$$h_E \sim \left(\frac{u_* L}{|f|}\right)^{1/2}, \quad 夜间稳定边界层$$

方程(12.56)的第一个式子是 Rossby-Montgomery(1935)给出的中性边界层平衡厚度的表达式;第二个式子是 Pollard 等(1973)的研究结果;第三个式子是 Zilitinkevich(1972)的研究结果,即方程(12.50)。

Zilitinkevich 等(2007)后来建议,对于这个包含中性和稳定状态的边界层高度 h_E,可以用下列内插公式得到:

$$\frac{1}{h_E^2} = \frac{f^2}{(C_R u_*)^2} + \frac{N|f|}{(C_{CN} u_*)^2} + \frac{|f|}{C_{NS}^2 k u_* L} \qquad (12.57)$$

式中:C_R、C_{CN} 和 C_{NS} 是对应于真正中性、常见中性及夜间稳定情况的常数。一系列的观测和大涡模拟结果建议将它们取为 $C_R \cong 0.6$、$C_{CN} \cong 1.36$ 和 $C_{NS} \cong 0.51$。最后的这个取值意味着日里廷科维奇(Zilitinkevich)表达式(12.50)中的常数约为 0.3。

针对主要概念的提问

12.1　解释稳定边界层与对流边界层之间的一些主要差别,其中最常见、最根本的原因是什么？

12.2 解释为什么黄昏时分的转换过程有赖于晴天，以及如何依赖。

12.3 概括出低空急流的动力学机制，解释为什么在晴天斜压情况下它的强度最大。

12.4 讨论为什么地球物理湍流比工程湍流对稳定层结要敏感得多。

12.5 两种基本的稳定边界层类型是什么？它们的区别在哪里？

12.6 讨论大气边界层稳定层结是如何在晴天的黄昏和上半夜发展起来的。

12.7 讨论低空急流对风能发电的正面影响和负面影响。

12.8 解释为什么说稳定层结湍流是"脆弱"的，以及如何"脆弱"。

12.9 讨论并解释稳定边界层对地形斜坡的敏感性。

12.10 讨论如何将传统的系综平均加扰动的分解方法推广到包含波动成分的分解方法。

12.11 从物理上解读方程(12.41)定义的浮力长度尺度。

12.12 解释为什么夜间稳定边界层难以达到准平稳状态。

12.13 解释为什么二阶矩闭合模式在稳定边界层中的可靠程度要比在对流边界层中更高。

问　题

12.1 地表能量平衡关系中有一项是地表层的上表面的热量输送，讨论它的自然性质，并解释为什么它有时被看作是对流热传导。

12.2 地表比空气更冷一些但它仍然存在水汽蒸发，所以水汽的垂直通量是正的，虚位温通量为零。此时稳定度指数 z/L 是什么？用 M-O 相似写出位温垂直梯度的表达式。

12.3 解释为什么在黄昏日落之前地表热通量就改变了方向。

12.4 解释并讨论为什么夜间边界层难以像白天对流边界层那样提供能够出现准平稳状态的条件。

12.5 你认为在什么条件下稳定层结的湍流中会存在惯性区？

12.6 画出如图 9.7 所示的有覆盖逆温的中性边界层中 w 场的含能涡旋长度尺度的垂直廓线示意图。

12.7 从地面到大气边界层顶平均风向的变化在对流情况下最小，而在稳定情况下最大，为什么？（提示：考虑顺流方向的平均运动方程）

12.8 解释为什么在黄昏时分湍流衰退之后出现在斜压对流边界层中的夜间急流会特别强。

12.9 从风能潜在来源的角度讨论白天边界层与夜间边界层之间的一些差别。

12.10 解释为什么在晴天黄昏时分近地层平均风速会较小。（提示：运用无量纲梯度的 M-O 关系，并假定平均水平气压梯度不变）

12.11　水平平均运动方程中的哪一项也会对转换期后近地层风速的减小有贡献？从物理上解释其机制。

12.12　证明复数应力廓线方程(12.48)的解与方程(12.6)相一致。

12.13　推导方程(12.14)以及其如方程(12.15)所示的解。

12.14　推导方程(12.16)和(12.17)。

12.15　讨论夜间急流给风能发电带来的有利和不利影响。

12.16　讨论稳定边界层与对流边界层的界面层有什么重要的相似之处和不同之处。

12.17　证明关于 R_f 的方程(12.37)是从方程(12.36)推导出来的。

12.18　推导方程(12.21)。

12.19　证明方程(12.21)中的柯氏力项的作用相当于中纬度地区风向每小时转动 $20°$ 的变化速率。

12.20　解释为什么在图 12.1 中急流存在于 U 分量速度廓线中。(提示：在图中所用的坐标系中对侧向平均运动方程做贯穿边界层的垂直积分)

12.21　用运动方程来讨论晴天近地层风速在黄昏边界层转换期通常会减小的机制。关于这个机制你能做出怎样的推断？

12.22　证明：把方程(12.51)从地面积分到高度 z，确定 $z=h$ 高度处的取值，就可以得出地转拖曳定律，即方程(12.52)。

12.23　Nieuwstadt(2005)发现他的水平均匀稳定层结管道流(12.3.4 节)只能在 $L \geqslant 2h$ 时出现湍流，其中 L 是 M-O 长度，h 是管道深度，

(a)假设温度通量从地面值 Q_0 线性减小到管道顶处为零，计算单位质量 TKE 的浮力消耗速率在管道厚度上的平均值；

(b) 假设 MKE 方程(5.51)蜕变成从平均气压梯度获得 MKE 的产生率与通过切变产生湍流而损失 MKE 的速率之间的平衡，再考虑第 3 章 3.2.1 节所举例子中平均气压梯度与高度 z 无关的情况，运用这个平衡关系把厚度平均的 TKE 切变产生率表示成厚度平均的平均速度 U_{ave} 与平均运动学气压梯度的乘积；

(c)运用顺流平均动量平衡方程(3.10)，且 $z=h$ 处应力为零的条件，以及高 Re 值时忽略黏性项的近似，把平均运动学气压梯度写成关于 u_*^2 和 h 的表达式；

(d)用分数 f(与如图 1.2 所示的穆迪图一样)写出 U_{ave}/u_* 的表达式，即把 U_{ave} 写成关于 u_* 的表达式；

(e)把总体通量理查森数，即厚度积分的浮力产生项与切变产生项之比，表示成 h/L 的函数，看你的结果与纽斯塔特(Nieuwstadt)发现的 $h/L \geqslant 0.5$ 就不能产生湍流的结果有何关系。

参考文献

Arya S P, 2001. Introduction to Micrometeorology[M]. San Diego：Academic Press.

Banta R M，Newsom R K，Lundquist J K，et al，2002. Nocturnal low-level jet characteristics over Kansas during CASES-99[J]. Bound-Layer Meteor，105：221-252.

Beare R J，Macvean M K，Holtslag A A M，et al，2006. An intercomparison of large-eddy simulations of the stable boundary layer[J]. Bound-Layer Meteor，118：247-272.

Blackadar A K，1957. Boundary layer wind maxima and their significance for the growth of nocturnal inversions[J]. Bull Amer Meteor Soc，38：283-290.

Brost R A，Wyngaard J C，1978. A model study of the stably stratified planetary boundary layer [J]. J Atmos Sci，35：1427-1440.

Businger J A，1973. Turbulent transfer in the atmospheric surface layer[C]//Workshop on Micrometeorology，D A Haugen，Eds，American Meteorological Society，pp67-98.

Businger J A，Arya S P S，1974. Height of the mixed layer in a stably stratified planetary boundary layer[J]. Adv Geophys，18A：73-92.

Caughey S J，Wyngaard J C，Kaimal J C，1979. Turbulence in the evolving nocturnal boundary layer [J]. J Atmos Sci，36：1041-1052.

Coulter R L，1990. A case study of turbulence in the stable nocturnal boundary layer[J]. Bound-Layer Meteor，52：75-91.

Cuxart J，Holtslag A A M，Beare R J，2006. Single-column model intercomparison for a stably stratified atmospheric boundary layer[J]. Bound-Layer Meteor，118：273-303.

Delage Y，1974. A numerical study of the nocturnal atmospheric boundary layer[J]. Quart J Roy Meteor Soc，100：351-364.

Derbyshire S H，1990. Nieuwstadt's stable boundary layer revisited[J]. Quart J R Meteor Soc，116：127-158.

Derbyshire S H，1999. Stable boundary-layer modelling：Established approaches and beyond[J]. Bound-Layer Meteor，90：423-446.

Finnigan J J，1988. Kinetic energy transfer between internal gravity waves and turbulence[J]. J Atmos Sci，45：486-505.

Finnigan J J，Einaudi F，Fua D，1984. The interaction between an internal gravity wave and turbulence in the stably stratified nocturnal boundary layer[J]. J Atmos Sci，41：2409-2436.

Fitzjarrald D E，1979. On using a simplified turbulence model to calculate eddy diffusivities[J]. J Atmos Sci，36：1817-1820.

Garratt J R，Brost R A，1981. Radiative cooling effects within and above the nocturnal boundary layer[J]. J Atmos Sci，38：2730-2746.

Kitaigorodskii S A，Joffre S M，1988. In search of simple scaling for the heights of the stratified atmospheric boundary layer[J]. Tellus，40A：419-433.

Kondo J，Kanechika O，Yasuda N，1978. Heat and momentum transfers under strong stability in the atmospheric surface layer[J]. J Atmos Sci，35：1012-1021.

Kosovich B，Curry J A，2000. A large-eddy simulation study of a quasi-steady，stably stratified atmospheric boundary layer[J]. J Atmos Sci，57：1052-1068.

Mahrt L，Vickers D，2003. Contrasting vertical structures of nocturnal boundary layers[J]. Bound-

Layer Meteor, 105:351-363.

Mahrt L, Sun J, Blumen W, et al, 1998. Nocturnal boundary-layer regimes[J]. Bound-Layer Meteor, 88:255-278.

Mason P J, Derbyshire S H, 1990. Large-eddy simulation of the stably-stratified atmospheric boundary layer[J]. Bound-Layer Meteor, 53:117-162.

Moeng C-H, Wyngaard J C, 1989. Evaluation of turbulent transport and dissipation closures in second-order modeling[J]. J Atmos Sci, 46:2311-2330.

Neff W D, Coulter R L, 1986. Acoustic remote sensing[C]//In Probing the Atmospheric Boundary Layer, D H Lenschow, Eds, Boston: American Meteorological Society.

Neff W, Helmig D, Grachev A, et al, 2008. A study of boundary layer behavior associated with high NO concentrations at the South Pole using a minisodar, tethered balloon, and sonic anemometer[J]. Atmos Env, 42:2762-2779.

Nieuwstadt F T M, 1984. The turbulent structure of the stable, nocturnal boundary layer[J]. J Atmos Sci, 41:2202-2216.

Nieuwstadt F T M, 2005. Direct numerical simulation of stable channel flow at large stability[J]. Bound-Layer Meteorol, 116:277-299.

Nieuwstadt F T M, Brost R A, 1986. The decay of convective turbulence[J]. J Atmos Sci, 43:532-546.

Pollard R T, Rhines P B, Thompson R, 1973. The deepening of the wind-mixed layer[J]. Geophys Fluid Dyn, 3:381-404.

Reynolds W C, Hussein A K, Hussein M F, 1972. The mechanics of an organized wave in turbulent shear flow. Part 3. Theoretical models and comparisons with experiments[J]. J Fluid Mech, 54:263-288.

Rossby C G, Montgomery R B, 1935. The layer of frictional influence in wind and ocean currents [R]. Pap Phys Oceanogr Meteorol(MIT and Woods Hole Oceanogr Inst) 3:1-101.

Stull, Roland B, 1988. An Introduction to Boundary Layer Meteorology[R]. Kluwer.

Van de Wiel B J H, Ronda R J, Moene A F, et al, 2002. Intermittent turbulence and oscillations in the stable boundary layer over land. Part 1: A bulk model[J]. J Atmos Sci, 59:942-958.

Wyngaard J C, 1975. Modeling the planetary boundary layer-extension to the stable case[J]. Bound-Layer Meteor, 9:441-460.

Wyngaard J C, 1988. Structure of the PBL[C]//Lectures on Air-Pollution Modeling, A Venkatram and J C Wyngaard, Eds, American Meteorological Society, pp9-61.

Wyngaard J C, Coté O R, 1971. The budgets of turbulent kinetic energy and temperature variance in the atmospheric surface layer[J]. J Atmos Sci, 28:190-201.

Zilitinkevich S S, 1972. On the determination of the height of the Ekman boundary layer[J]. Bound-Layer Meteor, 3:141-145.

Zilitinkevich S S, Esau I, Bakalov A, 2007. Further comments on the equilibrium height of neutral and stable planetary boundary layers[J]. Quart J R Meteor Soc, 133:265-271.

第三部分

湍流的统计学描述

第 13 章　概率密度与概率分布

§13.1　引言

从奥斯本·雷诺(Osborne Reynold)的时代起,人们已经接受了这样的事实,即湍流是一种具有随机性的现象,必须在统计意义上对它进行分析,而那些分析都是围绕平均值的。雷诺采用的是体积平均,但他赋予体积平均的性质实际上是针对系综平均的;体积平均在某种程度上具有与系综平均不同的性质(见本书第 3 章)。系综平均是对湍流进行统计分析的自然选择,而且,关于流动实例的系综概念现在又有了新的基本含义,即湍流非常敏感地依赖于它的初始条件。

在第一部分中我们介绍了这些概念,把实验中标记为第 α 个实例的速度场写成是空间位置 x 和时间 t 的函数 $\tilde{u}_i(x,t;\alpha)$。系综平均值的定义如下:

$$\overline{\tilde{u}_i}(x,t) = \lim_{N \to \infty} \frac{\tilde{u}_i(x,t;\alpha_1) + \cdots + \tilde{u}_i(x,t;\alpha_N)}{N} \tag{13.1}$$

按照雷诺规则,可以把一个变量分解成它的系综平均值与偏差量之和:

$$\tilde{u}_i(x,t;\alpha) = \overline{\tilde{u}_i}(x,t) + u_i(x,t;\alpha) \tag{13.2}$$

偏差量(常称为起伏或扰动)的平均值为零。这里我们强调了对实例(事件)的依赖,但在实践当中经常会弱化这个性质。

在本书第一部分和第二部分,我们曾在运动方程中运用雷诺规则来考虑湍流流动的结构和动力学性质。下面开始对湍流的统计描述进行更为细致的讨论[①]。

§13.2　单变量标量函数的概率统计

13.2.1　概率密度与概率分布

首先来看单个独立变量(即时间 t)的随机(在每个实例中不同)、紊乱(不规则)、均值为零的标量函数的系综平均,这样的系综有时被称为一个随机过程。我们把这样的函数记为 $u(t;\alpha)$,其中 α 是实例指数。在这个系综的每个实例当中我们引入一个指标函数 $\phi(u^*;t)$,之所以这么称呼它是因为它指示了 $u(t) < u^*$ 这个约定条件(图 13.1):

---

①　在接下来的章节里我们所用的素材取自 Lumley 和 Panofsky(1964)出版的著作。

$$如果\ u(t) < u^*,则\ \phi(u^*;t) = 1$$
$$如果\ u(t) \geqslant u^*,则\ \phi(u^*;t) = 0$$

(13.3)

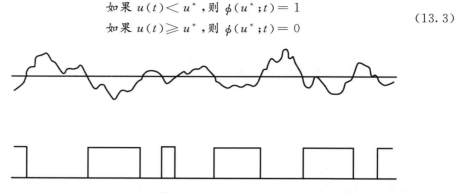

图 13.1　上图：一个实例中的一维随机、紊乱的标量函数 $u(t)$，水平线代表 u^* 的取值；下图：对应于 u^* 值的指标函数 ϕ。引自 Lumley 和 Panofsky (1964)

对于任意给定的时间 t，这组指标函数实际上记录了这个系综里面 $u(t) < u$ 的个数。换个说法，指标函数的系综平均 $\overline{\phi}(u;t)$ 是 $u(t) < u$ 的实例个数在总个数中所占比例，这就是概率分布函数的定义：

$$P(u;t) = \overline{\phi}(u;t)$$

(13.4)

很显然 $P(u;t)$ 具有以下性质：

$$P(u_1;t) \leqslant P(u_2;t)，如果 u_1 \leqslant u_2$$
$$\lim_{u \to \infty} P(u;t) = 1$$
$$\lim_{u \to -\infty} P(u;t) = 0$$

(13.5)

概率分布关于幅度（此处指的就是 u，因为在随机过程中变化的是 u 的量值，也就是说，变化的是 u 的幅度）的导数被称为概率密度：

$$\beta(u;t) \equiv \frac{\partial P(u;t)}{\partial u}$$

(13.6)

因为依据概率分布的定义可以写出：

$$P(u_2;t) - P(u_1;t) = \Pr[u_1 \leqslant u(t) < u_2]$$
$$= \frac{P(u_2;t) - P(u_1;t)}{u_2 - u_1}(u_2 - u_1) \cong \beta(u_1;t)\Delta u$$

(13.7)

所以对于 $\Delta u \to 0$，就可以把 $\beta(u;t)\Delta u$ 理解为 $u(t)$ 值落在 u 附近一个很窄的 Δu 范围内的概率。因此 β 具有如下性质：

$$\beta(u;t) \geqslant 0，且 \int_{-\infty}^{\infty} \beta(u;t)\mathrm{d}u = 1$$

(13.8)

13.2.2　矩与特征函数

概率密度 $\beta(u;t)$ 产生出 $u(t)$ 的 n 阶矩——$u(t)$ 的 n 次方的平均值：

$$\overline{u^n}(t) = \int_{-\infty}^{\infty} u^n \beta(u;t) \, \mathrm{d}u \tag{13.9}$$

这就是每个 u^n 值乘以出现该值的概率然后再求和。通常情况下 $\overline{u} \neq 0$ 时在被积函数中采用 $(u - \overline{u})^n$ 会得到中心矩,或称为均方矩(问题 13.15)。

如果概率密度函数关于原点对称,则所有奇数阶矩都为零。因此,无量纲奇数阶矩成为概率密度是否对称的一种度量。被方差无量纲化后的三阶矩被称为偏斜度:

$$S = \frac{\overline{u^3}(t)}{(\overline{u^2}(t))^{3/2}} \tag{13.10}$$

二阶矩被称为方差;被二阶矩无量纲化后的四阶矩被称为峰度[1],或平整度因子 F:

$$F = \frac{\overline{u^4}(t)}{(\overline{u^2}(t))^2} \tag{13.11}$$

它被用来描述概率密度的形状。对于高斯分布而言,$F = 3$。

$\beta(u;t)$ 的傅里叶变换被称为特征函数 $f(\kappa;t)$:

$$\int_{-\infty}^{\infty} e^{i\kappa u} \beta(u;t) \, \mathrm{d}u = f(\kappa;t)$$

$$\beta(u;t) = \frac{1}{2\pi} \int_{-\infty}^{\infty} e^{-i\kappa u} f(\kappa;t) \, \mathrm{d}\kappa \tag{13.12}$$

基于方程(13.9),可以把方程(13.12)的第一个式子理解为:

$$f(\kappa;t) = \overline{e^{i\kappa u(t)}} \tag{13.13}$$

对方程(13.12)的第一个式子求 $i\kappa$ 的 n 阶导数,并取其在原点的值,可得 u 的 n 阶矩为:

$$\left. \frac{\partial^n f(\kappa;t)}{\partial (i\kappa)^n} \right|_{\kappa=0} = \overline{u^n}(t) \tag{13.14}$$

用这些矩就可以确定 f 的级数形式:

$$f(\kappa;t) = \sum_{n=0}^{\infty} \frac{1}{n!} \overline{u^n}(t)(i\kappa)^n \tag{13.15}$$

因此,知道所有的矩,或知道 f,或知道 β,其实都是等效的(因为它们之间可以互相转换)。

13.2.3 联合概率密度与分布

概率密度 $\beta(u;t)$ 提供了任意时刻关于 $u(t)$ 的信息。但不是两个或更多时刻的信息。不过可以用指标函数 $\phi(u;t)$ 写出:

如果 $u(t_1) < u_1$,则 $\phi(u_1;t_1) = 1$

---

① 具有单峰概率密度的函数有时被说成是峰态的。

$$\text{如果 } u(t_1) \geqslant u_1, \text{则 } \phi(u_1; t_1) = 0$$

并且 $u(t_1) < u_1$ 和 $u(t_2) < u_2$ 的联合概率可以由 $\phi(u_1; t_1)\phi(u_2; t_2)$ 的平均值决定:

$$\overline{\phi(u_1; t_1)\phi(u_2; t_2)} = P_2(u_1, u_2; t_1, t_2) \tag{13.16}$$

这被称为联合概率分布函数,其关于幅度的二阶导数是联合概率密度:

$$\beta_2(u_1, u_2; t_1, t_2) = \frac{\partial^2}{\partial u_1 \partial u_2} P_2(u_1, u_2; t_1, t_2) \tag{13.17}$$

它可以被理解为如下一个概率:

$$\beta_2(u_1, u_2; t_1, t_2) \Delta u_1 \Delta u_2$$
$$= \Pr\{u_1 \leqslant u(t_1) < u_1 + \Delta u_1, u_2 \leqslant u(t_2) < u_2 + \Delta u_2\} \tag{13.18}$$

它具有归一化性质:

$$\iint_{-\infty}^{\infty} \beta_2(u_1, u_2; t_1, t_2) \mathrm{d}u_1 \mathrm{d}u_2 = 1 \tag{13.19}$$

意思就是:对于任何特定的 $u(t)$ 而言,其在 t_1 时刻和 t_2 时刻的取值都确切地构成了一对数值。进而,我们看到(依据(13.16)式和(13.17)式两个式子):

$$\int_{-\infty}^{\infty} \beta_2(u_1, u_2; t_1, t_2) \mathrm{d}u_2 = \beta(u_1; t_1) \tag{13.20}$$

以及对 u_1 积分的相应结果。它的傅里叶变换(也就是特征函数)如下:

$$f_2(\kappa_1, \kappa_2; t_1, t_2) = \iint_{-\infty}^{\infty} e^{i\kappa_1 u_1 + i\kappa_2 u_2} \beta_2(u_1, u_2; t_1, t_2) \mathrm{d}u_1 \mathrm{d}u_2$$
$$= \overline{e^{i\kappa_1 u_1 + i\kappa_2 u_2}} \tag{13.21}$$

依据(13.20)式具有的性质,在 t_1 和 t_2 时刻的各阶矩都能够得到,如 $\overline{u^n}(t_1)$。同时也可以得到联合矩(也称为交叉矩):

$$\overline{u^n(t_1) u^m(t_2)} = \iint_{-\infty}^{\infty} u_1^n u_2^m \beta_2(u_1, u_2; t_1, t_2) \mathrm{d}u_1 \mathrm{d}u_2 \tag{13.22}$$

这些矩的完整集合可以表示为:

$$f_2 = \sum_{n,m=0}^{\infty} \frac{1}{n! m!} \overline{u^n(t_1) u^m(t_2)} (i\kappa_1)^n (i\kappa_2)^m \tag{13.23}$$

以及 β_2。

　　如果考虑的不是两个时刻,而是相同时刻的两个不同过程,即 $u(t)$ 和 $v(t)$,比如说,速度的两个分量,或者是速度和标量。如果需要,只要知道若干不同过程的任意多个时刻的瞬时信息,也能构成类似于(13.16)式的任意多个 ϕ 的乘积。对于单个过程,可以定义:

$$\beta_n(u_1, \cdots, u_n; t_1, \cdots, t_n), \qquad n = 1, 2, \cdots \tag{13.24}$$

其含义与前面讨论的相同。对于所有 n,这样的概率密度的完整集合可以给出关于 $u(t)$ 的所有统计信息。

13.2.4　平稳性

当 β 不是时间函数的时候,随机过程是平稳的,并且 $n \geqslant 2$ 时, β 只是时间间隔的函数,即:

$$\beta(u;t) = \beta(u), \quad \beta_2(u_1,u_2;t_1,t_2) = \beta_2(u_1,u_2;t_1-t_2) \tag{13.25}$$

等等。

平稳性(在空间上相等效的是均匀性)能够极大地简化统计分析。如同在第二部分中讲述的,真实的情形经常被近似地看作是平稳的(或均匀的),所以在实践当中考虑到各向同性假设在一定程度上的合理性,时间平均或空间平均常被用来代替系综平均。这里我们假设这三种平均具有相同的值,在讨论当中将继续使用系综平均。

§13.3　概率密度举例

13.3.1　高斯分布

高斯随机变量 $u(t)$ 的概率密度是:

$$\beta(u) = \frac{1}{\sqrt{2\pi}\,\sigma}\, e^{-(u-\bar{u})^2/2\sigma^2} \tag{13.26}$$

它完全由两个参数,即平均值 $\bar{u}$ 和方差 $\sigma^2 = \overline{(u-\bar{u})^2}$ 来决定。中心矩(围绕平均值的矩)只取决于方差 σ^2:

$$\overline{(u-\bar{u})^n} = \begin{cases} 0 & n \text{ 是奇数} \\ \dfrac{\sigma^n n!}{2^{n/2}\,(n/2)!} & n \text{ 是偶数} \end{cases} \tag{13.27}$$

高斯随机变量的偏斜度是 0,它的平整度因子是 3。图 13.2 显示了高斯概率密度函数和概率分布函数,分布函数涉及误差函数(error function,erf)。

中心极限定理告诉我们,对于任意一个相同的概率分布而言,随着参与求和的单元个数的增加,其极限情况是拥有该概率分布并且在统计上独立的随机变量之和的概率分布会趋于高斯分布。特别是大量独立事件(比如,做一个相同实验时产生的误差)的归一化求和具有高斯分布。

如果 $u(t)$ 和 $v(t)$ 具有联合高斯分布,则它们的联合概率密度是:

$$\beta(u,v) = \frac{1}{2\pi\sigma_u\,\sigma_v\,\sqrt{1-\rho^2}} \exp\left[-\frac{1}{2(1-\rho^2)}\left(\frac{u'^2}{\sigma_u^2} - 2\rho\frac{u'v'}{\sigma_u\sigma_v} + \frac{v'^2}{\sigma_v^2}\right)\right] \tag{13.28}$$

其中,

$$u' = u - \bar{u}, \quad v' = v - \bar{v}, \quad \rho = \frac{\overline{u'v'}}{\sigma_u\sigma_v}, \quad \sigma_u = (\overline{u'^2})^{1/2}, \quad \sigma_v = (\overline{v'^2})^{1/2}$$

$$\tag{13.29}$$

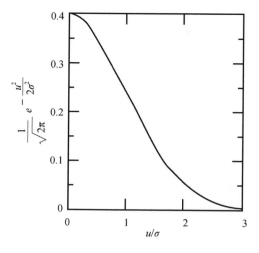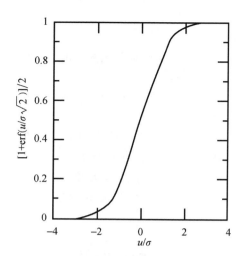

图 13.2　用标准差无量纲化(即归一化)后的高斯概率密度(左图)
及相应的概率分布(右图)。引自 Lumley 和 Panofsky (1964)

13.3.2　观测到的概率密度

我们用系综平均来定义概率密度,但在实践当中通常用平稳时间序列的时间平均来处理湍流数据。对于每个信号样本,可以把变量划分成很小的区间,然后对每个区间里信号出现的次数进行计数,这样就可以确定测量信号的概率密度。随着样本数变大,恰当的归一化标度(问题 13.1)就会使得结果收敛于概率密度。对于数值模拟得到的湍流场,可以在统计上是均匀的方向取一个"快照"(即瞬时场)进行空间平均,对这样的快照实例,不需要太多的个数,就可以通过对其构成的集合进行平均得到可信的统计量。

13.3.2.1　速度导数

图 13.3 显示了实验室模拟的流动在雷诺数 R_t 为中等大小时单点测量的顺流速度 $u(t)$ 的一阶导数和二阶导数的概率密度。通常认为它们正比于顺流方向上的空间导数,就像 Taylor(1938)建议的:

如果湍流流动的速度远大于湍流速度,人们可以假设空间某固定点上 u 的变化是由保持状态不变的湍流运动经过该点引起的,即人们可以假设:

$$u = f(t) = f(x/U)$$

式中: x 是 $t=0$ 时刻离开那个测量 u 的固定点的上游距离。在 $u/U \to 0$ 的极限情况下上式肯定是成立的。

对于速度尺度和长度尺度分别为 u 和 l 的涡旋,如果涡旋衰减时间 l/u 远大于涡旋经过探头所用的时间 l/U,人们认为泰勒所提出的方程应该是成立的。因此,关于 $u(x,t)$ 的泰勒假设,可以用下式表示:

$$\frac{\partial u}{\partial t} \cong -U\frac{\partial u}{\partial x} \tag{13.30}$$

该式在 u/U 足够小的时候是成立的,这是测量湍流速度分量和标量乃至 TKE 耗散率和方差的顺流导数的标准方法。当然也有采用空间两点的差值进行测量的(见本书第 16 章)。

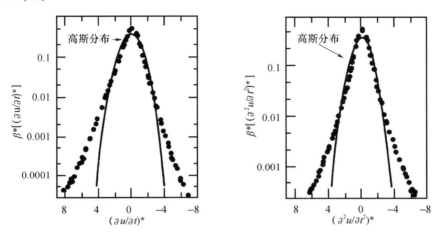

图 13.3　中等 R_t 值条件下的混合层中顺流速度的一阶时间导数(左图)和二阶时间导数(右图)的概率密度。其尾部已显现出对高斯分布曲线的偏离,一阶导数具有轻微的偏斜度,但二阶导数没有。星号表示被导数无量纲化。引自 Wyngaard 和 Tennekes(1970)

　　如同第 7 章中所讨论的,Kolmogorov(1941)假设,如果湍流雷诺数 R_t 足够大,则方程(1.35)可以把含能区间与耗散区间充分分离开来,耗散区间处于只受 ε 和 ν 控制的统计上相似的状态。因此,在这个被 Batchelor(1960)称为"通用平衡"的假设之下,量纲分析表明当湍流雷诺数充分大时速度导数的各阶归一化矩都是常数。

　　Batchelor(1960)认为耗散区间湍流统计量的早期测量结果遵循通用平衡假设。但从 20 世纪 60 年代后期开始,在大 R_t 值的地球物理湍流中的测量结果却明显背离了这个假设。这些测量结果表明瞬时黏性耗散在空间和时间上都呈现出间歇性,随着 R_t 增大这种现象愈发明显。一种解释(本书第 7 章)是随着 R_t 增大,耗散区间占据流体体积的比例会减小,因而间歇性随 R_t 增大会变得更强。这一点从速度导数的概率密度函数的尾部随 R_t 值的增大而变宽的情况可以体现出来。这种情况使得速度导数的偏斜度和峰度随 R_t 值的增大而增大。

　　直接数值模拟(direct numerical simulation,DNS)受到计算条件限制,网格点个数在 10^{10} 量级,在每个坐标方向上只能有几千个格点。粗略估计,目前能承受的最大 l/η 值大约是 10^3,而实际大气中 l/η 值可达 10^6。因为按方程(1.35)所示 l/η 的作用等效于雷诺数,所以直接数值模拟计算出来的湍流场不能反映(即使是在定性上也不能反映)大气湍流的细致结构。

13.3.2.2　对流边界层中的垂直速度

1975 年人们从实验室对流槽的实验结果中看到了中性烟羽在对流边界层中的一些令人感兴趣的不对称行为。在 Willis 和 Deardorff(1974) 的尺寸为 114 cm × 122 cm × 76 cm 的水槽中,通过底部加热产生较小雷诺数情况下($R_t \cong 4200$, $R_\lambda \cong 140$)的湍流自由对流。在后来的实验中 Deardorff 和 Willis(1975) 使用了靠近地面的横风向线源模拟湍流扩散,不对称行为是平均烟羽在向下游移动的过程中出现了抬升;经过量级为 h/w_* 的时间之后它达到的高度大约是 $0.75h$,其中 h 是对流边界层厚度。如 Lamb(1978) 所讨论的,这个发现使得人们对对流槽实验模拟对流边界层中的扩散行为产生了很大的兴趣,同时也产生了一些质疑。

Lamb(1978) 描述了数值模拟对流边界层中高架点源排放物的烟羽扩散出现的类似现象。高架点源下游最大平均浓度的轨迹是下降的,直至它触及地面。受到这样的数值模拟结果的刺激,Willis 和 Deardorff(1978) 又在他们的对流槽中实施了高架源实验,并发现了烟羽的下沉现象。Lamb(1982) 称这两组实验结果具有"非常好的一致性"[①]。

这些关于对流边界层中排放物烟羽扩散行为的新发现激发起人们对垂直速度起伏的概率密度的兴趣。图 13.4 是由 Lamb(1982) 提供的蒂尔多夫(Deardorff)用 5 km × 5 km × 2 km 模拟域上的大涡模拟结果计算得到的 w 概率密度,它具有较强的正偏斜度($\overline{w^3} > 0$),其模态(或者说是最可能出现的速度)是负的,大致等于平均

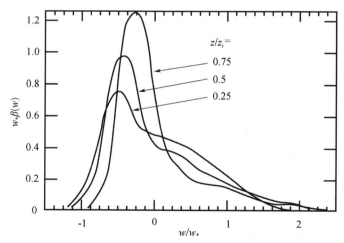

图 13.4　从大涡模拟结果中得到的对流边界层中三个高度上的垂直速度的概率密度。z_i 是边界层厚度,w_* 是对流速度尺度。引自 Lamb (1982)

---

① 　Lamb(1982)还指出"这是先有理论模型预测而后得到观测证实的一个例证"。

下沉速度,大约占 60% 区域的概率密度出现在 w 轴的负值半边,表明下沉运动具有更大的概率。野外观测结果基本上与之一致。Lamb(1982)将对流边界层中这些不对称的扩散性质归结为存在大的拉格朗日积分时间尺度,以及垂直速度具有较为偏斜的概率密度函数。

13.3.3　联合概率密度

Wyngaard 和 Moeng(1992)通过分析大涡模拟计算的对流边界层各变量场,获得了 w 与被动保守标量混合比 c 之间的联合概率密度(joint probability density,jpd)。通常情况下该联合密度具有下列性质:

$$\int_{-\overline{C}}^{\infty}\int_{-\infty}^{\infty}\beta(w',c')\,\mathrm{d}w'\mathrm{d}c' = 1 \tag{13.31}$$

$$\int_{-\overline{C}}^{\infty}\int_{-\infty}^{\infty}\beta(w',c')w'c'\,\mathrm{d}w'\mathrm{d}c' = \overline{w\,c}$$

(c 积分的下限对应于 $\widetilde{c} = \overline{C} + c = 0$,即 $c = -\overline{C}$)

顶部向下 c_t 和底部向上 c_b 与 w 的联合概率密度如图 13.5 和图 13.6 所示。它们与 Deardorff 和 Willis(1985)的水槽实验测量结果符合得相当好[①]。对联合概率密度进行无量纲化,使得:

$$\beta^* = \sigma_w\sigma_c\beta, \quad \iint \beta^*\,\mathrm{d}\frac{w'}{\sigma_w}\mathrm{d}\frac{c'}{\sigma_c} = 1 \tag{13.32}$$

因为 β 决定了 w 和 c 之间所有阶数的矩,例如:

$$\iint w'^2\beta\,\mathrm{d}w'\mathrm{d}c' = \overline{w^2}, \quad \iint c'^2\beta\,\mathrm{d}w'\mathrm{d}c' = \overline{c^2} \tag{13.33}$$

温加德(Wyngaard)和孟(Moeng)能够从这些结果中获得对流湍流中顶部向下扩散和底部向上扩散(见本书第 11 章)之间的一些差别,例如:

- w 与 c_t 之间的相关系数只有 0.26,而 w 与 c_b 之间的相关系数达到了 0.6;
- 底部向上通量的 70% 由上升运动完成,30% 由下沉运动完成;而顶部向下通量在这两部分的分布几乎相等。

---

① Wyngaard 和 Moeng(1992)评价道:在水平面上对水槽实验的联合概率密度进行积分似乎不等于 1.0,这表明它们的标度可能有误,我们证实了这个错误,并对其进行了修正。

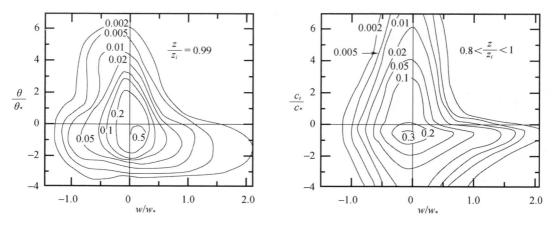

图 13.5　左图：Deardorff 和 Willis(1985)对流槽实验在靠近对流边界层顶测量到的垂直速度 w 与温度 θ 的联合概率密度；右图：Wyngaard 和 Moeng(1992)依据大涡模拟结果在相同位置计算得到的垂直速度 w 与顶部向下标量 c_t 之间的联合概率密度。为使平面积分的结果等于 1.0，对联合概率密度进行了无量纲化。引自 Wyngaard 和 Moeng (1992)

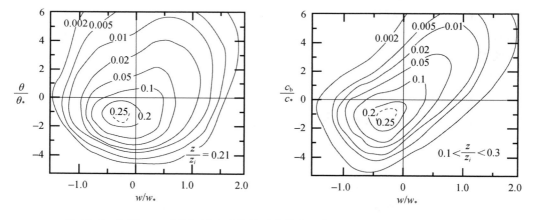

图 13.6　与图 13.5 相同，但显示的是对流槽实验靠近对流边界层底部的结果，大涡模拟结果针对的是底部向上标量 c_b。引自 Wyngaard 和 Moeng (1992)

　　这些概率密度也在一定程度上体现了输送过程的"效率"。为说明这一点，选取正的 $\overline{wc}$，一、三象限对它是正贡献，二、四象限对它是负贡献，分别称之为"向前"通量和"向后"通量，"输送效率"是：

$$e_t = \frac{\text{净通量}}{\text{向前通量}} = \frac{\text{向前通量} + \text{向后通量}}{\text{向前通量}} \tag{13.34}$$

对于顶部向下过程，$\rho = 0.26$，结果是 $e_t = 0.6$；对于底部向上过程，$\rho = 0.6$，结果是 $e_t = 0.9$。这再次反映出对流湍流的不对称扩散性。

大气和海洋的数值预报模式需要用简明又可靠的子模式来描述次网格尺度湍流。发展这样的子模式的传统方法是对细致的过程进行实验研究,从而理解它的基本物理性质,然后通过一个简明的近似方程(或一组方程)来描述这样的物理性质。这个在气象上被称为参数化的过程可能会很困难,因为它所需要的细致又真实的湍流数据经常是不存在的。我们在这一章以及之前的章节里已经讲过,直接数值模拟(DNS)和大涡模拟(LES)可以为达成这个目标提供湍流场。

§13.4　概率密度的演变方程

在本书第一部分和第二部分中我们对流体方程进行了处理,得到了关于速度和被输送标量成分的湍流起伏的某些统计量的演变方程。直到近期,关于速度和被输送标量的概率密度仍然不在那些能推导出方程的统计量之列。这种情况因为 Lundgren(1967)发表了那篇引人注目的文章而发生了改变。这里简要介绍一下他的推导[1]。

如果 $\beta(v_i;x_i,t)$ 是空间 x_i 和 t 时刻的速度概率密度,则 $\beta(v_i;x_i,t)\mathrm{d}v_i$ 是在时空点 (x_i,t) 上落在 v_i 的 $\mathrm{d}v_i$ 范围内的速度的概率。如果我们定义 $\beta_\alpha(v_i;x_i,t)$ 是"单个实例"中的速度的概率密度[2],在实例 α 中 $v_i(x_i,t)=u_i$,于是有:

$$\beta_\alpha(v_i;x_i,t)=\delta(u_i-v_i)\qquad(13.35)$$

式中:δ 是狄拉克 δ 函数,u_i 是实例 α 中时空点 (x_i,t) 上的速度。因此,如果 $v_i=u_i$,则在实例 α 中位于时空点 (x_i,t) 上落在 v_i 的 $\mathrm{d}v_i$ 范围内的速度的概率就是 $\beta_\alpha(v_i;x_i,t)\mathrm{d}v_i=\delta(u_i-v_i)\mathrm{d}v_i=1$ 。将这个表达式对所有的实例求平均(用角括号表示),得到下式:

$$\beta(v_i;x_i,t)=\langle\beta_\alpha(v_i;x_i,t)\rangle=\langle\delta(u_i-v_i)\rangle\qquad(13.36)$$

用一个方程把速度 $u_i(x_i,t)$ 的概率密度表示成方程(13.36)所示的包含速度的 δ 函数的期望值,就建立起了速度场的动力学及其概率密度的动力学之间的一个连接。在介绍 Lundgren(1967)如何使用这个连接之前,需要把方程(13.36)推广到联合概率密度。

概率密度 $\beta(v_i^{(1)};x_i^{(1)},t)$ 是"单点"形式,它与 $\mathrm{d}v_i^{(1)}$ 的乘积是位于 $x_i^{(1)}$ 、处于 t 时刻、落在 $v_i^{(1)}$ 的 $\mathrm{d}v_i$ 范围内速度的概率。依据方程(13.36)可以写成:

$$\beta(v_i^{(1)};x_i^{(1)},t)=\left\langle\delta[u_i(x_i^{(1)},t)-v_i^{(1)}]\right\rangle\equiv\left\langle\delta(u_i^{(1)}-v_i^{(1)})\right\rangle\equiv\beta(1)$$

$$(13.37)$$

"两点"(或称联合)概率密度 $\beta_2(v_i^{(1)},v_i^{(2)};x_i^{(1)},x_i^{(2)};t)$ 是 t 时刻在 $x_i^{(1)}$ 点落在 $v_i^{(1)}$ 的

---

① 这里用的是张量,而不是朗格伦(Lundgren)用的矢量。

② 这是 Lundgren(1967)提供的细化解释。

dv_i 范围内速度与在 $x_i^{(2)}$ 点落在 $v_i^{(2)}$ 的 dv_i 范围内速度的联合概率。将获得方程 (13.37) 的论据拓展到两个点上,就得到:

$$\beta_2(v_i^{(1)}, v_i^{(2)}; x_i^{(1)}, x_i^{(2)}; t) = \left\langle \delta(u_i^{(1)} - v_i^{(1)}) \delta(u_i^{(2)} - v_i^{(2)}) \right\rangle \equiv \beta(1,2)$$

(13.38)

朗格伦(Lundgren)推导概率密度函数演变方程的过程如下。对方程(13.37)求时间导数得:

$$\frac{\partial}{\partial t}\beta(1) = \left\langle \frac{\partial}{\partial t}\delta(u_i^{(1)} - v_i^{(1)}) \right\rangle = \left\langle \frac{\partial \delta(u_i^{(1)} - v_i^{(1)})}{\partial(u_i^{(1)} - v_i^{(1)})} \frac{\partial(u_i^{(1)} - v_i^{(1)})}{\partial t} \right\rangle$$

$$= -\left\langle \frac{\partial}{\partial v_i^{(1)}}\delta(u_i^{(1)} - v_i^{(1)}) \frac{\partial}{\partial t} u_i^{(1)} \right\rangle$$

(13.39)

朗格伦经过冗长乏味的计算,用纳维-斯托克斯方程和连续方程对方程(13.39)的右边进行估算,得到关于概率密度的演变方程如下:

$$\frac{\partial\beta(1)}{\partial t} + v_i^{(1)}\frac{\partial\beta(1)}{\partial x_i^{(1)}}$$

$$+ \frac{\partial}{\partial v_i^{(1)}}\left[-\frac{1}{4\pi}\int \left(\frac{\partial}{\partial x_i^{(1)}} \frac{1}{|x^{(1)} - x^{(2)}|}\right)\left(v_j^{(2)}\frac{\partial}{\partial x_j^{(2)}}\right)^2 \beta(1,2)dx^{(2)}dv^{(2)}\right]$$

$$+ \frac{\partial}{\partial v_i^{(1)}}\left[\lim_{x^{(2)} \to x^{(1)}} \nu \frac{\partial}{\partial x_j^{(2)}}\frac{\partial}{\partial x_j^{(2)}}\int v_i^{(2)}\beta(1,2)dv^{(2)}\right] = 0$$

(13.40)

式中:$\beta(1)$ 的守恒方程包含了两点(联合)概率密度 $\beta(1,2)$。朗格伦还推导了关于 $\beta(1,2)$ 的方程,其中包含了 $\beta(1,2,3)$。因此,为了使概率密度函数的守恒方程能够应用,需要一个闭合假设。这个方案成为被称为概率密度函数模拟(pdf 模拟)的这类湍流模拟的基础。

针对主要概念的提问

13.1 概率密度和概率分布这两个术语经常被混淆,解释两者的差别。

13.2 解释方程(13.9)的物理意义。

13.3 把 $\overline{f(u)}$ 写成关于随机变量 u 的概率密度的积分表达式,解释这个积分的物理意义。

13.4 什么是中心极限定理?为什么它在应用中很重要?

13.5 给定两个变量的联合概率密度函数,用公式表示如何得到其中一个变量的概率密度函数。

13.6 图 13.3 所示的概率密度函数的尾部变宽与第 7 章所讨论的耗散间歇性的含义相一致,解释为什么。

13.7 运用第 7 章中讨论的标量细致结构的概念,从物理上解释为什么湍流流动中的速度导数的峰度倾向于拥有大值。

13.8　运用概率密度函数的性质解释为什么在原点处有尖峰状概率密度函数的变量要比具有宽峰状概率密度函数的变量拥有更大的峰度。

13.9　把如图 13.4 所示的对流边界层垂直速度的概率密度函数理解为与平均速度为零、但在较窄的范围内具有较强上升运动并且在较宽范围内具有较弱下沉运动的情形相一致。

13.10　解释为什么在 R_t 值约为 10^8 的对流边界层中排放物烟羽的行为能够在雷诺数小 4~5 个量级的对流槽中被有效地模拟出来。

13.11　运用第 2 章中时间平均收敛于系综平均的表达式来说明为什么对流槽的扩散实验要比在对流边界层中更容易实现。

13.12　有观点认为,实验室对流槽扩散研究应该停止,而应该通过湍流的数值模拟来进行研究。对这一观点进行辩护。

13.13　有观点认为,实验室对流槽扩散研究应该停止,而应该通过湍流的数值模拟来进行研究。对这一观点进行反驳。

13.14　讨论作为朗格伦推导湍流流动中速度概率密度函数演变方程所依据的关键步骤、概念或定义。

问　题

13.1　用实验的办法来确定一个正弦波的概率密度,通过大量时次的取样,并把每个样本记入大小适当的振幅区间段。为什么必须保证取样时间不能是周期的倍数或分数? 讨论将区间段内的计数转化为概率密度所需的归一化尺度。

13.2　确定问题 13.1 的样本之和的概率密度,让参与求和的样本数变大,那么概率密度会是怎样的形式?

13.3　如果过程是平稳的,证明 $u(t)$ 的概率密度与 $u(t)$ 和 $v(t)$ 的联合密度之间是怎样的关系。如果过程在统计上是独立的,联合密度将发生怎样的简化? 证明后者具有联合高斯概率密度。

13.4　采用问题 13.1 中那样通过分段计数的方法来确定概率密度,估计一下它的不确定性。如果 $\beta^m(u)$ 是测量到的概率密度(把总数为 N 的样本进行分段计数来确定),而真实的概率密度是 $\beta(u)$,$\overline{[\beta^m(u)-\beta(u)]^2}$ 如何随 N 变化(可以采用第 2 章中的时间平均公式)? 采样速度足够慢从而使相邻的样本在统计上是独立的,讨论这么做具有什么好处,对于 u 的什么值其概率密度最不好确定? 变量的更高阶矩的含义是什么?

13.5　对中心极限定理的证明进行讨论。

13.6　运用方程(13.9)定义高斯变量 u 的 n 阶矩,证明被积函数峰值对应的 u 值如何受 n 值的影响(n 是偶数)。

13.7　证明方程(13.39)。

13.8 用物理实例讨论什么时候可以期望湍流具有非零的三阶矩。

13.9 解释为什么特征函数，即方程(13.12)，可以被认为是 $e^{i\kappa u}$ 的期望值。

13.10 证明方程(13.14)和(13.15)。

13.11 证明方程(13.16)。

13.12 解释方程(13.19)下方给出的关于如何理解它的那段话。

13.13 从物理上解读方程(13.8)的第二个式子。

13.14 运用图13.5所示的标量与垂直速度之间的联合概率密度函数，画出顶部向下标量的概率密度函数示意图。

13.15 证明当 $\overline{u} \neq 0$ 时，在方程(13.9)的被积函数中采用 $(u-\overline{u})^n$ 将得到中心矩（围绕平均值的矩）$\overline{[u-\overline{u}]^n}$。

参考文献

Batchelor G K, 1960. The Theory of Homogeneous Turbulence[M]. Cambridge：Cambridge University Press.

Deardorff J W, Willis G E, 1975. A parameterization of diffusion into the mixed layer[J]. J Appl Meteor, 14：1451-1458.

Deardorff J W, Willis G E, 1985. Further results from a laboratory model of the convective boundary layer[J]. Bound-Layer Meteor, 32：205-236.

Kolmogorov A N, 1941. The local structure of turbulence in incompressible viscous fluid for very large Reynolds numbers[J]. Doklady ANSSSR, 30：301-305.

Lamb R, 1978. A numerical simulation of dispersion from an elevated point source in the convective boundary layer[J]. Atmos Environ, 12：1297-1304.

Lamb R, 1982. Diffusion in the convective boundary layer[A]//In Atmospheric Turbulence and Air Pollution Modelling, F Nieuwstadt and H van Dop, Eds, Dordrecht：Reidel, pp159-229.

Lumley J L, Panofsky H A, 1964. The Structure of Atmospheric Turbulence[M]. New York：Interscience.

Lundgren T S, 1967. Distribution functions in the statistical theory of turbulence[J]. Phys Fluids, 10：969-975.

Taylor G I, 1938. The spectrum of turbulence. Part I[J]. Proc R Soc A, 164：476-490.

Willis G E, Deardorff J W, 1974. A laboratory model of the unstable planetary boundary layer[J]. J Atmos Sci, 31：1297-1307.

Willis G E, Deardorff J W, 1978. A laboratory study of dispersion from an elevated source within a modeled convective planetary boundary layer[J]. Atmos Environ, 12：1305-1311.

Wyngaard J C, Moeng C-H, 1992. Parameterizing turbulent diffusion through the joint probability density[J]. Bound-Layer Meteor, 60：1-13.

Wyngaard J C, Tennekes H, 1970. Measurements of the small-scale structure of turbulence at moderate Reynolds numbers[J]. Phys Fluids, 13：1962-1969.

第 14 章　各向同性张量

§14.1　引言

各向同性湍流场的概念是由 Taylor(1935)提出来的。它的统计性质不会因为坐标系的平移、旋转和翻转而发生变化。

本书第 5 章中的协方差方程包含了涉及平均速度梯度和平均标量梯度的产生项。我们将会看到,这些平均场的梯度是各向异性的,它们造成切变驱动的湍流在含能区间也是各向异性的;类似地,我们还会看到由浮力驱动的湍流是各向异性的。因此,处于平衡状态的各向同性湍流在现实当中似乎是不存在的[①]。不过,通过在纳维-斯托克斯方程中添加随机强迫项,用直接数值模拟方法可以产生出各向同性湍流(问题 14.14)。

如同在第 7 章中讨论的,局地各向同性假设,或者大 R_ι 值湍流中的最小尺度结构的各向同性,是由 Kolmogorov(1941)提出的。因为它极大地简化了对湍流细致结构的描述,所以在理论分析研究、观测研究和数值模拟研究中被广泛应用。但柯尔莫哥洛夫曾指出,关于局地各向同性的观点(将在 14.5 节中介绍他的论述)在很大程度上是物理观点。当前的情况是观测显示出与之不符的迹象,这种情况十分引人关注,而局地各向异性背后的物理机制是一个很活跃的研究领域。

§14.2　笛卡尔坐标系中的张量

Jeffreys(1961)讨论过笛卡尔坐标系中张量的基本概念。如果设定具有相同原点的两个直角坐标系 (Ox,Oy,Oz) 和 (Ox',Oy',Oz'),那么可以写出两者之间的转换关系如下:

$$\begin{aligned}
x' &= l_1 x + m_1 y + n_1 z \\
y' &= l_2 x + m_2 y + n_2 z \\
z' &= l_3 x + m_3 y + n_3 z
\end{aligned} \tag{14.1}$$

式中:参数 l、m 和 n 是方向余弦,即新老坐标系的两个坐标轴之间夹角的余弦(l_1 是 Ox 与 Ox' 之间夹角的余弦,m_1 是 Oy 与 Ox' 之间夹角的余弦,……,l_2 是 Ox 与 Oy' 之

[①]　Betchov(1957)试图用众多相互碰撞的细小气流制造出各向同性湍流。

间夹角的余弦……）。我们可以反过来用带撇的量来表示 x、y 和 z。

在笛卡尔张量标记法中把这些转换关系简洁地写成：

$$x'_j = a_{ij}x_i, \quad x_i = a_{ij}x'_j; \quad a_{ik}a_{jk} = \delta_{ij} \tag{14.2}$$

按这种方式转换的物理量（如速度 u_i）被称为一阶张量或矢量。在坐标系中由 9 个分量 w_{ik} 构成的一组量，并按下列规则转换成另一组量：

$$w'_{jl} = a_{ij}a_{kl}w_{ik} \tag{14.3}$$

这样的张量被称为二阶张量。

我们遇到的湍流协方差是张量，包括标量-标量协方差 $\overline{ab}$，它是一阶张量；标量通量 $\overline{cu_i}$ 和平均标量梯度 $\partial C/\partial x_i$，它们是一阶张量；运动学雷诺应力 $\overline{u_iu_j}$ 和平均应变率 $\partial U_i/\partial x_j$，它们是二阶张量。更高阶张量出现在第 5 章运动方程中的分子损耗项。

这些都是单点张量——仅涉及空间的一个点。多点张量则涉及超过一个的空间点。

§14.3　确定各向同性张量的形式

各向同性张量的分量不会因为坐标系的平移、旋转和翻转而发生变化。有两种方法可以确定它的形式：一种是杰弗里斯（Jeffreys）描述的方法，它要用到转换规则；另一种是罗布森（Robertson）提出的方法，并由 Batchelor（1960）介绍给大家。Taylor（1935）使用了前一种，它比较单调乏味。本书将使用后一种。

14.3.1　单点张量

因为矢量分量在坐标旋转后会发生变化，各向同性矢量只能是零矢量。换个说法，一个非零矢量是有方向的，它与各向同性相矛盾。因此，标量的湍流通量和平均梯度是矢量，它们在各向同性湍流中就消失了。相类似地，所有奇数阶单点张量在坐标系翻转后都会改变符号，因此它们没有各向同性形式。

偶数阶张量的情况不同。我们将用罗布森的方法加以说明。设 T_{ik} 是各向同性二阶单点张量，它是只涉及空间一个点的物理量，将它与任意两个矢量 A 和 B 结合在一起可以构成一个标量，这个标量是关于 A 和 B 的双线性形式，并且与张量 T_{ik} 的不变量有关：

$$T_{ik}A_iB_k = \alpha(\text{不变量})A_iB_i = \alpha A_iB_k\delta_{ik} \tag{14.4}$$

重写上式得到：

$$(T_{ik} - \alpha\delta_{ik})A_iB_k = 0, \quad T_{ik} = \alpha\delta_{ik} \tag{14.5}$$

方程（14.5）表明，对于一个二阶各向同性单点张量而言，只有其对角线分量是非零的，而且这些对角线分量相等。如果对角线分量不等，它们在坐标系旋转时会发生变化（问题 14.6），这样的话它就是各向异性的。

压力应力张量是方程(14.5)的一个应用例证。一个应力张量 σ_{ik}，它表示 i 方向的力作用于法线方向为 k 的单位平面上。单位面积上的力是应力张量与这个面的法向单位矢量 n_i 的点乘。因为压力总是沿着平面的法线方向，不管这个面的方向指向哪里，所以压力应力张量是各向同性的。它一定具有这样的形式：$\sigma_{ik} = -p\delta_{ik}$，其中标量 p 是压力的大小。压力 f_i 是：

$$f_i = \sigma_{ik} n_k = -p\delta_{ik} n_k = -pn_i \tag{14.6}$$

它肯定是垂直于平面的。

为了确定四阶各向同性张量 T_{ijkm} 的形式，我们可以把 T_{ijkm} 与 4 个任意矢量结合在一起，构成的标量具有如下形式：

$$\begin{aligned}
T_{ijkm} A_i B_j C_k D_m &= \alpha A_i B_i C_j D_j + \beta A_i C_i B_j D_j + \gamma A_i D_i B_j C_j \\
&= \alpha A_i B_j \delta_{ij} C_k D_m \delta_{km} + \beta A_i C_k \delta_{ik} B_j D_m \delta_{jm} \\
&\quad + \gamma A_i D_m \delta_{im} B_j C_k \delta_{jk} \\
&= A_i B_j C_k D_m (\alpha \delta_{ij} \delta_{km} + \beta \delta_{ik} \delta_{jm} + \gamma \delta_{im} \delta_{jk}) \tag{14.7}
\end{aligned}$$

因为 $\boldsymbol{A}$、$\boldsymbol{B}$、$\boldsymbol{C}$ 和 $\boldsymbol{D}$ 是任意的，我们可以重写这个式子，并且发现：

$$T_{ijkm} = \alpha \delta_{ij} \delta_{km} + \beta \delta_{ik} \delta_{jm} + \gamma \delta_{im} \delta_{jk} \tag{14.8}$$

T_{ijkm} 中包含了三个未知数 α、β 和 γ。

14.3.2　两点张量

罗布森(Robertson)的方法表明，下列两点张量具有各向同性形式（Batchelor，1960）：

$$\overline{a(\boldsymbol{x}) b(\boldsymbol{x}+\boldsymbol{r})} = F(r), \quad r = |\boldsymbol{r}|$$

$$\overline{c(\boldsymbol{x}) u_i(\boldsymbol{x}+\boldsymbol{r})} = G(r) r_i$$

$$\overline{u_i(\boldsymbol{x}) u_j(\boldsymbol{x}+\boldsymbol{r})} = H(r) r_i r_j + I(r) \delta_{ij}$$

$$\phi_{ij}(\boldsymbol{\kappa}) = J(\kappa) \kappa_i \kappa_j + K(\kappa) \delta_{ij}, \quad \kappa = |\boldsymbol{\kappa}| \tag{14.9}$$

这里未知函数 F、G、H、I、J 和 K 是关于矢量模的函数，张量由它们决定。

接下来会看到，我们能够用某些约束条件来确定各向同性张量中的一些未知量，这些约束条件包括不可压性和均匀性等物理约束，以及张量对称性等几何约束。

§14.4　各向同性的含义

14.4.1　TKE 的切变产生率

关于二阶张量的方程(14.5)表明，各向同性湍流中的运动学雷诺应力张量是：

$$\overline{u_i u_k} = \frac{\overline{u_j u_j}}{3} \delta_{ik} \tag{14.10}$$

所以非对角线的雷诺应力分量消失了。因此,在各向同性不可压湍流流动当中,方程(5.45)的切变产生率消失:

$$-\overline{u_i u_k}\frac{\partial U_i}{\partial x_k}=-\frac{\overline{u_j u_j}}{3}\delta_{ik}\frac{\partial U_i}{\partial x_k}=-\frac{\overline{u_j u_j}}{3}\frac{\partial U_i}{\partial x_i}=0 \tag{14.11}$$

运用各向同性我们会发现湍流的浮力产生率也消失了(问题 13.20)。因此,除非它受到其他方式的作用(比如,数值模拟试验中的各向同性随机强迫),强度均匀的各向同性湍流是衰减的,因为它的 TKE 产生率消失了。

14.4.2　协方差的分子损耗率

$\overline{u_i u_k}$ 和 TKE 的分子耗散率分别如下:

$$\overline{u_i u_k}:2\nu\frac{\overline{\partial u_i}}{\partial x_j}\frac{\partial u_k}{\partial x_j}=2\nu M_{ijkj}, \quad \varepsilon=\nu\frac{\overline{\partial u_i}}{\partial x_j}\frac{\partial u_i}{\partial x_j}=\nu M_{ijij} \tag{14.12}$$

其中,

$$M_{ijkm}=\frac{\overline{\partial u_i}}{\partial x_j}\frac{\partial u_k}{\partial x_m}=\alpha\delta_{ij}\delta_{km}+\beta\delta_{ik}\delta_{jm}+\gamma\delta_{im}\delta_{jk} \tag{14.13}$$

为了通过局地各向同性来评估这些分子损耗项,必须确定方程(14.13)中的参数 α、β 和 γ。我们可以对 M_{ijkm} 做两个约束:

(1)不可压缩性使得对 j 进行 i 求和的结果为零:

$$M_{iikm}=\frac{\overline{\partial u_i}}{\partial x_i}\frac{\partial u_k}{\partial x_m}=0 \quad (\text{约束条件 } 1)$$

(2)对 k 进行 j 求和的结果为零,这个性质如下式所示:

$$M_{ijjm}=\frac{\overline{\partial u_i}}{\partial x_j}\frac{\partial u_j}{\partial x_m}=\frac{\partial}{\partial x_j}\left(\overline{u_i\frac{\partial u_j}{\partial x_m}}\right)$$

上式右端是平均量的梯度,其量值的上限值是(见本书第 5 章附录):

$$\frac{\partial}{\partial x_j}\left(\overline{u_i\frac{\partial u_j}{\partial x_m}}\right)<\frac{1}{l}u\left(\frac{\varepsilon}{\nu}\right)^{1/2}=\frac{\varepsilon}{\nu}R_t^{-1/2}$$

因为方程(14.12)表明 M_{ijij} 具有 ε/ν 的量级,在大 R_t 值条件下 M_{ijjm} 小到可以忽略不计。于是可以写成:

$$M_{ijjm}=\frac{\overline{\partial u_i}}{\partial x_j}\frac{\partial u_j}{\partial x_m}=0 \quad (\text{约束条件 } 2) \tag{14.14}$$

这两个约束条件可以得到:

$$0=3\alpha+\beta+\gamma, \quad 0=\alpha+\beta+3\gamma \tag{14.15}$$

因此有 $\alpha=\gamma$,$\beta=-4\gamma$,并且,

$$M_{ijkm}=\frac{\overline{\partial u_i}}{\partial x_j}\frac{\partial u_k}{\partial x_m}=\gamma(\delta_{ij}\delta_{km}-4\delta_{ik}\delta_{jm}+\delta_{im}\delta_{jk}) \tag{14.16}$$

如果按照方程(14.16)写出:

$$M_{1111}=\overline{\left(\frac{\partial u_1}{\partial x_1}\right)^2}=-2\gamma \tag{14.17}$$

则可以把耗散率张量 M_{ijkm} 表达成如下形式：

$$M_{ijkm} = \overline{\frac{\partial u_i}{\partial x_j}\frac{\partial u_k}{\partial x_m}} = -\frac{1}{2}\overline{\left(\frac{\partial u_1}{\partial x_1}\right)^2}(\delta_{ij}\delta_{km} - 4\delta_{ik}\delta_{jm} + \delta_{im}\delta_{jk}) \quad (14.18)$$

依据方程（14.12）和（14.18），可以把 TKE 的耗散率 ε 写成符合各向同性假设的形式（问题 14.1）：

$$\varepsilon = \nu M_{ijij} = 15\nu\overline{\left(\frac{\partial u_1}{\partial x_1}\right)^2} \quad (14.19)$$

依据泰勒假设（见本书第 2 章），u_1 的顺流导数的方差通常可以看作是时间导数的方差，即：

$$\overline{\left(\frac{\partial u_1}{\partial x_1}\right)^2} \cong \frac{1}{U^2}\overline{\left(\frac{\partial u_1}{\partial t}\right)^2} \quad (14.20)$$

方程（14.12）所示的 $\overline{u_iu_k}$ 的分子耗散率变成了方程（14.18）所示的局地各向同性形式：

$$2\nu M_{ijkj} = 10\nu\overline{\left(\frac{\partial u_1}{\partial x_1}\right)^2}\delta_{ik} \quad (14.21)$$

这表明在各向同性假设之下被耗散掉的是速度方差分量，而不是湍流切应力分量。

标量通量的分子耗散速率可以被写成如下形式（见本书第 5 章附录）：

$$\chi_{u_ic} = (\gamma + \nu)\overline{\frac{\partial u_i}{\partial x_j}\frac{\partial c}{\partial x_j}} \quad (14.22)$$

这是一个由耗散区间结构决定的三阶单点张量的缩并形式，在局地各向同性条件之下这项会消失。

如方程（5.7）所示的标量方差的耗散率包含了标量梯度协方差的缩并形式，在各向同性条件之下这个协方差变成如下形式：

$$\overline{\frac{\partial c}{\partial x_i}\frac{\partial c}{\partial x_j}} = \overline{\left(\frac{\partial c}{\partial x_1}\right)^2}\delta_{ij} \quad (14.23)$$

14.4.3　高阶张量的例子

各向同性单点速度导数张量中分量的个数随张量阶数的增加而快速增长。我们看到四阶张量的分量是 3 项，六阶张量中有 15 项。寻找那些确定常数的约束条件以及计算处理过程会变得非常枯燥。感谢 Champagne(1978) 的耐心，他得出了涡旋方差收支方程中两个六阶张量的各向同性形式（问题 5.6）：

$$\overline{\frac{\partial^2 u_i}{\partial x_k\partial x_m}\frac{\partial^2 u_j}{\partial x_l\partial x_n}} = \overline{\left(\frac{\partial^2 u_1}{\partial x_1\partial x_1}\right)^2}\big[\delta_{ij}\delta_{kn}\delta_{lm} + \delta_{ij}\delta_{ln}\delta_{km} + \delta_{ij}\delta_{kl}\delta_{mn}$$

$$-\frac{1}{6}(\delta_{il}\delta_{jn}\delta_{km} + \delta_{il}\delta_{kn}\delta_{jm} + \delta_{jl}\delta_{in}\delta_{km} + \delta_{jl}\delta_{kn}\delta_{im}$$

$$+\delta_{kl}\delta_{in}\delta_{jm} + \delta_{kl}\delta_{jn}\delta_{im} + \delta_{ik}\delta_{jl}\delta_{mn} + \delta_{jk}\delta_{il}\delta_{mn} + \delta_{ik}\delta_{jn}\delta_{lm}$$

$$+\delta_{ik}\delta_{ln}\delta_{jm}+\delta_{jk}\delta_{in}\delta_{lm}+\delta_{jk}\delta_{ln}\delta_{im})\big] \tag{14.24}$$

$$\overline{\frac{\partial u_i}{\partial x_j}\frac{\partial u_k}{\partial x_l}\frac{\partial u_m}{\partial x_n}}=\overline{\left(\frac{\partial u_1}{\partial x_1}\right)^3}\bigg[\delta_{ij}\delta_{kl}\delta_{mn}-\frac{4}{3}\left(\delta_{ij}\delta_{km}\delta_{ln}+\delta_{ik}\delta_{lj}\delta_{mn}+\delta_{im}\delta_{jn}\delta_{kl}\right)$$

$$-\frac{1}{6}\left(\delta_{ij}\delta_{kn}\delta_{lm}+\delta_{il}\delta_{kj}\delta_{mn}+\delta_{in}\delta_{kl}\delta_{jm}\right)$$

$$-\frac{3}{4}\left(\delta_{il}\delta_{kn}\delta_{jm}+\delta_{in}\delta_{kj}\delta_{lm}\right)+\delta_{il}\delta_{km}\delta_{jn}+\delta_{in}\delta_{km}\delta_{lj}$$

$$+\delta_{ik}\delta_{lm}\delta_{jn}+\delta_{ik}\delta_{ln}\delta_{jm}+\delta_{im}\delta_{jl}\delta_{kn}+\delta_{im}\delta_{jk}\delta_{ln}\bigg] \tag{14.25}$$

§14.5 局地各向同性

14.5.1 概念

局地各向同性概念的提出应该归功于 Kolmogorov(1941),他的短文以简明英文版本被收录在 Friedlander-Topper(1961)编选出版的文集当中。他用概率统计术语定义了局地各向同性湍流,他写道:

在这样一个如此一般性并且还有些不确定的表达式当中,刚被提出的命题很难得到充分的证明,这是很自然的情况。在此我们也只能阐述一些对它来讲是一般性的考虑,当雷诺数 R 非常大时,湍流流动被认为是这样的:在系综平均的流动之上⋯⋯叠加上"一阶脉动",它包含了一个对另一个来讲是互相分离的流体体积的无序移动,其体积直径的量级是 $l^{(1)}=l$(这里 l 是普朗特混合长);这些(对平均流动而言)相对速度是 $v^{(1)}$ 的一阶脉动在雷诺数非常大时是不稳定的,因而在它们之上又会叠加上混合长为 $l^{(2)}<l^{(1)}$、相对速度 $v^{(2)}<v^{(1)}$ 的二阶脉动,这样逐步变小的湍流脉动过程可以一直延续下去,直到阶数为 n 的雷诺数:

$$R^{(n)}=\frac{l^{(n)}v^{(n)}}{\nu}$$

变得足够小,以至于黏性使得 $n+1$ 阶的脉动无法形成。

从能量学的观点看,很自然会设想湍流混合的过程是这样的:一阶脉动从平均运动中汲取能量,并把能量传递给更高阶的脉动,最小脉动的动能因黏性的作用转化为热能。依据低阶脉动把运动转化为高阶脉动的随机转化机制,自然会假设在尺度小于 $l^{(1)}$ 的空间里高阶的细小脉动应该呈现出近似于空间各向同性的统计属性;在很小的时间间隔上很自然地会认为这个属性是近似平稳的,尽管此时整体流动可能是不平稳的。

因为当雷诺数非常大的时候,在相邻点 P 和 $P^{(0)}$ 的四维时空上速度分量的差值:

$$w_i(P)=u_i(P)-u_i(P^{(0)})$$

差不多只能由更高阶脉动来决定,这个刚被提出的模型使得我们做出局地各向同性假设……

　　概括来讲,柯尔莫哥洛夫(kolmogorov)认为在高雷诺数的湍流中"由低阶脉动运动转化为高阶脉动运动"看起来是合理的,这会形成"细致的高阶脉动……的接近空间各向同性的统计性质",即局地各向同性状态。

　　现在当我们阐述柯尔莫哥洛夫的观点的时候经常用到与涡旋尺度 r 相关的应变率 $u(r)/r$ 的均方根脉动。如在第 2 章中所讨论的,这使得其量级从含能涡旋的 u/l 单调增加到耗散涡旋的 v/η。因为平均应变率的量级是 u/l,尺度为 r 的脉动应变率与平均应变率的比值是 $u(r)l/ur$,它随着涡旋尺度 r 的减小而增大,并且在耗散涡旋上达到 $(v/\eta)/(u/l) \sim R_t^{1/2}$。按这个观点,对于充分大的 R_t,含能区之外涡旋不受大尺度的各向异性应变率的影响,因为这个大尺度涡旋的应变率要比这些小涡旋自身的湍流应变率小很多。因此局地各向同性被看作是 R_t 足够大时所达到的渐近状态。

　　这个观点的另一种说法就是从最大涡旋向最小涡旋的能量串级(见本书第 6 章和第 7 章)在大 R_t 值的湍流中会发生在很大的尺度范围上,使得含能涡旋固有的各向异性不会到达最小涡旋。其等价的说法是,在大 R_t 值的湍流中最大尺度涡旋与最小尺度涡旋之间不一定会发生直接的相互作用。

14.5.2　证据

　　Batchelor(1960)在他著作的 110 页中写道:柯尔莫哥洛夫局地各向同性概念"现在得到了相当大的支持"。他引用了在实验室流动中的一些早期测量结果,这些结果显示出方程(14.18)的确切预报结果,比如:

$$\overline{\left(\frac{\partial u_1}{\partial x_1}\right)^2} = \frac{1}{2}\overline{\left(\frac{\partial u_2}{\partial x_1}\right)^2} = \frac{1}{2}\overline{\left(\frac{\partial u_3}{\partial x_1}\right)^2} \tag{14.26}$$

在圆柱体后面的湍流尾流当中近似成立。但是从那以后,在低雷诺数和中雷诺数的切变流中,人们发现了很多证据表明速度导数方差和标量导数方差偏离方程(14.18)和(14.23)的各向同性形式。比如,Andonia 等(1986)发现在平板急流中(用逗号标记法):

$$\frac{\overline{u_{1,2}\ u_{1,2}}}{2\ \overline{u_{1,1}\ u_{1,1}}} = 1.8, \quad \frac{\overline{u_{1,1}\ u_{1,2}}}{(\overline{u_{1,1}\ u_{1,1}})^{1/2}\ (\overline{u_{1,2}\ u_{1,2}})^{1/2}} = 0.23 \tag{14.27}$$

而在局地各向同性情况下这些值分别是 1.0 和 0。在一个近乎均匀的湍流切变流中 Tavoularis 和 Corrsin(1981)的测量值分别是 2.2 和 -0.44。Andonia 等(1991)在湍流管道流的直接数值模拟结果的耗散率张量中发现了局地各向异性的证据。

　　Shen 和 Warhaft(2000)研究了较大雷诺数(如 $R_\lambda \sim 10^3$,$R_t \sim 6 \times 10^4$)格点湍流速度场的细致结构,二阶统计量(谱、结构函数)呈现出局地各向同性,但在五阶量上,比如 $\overline{(\partial u/\partial y)^5}/\left[\overline{(\partial u/\partial y)^2}\right]^{5/2}$,出现了局地各向异性。

Mydlarski 和 Warhaft(1998)发现有侧向平均温度梯度的格点湍流的速度场具有不依赖于雷诺-佩克莱特数(Reynolds-Péclet Number)的很强的局地各向异性,各向异性出现在二阶导数的方差(它偏离了方程(14.23))和更高阶的奇数阶结构函数当中。他们发现在 $30 < R_\lambda < 700$ 范围内温度谱与雷诺-佩克莱特数无关,并且温度起伏没有本质变化,这些结果与相同流动中的速度场很不同(Mydlarski 和 Warhaft,1996)。他们评论道,标量湍流在高 R_t 值的行为具有低 R_t 值湍流速度场拥有的特征。

如同在第 7 章中所讨论的,温度导数场的局地各向异性在三阶上很明显(Warhaft,2000)。图 14.1 是对具有平均切变和平均温度梯度的流动中实验测量和大气观测得到的 $\partial\theta/\partial x$ 的偏斜度与 R_λ 之间关系的汇总。这个偏斜度的符号按下式取得(Sreenivasan,1991):

$$\text{sgn}(S_{\partial\theta/\partial x}) = -\,\text{sgn}\left(\frac{dU}{dz}\right)\text{sgn}\left(\frac{d\Theta}{dz}\right) \tag{14.28}$$

在具有侧向(y 方向)平均温度梯度的格点湍流中,Tong 和 Warhaft(1994)发现了 $\partial\theta/\partial y$ 具有很大的偏斜度(~ 1.8)。

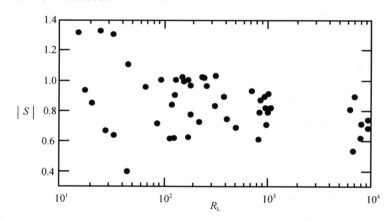

图 14.1 脉动温度顺流导数的偏斜度作为 R_λ 的函数所呈现出的两者关系,
这是从同时拥有平均切变和平均温度梯度的大量实验室流动和地球物理流动中得到的结果。
引自 Sreenivasan 和 Antonia(1997)

Sreenivasan(1991)把兼有切变和温度梯度的流动中的温度导数偏斜度归结为在有利风向上被拉长的涡旋结构。它们这样的特征与加热急流中和晴天近地层中的“斜坡-陡崖”结构相对应,在这个模型中偏斜度主要是因为有“陡崖”,即很强的单边梯度。因此,看起来标量导数的偏斜度主要与湍流的大尺度结构相关,这与局地各向同性假设得到的结果相矛盾。

14.5.3　局地各向异性的维持

我们能够通过标量导数的偏斜度守恒方程来获得对标量场局地各向异性的一些认识①。在这个过程中会看到导数场的矩的守恒方程以及它们的尺度律,与含能区间的情况存在非常重要的差异。

下面从二阶矩开始讨论,取保守标量方程(1.31)的梯度,对全变量场沿用前面使用的波浪号标记法,可以得到关于 $\widetilde{g}_i = \partial \widetilde{c}/\partial x_i$ 的方程:

$$\frac{\partial \widetilde{g}_i}{\partial t} + \widetilde{u}_j \frac{\partial \widetilde{g}_i}{\partial x_j} = -\widetilde{g}_j \frac{\partial \widetilde{u}_j}{\partial x_i} + \gamma \frac{\partial^2 \widetilde{g}_i}{\partial x_j \partial x_j} \tag{14.29}$$

因为方程右边存在伸缩项,标量梯度就像涡度一样,是个不保守的变量,但是它们的乘积 $\widetilde{g}_i \widetilde{\omega}_i$ 是保守的(问题 1.12)。

如果把方程(14.29)中的变量分解成平均值加上扰动部分,即:

$$\widetilde{g}_i = G_i + g_i, \quad \widetilde{u}_i = U_i + u_i \tag{14.30}$$

则扰动梯度的方程是:

$$\begin{aligned}
&\frac{\partial g_i}{\partial t} + U_j \frac{\partial g_i}{\partial x_j} + u_j \frac{\partial G_i}{\partial x_j} + u_j \frac{\partial g_i}{\partial x_j} - \overline{u_j \frac{\partial g_i}{\partial x_j}} \\
&= -G_j \frac{\partial u_j}{\partial x_i} - g_j \frac{\partial U_j}{\partial x_i} - g_j \frac{\partial u_j}{\partial x_i} + \overline{g_j \frac{\partial u_j}{\partial x_i}} + \gamma \frac{\partial^2 g_i}{\partial x_j \partial x_j}
\end{aligned} \tag{14.31}$$

用 $2g_i$ 乘以方程(14.31),重写分子项并舍弃其中的扩散项,便可以得到梯度方差的演变方程:

$$\begin{aligned}
&\frac{\partial \overline{g_i g_i}}{\partial t} + U_j \frac{\partial \overline{g_i g_i}}{\partial x_j} + 2\left[\overline{u_j g_i} \frac{\partial G_i}{\partial x_j} + \overline{g_i g_j} \frac{\partial U_j}{\partial x_i} + \overline{g_i \frac{\partial u_j}{\partial x_i}} G_j \right] \\
&+ \frac{\partial \overline{u_j g_i g_i}}{\partial x_j} + 2 \overline{\frac{\partial u_j}{\partial x_i} g_i g_j} = -2\gamma \overline{\frac{\partial g_i}{\partial x_j} \frac{\partial g_i}{\partial x_j}}
\end{aligned} \tag{14.32}$$

方程(14.32)左边的前四项(把括号里面当作一项)和右边项的类型也出现在含能区间变量的二阶矩方程中,它们依次是局地时间变化、平均平流、平均梯度产生、湍流输送以及(右边的)分子耗散。方程左边第五项是一个新类型项,称之为湍流产生项。

如同第 5 章中所介绍的,对方程(14.32)进行尺度分析,再次引入标量强度尺度 s 和泰勒微尺度 λ:

$$s = (\overline{c^2})^{1/2}, \quad \varepsilon = \nu \overline{\left(\frac{\partial u_i}{\partial x_j} \frac{\partial u_i}{\partial x_j} \right)} \sim \nu \frac{u^2}{\lambda^2} \sim \frac{u^3}{l} \tag{14.33}$$

标量和速度的扰动梯度可以分别用 s/λ 和 u/λ 来度量,而它们的平均梯度的尺度分别是 s/l 和 u/l。取时间变化项的时间尺度为湍流流动结构演变的时间尺度,即大涡的时间尺度 l/u;此外,还假设 $\gamma \sim \nu$。

---

① 作者要感谢董振宁(Chenning Tong)对这个问题进行的讨论。

因为方程(14.33)最右边式子意味着 $l/\lambda \sim u\lambda/\nu \equiv R_\lambda$（泰勒微尺度湍流雷诺数），所以方程(14.32)左边的相对重要项依赖于 R_λ。结果是，两个量级为 us^2/λ^3 的主导项在大 R_λ 值的情况下在一级近似上达到平衡：

$$\overline{\frac{\partial u_j}{\partial x_i} g_i g_j} = -\gamma \overline{\frac{\partial g_i}{\partial x_j} \frac{\partial g_i}{\partial x_j}} \tag{14.34}$$

这表明在主导量级上标量梯度的均方强度达到了平衡。这种状态是由湍流应变率引起的产生速率与分子扩散引起的损失速率之间达成平衡来实现的。

为了帮助理解方程(14.34)的含义，下面来考虑这两项之间不平衡量 I 的作用。由方程(14.32)可知，$\overline{g_i g_i}$ 对这种不平衡的响应时间尺度应该具有的量级是 $\overline{g_i g_i}/I$ $\sim \lambda/u \sim l/uR_\lambda^{-1}$，即远小于涡旋翻转时间尺度 l/u，所以方程(14.34)告诉我们，在大涡的时间尺度上这两个主导项之间保持平衡。

方程(14.32)中的其他项代表了对两个主导项之间平衡关系的有限 R_λ 修正。因此我们看到了含能区间变量的二阶矩收支关系（在第一部分中做过仔细讨论）与耗散区间的情况相比有根本的不同。对于前者，收支关系中所有项的量级相同，一些项涉及平均场-湍流相互作用，其他项代表湍流-湍流相互作用。但与之不同的是，耗散区间的收支关系对 R_λ 有内在的依赖性，所以当 R_λ 值大的时候有些项会远大于其他项，这些主导项代表了湍流-湍流相互作用。

以此为基础，现在来考虑保守标量空间导数的三阶矩收支关系。对于准平稳的水平均匀大气边界层，$\overline{(\theta_{,1})^3}$ 的收支关系是（问题 14.23）：

$$\frac{\partial \overline{(\theta_{,1})^3}}{\partial t} = \underset{\frac{u}{l}\frac{s^3}{\lambda^3}}{-3\,\Theta_{,3}\,\overline{u_{3,1}\,\theta_{,1}\,\theta_{,1}}} - \overline{(\theta_{,1}\,\theta_{,1}\,\theta_{,1}\,u_3)_{,3}} \underset{\frac{u}{l}\frac{s^3}{\lambda^3}}{} \underset{\frac{u}{\lambda}\frac{s^3}{\lambda^3}}{-3\,\overline{\theta_{,1}\,\theta_{,1}\,\theta_{,j}\,u_{j,1}}} - 6\gamma\,\overline{\theta_{,1j}\,\theta_{,1j}\,\theta_{,1}} \tag{14.35}$$

方程右边的项依次是：平均梯度产生项、湍流输送项、湍流产生项和分子耗散项。前三项下方标注的是它们的量级，其中第三项最大，它是前两项的 $l/\lambda \sim R_\lambda$ 倍。因此，如同关于梯度方差的收支方差(14.34)一样，方程(14.35)的最低阶（一阶近似）准平稳平衡关系是湍流产生与分子耗散之间的平衡。

然而，方程(14.35)的这个最低阶形式只涉及速度和温度的导数，这使它适合于各向同性假设（因为导数是小尺度量）。但是这两个主导项各自包含一个奇数阶张量，这样的张量在各向同性时应该消失。方程(14.35)右边第一项是关于 x_3 和 x_1 的奇数次的三阶矩，在各向同性情况下也会消失。所以可以认为 $\overline{(\theta_{,1})^3}$ 的收支关系是由局地各向异性机制来维持的。

Sreenivasan 等(1977)以及 Tong 和 Warhaft(1994)发现，侧向导数 $\theta_{,3}$ 的偏斜度甚至超过了其顺流导数的偏斜度，它的三阶矩的收支关系如下，下方标注了一些项的尺度（问题 14.24）：

$$\frac{\partial \overline{(\theta_{,3})^3}}{\partial t} = \underset{\frac{s}{l}\frac{us^2}{\lambda^3}}{-3\,\Theta_{,3}\,\overline{u_{3,3}\,\theta_{,3}\,\theta_{,3}}} \underset{\frac{u}{l}\frac{s^3}{\lambda^3}}{-3\,U_{,3}\,\overline{\theta_{,3}\,\theta_{,3}\,\theta_{,1}}}$$

$$\underset{\frac{u}{l}\frac{s^3}{\lambda^3}}{-\overline{(\theta_{,3}\,\theta_{,3}\,\theta_{,3}\,u_3)_{,3}}} \underset{\frac{u}{\lambda}\frac{s^3}{\lambda^3}}{-3\,\overline{\theta_{,3}\,\theta_{,3}\,\theta_{,j}\,u_{j,3}}} -6\gamma\,\overline{\theta_{,3j}\,\theta_{,3j}\,\theta_{,3}} \tag{14.36}$$

我们再次看到,最低阶(一阶近似)平衡关系是湍流产生与分子耗散之间的平衡,而这两项都在局地各向同性时消失。在两个平均梯度产生项中,包含平均温度梯度的项在局地各向同性时不会消失,但它比主导项要小 $l/\lambda \sim R_\lambda$ 倍。我们不清楚它是否足够大从而使观测到的 $\overline{(\theta_{,3})^3}$ 得以维持。

总而言之,观测迹象表明,具有标量梯度的切变流能够形成湍流标量场的局地各向异性平衡状态,尺度分析显示,局地各向异性是由湍流应变场作用于湍流标量梯度而产生的,并且由分子扩散以相同的速率进行耗散。各向异性的根源看起来是蕴含在其基本流的平均切变和标量梯度当中,但是并没有发现能将它们与局地各向异性联系在一起的证据。

在一个密切相关的问题上,Durbin 和 Speziale(1991)推导出耗散率张量的演变方程,并发现当存在平均切变时耗散率的维持需要局地各向异性湍流。这个结果支持了耗散率张量在切变流中可以是各向异性的观点,与 14.5.2 节中讨论的证据相一致。

14.5.4 度量局地各向异性

在局地各向同性的众多含义中只有少数性质已经被检验过。对局地各向异性的确认通常是基于观测到量值大约为 1 的导数偏斜度(在各向同性时其值为零),隐含的假设是 $S \sim 1$ 是大值。

人们可以证明出来(问题 7.16),随机变量的偏斜度 S 与平整度因子 F 之间遵循下列关系:

$$|S| \leqslant \frac{F+1}{2} \tag{14.37}$$

这个式子对局地各向同性提出了一个不同的判据,即 S 远小于这个上限值:

$$|S| \ll \frac{F+1}{2} \tag{14.38}$$

图 14.2 显示了 Sreenivasan 和 Antonia(1997)把实验室流动中和实际大气中的观测数据编辑到一起的关于温度导数的平整度因子 F 的情况,最大值可达 100。因此对于大 R_λ 值人们也许会说 $S \sim 1$ 满足方程(14.38)规定的约束条件,即 $S \sim 1$ 是很小的值。但是 $\partial u/\partial x$ 的偏斜度在湍流中发挥着重要的动力学作用(问题 14.22),并且它也是大约为 1。从这个角度讲,$S \sim 1$ 不是很小。

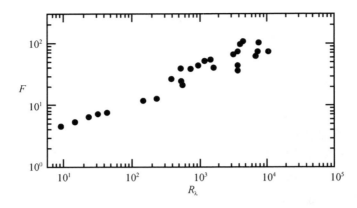

图 14.2　在一系列实验室流动和大气流动中测量到的温度顺流导数的平整度因子 F。引自 Sreenivasan 和 Antonia (1997)

14.5.5　湍流模式中的各向同性

在已经知道了存在相反的证据的情况下,我们怎么能把要模拟的湍流说成是局地各向同性的呢?

比如,在声信号和电磁信号传输的应用当中,速度、温度和水汽场的功率谱密度(谱)经常在大波数上被模拟成各向同性的。这样的谱有两方面特点:它们在惯性区间(紧靠含能区的惯性区)的行为特征,以及它们在耗散区的行为特征(这个行为特征由导数矩提供出来,见本书第 15 章)。现在已经有充分证据表明,在有标量梯度的切变流中通量协谱(见本书第 15 章)在惯性区的下降速度快于 κ^{-2}。这保证了湍流通量收支关系在大 R_t 值的情况下其中分子耗散项的作用小到可以忽略不计(见本书第 5 章),就像局地各向同性要求的那样。

但是正如前面已经讨论过的,观测显示在有平均标量梯度的切变流中局地各向同性只是一个一级近似。各向同性公式(14.19)和(14.23)虽然因其形式简单而很吸引人,但是它们会在切变流中引入不可忽视的误差。

针对主要概念的提问

14.1　解释各向同性湍流场的含义。

14.2　解释为什么自然发生的湍流在含能区间不是各向同性的。

14.3　在第 6 章中我们讨论过用随机体积力 $\beta_i(t)$ 来强迫出湍流,如方程(6.16)所示。如果希望湍流是各向同性的,对 β_i 需要怎样的约束条件?讨论诸如 $\overline{\beta_i}$、$\overline{\beta_i\beta_j}$ 以及 $\overline{\beta_i u_j}$ 的情况,解释你的理由。

14.4　解释局地各向同性的含义以及有关它的传统观点的要义。

14.5 解释为什么局地各向同性概念在处理湍流矩方程的时候很有用。

14.6 为什么在耗散区间的二阶矩收支方程中会出现新类型的项？

14.7 含能区间二阶矩收支方程中各项之间的尺度关系与耗散区间二阶矩收支方程中的不同，解释原因。

14.8 从物理上解释为什么关于标量场局地各向同性的传统观点看起来在有平均梯度的流动中是不成立的。

14.9 从物理上解释为什么温度导数的偏斜度在局地各向同性假设之下会消失。

问　题

14.1 证明方程(14.19)，讨论实验学家们如何运用这个结果去从空间一点上测量到的 u_1 时间序列估算出 ε。

14.2 基于各向同性基本性质，对于标量-标量协方差和标量方差的分子耗散速率的各个分量，你能告诉我们什么？

14.3 对于以 x_3 为轴对 x_1 和 x_2 转动 α 角度形成的坐标转换，写出关于 α 的坐标转换方程，然后把它重新写成关于方向余弦的形式。

14.4 证明 δ_{ij} 在坐标旋转和翻转时都不发生变化，因此它是各向同性张量。

14.5 证明 $\varepsilon_{ijk}=-\varepsilon_{jik}$，为什么它意味着坐标旋转的情况下 ε_{ijk} 是不变的，但在坐标翻转的时候不是这样的？

14.6 证明对角线二阶张量在坐标旋转时保持不变的条件只能是对角线分量相等。

14.7 运用涡度的定义，把 $\overline{\omega_i\omega_j}$ 与 M_{ijkm} 联系起来，用 M_{ijkm} 的各向同性形式推导出关于 $\overline{\omega_i\omega_j}$ 的表达式。

14.8 定义 $a_{ik}=\overline{u_iu_k}-\delta_{ik}q^2/3$，证明从整体上讲压力协方差是它唯一的汇，它的源项是什么？

14.9 在各向同性假设之下平均速度梯度 $\partial U_i/\partial x_j$ 的形式是什么样的？（提示：运用连续方程）

14.10 均匀湍流中保守标量的结构函数 $\Delta C(\mathbf{r})$ 被定义为：
$$\Delta C(\mathbf{r})=\overline{(c(\mathbf{x})-c(\mathbf{x}+\mathbf{r}))^2}$$
在各向同性场中 ΔC 依赖于 $\mathbf{r}$ 的关系式是什么？在真实的湍流场中你认为它在下列情况下会表现出怎样的情况：(a)两点之间的距离与 l 相当；(b)两点距离远小于 l？

14.11 证明连续方程经过平方和平均后满足各向同性。

14.12 写出 $\overline{\dfrac{\partial c}{\partial x_i}\dfrac{\partial c}{\partial x_j}\dfrac{\partial c}{\partial x_k}}$ 和 $\overline{\dfrac{\partial c}{\partial x_i}\dfrac{\partial c}{\partial x_j}\dfrac{\partial c}{\partial x_k}\dfrac{\partial c}{\partial x_l}}$ 的各向同性形式。

14.13 运用局地各向同性来确定标量梯度方差的守恒方程（问题 5.14）中两个主导项的形式。

14.14 纳维-斯托克斯方程中的体积力必须满足什么约束条件才能使得数值模拟计算出的湍流是各向同性的？

14.15 重写平均螺旋度（问题5.7）的演变方程中的分子项，在局地各向同性假设之下平均螺旋度是被分子过程消耗掉的吗？

14.16 湍流自由对流可以在两个平行的平板之间被建立起来，下平板加热，上平板冷却，平均速度为零。为什么在垂直方向上这样的流动是不均匀的？什么情况下它可以在水平方向上达到均匀？在后一种情况下它能够在统计上表现出关于 z 轴对称吗？证明在这种情况下水平面上的统计量符合各向同性，但两点之间的距离矢量必须在水平面上。

14.17 在局地各向同性假设之下运用方程(14.24)和(14.25)把涡度方差方程中的两个主导项（问题5.6）写成关于 u_1 的顺流导数的表达式。

14.18 写出表示应力和标量通量的分子耗散速率项的各向同性形式。

14.19 证明在局地各向同性假设之下 TKE 分量的分子耗散率相等。

14.20 解释为什么在局地各向同性假设之下 TKE 的浮力产生项消失了。

14.21 在局地各向同性假设之下，作为导数协方差的 $\overline{u_{i,j}\theta_{,kl}}$ 可能会有各向同性形式 $\alpha\delta_{ij}\delta_{kl} + \beta\delta_{ik}\delta_{jl} + \gamma\delta_{il}\delta_{jk}$，找到这个张量的两个约束条件，并用它们求解出三个系数中的两个，即把它们写成关于第三个系数的表达式。

14.22 考虑平均速度和平均涡度都为零的各向同性平稳湍流，

(a)写出扰动涡度 ω_i 的方程，用它来推导出涡度方差的收支方程；

(b)在收支方程中识别出湍流输送项，解释为什么它会是零；

(c)从物理上解读剩下的那两项，把它们写成涡度导数的矩，并且运用局地各向同性及方程(14.24)和(14.25)把它们表示成顺流涡度的顺流导数的矩，运用这个收支关系背后的物理性质解释为什么 $\partial u/\partial x$ 具有非零偏斜度。

14.23 推导大气边界层中 $\overline{(\theta_{,1})^3}$ 的守恒方程(14.35)。

14.24 推导大气边界层中 $\overline{(\theta_{,3})^3}$ 的守恒方程(14.36)。

14.25 分析方程(14.32)各项的尺度，证明其在主尺度上具有方程(14.34)的形式。

参考文献

Antonia R A，Anselmet F，Chambers A J，1986. Local-isotropy assessment in a turbulent plane jet[J]. J Fluid Mech，163：365-391.

Antonia R A，Kim J，Browne L W B，1991. Some characteristics of small-scale turbulence in a turbulent duct flow[J]. J Fluid Mech，233：369-388.

Batchelor G K，1960. The Theory of Homogeneous Turbulence[M]. Cambridge：Cambridge University Press.

Betchov R，1957. On the fine structure of turbulent flows[J]. J Fluid Mech，3：205-216.

Champagne F H，1978. The fine-scale structure of the turbulent velocity field[J]. J Fluid Mech 86：

67-108.

Durbin P A, Speziale C G, 1991. Local anisotropy in strained turbulence at high Reynolds numbers [J]. J Fluids Eng, 113:707-709.

Friedlander S K, Topper L, 1961. Turbulence: Classic Papers on Statistical Theory[M]. New York: Interscience Publishers.

Jeffreys H, 1961. Cartesian Tensors[M]. Cambridge:Cambridge University Press.

Kolmogorov A N, 1941. The local structure of turbulence in incompressible viscous fluid for very large Reynolds numbers[J]. Doklady ANSSSR, 30:301-305.

Mydlarski L, Warhaft Z, 1996. On the onset of high Reynolds number grid generated wind tunnel turbulence[J]. J Fluid Mech, 320:331-368.

Mydlarski L, Warhaft Z, 1998. Passive scalar statistics in high-Péclet-number grid turbulence[J]. J Fluid Mech, 358:135-175.

Shen X, Warhaft Z, 2000. The anisotropy of small scale structure in high Reynolds number ($R_\lambda \sim$ 1000) turbulent shear flow[J]. Phys Fluids, 12:2976-2989.

Sreenivasan K R, 1991. On local isotropy of passive scalars in turbulent shearflows[J]. Proc Roy Soc Lond A, 434:165-182.

Sreenivasan K R, Antonia R A, 1997. The phenomenology of small-scale turbulence[J]. Ann Rev Fluid Mech, 29:435-472.

Sreenivasan K R, Antonia R A, Danh H Q, 1977. Temperature dissipation fluctuations in a turbulent boundary layer[J]. Phys Fluids, 26:1238-1249.

Tavoularis S, Corrsin S, 1981. Experiments in nearly homogeneous turbulent shear flow with a uniform temperature gradient. Part 2. The fine structure[J]. J Fluid Mech, 104:349-367.

Taylor G I, 1935. Statistical theory of turbulence[J]. Proc Roy Soc A, 151:421-478.

Tong C, Warhaft Z, 1994. On passive scalar derivative statistics in grid turbulence[J]. Phys Fluids, 6:2165-2176.

Warhaft Z, 2000. Passive scalars in turbulent flows[J]. Ann Rev Fluid Mech, 32:203-240.

第15章 协方差、自相关和谱

§15.1 引言

在第 13 章里我们介绍了不规则随机变量的**矩**的概念。本章将从单变量的标量函数和自相关函数出发进一步拓展这方面的讨论,然后会介绍傅里叶变换及**功率谱密度**(或简称**谱**);将其推广到三维情形和矢量函数,并涵盖各向同性湍流谱的经典问题;最后,针对垂直方向不均匀但水平方向均匀的大气边界层,将介绍适用于这种情况的谱公式。

§15.2 单变量标量函数

15.2.1 自相关函数

方程(13.22)定义了关于时间的随机函数 $u(t)$ 的交叉矩。一个例子就是两个时刻的协方差 $\overline{u(t_1)u(t_2)}$ 有时也被称作自协方差。对于时间上是平稳的函数,它只取决于时间间隔 $t_2 - t_1$。自相关函数被定义为被方差归一化的自协方差:

$$\frac{\overline{u(t_1)u(t_2)}}{\overline{u^2}} = \rho(t_2 - t_1) \tag{15.1}$$

其中,$\rho(t)$ 是个偶函数(问题 15.1)。施瓦茨不等式(问题 15.2)告诉我们 $\overline{u(t_1)u(t_2)} \leqslant \overline{u^2}$,由此可知:

$$|\rho(t)| \leqslant \rho(0) = 1 \tag{15.2}$$

对于随机函数通常是:当 $t \to \infty$ 时 $\rho(t) \to 0$。我们把它理解为经过充分长的时间间隔以后 $u(t)$ 会出现"记忆丧失"。

自相关函数经常会出现在涉及 $u(t)$ 的导数和积分的统计量中,例如(问题 15.3),

$$\overline{\left[\int_a^b u(t)\mathrm{d}t\right]^2} = \int_a^b\int_a^b \overline{u(t')u(t'')}\,\mathrm{d}t'\mathrm{d}t'' = \overline{u^2}\int_a^b\int_a^b \rho(t'-t'')\,\mathrm{d}t'\mathrm{d}t'' \tag{15.3}$$

导数的方差是(问题 15.4):

$$\overline{\left(\frac{\mathrm{d}u(t)}{\mathrm{d}t}\right)^2} = -\,\overline{u^2}\,\frac{\mathrm{d}^2\rho(t)}{\mathrm{d}t^2}\bigg|_{t=0} \tag{15.4}$$

方程(15.3)和(15.4)中的表达式定义了与 $\rho(t)$ 有关的两个时间尺度：

$$\int_0^\infty \rho(t)\,\mathrm{d}t = \tau, \qquad \frac{\mathrm{d}^2\rho(t)}{\mathrm{d}t^2}\bigg|_{t=0} = -\frac{2}{\lambda^2} \tag{15.5}$$

我们已经知道，τ 和 λ 分别是积分尺度和微尺度。在湍流当中与空间记录 $u(x)$ 相对应的尺度 λ_x 被认为是泰勒微尺度。

图 15.1 显示了一个典型的自相关函数及其相应的尺度 τ 和 λ。如图所示，λ 是在原点处与 ρ 曲线相切的抛物线在 t 轴上的截距，而 τ 是用自相关函数曲线之下的面积定义出来的时间尺度。在大 R_t 值的湍流流动中 λ 比 τ 小(问题 15.5)。大气中的观测数据会妨碍 $\rho(t)$ 趋向于零，因而使得确定 τ 变成一件困难的事。

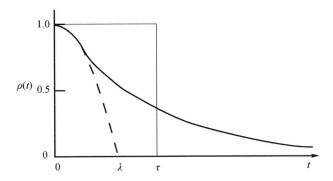

图 15.1　微尺度为 λ、积分尺度为 τ 的自相关函数 ρ 的示意图。
长方形面积与 ρ 曲线之下的面积相等。引自 Lumley 和 Panofsky(1964)

15.2.2　随机标量实函数的傅里叶表示法

与 Batchelor(1960)及 Lumley 和 Panofsky(1964)一样，我们对不规则随机变量场采用傅里叶-司蒂吉斯(Fourier-Stieltjes)表示法。如后者解释的那样，因为这样的场可能既不是周期性的也不是可积的，所以常用的傅里叶级数和积分都无法使用。但是，按照 Lumley 和 Panofsky(1964)的处理方法，对 $u(t)$ 做一些弱性的假设，把它理解为一种不规则随机过程 $Z(\omega)$：

$$u(t) = \int_{-\infty}^{+\infty} e^{i\omega t}\,\mathrm{d}Z(\omega) \tag{15.6}$$

这就是人们所知道的傅里叶-司蒂吉斯积分。随机过程 $Z(\omega)$ 具有如下性质：

$$\lim_{T\to\infty}\frac{1}{2\pi}\int_{-T}^{T}\frac{e^{-ibt}-e^{-iat}}{-it}u(t)\,\mathrm{d}t = Z(b)-Z(a) \tag{15.7}$$

把积分写成这样的形式是为了表明 $Z(\omega)$ 不需要是可微的。

或许可以把方程(15.6)和(15.7)写成如下更为熟悉的形式,如果取 $a=\omega, b=\omega+\Delta\omega$,则可以写成:

$$\frac{e^{-ibt}-e^{-iat}}{-it} = \frac{e^{-i\omega t}\,e^{-i\Delta\omega t}-e^{-i\omega t}}{-it} \tag{15.8}$$

按照级数展开 $e^{-i\Delta\omega t} \cong 1-i\Delta\omega t$,上式变成:

$$\frac{e^{-ibt}-e^{-iat}}{-it} \cong \Delta\omega e^{-i\omega t} \tag{15.9}$$

而经过除以 $\Delta\omega$ 并取 $\Delta\omega \to 0$ 的极限之后,假设导数 $dZ/d\omega$ 存在,则方程(15.7)可以写成:

$$\lim_{\Delta\omega\to0}\left(\frac{1}{\Delta\omega}\lim_{T\to\infty}\frac{1}{2\pi}\int_{-T}^{T}\frac{e^{-ibt}-e^{-iat}}{-it}u(t)\mathrm{d}t\right) = \frac{1}{2\pi}\int_{-\infty}^{\infty}e^{-i\omega t}u(t)\mathrm{d}t = \frac{\mathrm{d}Z}{\mathrm{d}\omega} \tag{15.10}$$

因此这种情况下方程(15.10)是 $u(t)$ 的傅里叶变换,依据方程(15.6),这一对变换的另一半是:

$$u(t) = \int_{-\infty}^{+\infty}e^{i\omega t}\frac{\mathrm{d}Z}{\mathrm{d}\omega}\mathrm{d}\omega \tag{15.11}$$

即傅里叶逆变换。

随后将会看到,傅里叶-司蒂吉斯表示法在寻找线性随机问题的统计解方面非常有用。

15.2.3 功率谱密度(简称谱)

差值或增量 $\mathrm{d}Z(\omega)$ 可以被认为是频率为 ω 的傅里叶模的复振幅,它们是正交的,也就是说,不重叠的成员之间是不相关的:

$$\overline{\mathrm{d}Z(\omega_1)\mathrm{d}Z^*(\omega_2)} = 0, \quad \omega_1 \neq \omega_2 \tag{15.12}$$

其中,$\mathrm{d}Z^*$ 是共轭复数。差值的方差是功率谱分布函数 F 的微分,即:

$$\overline{\mathrm{d}Z(\omega)\,\mathrm{d}Z^*(\omega)} = \mathrm{d}F(\omega) = \phi(\omega)\mathrm{d}\omega, \quad F(\omega) = \int_{-\infty}^{\omega}\phi(\omega')\mathrm{d}\omega' \tag{15.13}$$

式中:$\phi(\omega)$ 是功率谱密度,或者可简单称为谱。自相关函数与功率谱由下列关系式联系在一起:

$$\overline{u^2}\rho(t) = \int_{-\infty}^{+\infty}e^{i\omega t}\,\mathrm{d}F(\omega) = \int_{-\infty}^{+\infty}e^{i\omega t}\phi(\omega)\mathrm{d}\omega \tag{15.14}$$

上式表明自相关函数 $\overline{u^2}\rho(t)$ 是谱 ϕ 的傅里叶变换,其逆变换关系如下:

$$\phi(\omega) = \frac{1}{2\pi}\int_{-\infty}^{+\infty}e^{-i\omega t}\rho(t)\,\overline{u^2}\mathrm{d}t \tag{15.15}$$

因为 ρ 是偶函数,所以 ϕ 也是偶函数。

这里用到了修饰语*功率*，因为当 $u(t)$ 是电压的时候，其平方与功率成正比。F 是分布函数，因为 $F(\omega)$ 代表了频率低于 ω 的成分对 $\overline{u^2}$ 的贡献（见方程(15.13)）。

按照 Lumley 和 Panofsky（1964）的说法，这套定理被称为维纳-辛钦定理（Wiener-Khintchine theorem），它实际上恢复了因随机函数 $u(t)$ 不具备周期性和可积性而缺失的所有被需要的数学性质。

15.2.4 交叉相关与交叉谱

前面提到的分析方法可以被拓展到两个不同的平稳随机函数 $u(t)$ 和 $v(t)$，它们的交叉协方差是：

$$\overline{u(t_1)v(t_2)} = C_{uv}(t_1 - t_2) = \iint_{-\infty}^{+\infty} e^{i\omega t_1 - i\omega' t_2} \, \overline{\mathrm{d}Z_u(\omega)\mathrm{d}Z_v^*(\omega')} \tag{15.16}$$

这里的傅里叶-司蒂吉斯协方差是：

$$\overline{\mathrm{d}Z_u(\omega)\mathrm{d}Z_v^*(\omega')} = \begin{cases} 0, & \omega \neq \omega' \\ \phi_{uv}(\omega)\mathrm{d}\omega, & \omega = \omega' \end{cases} \tag{15.17}$$

式中：ϕ_{uv} 是交叉谱。于是变换关系如下：

$$C_{uv}(\tau) = \int_{-\infty}^{+\infty} e^{i\omega\tau} \phi_{uv}(\omega)\mathrm{d}\omega$$

$$\phi_{uv}(\omega) = \frac{1}{2\pi}\int_{-\infty}^{+\infty} e^{-i\omega\tau} C_{uv}(\tau)\mathrm{d}\tau \tag{15.18}$$

如果把交叉协方差 C_{uv} 写成奇函数部分与偶函数部分之和，即：

$$C_{uv}(\tau) = \frac{1}{2}\big[C_{uv}(\tau) + C_{uv}(-\tau)\big] + \frac{1}{2}\big[C_{uv}(\tau) - C_{uv}(-\tau)\big]$$

$$= E_{uv}(\tau) + O_{uv}(\tau) \tag{15.19}$$

然后运用方程(15.18)，并把指数函数形式写成三角函数形式，则有：

$$\phi_{uv}(\omega) = \frac{1}{2\pi}\int_{-\infty}^{+\infty} (\cos\omega\tau - i\sin\omega\tau)\big[E_{uv}(\tau) + O_{uv}(\tau)\big]\mathrm{d}\tau$$

$$= \frac{1}{2\pi}\int_{-\infty}^{+\infty} \cos\omega\tau\, E_{uv}(\tau)\mathrm{d}\tau - \frac{i}{2\pi}\int_{-\infty}^{+\infty} \sin\omega\tau\, O_{uv}(\tau)\mathrm{d}\tau$$

$$= Co_{uv}(\omega) - iQ_{uv}(\omega) \tag{15.20}$$

式中：Co_{uv} 是协谱，Q_{uv} 是正交谱。它们的逆变换是：

$$E_{uv}(\tau) = \int_{-\infty}^{+\infty} \cos\omega\tau\, Co_{uv}(\omega)\mathrm{d}\omega$$

$$O_{uv}(\tau) = \int_{-\infty}^{+\infty} \sin\omega\tau\, Q_{uv}(\omega)\mathrm{d}\omega \tag{15.21}$$

协方差由下式得出：

$$\overline{uv} = C_{uv}(0) = E_{uv}(0) = \int_{-\infty}^{+\infty} Co_{uv}(\omega)\,d\omega \tag{15.22}$$

所以协谱就是不同频率的成分对协方差的贡献率，它自然是频率的函数。

方程(15.20)表明，如果 C_{uv} 是偶函数，则正交谱为零。如果 u 和 v 的最大相关出现在某个非零的时间间隔上，那么 C_{uv} 就不是偶函数，例如，u 和 v 是顺流方向上两个不同空间点上的保守标量，最大相关可能发生在滞后时间与两点之间的传播时间相一致的情况。

如果 $v(t)$ 就是滞后时间为 Δt 的 $u(t)$，我们说 $v(t)$ 有一个 $\theta = \omega\Delta t$ 的"位相差"。于是可以写成：

$$u(t) = \int_{-\infty}^{+\infty} e^{i\omega t}\,dZ(\omega), \quad v(t) = \int_{-\infty}^{+\infty} e^{i(\omega t - \theta)}\,dZ(\omega) \tag{15.23}$$

因为 $\overline{dZ(\omega)dZ^*(\omega)} = \phi(\omega)d\omega$，其交叉协方差是：

$$C_{uv}(\tau) = \int_{-\infty}^{+\infty} e^{i(\omega\tau - \theta)}\phi(\omega)\,d\omega \tag{15.24}$$

于是有：

$$\phi_{uv}(\omega) = e^{-i\theta}\phi(\omega) = \cos\theta\phi(\omega) - i\sin\theta\phi(\omega)$$
$$Co_{uv}(\omega) = \cos\theta\phi(\omega), \quad Q_{uv}(\omega) = \sin\theta\phi(\omega)$$
$$\tan\theta = \frac{Q_{uv}(\omega)}{Co_{uv}(\omega)} \tag{15.25}$$

每个频率的滞后时间 $\Delta t(\omega)$ 被定义为：

$$\tan[\omega\Delta t(\omega)] = \frac{Q_{uv}(\omega)}{Co_{uv}(\omega)} \tag{15.26}$$

另一个无量纲量是相干性，即谱相关的平方或归一化协方差：

$$Coh_{uv}(\omega) = \frac{|\overline{dZ_u(\omega)dZ_v^*(\omega)}|^2}{\overline{dZ_u(\omega)dZ_u^*(\omega)}\,\overline{dZ_v(\omega)dZ_v^*(\omega)}}$$
$$= \frac{|\phi_{uv}|^2}{\phi_u\phi_v} = \frac{Co_{uv}^2(\omega) + Q_{uv}^2(\omega)}{\phi_u(\omega)\phi_v(\omega)} \tag{15.27}$$

依据施瓦茨不等式，这个量的值不可能超过 1。当频率为 ω 的 u 和 v 的傅里叶分量成比例关系时，它才会等于 1。在(15.23)～(15.25)式所举的例子当中所有频率上的相干性都是 1。

§15.3 标量的时空函数

15.3.1 拓展公式

当独立变量是空间而不是时间的时候，本书介绍的概念也是适用的。空间坐标中的均匀性对应于时间的平稳性。我们只把随机函数在其中是均匀的空间坐标取为独立变量。对于随机函数在空间上不均匀以及在时间上不平稳的情况，空间坐标和时间就变成参变量。

考虑一个随机函数 θ（比如说温度），它在三个空间坐标方向上均匀，$x_i \equiv \boldsymbol{x}$，则傅里叶表达式是：

$$\theta(\boldsymbol{x};t) = \int_{-\infty}^{+\infty} e^{i\boldsymbol{\kappa} \cdot \boldsymbol{x}} \mathrm{d}Z(\boldsymbol{\kappa};t) \tag{15.28}$$

式中：$\boldsymbol{\kappa}$ 是波数矢量。可以写成：

$$\overline{\mathrm{d}Z(\boldsymbol{\kappa};t)\mathrm{d}Z^*(\boldsymbol{\kappa}';t)} = \begin{cases} 0, & \boldsymbol{\kappa} \neq \boldsymbol{\kappa}' \\ \phi(\boldsymbol{\kappa};t)\mathrm{d}\boldsymbol{\kappa}, & \boldsymbol{\kappa} = \boldsymbol{\kappa}' \end{cases} \tag{15.29}$$

式中：$\phi(\boldsymbol{\kappa};t)$ 是功率谱密度，它是自相关函数的傅里叶变换：

$$\overline{\theta^2}(t)\rho(\boldsymbol{r};t) = \int_{-\infty}^{+\infty} e^{i\boldsymbol{\kappa} \cdot \boldsymbol{r}} \phi(\boldsymbol{\kappa};t)\mathrm{d}\boldsymbol{\kappa}$$

$$\phi(\boldsymbol{\kappa};t) = \frac{1}{(2\pi)^3} \int_{-\infty}^{+\infty} e^{-i\boldsymbol{\kappa} \cdot \boldsymbol{r}} \, \overline{\theta^2}(t)\rho(\boldsymbol{r};t)\mathrm{d}\boldsymbol{r} \tag{15.30}$$

如果 θ 只在两个方向上是均匀的，比如在水平均匀的湍流边界层中的 $x_1 - x_2$ 平面上，可以写成：

$$\theta(\boldsymbol{x};t) = \int_{-\infty}^{+\infty} e^{i(\kappa_1 x_1 + \kappa_2 x_2)} \mathrm{d}Z(\kappa_1,\kappa_2;x_3,t)$$

其中的傅里叶-司蒂吉斯系数具有下列性质：

$$\overline{\mathrm{d}Z(\kappa_1,\kappa_2;x_3,t)\mathrm{d}Z^*(\kappa_1',\kappa_2';x_3,t)}$$
$$= \begin{cases} 0, & \kappa_1 \neq \kappa_1', \kappa_2 \neq \kappa_2' \\ \phi(\kappa_1,\kappa_2;x_3,t)\mathrm{d}\kappa_1\mathrm{d}\kappa_2, & \kappa_1 = \kappa_1', \kappa_2 = \kappa_2' \end{cases} \tag{15.31}$$

与之对应的一对变换关系是：

$$\overline{\theta^2}(x_3,t)\rho(r_1,r_2;x_3,t) = \int_{-\infty}^{+\infty} e^{i(\kappa_1 r_1 + \kappa_2 r_2)} \phi(\kappa_1,\kappa_2;x_3,t)\mathrm{d}\kappa_1\mathrm{d}\kappa_2 \tag{15.32}$$

$$\phi(\kappa_1,\kappa_2;x_3,t) = \frac{1}{(2\pi)^2} \int_{-\infty}^{+\infty} e^{-i(\kappa_1 r_1 + \kappa_2 r_2)} \, \overline{\theta^2}(x_3,t)\rho(r_1,r_2;x_3,t)\mathrm{d}r_1\mathrm{d}r_2$$

这就是说，x_3 和 t 都是参变量，得到的是 t 时刻 $x_1 - x_2$ 平面上的相关。求取对应于两个不同的 x_3（或 t）值之间相关的方法就像求取协谱和交叉谱以及交叉协方差的操作方法一样。

如果一个标量随机函数依赖于三个空间坐标和时间，且它是平稳的，但在三个方向上都是不均匀的，那么 15.1 节中介绍的分析方法仍然适用，但需要表示空间位置的额外参数，两个空间点之间的联合统计量按交叉协方差来处理。

如果函数在三个方向上是均匀的,但它是不平稳的,那么(13.28)~(13.30)式的分析方法仍然适用。需要表示时间的额外参数,两个时刻的统计量按照交叉协方差来处理。如果函数既平稳又均匀,那么有:

$$\theta(\boldsymbol{x},t) = \int_{-\infty}^{\infty} e^{i\boldsymbol{\kappa}\cdot\boldsymbol{x}+i\omega t}\,\mathrm{d}Z(\boldsymbol{\kappa},\omega)\;,$$

$$\overline{\mathrm{d}Z(\boldsymbol{\kappa},\omega)\mathrm{d}Z^*(\boldsymbol{\kappa}',w')} = \begin{cases} 0, & \boldsymbol{\kappa}\neq\boldsymbol{\kappa}',\omega\neq\omega' \\ \phi(\boldsymbol{\kappa},\omega)\mathrm{d}\boldsymbol{\kappa}\mathrm{d}\omega, & \boldsymbol{\kappa}=\boldsymbol{\kappa}',\omega=\omega' \end{cases}$$

$$\overline{\theta(\boldsymbol{x},t)\theta(\boldsymbol{x}+\boldsymbol{\xi},t+\tau)} = \overline{\theta^2}\rho(\boldsymbol{\xi},\tau) = \int_{-\infty}^{+\infty} e^{i\boldsymbol{\kappa}\cdot\boldsymbol{\xi}+i\omega\tau}\phi(\boldsymbol{\kappa},\omega)\mathrm{d}\boldsymbol{\kappa}\mathrm{d}\omega$$

(15.33)

$$\phi(\boldsymbol{\kappa},\omega) = \frac{1}{(2\pi)^4}\int_{-\infty}^{+\infty} e^{-i\boldsymbol{\kappa}\cdot\boldsymbol{\xi}-i\omega\tau}\,\overline{\theta^2}\rho(\boldsymbol{\xi},\tau)\mathrm{d}\boldsymbol{\xi}\mathrm{d}\tau$$

式中:ρ被称为时空相关,ϕ是时空谱。

15.3.2 在观测中的应用

比如说我们正在沿x_1轴对湍流标量θ进行测量——好比在飞机上做观测,飞行方向沿x_1轴,或者按照泰勒假设在空间一固定点用平稳探头进行测量,那么在均匀湍流场中自相关函数,即方程(15.30)所示的谱关系,就变成(下文中不再特别说明它依赖于像t这样的参变量)如下形式:

$$\overline{\theta^2}\rho(\xi_1,0,0) = \int_{-\infty}^{+\infty} e^{i\kappa_1\xi_1}\phi(\boldsymbol{\kappa})\mathrm{d}\boldsymbol{\kappa}$$
$$= \int_{-\infty}^{+\infty} e^{i\kappa_1\xi_1}\left(\iint_{-\infty}^{+\infty}\phi(\boldsymbol{\kappa})\mathrm{d}\kappa_2\mathrm{d}\kappa_3\right)\mathrm{d}\kappa_1$$
$$= \int_{-\infty}^{+\infty} e^{i\kappa_1\xi_1}F^1(\kappa_1)\mathrm{d}\kappa_1 \qquad (15.34)$$
$$F^1(\kappa_1) = \iint_{-\infty}^{+\infty}\phi(\boldsymbol{\kappa})\mathrm{d}\kappa_2\mathrm{d}\kappa_3$$

式中:F^1被称为一维谱,它的上标表示位移矢量$\boldsymbol{\xi}$的方向[1]。方程(15.34)表明$F^1(\kappa_1)$和$\overline{\theta^2}\rho(\xi_1,0,0)$是一对傅里叶变换:

$$\int_{-\infty}^{+\infty} e^{i\kappa_1\xi_1}F^1(\kappa_1)\mathrm{d}\kappa_1 = \overline{\theta^2}\rho(\xi_1,0,0)$$

---

[1] 有些学者写成$F(\kappa_1)$来表示这个方向,但是因为函数依赖于这个自变量的取值而不是名称,因此这样标记不合适。

$$F^1(\kappa_1) = \frac{1}{2\pi}\int_{-\infty}^{+\infty} e^{-i\kappa_1\xi_1}\,\overline{\theta^2}\rho(\xi_1,0,0)\mathrm{d}\xi_1 \tag{15.35}$$

在 $\kappa_1 = 0$ 处确定方程(15.35)的第二个式子,可得:

$$F^1(0) = \frac{\overline{\theta^2}}{2\pi}\int_{-\infty}^{+\infty} \rho(\xi_1,0,0)\mathrm{d}\xi_1 = \frac{\overline{\theta^2}}{\pi}l_1 \tag{15.36}$$

式中:l_1 是沿 x_1 方向的积分尺度。方程(15.36)表明一维谱在 0 波数上不会消失,之所以如此是因为虽然波数为 κ 的傅里叶模的方向接近垂直于 x_1 方向,但它还是在这个方向上拥有很小的波数。

三维谱 E_c(下标 c 将它与 E 区分开来,E 代表三维能谱)是在半径为 κ 的球面上对 $\phi(\boldsymbol{\kappa})$ 进行积分的结果:

$$E_c(\kappa) = \iint_{\kappa_i\kappa_i=\kappa^2} \phi(\boldsymbol{\kappa})\mathrm{d}\sigma \tag{15.37}$$

如上式所示,不管它们的方向如何,$E_c(\kappa)$ 包含了波数大小为 κ 的所有傅里叶模的贡献。依据方程(15.30)可有:

$$\overline{\theta^2} = \int_{-\infty}^{+\infty}\phi(\boldsymbol{\kappa})\mathrm{d}\boldsymbol{\kappa} = \int_0^{\infty}(\iint_{\kappa_i\kappa_i=\kappa^2}\phi(\boldsymbol{\kappa})\mathrm{d}\sigma)\mathrm{d}\kappa = \int_0^{\infty}E_c(\kappa)\mathrm{d}\kappa \tag{15.38}$$

像 E 一样,E_c 在原点处消失,因为我们讨论的是平均值为零的变量,它在 $\kappa=0$ 处没有能量。因此,与一维谱不一样,它的形状确切体现了空间尺度为 $1/\kappa$ 的涡旋对方差贡献的相对重要性。

E_c 在传统上用于湍流理论的标量谱,例如,奥布霍夫-柯辛关于惯性区标量谱行为的观点(见本书第 7 章)针对的就是 E_c。

15.3.3　各向同性

如同在第 3 章中所讨论的,各向同性好像不能发生在“自然”湍流(有别于计算出来的湍流)的含能区间。但是,Batchelor(1960)提出的轴对称情形(即围绕一个轴旋转或翻转坐标时能保持不变性)是可能的,就像在自由对流湍流中一样,它是关于垂直轴对称的。轴对称在垂直于对称轴的平面上是各向同性的。

对于一个各向同性标量场中,就像接下来要讨论的,ϕ、F^1 和 E_c 之间的函数关系就会变得很简单。在各向同性条件下 $\phi(\boldsymbol{\kappa}) = \phi(\kappa)$,方程(15.37)变成:

$$E_c(\kappa) = \iint_{\kappa_i\kappa_i=\kappa^2} \phi(\kappa)\mathrm{d}\sigma = 4\pi\kappa^2\phi(\kappa) \tag{15.39}$$

依据(15.34)式,一维谱 $F^1(\kappa_1)$ 是:

$$F^1(\kappa_1) = \iint_{-\infty}^{+\infty}\phi(\kappa)\mathrm{d}\kappa_2\,\mathrm{d}\kappa_3 = \iint_{-\infty}^{+\infty}\frac{E_c(\kappa)}{4\pi\kappa^2}\mathrm{d}\kappa_2\,\mathrm{d}\kappa_3 \tag{15.40}$$

如图 15.2 中的波数空间示意图所示,可以在圆环上进行积分,并把(15.40)式写成如下形式：

$$F^1(\kappa_1) = \iint_0^\infty \frac{E_c(\kappa)}{4\pi\kappa^2} 2\pi\kappa\,\mathrm{d}\kappa = \int_{\kappa_1}^\infty \frac{E_c(\kappa)}{2\kappa}\,\mathrm{d}\kappa \qquad (15.41)$$

由此可以得到对 κ_1 求导后的导数：

$$\frac{\partial F^1(\kappa_1)}{\partial \kappa_1} = -\frac{E_c(\kappa_1)}{2\kappa_1} \qquad (15.42)$$

上式表明，可在各向同性场中通过测量一维谱 F^1 来获得三维谱 E_c。而且，由(15.34)式能够得到，在各向同性条件下一维谱都相等：$F^1 = F^2 = F^3$。

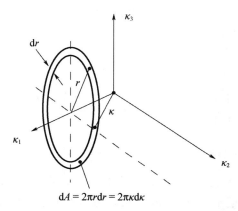

图 15.2　与方程(15.40)所示的积分相对应的波数空间示意图

15.3.4　惯性副区

惯性副区的保守标量起伏，其尺度远小于 l，同时远大于 η，传统上认为它们只取决于 r、ε 和 χ_c。如果是这样的，那么在这个区间内 E_c 只取决于 κ、ε 和 χ_c。从量纲分析的角度讲，这意味着在惯性区间内有如下关系(Obukhov, 1949；Corrsin, 1951)：

$$E_c(\kappa) = \beta\chi_c\varepsilon^{-1/3}\kappa^{-5/3} \qquad (7.9)$$

式中：β 是普适常数。把这个式子应用于关于 E_c 的方程(15.42)中，可得：

$$F^1(\kappa_1) = \frac{3}{10}\beta\chi_c\varepsilon^{-1/3}\kappa_1^{-5/3} = \beta_1\chi_c\varepsilon^{-1/3}\kappa_1^{-5/3} \qquad (15.43)$$

式中：β_1 是一维谱的谱常数。

15.3.5　文献中的约定俗成

一维谱很自然地被定义成如方程(15.34)所示的那样，即取值范围在 $(-\infty, \infty)$ 的变量的函数。但是因为它是个偶函数，可以很方便地把它写成在 $(0, \infty)$ 区间对方差进行积分的"单边"形式，这时 β_1 应该加倍。

对于三维标量谱 E_c 有两点是约定俗成的，要么像方程(15.38)那样对它积分得

到方差,要么对它进行半边积分得到方差的一半(就像 Tennekes 和 Lumley(1972)
出版的书中那样)。

§15.4　矢量的时空函数

为了能处理湍流速度场,现在需要把已经讨论的内容推广到矢量,同样需要在
15.2 节一开始就给出的均匀性和平稳性条件。我们会假设湍流速度场在三个方向
上都是均匀的,只考虑相同时刻的相关,且不再声明它们对时间和其他参变量的依
赖。虽然得到的结果在标记法上显得更加复杂,但它们对湍流测量确实具有直接而
又重要的指导意义。

15.4.1　协方差与谱密度

按照傅里叶-司蒂吉斯公式,可以把平稳均匀的湍流场写成如下形式:

$$u_i(\boldsymbol{x}) = \int_{-\infty}^{+\infty} e^{i\boldsymbol{\kappa}\cdot\boldsymbol{x}} \mathrm{d}Z_i(\boldsymbol{\kappa}) \tag{15.44}$$

式中:$\mathrm{d}Z_i(\boldsymbol{\kappa})$ 是随机矢量函数。如同标量一样,它们具有正交增量:

$$\overline{\mathrm{d}Z_i(\boldsymbol{\kappa})\mathrm{d}Z_j^*(\boldsymbol{\kappa}')} = 0, \kappa \neq \boldsymbol{\kappa}'$$
$$\overline{\mathrm{d}Z_i(\boldsymbol{\kappa})\mathrm{d}Z_j^*(\boldsymbol{\kappa}')} = \phi_{ij}(\boldsymbol{\kappa})\mathrm{d}\boldsymbol{\kappa}, \kappa = \boldsymbol{\kappa}' \tag{15.45}$$

其变换关系为:

$$\overline{u_i(\boldsymbol{x})\,u_j(\boldsymbol{x}+\boldsymbol{r})} = R_{ij}(\boldsymbol{r}) = \int_{-\infty}^{+\infty} e^{i\boldsymbol{\kappa}\cdot\boldsymbol{r}}\phi_{ij}(\boldsymbol{\kappa})\mathrm{d}\boldsymbol{\kappa} \tag{15.46}$$

$$\phi_{ij}(\boldsymbol{\kappa}) = \frac{1}{(2\pi)^3}\int_{-\infty}^{+\infty} e^{-i\boldsymbol{\kappa}\cdot\boldsymbol{r}} R_{ij}(\boldsymbol{r})\mathrm{d}\boldsymbol{r}$$

当 $i = j$ 时 R_{ij} 是协方差,当 $i \neq j$ 时是交叉协方差。R_{ij} 被称为相关张量。ϕ_{ij} 是谱密
度张量。

按照定义,一个均匀场在坐标转换时其统计性质是不变的。依据方程(15.46),
这意味着 $R_{\alpha\alpha}$ 是偶函数,即 $R_{\alpha\alpha}(\boldsymbol{r}) = R_{\alpha\alpha}(-\boldsymbol{r})$,其结果是 $\phi_{\alpha\alpha}$ 是个实变偶函数(问题
15.12)。对于非对角线项而言,情况则不是这样的,比如,R_{12} 既不是奇函数也不是偶
函数,因而 ϕ_{12} 既不是实函数也不是虚函数。

协谱和正交谱的定义与标量场的情况一样,我们把它写成奇函数与偶函数之和
的形式,即 $R_{ij} = E_{ij} + O_{ij}$。依据(15.46)式,它的傅里叶变换如下:

$$\phi_{ij}(\boldsymbol{\kappa}) = \frac{1}{(2\pi)^3}\int_{-\infty}^{+\infty} e^{-i\boldsymbol{\kappa}\cdot\boldsymbol{r}}\left[E_{ij}(\boldsymbol{r}) + O_{ij}(\boldsymbol{r})\right]\mathrm{d}\boldsymbol{r}$$

$$= \frac{1}{(2\pi)^3}\int_{-\infty}^{+\infty}\cos(\boldsymbol{\kappa}\cdot\boldsymbol{r})\,E_{ij}(\boldsymbol{r})\mathrm{d}\boldsymbol{r} - \frac{i}{(2\pi)^3}\int_{-\infty}^{+\infty}\sin(\boldsymbol{\kappa}\cdot\boldsymbol{r})\,O_{ij}(\boldsymbol{r})\mathrm{d}\boldsymbol{r}$$

$$= Co_{ij}(\boldsymbol{\kappa}) - i\,Q_{ij}(\boldsymbol{\kappa}) \tag{15.47}$$

即为实部与虚部之和。

如同标量的情况一样,我们可以通过测量获得所谓的一维谱。比如,如果沿 x_1 轴测量 u_1,则由(15.46)式得到:

$$R_{11}(r_1,0,0) = \int_{-\infty}^{+\infty} e^{i\kappa_1 r_1}\,\phi_{11}(\boldsymbol{\kappa})\mathrm{d}\boldsymbol{\kappa}$$

$$= \int_{-\infty}^{+\infty} e^{i\kappa_1 r_1}\left(\iint_{-\infty}^{+\infty} \phi_{11}(\boldsymbol{\kappa})\mathrm{d}\kappa_2\,\mathrm{d}\kappa_3\right)\mathrm{d}\kappa_1 \tag{15.48}$$

定义一维谱 F_{11}^1 为:

$$F_{11}^1(\kappa_1) = \iint_{-\infty}^{\infty} \phi_{11}(\boldsymbol{\kappa})\mathrm{d}\kappa_2\,\mathrm{d}\kappa_3 \tag{15.49}$$

由(15.48)可知 F_{11}^1 是 $R_{11}(r_1,0,0)$ 的一维傅里叶变换:

$$R_{11}(r_1,0,0) = \int_{-\infty}^{+\infty} e^{i\kappa_1 r_1}\,F_{11}^1(\kappa_1)\mathrm{d}\kappa_1 \tag{15.50}$$

就像一维标量谱的情况一样,F_{11}^1 中的上标 1 表示空间间隔矢量 $\boldsymbol{r}$ 的方向。可以用速度的其他组合定义类似的一维谱,比如,F_{13}^1 对应于 $R_{13}(r_1,0,0)$。

如果下标的两个数字相同,则一维谱是个实变偶函数;如果它们不同,则一维谱不是偶函数,于是它就分成协谱和正交谱。一维协谱和一维正交谱可以按照类似于(15.49)式的方式以协谱和正交谱的合谱形式被联系在一起(问题 15.13)。

三维谱的定义是:

$$E(\kappa) = \iint_{\kappa_i\kappa_i=\kappa^2} \frac{\phi_{ii}(\boldsymbol{\kappa})}{2}\mathrm{d}\sigma \tag{15.51}$$

引入系数 $1/2$ 是为了使它的积分就是单位质量流体的湍流动能(TKE):

$$\frac{\overline{u_i u_i}}{2} = \int_0^{+\infty} E(\kappa)\mathrm{d}\kappa \tag{2.63}$$

这个三维谱代表波数为 κ 的傅里叶模对 TKE 的贡献,与傅里叶模的方向无关。其他函数(如 15.4.3 节中的 Co_{ij})的球面平均也可以这么处理。

15.4.2 各向同性

我们在 15.3.3 节中介绍了标量谱的各向同性含义,下面把讨论拓展到湍流速度场。

15.4.2.1 谱密度张量

如同在第 14 章中所讨论的,作为一个矢量的二阶张量函数,$\phi_{ij}(\boldsymbol{\kappa})$ 的各向同性形式是:

$$\phi_{ij} = J(\kappa)\kappa_i\kappa_j + K(\kappa)\delta_{ij} \tag{14.9}$$

式中：$J(\kappa)$ 和 $K(\kappa)$ 是待定函数。无散度条件对于由(15.46)式定义的 R_{ij} 而言,意味着 $\partial R_{ij}/\partial r_j = 0$。反过来,这意味着由(15.46)式可知 $\kappa_j\phi_{ij} = 0$,这使得(14.9)式可以给出如下约束条件：

$$\kappa_i\left[J(\kappa)\kappa^2 + K(\kappa)\right] = 0,\text{亦即 } J(\kappa) = -\frac{K(\kappa)}{\kappa^2} \tag{15.52}$$

于是 ϕ_{ij} 变成：

$$\phi_{ij} = K(\kappa)\left[\delta_{ij} - \frac{\kappa_i\kappa_j}{\kappa^2}\right] \tag{15.53}$$

把(15.53)式代入(15.51)式可得：

$$E(\kappa) = \iint\limits_{\kappa_i\kappa_i = \kappa^2} K(\kappa)\mathrm{d}\sigma = 4\pi\kappa^2 K(\kappa) \tag{15.54}$$

所以 $K(\kappa) = E/(4\pi\kappa^2)$。于是得到：

$$\phi_{ij}(\boldsymbol{\kappa}) = \frac{E(\kappa)}{4\pi\kappa^2}\left(\delta_{ij} - \frac{\kappa_i\kappa_j}{\kappa^2}\right) \tag{15.55}$$

这是各向同性湍流速度场的谱密度张量形式。

在各向同性场中有：

$$\overline{u_iu_j} = \overline{u_\alpha u_\alpha}\delta_{ij}$$

于是,可知速度的交叉协方差应该为零,比如,$\overline{u_1u_3} = 0$。由方程(15.46)还得到：

$$\overline{u_1u_3} = 0 = \int_{-\infty}^{+\infty}\phi_{13}(\boldsymbol{\kappa})\mathrm{d}\boldsymbol{\kappa} \tag{15.56}$$

或许你会认为通过让 $\phi_{13} = 0$ 可以使得方程(15.56)成为一个各向同性场。但方程(15.55)显示情况并非如此：

$$\phi_{13}(\boldsymbol{\kappa}) = -\frac{E(\kappa)}{4\pi\kappa^2}\left(\frac{\kappa_1\kappa_3}{\kappa^2}\right) \tag{15.57}$$

实际上,使(15.56)式积分结果为零的原因是方程(15.57)显示 ϕ_{13} 是 κ_1 和 κ_3 的奇函数。很明显,应该是连续方程 $u_{i,i} = 0$ 这个约束条件使得 ϕ_{13} 不为零(问题 15.24)。

15.4.2.2　相关张量

Batchelor(1960)首次把这种分析方法应用于各向同性湍流的相关张量 R_{ij}。作为矢量的二阶张量函数,它具有如下形式：

$$R_{ij}(\boldsymbol{r}) = \overline{u_i(\boldsymbol{x})u_j(\boldsymbol{x}+\boldsymbol{r})} = \alpha(r)r_ir_j + \beta(r)\delta_{ij} \tag{15.58}$$

式中：$\alpha(r)$ 和 $\beta(r)$ 是待定函数。贝彻勒(Batchelor)把它们分别表示成如图 15.3 所示的径向(纵向)相关 f 和横向相关 g：

$$\begin{aligned} u^2 f(r) &= R_{11}(r,0,0) = \alpha(r)r^2 + \beta(r) \\ u^2 g(r) &= R_{11}(0,r,0) = \beta(r) \end{aligned} \tag{15.59}$$

依据各向同性,可知 $\overline{u_p^2} = \overline{u_n^2} = \frac{1}{3}\overline{u_iu_i} = u^2$。求解方程(15.59)中的 α 和 β,可得如下

结果：

$$\alpha = u^2 \left(\frac{f - g}{r^2} \right), \quad \beta = u^2 g \tag{15.60}$$

于是，用 f 和 g 来表示，R_{ij} 的各向同性形式如下：

$$R_{ij}(\boldsymbol{r}) = u^2 \left(\frac{f(r) - g(r)}{r^2} r_i r_j + g(r) \delta_{ij} \right) \tag{15.61}$$

通过不可压缩性把两个未知函数 f 和 g 联系起来，则有：

$$\frac{\partial u_i}{\partial x_i} = 0 = \frac{\partial R_{ij}}{\partial r_j} \tag{15.62}$$

并且因为：

$$r^2 = r_i r_i, \quad \frac{\partial}{\partial r_i} = \frac{\partial r}{\partial r_i} \frac{\partial}{\partial r} = \frac{r_i}{r} \frac{\partial}{\partial r} \tag{15.63}$$

这提供了如下约束条件：

$$\xi \frac{\partial \alpha}{\partial r} + 4\alpha + \frac{1}{r} \frac{\partial \beta}{\partial r} = 0 \tag{15.64}$$

依据方程(15.60)，这意味着 f 和 g 满足如下关系：

$$g(r) = f + \frac{r}{2} \frac{\partial f}{\partial r} = \frac{1}{2r} \frac{\partial}{\partial r} (r^2 f) \tag{15.65}$$

所以在各向同性场中 R_{ij} 只取决于一个标量函数，即 f 或 g。

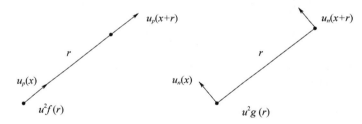

图 15.3　纵向相关函数和横向相关函数的示意图。引自 Batchelor (1960)

Taylor(1935)依据 g 函数在原点处的曲率定义了尺度 λ：

$$\lambda = \left(-2 \Big/ \left. \frac{\partial^2 g}{\partial r^2} \right|_0 \right)^{1/2} \tag{15.66}$$

λ 称为泰勒微尺度。泰勒当初曲解了 λ 的含义，他把它说成是"那些对能量起耗散作用的最小涡旋的直径的尺度"。实际上，按照图 15.3 中关于 g 的定义，可以把方程(15.66)表示成(问题 15.20)如下形式：

$$\lambda^2 = \left(2u^2 \Big/ \overline{\frac{\partial u_n}{\partial x_p} \frac{\partial u_n}{\partial x_p}} \right) \sim \frac{u^2}{\varepsilon / \nu} \tag{15.67}$$

还可以把它写成：

$$\lambda = l R_t^{-1/2} = \eta R_t^{1/4} \tag{15.68}$$

它显示尺度 λ 处于 l 与 η 之间，并且更靠近后者(问题 15.14)。泰勒微尺度 λ 的作用更为明显地体现在黏性耗散的特征时间 $\tau_d \sim u^2/\varepsilon \sim \lambda^2/\nu$ 上，而不是在长度尺度上（见方程（15.67））。

我们能够用各向同性把一维谱联系起来，由此可以把它们写成：

$$u^2 f(r) = \int_{-\infty}^{+\infty} e^{i\kappa r} F_{11}^1(\kappa)\,\mathrm{d}\kappa, \quad u^2 g(r) = \int_{-\infty}^{\infty} e^{i\kappa r} F_{11}^2(\kappa)\,\mathrm{d}\kappa \qquad (15.69)$$

依据（15.69）式能够写出：

$$u^2 \frac{\partial f}{\partial r} = \int_{-\infty}^{+\infty} e^{i\kappa r} i\kappa F_{11}^1(\kappa)\,\mathrm{d}\kappa \qquad (15.70)$$

于是有：

$$i\kappa F_{11}^1(\kappa) = \frac{1}{2\pi} \int_{-\infty}^{+\infty} e^{-i\kappa r} u^2 \frac{\partial f}{\partial r}\,\mathrm{d}r \qquad (15.71)$$

对（15.71）式求 $i\kappa$ 的导数，可得：

$$\frac{\partial i\kappa\, F_{11}^1}{\partial i\kappa} = \frac{\partial \kappa F_{11}^1}{\partial \kappa} = \frac{1}{2\pi} \int_{-\infty}^{+\infty} e^{-i\kappa r} \left(-u^2 r \frac{\partial f}{\partial r} \right)\mathrm{d}r \qquad (15.72)$$

它的逆变换如下：

$$-u^2 r \frac{\partial f}{\partial r} = \int_{-\infty}^{+\infty} e^{i\kappa r} \frac{\partial \kappa F_{11}^1(\kappa)}{\partial \kappa}\,\mathrm{d}\kappa \qquad (15.73)$$

于是，物理空间的表达式（15.65）：

$$g(r) = f + \frac{r}{2} \frac{\partial f}{\partial r}$$

就转换成如下形式：

$$F_{11}^2 = F_{11}^1 - \frac{1}{2} \frac{\partial}{\partial \kappa} \kappa F_{11}^1 \qquad (15.74)$$

我们可以把它重写成：

$$F_{11}^2 = \frac{1}{2} \left(F_{11}^1 - \kappa \frac{\partial F_{11}^1}{\partial \kappa} \right) \qquad (15.75)$$

因为在各向同性场中统计量不会因坐标系旋转或翻转而发生变化，所以有：

$$F_{11}^2 = F_{22}^1 = F_{33}^1 = F_{11}^3 = F_{33}^2 = F_{22}^3$$
$$F_{11}^1 = F_{22}^2 = F_{33}^3 \qquad (15.76)$$

最后，在各向同性条件下，可以把这些一维谱与 E 联系在一起。通过定义：

$$F_{11}^1(\kappa_1) = \iint_{-\infty}^{\infty} \phi_{11}\,\mathrm{d}\kappa_2\,\mathrm{d}\kappa_3 \qquad (15.77)$$

并运用 ϕ_{ij} 的各向同性形式（15.55）式，可得：

$$F_{11}^1(\kappa_1) = \iint_{-\infty}^{\infty} \frac{E(\kappa)}{4\pi\kappa^4} (\kappa_2^2 + \kappa_3^2)\,\mathrm{d}\kappa_2\,\mathrm{d}\kappa_3 \qquad (15.78)$$

图 15.2 显示了这个积分的几何关系,因为 $\mathrm{d}\kappa_2\mathrm{d}\kappa_3 = 2\pi\kappa\mathrm{d}\kappa$,且 $\kappa_2^2 + \kappa_3^2 = \kappa^2 - \kappa_1^2$,于是有:

$$F_{11}^1(\kappa_1) = \iint\limits_{\kappa_1}^{\infty} \frac{E(\kappa)}{2\kappa^3}(\kappa^2 - \kappa_1^2)\,\mathrm{d}\kappa \tag{15.79}$$

对(15.79)式求 κ_1 的导数,可得:

$$\frac{\partial F_{11}^1}{\partial \kappa_1} = -\iint\limits_{\kappa_1}^{\infty} \frac{\kappa_1 E(\kappa)}{\kappa^3}\,\mathrm{d}\kappa, \quad \frac{1}{\kappa_1}\frac{\partial F_{11}^1}{\partial \kappa_1} = -\iint\limits_{\kappa_1}^{\infty} \frac{E(\kappa)}{\kappa^3}\,\mathrm{d}\kappa \tag{15.80}$$

积分下限的导数没有贡献,因为在这个波数上被积函数消失了。对 κ_1 再求一次导数得到:

$$\frac{\partial}{\partial \kappa_1}\left(\frac{1}{\kappa_1}\frac{\partial F_{11}^1}{\partial \kappa_1}\right) = \frac{E(\kappa_1)}{\kappa_1^3}, \quad E(\kappa_1) = \kappa_1^3\frac{\partial}{\partial \kappa_1}\left(\frac{1}{\kappa_1}\frac{\partial F_{11}^1}{\partial \kappa_1}\right) \tag{15.81}$$

通常把这个结果写成如下形式:

$$E(\kappa) = \kappa^3\frac{\partial}{\partial \kappa}\left(\frac{1}{\kappa}\frac{\partial F_{11}^1}{\partial \kappa}\right) \tag{15.82}$$

15.4.3 惯性副区

在惯性副区当中,kolmogorov(1941)提出的理论(见本书第 7 章)意味着:

$$E(\kappa) \sim \varepsilon^{2/3}\,\kappa^{-5/3} = \alpha\varepsilon^{2/3}\,\kappa^{-5/3} \tag{15.83}$$

其中,$\alpha \cong 1.5$ 被称为柯尔莫哥洛夫常数。一维谱也具有惯性副区,但谱常数不同。方程(15.80)(或(15.82)式)意味着 F_{11}^1 在惯性副区遵循如下关系:

$$F_{11}^1 = \frac{9}{55}\alpha\varepsilon^{2/3}\,\kappa^{-5/3} \tag{15.84}$$

类似地,方程(15.75)和(15.76)表明在惯性副区当中有:

$$F_{11}^2 = F_{22}^1 = F_{33}^1 = F_{11}^3 = F_{33}^2 = F_{22}^3 = \frac{4}{3}F_{11}^1 = \frac{12}{55}\alpha\varepsilon^{2/3}\,\kappa^{-5/3} \tag{15.85}$$

最后的结果,即在惯性副区中"横向"一维谱与"纵向"一维谱的比值是 4/3,经常被用来检验小尺度湍流是否呈现为各向同性的判据。在观测研究中,人们通常会测量 u 和 v 和(或)w 的频率谱,将它们转化为顺流的一维波数谱 F_{11}^1 和 F_{22}^1 和(或)F_{33}^1,然后看它们在惯性区 κ_1 上的比值。图 15.4 显示了堪萨斯试验观测数据的结果。

需要再次指出的是,对一维谱的归一化方案不同。有时采用的形式是在半幅区间上的积分等于方差,在这种情况下,系数 9/55 变成 18/55。

在湍流切变流的惯性副区是否呈现出各向同性,还需要证明应力协谱要比能谱衰减得更快。Lumley(1967)提出惯性区中的 $Co_{13}(\kappa)$,即运动学应力 $\overline{uw}$ 的球面平均协谱,它依赖于平均切变 U'、ε 和 κ。因为其对 U' 的依赖关系是线性的,基于量纲分析可以得出:

$$Co_{13}(\kappa) \sim \varepsilon^{1/3}U'\kappa^{-7/3}f\left[\left(\frac{U'}{(\varepsilon\kappa^2)^{1/3}}\right)^2\right] \tag{15.86}$$

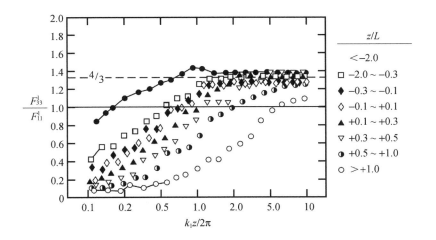

图 15.4　1968 年堪萨斯试验观测数据显示 F_{33}^1 与 F_{11}^1 的比值在惯性区接近
各向同性值 4/3 的情况。其中 z 是离地高度，L 是莫宁-奥布霍夫长度，
κ_1 是顺流方向的波数。引自 Wyngaard（1973）

这里函数 f 中的自变量可以理解为 $(U'/u')^2$，其中 u' 是尺度为 $1/\kappa$ 的涡旋的应变率（问题 15.23）。当这个自变量很小的时候，则湍流应变率占主导，此时 $f \to$ 常数，于是这个关系式变成：

$$Co_{13}(\kappa) \sim \varepsilon^{1/3} U' \kappa^{-7/3} \tag{15.87}$$

在惯性区的这种行为特征，在堪萨斯试验中测量的 u 和 w 的一维协谱（它应该正比于 Co_{13}）中被观测到（Wyngaard 和 Coté，1972），并且在高 R_t 值的边界层中被观测到（Saddoughi 和 Veeravalli，1994）。

§15.5　矢量与标量的联合时空函数

15.5.1　协方差与谱密度

运用平稳均匀湍流速度场和标量场的傅里叶-司蒂吉斯公式：

$$u_i(\boldsymbol{x};t) = \int_{-\infty}^{+\infty} e^{i\boldsymbol{\kappa}\cdot\boldsymbol{x}}\mathrm{d}Z_i(\boldsymbol{\kappa};t), \quad \theta(\boldsymbol{x};t) = \int_{-\infty}^{+\infty} e^{i\boldsymbol{\kappa}\cdot\boldsymbol{x}}\mathrm{d}Z(\boldsymbol{\kappa};t) \tag{15.88}$$

可以定义一个联合谱：

$$\overline{\mathrm{d}Z_i(\boldsymbol{\kappa})\mathrm{d}Z^*(\boldsymbol{\kappa}')} = \begin{cases} 0, & \boldsymbol{\kappa} \neq \boldsymbol{\kappa}' \\ \phi_i(\boldsymbol{\kappa})\mathrm{d}\boldsymbol{\kappa}, & \boldsymbol{\kappa} = \boldsymbol{\kappa}' \end{cases}$$

$$\overline{u_i(\boldsymbol{x}+\boldsymbol{r})\theta(\boldsymbol{x})} = R_i(\boldsymbol{r}) = \int_{-\infty}^{+\infty} e^{i\boldsymbol{\kappa}\cdot\boldsymbol{r}}\phi_i(\boldsymbol{\kappa})\mathrm{d}\boldsymbol{\kappa}$$

$$\phi_i(\boldsymbol{\kappa}) = \frac{1}{(2\pi)^3} \int_{-\infty}^{\infty} e^{-i\boldsymbol{\kappa}\cdot\boldsymbol{r}} R_i(\boldsymbol{r}) \mathrm{d}\boldsymbol{r} \tag{15.89}$$

我们再次把它写成奇函数与偶函数之和，即 $R_i = E_i + O_i$，于是依据方程（15.89）可知 R_i 的傅里叶变换是：

$$\begin{aligned}
\phi_i(\boldsymbol{\kappa}) &= \frac{1}{(2\pi)^3} \int_{-\infty}^{+\infty} e^{-i\boldsymbol{\kappa}\cdot\boldsymbol{r}} \left[E_i(\boldsymbol{r}) + O_i(\boldsymbol{r}) \right] \mathrm{d}\boldsymbol{r} \\
&= \frac{1}{(2\pi)^3} \int_{-\infty}^{+\infty} \cos(\boldsymbol{\kappa}\cdot\boldsymbol{r}) E_i(\boldsymbol{r}) \mathrm{d}\boldsymbol{r} - \frac{i}{(2\pi)^3} \int_{-\infty}^{+\infty} \sin(\boldsymbol{\kappa}\cdot\boldsymbol{r}) O_i(\boldsymbol{r}) \mathrm{d}\boldsymbol{r} \\
&= Co_i(\boldsymbol{\kappa}) - iQ_i(\boldsymbol{\kappa})
\end{aligned} \tag{15.90}$$

它是实部与虚部之和。因为 $Q_i(\boldsymbol{\kappa})$ 是奇函数，依据方程（15.89）可有：

$$\overline{u_i(\boldsymbol{x})\theta(\boldsymbol{x})} = \int_{-\infty}^{+\infty} \phi_i(\boldsymbol{\kappa}) \mathrm{d}\boldsymbol{\kappa} = \int_{-\infty}^{+\infty} Co_i(\boldsymbol{\kappa}) \mathrm{d}\boldsymbol{\kappa} \tag{15.91}$$

因此 $Co_i(\boldsymbol{\kappa})$ 代表了对标量通量 $\overline{u_i\theta}$ 有贡献的谱密度。

15.5.2 各向同性

在各向同性场中 $Co_i(\boldsymbol{\kappa})$ 的形式是 $A\kappa_i$（见本书第 14 章），其中 A 是个标量。要求 u_i 散度为零的约束条件使得 $\kappa_i A\kappa_i = 0$，所以 $A = 0$。于是 $Co_i(\boldsymbol{\kappa}) = 0$，也就是 $\overline{u_i\theta} = 0$。最后这个结果在物理空间中有更为直接的含义：作为一个各向同性矢量，只能是 $\overline{u_i\theta} = 0$。

如同我们对应力所持有的观点，在有通量的各向异性湍流中，在小尺度上趋向于各向同性（从惯性区开始）应该明显地表现出球面平均的通量协谱 $Co_i(\boldsymbol{\kappa})$ 随波数增大的衰减速率要比能谱和标量谱更快。如同在第二部分中所讨论的，对于这个协谱的一维形式的顺流方向（$i=1$）分量和垂直方向（$i=3$）分量，大气边界层中的观测结果显示它们都是非零的。Lumley 和 Panofsky（1964）推断在惯性区中 Co_3 应该具有如下形式：

$$Co_3 \sim \frac{\partial \Theta}{\partial z} \varepsilon^{1/3} \kappa^{-7/3} \tag{15.92}$$

这个行为特征在堪萨斯试验测量的 u_3 和 θ 的一维协谱中被观测到（Wyngaard 和 Coté，1972）。文章作者提出，u_1 和 θ 的协谱应该满足如下关系：

$$Co_1 \sim \frac{\partial \Theta}{\partial z} \frac{\partial U}{\partial z} \kappa^{-3} \tag{15.93}$$

但是观测到的一维谱的斜率大约为 -2.5。Bos 和 Bertoglio（2007）把方程（15.93）推广到了包含 ε 的更一般的标度率形式：

$$Co_1 \sim \frac{\partial \Theta}{\partial z} \frac{\partial U^a}{\partial z} \varepsilon^{(1-a)/3} \kappa^{-(7+2a)/3} \tag{15.94}$$

式中：α 是个自由常数。采用 $\alpha = 1/3$ 就得到惯性区的斜率值为 -2.55，它与观测结果符合得很好。因此，观测到的这些协谱的行为特征与小尺度湍流接近各向同性的观点相一致。

§15.6　平面谱

15.6.1　概念

虽然边界层流动在垂直方向上基本上是不均匀的，但在水平面上可以是接近均匀的。如果这样的话，则从数值模拟的湍流场中，可以在水平面上计算出作为波数矢量 $\boldsymbol{\kappa}_h = (\kappa_1, \kappa_2)$ 的函数的谱，而垂直坐标是个参变量，就像方程(15.32)所表示的那样。与一维谱不同的是，这些二维谱在零波数处消失，所以这些谱直接表示了对它们有贡献的涡旋的水平尺度。

我们规定在水平面上对谱 $\phi^{(2)}$ 进行积分的结果就是标量方差：

$$\iint_{-\infty}^{+\infty} \phi^{(2)}(\boldsymbol{\kappa}_h) \,\mathrm{d}\kappa_1 \mathrm{d}\kappa_2 = \overline{c^2} \tag{15.95}$$

顺流方向一维波数谱 F_c 与 $\phi^{(2)}$ 之间的关系是：

$$F_c(\kappa_1) = \int_{-\infty}^{+\infty} \phi^{(2)}(\boldsymbol{\kappa}_h) \,\mathrm{d}\kappa_2 \tag{15.96}$$

假设在水平面上存在各向同性（即关于 z 轴对称），则 $\phi^{(2)}(\boldsymbol{\kappa}_h) = \phi^{(2)}(\kappa_h)$。通过在水平面的圆环积分来定义二维谱 $E_c^{(2)}$：

$$E_c^{(2)}(\boldsymbol{\kappa}_h) = \int_0^{2\pi} \phi^{(2)}(\kappa_h)\kappa_h \,\mathrm{d}\theta = 2\pi\kappa_h \phi^{(2)}(\kappa_h) \tag{15.97}$$

它可以积分出方差：

$$\int_0^{+\infty} E_c^{(2)}(\kappa_h) \,\mathrm{d}\kappa_h = \overline{c^2} \tag{15.98}$$

依据方程(15.96)和(15.97)以及轴对称性质，它满足：

$$F_c(\kappa_1) = \int_{-\infty}^{+\infty} \frac{E_c^{(2)}(\kappa_h)}{2\pi\kappa_h} \,\mathrm{d}\kappa_2 \tag{15.99}$$

Kelly 和 Wyngaard(2006)得出可以反过来把它表示成：

$$E_c^{(2)}(\kappa_h) = -\frac{\mathrm{d}}{\mathrm{d}\kappa_h} \int_{\kappa_h}^{\infty} \frac{2\kappa_1 F_c(\kappa_1)}{(\kappa_1^2 - \kappa_h^2)^{1/2}} \,\mathrm{d}\kappa_1 \tag{15.100}$$

方程(15.100)提供了一种在轴对称假设下从测量到的一维谱获取二维谱的方法。

15.6.2 惯性区

在含能波数上谱会受到大气边界层稳定度状态的强烈影响,但是我们已经看到,在惯性区及更小尺度上谱可以趋向一致。假设在水平面上这些小尺度湍流是各向同性的,寻找到各向同性场中其平面谱具有轴对称性质的变量会带来很大的方便,因为这样的谱只是波数的函数。

假设波数 $\kappa \gg 1/h$,其中 $\kappa = |\boldsymbol{\kappa}| = |(\kappa_1,\kappa_2,\kappa_3)|$,$h$ 是边界层厚度,并且边界层垂直方向上的非均匀性不重要(就像在均匀湍流场中一样),则水平面上的谱密度是全谱密度对所有 κ_3 的积分。于是,把水平面上的谱密度张量和标量谱密度(用上标(2)表示)写成:

$$\phi_{ij}^{(2)}(\boldsymbol{\kappa}_h) = \int_{-\infty}^{+\infty} \phi_{ij}(\boldsymbol{\kappa})\mathrm{d}\kappa_3$$

$$\phi^{(2)}(\boldsymbol{\kappa}_h) = \int_{-\infty}^{+\infty} \phi(\boldsymbol{\kappa})\mathrm{d}\kappa_3 \tag{15.101}$$

$$\boldsymbol{\kappa}_h = (\kappa_1,\kappa_2)$$

在这个大波数区间里采用各向同性形式:

$$\phi_{ij}(\boldsymbol{\kappa}_h) = \frac{E(\kappa)}{4\pi\kappa^2}\Big[\delta_{ij} - \frac{\kappa_i\kappa_j}{\kappa^2}\Big], \quad \phi(\boldsymbol{\kappa}) = \phi(\kappa) = \frac{E_c(\kappa)}{4\pi\kappa^2} \tag{15.102}$$

我们会把水平面上惯性区垂直速度谱、惯性区水平速度谱,以及保守标量谱分开来考虑。Miles 等(2004)还讨论了惯性区的气压谱。

15.6.2.1 垂直速度

依据方程(15.102)可以写出:

$$\phi_{33}(\kappa) = \frac{E(\kappa)}{4\pi\kappa^4}(\kappa^2 - \kappa_3^2) = \frac{E(\kappa)}{4\pi\kappa^4}(\kappa_1^2 + \kappa_2^2) = \frac{E(\kappa)}{4\pi\kappa^4}\kappa_h^2 \tag{15.103}$$

于是由方程(15.101)可知水平面上的谱是:

$$\phi_{33}^{(2)}(\boldsymbol{\kappa}_h) = \int_{-\infty}^{+\infty} \frac{E(\kappa)}{4\pi\kappa^4}\kappa_h^2\mathrm{d}\kappa_3 = \phi_{33}^{(2)}(\kappa_h) \tag{15.104}$$

因为 $\phi_{33}^{(2)}$ 是轴对称的,很自然地可以定义 w 的二维谱:

$$E_w^{(2)} = \int_{\boldsymbol{\kappa}_h\cdot\boldsymbol{\kappa}_h=\kappa_h^2} \phi_{33}^{(2)}(\kappa_h)\mathrm{d}s = 2\pi\kappa_h\phi_{33}^{(2)}(\kappa_h) = \int_{-\infty}^{+\infty} \frac{E(\kappa)}{2\kappa^4}\kappa_h^3\mathrm{d}\kappa_3 \tag{15.105}$$

(15.105)式的积分几何关系如图 15.5 所示。由 $\kappa_3 = \kappa_h\tan\theta$,有 $\mathrm{d}\kappa_3 = \kappa_h\mathrm{d}\theta/\cos^2\theta$,以及 $\kappa = \kappa_h/\cos\theta$,把三维谱的惯性区形式:

$$E(\kappa) = \alpha\varepsilon^{2/3}\kappa^{-5/3} \tag{15.106}$$

代入(15.105)式,可得:

$$E_w^{(2)} = \alpha\, \varepsilon^{2/3}\, \kappa_h^{-5/3} \int\limits_0^{\pi/2} \cos^{11/3}\theta\, \mathrm{d}\theta \tag{15.107}$$

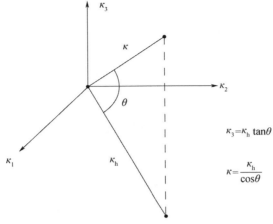

图 15.5　常规谱积分的几何关系

形如(15.107)式的积分经常出现在这类分析当中,把它写成更一般的形式[1]如下:

$$I(\alpha) = \int\limits_0^{\pi/2} \cos^{\alpha}\theta\, \mathrm{d}\theta \tag{15.108}$$

如果定义 $\upsilon = \cos^2\theta$,则可以把上式写成:

$$I(\alpha) = \frac{1}{2}\int\limits_0^1 \upsilon^{\frac{\alpha-1}{2}}(1-\upsilon)^{-\frac{1}{2}}\, \mathrm{d}\upsilon \tag{15.109}$$

贝塔函数的定义是:

$$B(m,n) = \int\limits_0^1 \upsilon^{m-1}(1-\upsilon)^{n-1}\, \mathrm{d}\upsilon \tag{15.110}$$

当 m 和 n 是任意正实数时:

$$B(m,n) = B(n,m) = \frac{\Gamma(m)\Gamma(n)}{\Gamma(m+n)} \tag{15.111}$$

在(15.109)式中 $n = 1/2, m = (\alpha+1)/2$,所以:

$$I(\alpha) = \frac{\Gamma\left(\dfrac{1}{2}\right)\Gamma\left(\dfrac{\alpha+1}{2}\right)}{2\Gamma\left(1+\dfrac{\alpha}{2}\right)} = \frac{\sqrt{\pi}}{2}\frac{\Gamma\left(\dfrac{\alpha+1}{2}\right)}{\Gamma\left(1+\dfrac{\alpha}{2}\right)} \tag{15.112}$$

① 感谢里卡多·穆诺兹(Ricardo Munoz)在这方面所做的工作。

由此可得 $I\left(\dfrac{11}{3}\right) = 0.61$。方程(15.107)在水平面上对垂直速度谱进行环形积分的结果就变成：

$$E_w^{(2)} = 0.61\alpha\varepsilon^{2/3}\kappa_h^{-5/3} \tag{15.113}$$

它表明垂直速度二维谱中的柯尔莫哥洛夫常数是 0.61α。

15.6.2.2　水平速度

依据方程(15.102)，水平速度分量的谱密度如下：

$$\phi_{11} = \frac{E(\kappa)}{4\pi\kappa^4}(\kappa_2^2 + \kappa_3^2), \quad \phi_{22} = \frac{E(\kappa)}{4\pi\kappa^4}(\kappa_1^2 + \kappa_3^2) \tag{15.114}$$

它们在水平面上不是轴对称的，但是它们的平均值：

$$\frac{\phi_{11} + \phi_{22}}{2} = \frac{E(\kappa)}{4\pi\kappa^4}\left(\frac{\kappa_h^2 + 2\kappa_3^2}{2}\right) \tag{15.115}$$

是轴对称的。于是这个平均量的谱是：

$$\left(\frac{\phi_{11}^{(2)} + \phi_{22}^{(2)}}{2}\right)(\kappa_h) = \int_{-\infty}^{\infty}\frac{E(\kappa)}{4\pi\kappa^4}\left(\frac{\kappa_h^2 + 2\kappa_3^2}{2}\right)\mathrm{d}\kappa_3 \tag{15.116}$$

依据对称性质，二维谱是：

$$E_h^{(2)} = 2\pi\kappa_h\left(\frac{\phi_{11}^{(2)} + \phi_{22}^{(2)}}{2}\right) = \int_{-\infty}^{\infty}\frac{\kappa_h E(\kappa)}{2\kappa^4}\left(\frac{\kappa_h^2 + 2\kappa_3^2}{2}\right)\mathrm{d}\kappa_3 \tag{15.117}$$

运用图 15.5 中的几何关系，这个式子可以得出它在惯性区中的形式：

$$E_h^{(2)} = \alpha\varepsilon^{2/3}\kappa_h^{-5/3}\left[\int_0^{\pi/2}\cos^{5/3}\theta\,\mathrm{d}\theta - \frac{1}{2}\int_0^{\pi/2}\cos^{11/3}\theta\,\mathrm{d}\theta\right] \tag{15.118}$$

用(15.112)式可以进一步计算出积分结果，即：

$$E_h^{(2)} = 0.54\alpha\varepsilon^{2/3}\kappa_h^{-5/3} \tag{15.119}$$

这表明在两个水平速度谱的平均值的二维谱中的柯尔莫哥洛夫常数是 0.54α，它比垂直速度二维谱中的常数略小。

15.6.2.3　保守标量

从(15.102)式可知，保守标量的谱密度和三维谱由下式联系在一起：

$$\phi(\kappa) = \frac{E_c(\kappa)}{4\pi\kappa^2} \tag{15.120}$$

水平面上的谱是：

$$\phi^{(2)}(\kappa_h) = \int_{-\infty}^{\infty}\frac{E_c(\kappa)}{4\pi\kappa^2}\mathrm{d}\kappa_3 \tag{15.121}$$

因为它是轴对称的，则二维标量谱 $E_c^{(2)}$ 是：

$$E_c^{(2)} = 2\pi\kappa_h\phi^{(2)} = \int_{-\infty}^{\infty}\frac{\kappa_h E_c(\kappa)}{2\kappa^2}\mathrm{d}\kappa_3 \tag{15.122}$$

运用图 15.5 中的几何关系，以及惯性区中的谱形式：

$$E_c(\kappa) = \beta \chi_c \varepsilon^{-1/3} \kappa^{-5/3} \tag{7.9}$$

得到：

$$E_c^{(2)} = \beta \chi_c \varepsilon^{-1/3} \kappa_h^{-5/3} \int_0^{\pi/2} \cos^{5/3}\theta \mathrm{d}\theta \tag{15.123}$$

再通过(15.112)式的计算，就得到：

$$E_c^{(2)} = 0.84 \beta \chi_c \varepsilon^{-1/3} \kappa_h^{-5/3} \tag{15.124}$$

标量二维谱的谱常数是 0.84β。

针对主要概念的提问

15.1　概述自相关函数的含义。

15.2　解释为什么我们说自相关函数可以表示随机函数的"记忆"。

15.3　随机过程的积分尺度与微尺度如何不同？

15.4　用简明的术语解释一个函数的功率谱密度的含义，随机性是如何体现的？ 如何表达？

15.5　从物理上解释如何理解方程(15.34)。

15.6　从物理上解释湍流三维谱的含义，并解释它为什么受人关注。

15.7　解释在 R_t 值相对较低的流动中泰勒微尺度如何被误解为黏性涡旋的尺度。

15.8　描述平面谱的概念。

15.9　讨论为什么平面谱比一维谱更有用，以及如何有用。

15.10　讨论在小尺度上趋向于各向同性的一些谱含义。

问　题

15.1　证明自相关函数是关于它的自变量的偶函数：$\rho(t) = \rho(-t)$。

15.2　对于任意两个随机实变量 u 和 v，我们可以写出：

$$\overline{\left(\frac{u}{\sqrt{\overline{u^2}}} - \frac{v}{\sqrt{\overline{v^2}}}\right)^2} \geqslant 0$$

展开这个表达式，并用它来证明施瓦茨不等式：

$$\overline{uv} \leqslant \sqrt{\overline{u^2}}\sqrt{\overline{v^2}}$$

15.3　证明：

$$\overline{\left[\int_a^b u(t)\mathrm{d}t\right]^2} = \int_a^b\int_a^b \overline{u(t')u(t'')}\mathrm{d}t'\mathrm{d}t'' = \overline{u^2}\int_a^b\int_a^b \rho(t'-t'')\mathrm{d}t'\mathrm{d}t''$$

15.4　运用平稳 $u(t)$ 的如下表达式：

$$\frac{d^2}{dt^2}\overline{u^2(t)} = 0 = \overline{2u(t)\frac{d^2 u(t)}{dt^2}} + 2\overline{\left(\frac{du(t)}{dt}\right)^2}$$

来证明导数的方差是：

$$\overline{\left(\frac{du(t)}{dt}\right)^2} = -\overline{u^2}\frac{d^2 \rho(t)}{dt^2}\bigg|_{t=0}$$

15.5 关于图 15.1，运用泰勒假设把湍流速度信号的自相关函数的时间尺度 τ 和 λ 与含能尺度 l 和泰勒空间微尺度联系起来，然后比较 τ 和 λ 的大小。

15.6 运用傅里叶-司蒂吉斯表示法把 $\partial u/\partial t$ 谱与 $u(t)$ 谱联系起来。

15.7 用傅里叶-司蒂吉斯表示法评估用有限差分来近似代表 $u(t)$ 的导数所具有可信度

$$\frac{\partial u}{\partial t}(t) \cong \frac{u(t+\Delta t) - u(t-\Delta t)}{2\Delta t}$$

通过寻找导数的这个近似表达式的谱来完成评估。

15.8 (a)寻找到如下式定义的滤波算子的谱变换函数(已滤波变量的谱与未滤波变量的谱之比值)

$$u^f(t) + \tau\frac{du^f(t)}{dt} = \tau\frac{du}{dt}$$

其中 $u(t)$ 是个时间序列，$u^f(t)$ 是滤波后的时间序列，画出变换函数的示意图。这个滤波算子实现了什么？

(b)寻找下列滤波算子的变换函数

$$u^f(t) + \tau\frac{du^f(t)}{dt} = u(t)$$

画出变换函数的示意图。这个滤波算子实现了什么？

15.9 在实践中当处理湍流观测数据或数值模拟结果时，我们会通过有限傅里叶级数的那些系数来估算谱，用一个保守标量的平稳有限时间序列来演示如何操作。

15.10 用时间序列或数值模拟结果估算的谱，会因为不恰当的平均计算常常出现"参差不齐"的情况，演示如何在很窄的频率或波数间隔内对估算的谱进行平均，从而使这个谱变得平滑。设置一个判据，使其给出在惯性区做这样的分段平均处理的最大区间宽度。

15.11 为了能用热线温度计测量 $Pr \sim 1$ 的流体中湍流温度场的最小尺度，确定所需的时间常数。

15.12 证明如果 $R_{\alpha\alpha}$ 是 ξ 的偶函数，则 $\phi_{\alpha\alpha}$ 是实函数，并且是 κ 的偶函数。

15.13 以类似于(15.49)式的方式把一维协谱和正交谱与全谱联系起来。

15.14 把 λ/l 和 λ/η 表示成大涡旋雷诺数 R_t 的函数。

15.15 证明方程(15.121)。

15.16 证明方程(15.122)。

15.17 证明各向同性场中从 f 中确定的积分尺度是从 g 中确定的两倍。（提示：运

用(15.65)式)

15.18　完全从全谱空间里证明方程(15.75)。

15.19　证明方程(15.46)意味着 $R_{\alpha\alpha}(\boldsymbol{\xi},t)$ 是 $\boldsymbol{\xi}$ 的偶函数。

15.20　从方程(15.66)中推导出方程(15.67)，假定湍流是均匀的。

15.21　如果三维气压谱具有 $\kappa^{-7/3}$ 的惯性副区，在这个区间里它的一维和二维谱是
怎样的？推算它们的谱系数之间的关系。

15.22　为什么一维涡度谱不常见？（提示：画它的示意图）

15.23　把方程(15.86)中函数 f 的自变量理解成平均应变率与湍流应变率之比的
平方，予以阐释。

15.24　解释为什么连续方程 $u_{i,i}=0$ 这个约束条件阻止了 $\phi_{13}(\boldsymbol{\kappa})$ 的各向同性形式
（即方程(15.57)）变为零。

参考文献

Batchelor G K, 1960. The Theory of Homogeneous Turbulence[M]. Cambridge：Cambridge University Press.

Bos W J T, Bertoglio J P, 2007. Inertial range scaling of scalar spectra in uniformly sheared turbulence[J]. Phys Fluids, 19：1-8.

Corrsin S, 1951. On the spectrum of isotropic temperature fluctuations in an isotropic turbulence [J]. J Appl Phys, 22：469-473.

Kelly M, Wyngaard J C, 2006. Two-dimensional spectra in the atmospheric boundary layer[J]. J Atmos Sci, 63：3066-3070.

Kolmogorov A N, 1941. The local structure of turbulence in incompressible viscous fluid for very large Reynolds numbers[J]. Doklady ANSSSR, 30：301-305.

Lumley J L, 1967. Similarity and the turbulent energy spectrum[J]. Phys Fluids, 10：855-858.

Lumley J L, Panofsky H A, 1964. The Structure of Atmospheric Turbulence[M]. New York：Interscience.

Miles N L, Wyngaard J C, Otte M, 2004. Turbulent pressure statistics in atmospheric boundary layers from large-eddy simulation[J]. Bound-Layer Meteor, 113：161-185.

Obukhov A M, 1949. Structure of the temperature field in turbulent streams[R]. Izv Akad Nauk SSSR, Geogr Geofiz, 13：58.

Saddoughi S S, Veeravalli S V, 1994. Local isotropy in turbulent boundary layers at high Reynolds number[J]. J Fluid Mech, 268：333-372.

Taylor G I, 1935. Statistical theory of turbulence. Parts I-IV[J]. Proc R Soc London, Series A, 151：421-478.

Tennekes H, Lumley J L, 1972. A First Course in Turbulence[M]. Cambridge, MA：MIT Press.

Wyngaard J C, 1973. On surface-layer turbulence[C]//Workshop on Micrometeorology, D A Haugen, Eds, American Meteorological Society, pp101-149.

Wyngaard J C, Coté O R, 1972. Cospectral similarity in the atmospheric surface layer[J]. Quart J R Meteor Soc, 98：590-603.

第 16 章　湍流分析的统计学

依据一些合理的假设和傅里叶-司蒂吉斯表示法,我们可以在很宽的尺度上对湍流问题进行分析并获得相应的认识。本章将对若干具体问题进行深入讨论。

§16.1　谱的演变方程

我们从各向同性湍流场中被动保守标量的理想化问题出发进行讨论。依据傅里叶-司蒂吉斯表示法,首先把标量守恒方程转化为它的功率谱密度(或简称谱)的演变方程。这将使我们得以认识惯性区的维持机理,以及是什么原因促使 Obukhov(1949)和 Corrsin(1951)各自对此提出了类似于柯尔莫哥洛夫理论的相似假设。然后把这样的分析拓展到水平均匀的湍流边界层中的保守标量,在这种情况下,标量起伏是由大 R_t 值的湍流作用于垂直方向的平均标量梯度而产生的。

16.1.1　平稳各向同性湍流中的标量

16.1.1.1　谱方程

如同第 6.3 节中所描述的那样,设想在一定范围的体积里面湍流是平稳的,它具有较大的 R_t 值和 Co_t(湍流柯辛数,见本书第 7 章)值。现在假设它是各向同性的,速度场只有扰动部分 $u_i(\boldsymbol{x},t)$,它对标量场 $\tilde{c}$ 有输送作用:

$$\tilde{c}_{,t} + (\tilde{c}u_j)_{,j} = s(\boldsymbol{x},t) + \gamma\tilde{c}_{,jj} \tag{16.1}$$

式中: $s(\boldsymbol{x},t)$ 是随机的、平均数为零的源项,并且它是均匀、平稳的。它在正值($\tilde{c}$ 的源)和负值($\tilde{c}$ 的汇)之间起伏。如果认为这个标量就是温度,那么源项代表了均值为零的随机加热和冷却。假设标量场的空间积分尺度具有湍流尺度 l 的量级。

在这样的情况之下(各向同性),标量的平均值部分 C 与 $\boldsymbol{x}$ 和 t 无关,湍流通量 $\overline{cu_i}$ 消失。于是扰动标量场 $c(\boldsymbol{x},t)$ 的守恒方程是:

$$c_{,t} + (cu_j)_{,j} = s(\boldsymbol{x},t) + \gamma c_{,jj} \tag{16.2}$$

在方程(16.2)的两边乘以 $2c$,取系综平均,重写分子项并略去其扩散部分,经这样的处理之后得到标量方差方程:

$$\frac{\partial}{\partial t}\overline{c^2} = 2\overline{sc} - (\overline{c^2 u_j})_{,j} - 2\gamma\overline{c_{,j}c_{,j}} = 0 \tag{16.3}$$

各向同性意味着空间分布是均匀的,于是方程右边的第二项消失,所以方程变成:

$$2\overline{sc} - 2\gamma\overline{c_{,j}c_{,j}} = Pr - \chi_c = 0 \tag{16.4}$$

式中：Pr 是脉动源项引起的方差产生速率，χ_c 是分子扩散引起的平均耗散速率。

下面把傅里叶-司蒂吉斯表示法（见本书第 15 章）引入脉动方程之中：

$$c(\boldsymbol{x},t) = \int e^{i\boldsymbol{\kappa}\cdot\boldsymbol{x}}\mathrm{d}Z(\boldsymbol{\kappa},t), \quad u_i(\boldsymbol{x},t) = \int e^{i\boldsymbol{\kappa}\cdot\boldsymbol{x}}\mathrm{d}Z_i(\boldsymbol{\kappa},t)$$

$$s(\boldsymbol{x},t) = \int e^{i\boldsymbol{\kappa}\cdot\boldsymbol{x}}\mathrm{d}S(\boldsymbol{\kappa},t), \quad cu_j(\boldsymbol{x},t) = \int e^{i\boldsymbol{\kappa}\cdot\boldsymbol{x}}\mathrm{d}F_j(\boldsymbol{\kappa},t) \tag{16.5}$$

注：下文不再特别说明这些量与 t 有关。

把这些表达式用于方程（16.2），得到傅里叶-司蒂吉斯分量的演变方程：

$$\frac{\partial}{\partial t}\mathrm{d}Z(\boldsymbol{\kappa}) = -i\kappa_j\mathrm{d}F_j(\boldsymbol{\kappa}) - \gamma\kappa^2\mathrm{d}Z(\boldsymbol{\kappa}) + \mathrm{d}S(\boldsymbol{\kappa}) \tag{16.6}$$

式中：$\kappa^2 = \kappa_i\kappa_i$。

脉动标量场的功率谱密度 ϕ 定义如下：

$$\phi(\boldsymbol{\kappa})\mathrm{d}\boldsymbol{\kappa} = \overline{\mathrm{d}Z(\boldsymbol{\kappa})\mathrm{d}Z^*(\boldsymbol{\kappa})} \tag{16.7}$$

它的时间导数是：

$$\frac{\partial}{\partial t}\phi(\boldsymbol{\kappa})\mathrm{d}\boldsymbol{\kappa} = \overline{\mathrm{d}Z^*(\boldsymbol{\kappa})\frac{\partial}{\partial t}\mathrm{d}Z(\boldsymbol{\kappa})} + \overline{\mathrm{d}Z(\boldsymbol{\kappa})\frac{\partial}{\partial t}\mathrm{d}Z^*(\boldsymbol{\kappa})} \tag{16.8}$$

进一步运算得到：

$$\begin{aligned}
\frac{\partial\phi(\boldsymbol{\kappa})}{\partial t}\mathrm{d}\boldsymbol{\kappa} = {} & -i\kappa_j\overline{\mathrm{d}Z^*(\boldsymbol{\kappa})\mathrm{d}F_j(\boldsymbol{\kappa})} + i\kappa_j\overline{\mathrm{d}Z(\boldsymbol{\kappa})\mathrm{d}F_j^*(\boldsymbol{\kappa})} \\
& -\gamma\kappa^2\left(\overline{\mathrm{d}Z^*(\boldsymbol{\kappa})\mathrm{d}Z(\boldsymbol{\kappa})} + \overline{\mathrm{d}Z(\boldsymbol{\kappa})\mathrm{d}Z^*(\boldsymbol{\kappa})}\right) \\
& + \left(\overline{\mathrm{d}Z^*(\boldsymbol{\kappa})\mathrm{d}S(\boldsymbol{\kappa})} + \overline{\mathrm{d}Z(\boldsymbol{\kappa})\mathrm{d}S^*(\boldsymbol{\kappa})}\right)
\end{aligned} \tag{16.9}$$

按照第 15 章介绍的方法，可以把方程右边的前两项写成如下形式：

$$\overline{\mathrm{d}Z(\boldsymbol{\kappa})\mathrm{d}F_j^*(\boldsymbol{\kappa})} = C_{c,cu_j}(\boldsymbol{\kappa})\mathrm{d}\boldsymbol{\kappa} = Co_{c,cu_j}(\boldsymbol{\kappa})\mathrm{d}\boldsymbol{\kappa} - iQ_{c,cu_j}(\boldsymbol{\kappa})\mathrm{d}\boldsymbol{\kappa}$$

$$\overline{\mathrm{d}Z^*(\boldsymbol{\kappa})\mathrm{d}F_j(\boldsymbol{\kappa})} = C_{c,cu_j}^*(\boldsymbol{\kappa})\mathrm{d}\boldsymbol{\kappa} = Co_{c,cu_j}(\boldsymbol{\kappa})\mathrm{d}\boldsymbol{\kappa} + iQ_{c,cu_j}(\boldsymbol{\kappa})\mathrm{d}\boldsymbol{\kappa} \tag{16.10}$$

式中：C_{c,cu_j} 是 c 和 cu_j 的交叉谱，它被写成协谱和正交谱的形式。于是方程（16.9）右边前两项变成：

$$-i\kappa_j\overline{\mathrm{d}Z^*(\boldsymbol{\kappa})\mathrm{d}F_j(\boldsymbol{\kappa})} + i\kappa_j\overline{\mathrm{d}Z(\boldsymbol{\kappa})\mathrm{d}F_j^*(\boldsymbol{\kappa})} = 2\kappa_jQ_{c,cu_j}(\boldsymbol{\kappa})\mathrm{d}\boldsymbol{\kappa} \tag{16.11}$$

类似地，方程（16.9）中的扩散项和源项可以写成：

$$-2\gamma\kappa^2\overline{\mathrm{d}Z(\boldsymbol{\kappa})\mathrm{d}Z^*(\boldsymbol{\kappa})} = -2\gamma\kappa^2\phi(\boldsymbol{\kappa})\mathrm{d}\boldsymbol{\kappa}$$

$$\overline{\mathrm{d}Z^*(\boldsymbol{\kappa})\mathrm{d}S(\boldsymbol{\kappa})} + \overline{\mathrm{d}Z(\boldsymbol{\kappa})\mathrm{d}S^*(\boldsymbol{\kappa})} = 2Co_{c,s}(\boldsymbol{\kappa})\mathrm{d}\boldsymbol{\kappa} \tag{16.12}$$

式中：$Co_{c,s}$ 是 c 和 s 的协谱。于是得到了谱的演变方程：

$$\frac{\partial\phi(\boldsymbol{\kappa})}{\partial t} = 2Co_{c,s}(\boldsymbol{\kappa}) + 2\kappa_jQ_{c,cu_j}(\boldsymbol{\kappa}) - 2\gamma\kappa^2\phi(\boldsymbol{\kappa}) \tag{16.13}$$

方程（16.13）中的各项对 $\boldsymbol{\kappa}$ 积分得到的就是方程（16.3）中相对应的各项。因为均匀性使得方程（16.3）中的湍流输送项消失，于是方程（16.13）中对应项的积分为零：

$$\iiint 2\kappa_j Q_{c,cu_j}(\boldsymbol{\kappa}) \mathrm{d}\kappa_1 \mathrm{d}\kappa_2 \mathrm{d}\kappa_3 = 0 \tag{16.14}$$

这意味着此项代表的是波数空间内的传递。

在各向同性条件之下(见本书第 14 章),正交谱 Q_{c,cu_j} 变成了波数 $\boldsymbol{\kappa}$ 的矢量函数,它的形式如下:

$$Q_{c,cu_j}(\boldsymbol{\kappa}) = \kappa_j F(\kappa) \tag{16.15}$$

式中: $\kappa = |\boldsymbol{\kappa}|$。由上式可得 $2\kappa_j Q_{c,cu_j}(\boldsymbol{\kappa}) = 2\kappa^2 F(\kappa)$。在各向同性条件之下方程 (16.3) 中其他的谱只与波数的大小有关:

$$\phi(\boldsymbol{\kappa}) = \phi(\kappa), \quad Co_{c,s}(\boldsymbol{\kappa}) = Co_{c,s}(\kappa) \tag{16.16}$$

因此,各向同性条件之下的谱演变方程 (16.13) 就是如下形式:

$$\frac{\partial \phi(\kappa)}{\partial t} = 2Co_{c,s}(\kappa) + 2\kappa^2 F(\kappa) - 2\gamma\kappa^2 \phi(\kappa) \tag{16.17}$$

在第 15 章中,曾在半径为 κ 的球面上对 ϕ 进行积分,其表达式如下:

$$E_c(\kappa) = \iint_{\kappa_i\kappa_i=\kappa^2} \phi(\kappa)\mathrm{d}\sigma = 4\pi\kappa^2 \phi(\kappa) \tag{15.39}$$

把它拓展到方程 (16.17) 中的其他项,定义"产生"谱 $P(\kappa)$ 和"传递"谱 $T(\kappa)$ 为如下形式:

$$P(\kappa) = \iint_{\kappa_i\kappa_i=\kappa^2} 2Co_{c,s}(\kappa)\mathrm{d}\sigma = 8\pi\kappa^2 Co_{c,s}(\kappa)$$

$$T(\kappa) = \iint_{\kappa_i\kappa_i=\kappa^2} 2\kappa^2 F(\kappa)\mathrm{d}\sigma = 8\pi\kappa^4 F(\kappa) \tag{16.18}$$

于是方程 (16.17) 的球面积分形式是:

$$\frac{\partial E_c(\kappa)}{\partial t} = P(\kappa) + T(\kappa) - 2\gamma\kappa^2 E_c(\kappa) \tag{16.19}$$

这就是说,平稳的三维标量谱 $E_c(\kappa)$ 形成于三项之间的平衡: $P(\kappa)$,它是脉动引起的收入速率,其尺度以 $\kappa_e \sim 1/l$ 为中心; $T(\kappa)$,由其他波数传递给本波数的收入速率;以及由分子耗散作用引起的支出速率,其尺度以 $\kappa_d \sim 1/\eta_{oc}$ 为中心, η_{oc} 是奥布霍夫-柯辛尺度(见本书第 7 章)。这个动态平衡过程如图 16.1 所示。

如果把所有波数小于 κ 的涡旋将方差经过 κ 传递下去的平均速率定义为"串级速率" $Ca(\kappa)$,那么由这样的传递造成在波数 κ 上的方差净收入速率为:

$$\lim_{\Delta\kappa\to 0} \frac{Ca(\kappa) - Ca(\kappa + \Delta\kappa)}{\Delta\kappa} = -\frac{\partial Ca(\kappa)}{\partial \kappa} = T(\kappa) \tag{16.20}$$

于是谱变化的收支方程 (16.19) 可以写成如下形式:

$$\frac{\partial E_c(\kappa)}{\partial t} = P(\kappa) - \frac{\partial Ca(\kappa)}{\partial \kappa} - 2\gamma\kappa^2 E_c(\kappa) \tag{16.21}$$

下面来简要地解释一下如图 16.2 所示的串级速率 $Ca(\kappa)$ 的行为特征。在产生方差的尺度上(也就是从 $\kappa=0$ 到 $\kappa=\kappa_{end}$)对方程 (16.21) 的平稳形式进行积分,并结

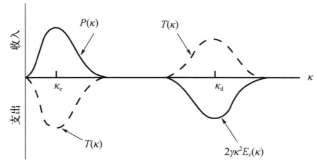

图 16.1　方程(16.19)右边各项作用的示意图。它是湍流雷诺数和柯辛数为大值的条件下平稳各向同性湍流场中标量方差的谱收支关系

合方程(16.4),可得:

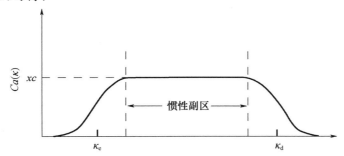

图 16.2　标量方差的串级速率 $Ca(\kappa)$ 在不同波数区间的行为特征

$$Ca(\kappa_{\text{end}}) = \int_0^{\kappa_{\text{end}}} P(\kappa)\,\mathrm{d}\kappa = Pr = \chi_c \tag{16.22}$$

因此,在含方差区间里 $Ca(\kappa)$ 从 0 增加到 χ_c。

在波数的惯性副区里,$\kappa_e \ll \kappa \ll \kappa_d$,在谱收支方程(16.19)的平稳形式当中产生项和耗散项都小到可以忽略不计。于是它变成:

$$\frac{\partial Ca(\kappa)}{\partial \kappa} = 0 \tag{16.23}$$

于是 $Ca(\kappa) = \chi_c$,这与速度谱在惯性区中的情况一样。这个关系的存在首先是由 Obukhov(1949) 和 Corrsin(1951) 提出来的。对于更大的波数 κ,在耗散区间,标量方差的分子耗散作用很重要,平稳的谱收支关系是:

$$\frac{\partial Ca(\kappa)}{\partial \kappa} = -2\gamma\kappa^2 E_c(\kappa) \tag{16.24}$$

在大波数上 $Ca(\kappa)$ 减小到 0。

16.1.2　平稳、水平均匀边界层中的标量

接下来考虑一个物理问题：在平稳、水平均匀的边界层中，平均水平速度为 U_1，保守标量具有平均垂直梯度 $C_{,3}$，标量脉动部分的方程是（见本书第 5 章）：

$$c_{,t} + C_{,3} u_3 + c_{,1} U_1 + (cu_j)_{,j} - \overline{(cu_3)}_{,3} = \gamma c_{,jj} \qquad (16.25)$$

对方程乘以 $2c$，取平均，运用水平均匀性质，重写分子项（第 5 章），就得到标量方差的收支方程：

$$\frac{\partial \overline{c^2}}{\partial t} = -2 C_{,3}\, \overline{u_3 c} - \overline{(c^2 u_3)}_{,3} - 2\gamma \overline{c_{,j} c_{,j}} \qquad (16.26)$$

方程右边依次是平均梯度产生项、湍流输送项和分子耗散项。

因为在这个问题当中垂直方向是不均匀的，因此必须把傅里叶-司蒂吉斯表示法限制在水平面上。如同在第 15 章中那样，可以采用平面变量 $\boldsymbol{\kappa}_h = (\kappa_1, \kappa_2)$ 和 $\boldsymbol{x}_h = (x_1, x_2)$ 来表示湍流量和湍流矩：

$$c(\boldsymbol{x}_h; x_3, t) = \int e^{i\boldsymbol{\kappa}_h \cdot \boldsymbol{x}_h} dZ(\boldsymbol{\kappa}_h; x_3, t), \quad u_3(\boldsymbol{x}_h; x_3, t) = \int e^{i\boldsymbol{\kappa}_h \cdot \boldsymbol{x}_h} dZ_3(\boldsymbol{\kappa}_h; x_3, t)$$

$$cu_j(\boldsymbol{x}_h; x_3, t) = \int e^{i\boldsymbol{\kappa}_h \cdot \boldsymbol{x}_h} dF_j(\boldsymbol{\kappa}_h; x_3, t), \quad j = 1, 2 \qquad (16.27)$$

$$(cu_3 - \overline{cu_3})_{,3} = \int e^{i\boldsymbol{\kappa}_h \cdot \boldsymbol{x}_h} dV(\boldsymbol{\kappa}_h; x_3, t)$$

注：下文不再特别说明这些量是与 x_3 和 t 有关的。把这些式子代入方程（16.25），可得：

$$\frac{\partial}{\partial t} dZ(\boldsymbol{\kappa}_h) = -C_{,3} dZ_3(\boldsymbol{\kappa}_h) - i\kappa_1 U_1 dZ(\boldsymbol{\kappa}_h) - i\kappa_j dF_j(\boldsymbol{\kappa}_h) - dV(\boldsymbol{\kappa}_h)$$

$$- \gamma\kappa_j\kappa_j dZ(\boldsymbol{\kappa}_h) + \gamma (dZ)_{,33}(\boldsymbol{\kappa}_h) \quad (j \text{ 对 } 1 \text{ 和 } 2 \text{ 求和}) \qquad (16.28)$$

按 16.1.1 节中的流程操作，对方程（16.28）乘以 dZ^*，然后取平均；对方程（16.28）的复共轭形式乘以 dZ，然后取平均；之后将二者相加。定义水平面上 c 的谱密度为：

$$\phi^{(2)}(\boldsymbol{\kappa}_h) d\boldsymbol{\kappa}_h = \overline{dZ(\boldsymbol{\kappa}_h) dZ^*(\boldsymbol{\kappa}_h)} \qquad (16.29)$$

我们还定义如下一些量：

$$\overline{dZ(\boldsymbol{\kappa}_h) dZ_3^*(\boldsymbol{\kappa}_h)} + \overline{dZ^*(\boldsymbol{\kappa}_h) dZ_3(\boldsymbol{\kappa}_h)}$$

$$= \left(C_{c,u_3}^{(2)}(\boldsymbol{\kappa}_h) + C_{c,u_3}^{*(2)}(\boldsymbol{\kappa}_h) \right) d\boldsymbol{\kappa}_h = 2 Co_{c,u_3}^{(2)}(\boldsymbol{\kappa}_h) d\boldsymbol{\kappa}_h$$

$$i\kappa_j \overline{dZ^*(\boldsymbol{\kappa}_h) dF_j(\boldsymbol{\kappa}_h)} - i\kappa_j \overline{dZ(\boldsymbol{\kappa}_h) dF_j^*(\boldsymbol{\kappa}_h)} = -2\kappa_j Q_{c,cu_j}^{(2)}(\boldsymbol{\kappa}_h) d\boldsymbol{\kappa}_h \qquad (16.30)$$

$$\overline{dZ^*(\boldsymbol{\kappa}_h) dV(\boldsymbol{\kappa}_h)} + \overline{dZ(\boldsymbol{\kappa}_h) dV^*(\boldsymbol{\kappa}_h)} = 2 Co_{c,(cu_3)_{,3}}^{(2)}(\boldsymbol{\kappa}_h) d\boldsymbol{\kappa}_h$$

按上述方法处理方程（16.28），在处理之后第一个分子项变成两项，但它们相同，于是处理后变成：

$$-2\gamma\kappa_j\kappa_j \overline{dZdZ^*} = -2\gamma\kappa_h^2 \phi^{(2)} d\boldsymbol{\kappa}_h \qquad (16.31)$$

它代表了在 x_1 和 x_2 方向由分子扩散引起的消耗。原来方程（16.28）中的第二个分

子项在处理之后也是两项,但它们不同。于是处理之后变成:

$$\gamma(\overline{\mathrm{d}Z_{,33}\,\mathrm{d}Z^*} + \overline{\mathrm{d}Z^*_{,33}\,\mathrm{d}Z}) = \gamma\,\overline{(\mathrm{d}Z\mathrm{d}Z^*)}_{,33} - 2\gamma\,\overline{\mathrm{d}Z_{,3}\,\mathrm{d}Z^*_{,3}} \cong -2\gamma\,\overline{\mathrm{d}Z_{,3}\,\mathrm{d}Z^*_{,3}}$$

$$(16.32)$$

它代表了在 x_3 方向由分子扩散引起的消耗。如果假设局地各向同性,则分子耗散速率是水平梯度产生率的 $3/2$ 倍,那么谱演变方程是(问题 16.15):

$$\frac{\partial \phi^{(2)}(\boldsymbol{\kappa}_{\mathrm{h}})}{\partial t} = -2C_{,3}\,Co^{(2)}_{c,u_3}(\boldsymbol{\kappa}_{\mathrm{h}}) + 2\kappa_j\,Q^{(2)}_{c,cu_j}(\boldsymbol{\kappa}_{\mathrm{h}}) - 2\,Co^{(2)}_{c,(cu_3),3}(\boldsymbol{\kappa}_{\mathrm{h}})$$
$$- 3\gamma\kappa_{\mathrm{h}}^2\phi^{(2)}(\boldsymbol{\kappa}_{\mathrm{h}})\,, \quad (j\text{ 对 1 和 2 求和}) \qquad (16.33)$$

方程右边各项的次序与关于三维各向同性湍流的方程(16.13)中各项的次序一样。第一项是湍流通量与平均梯度相互作用形成的产生率;第二项在水平面上积分就是湍流输送项的水平部分,它的值是零,因此它代表了在水平波数面内的波数间传递;第三项的积分结果是湍流输送项的垂直分量;最后一项是分子耗散速率。

如果我们假设在水平面上是各向同性的(即轴对称),如同第 15 章中所讲述的情形,则 $\phi^{(2)}$、$Co^{(2)}_{c,u_3}$ 和 $Co^{(2)}_{c,(cu_3),3}$ 只与波数的量值 κ_{h} 有关,而与方向无关。不仅如此,各向同性情况下的方程(16.15)会变成:

$$Q^{(2)}_{c,cu_j}(\boldsymbol{\kappa}_{\mathrm{h}}) = \kappa_j\,F^{(2)}(\kappa_{\mathrm{h}})\,, \quad j = 1,2 \qquad (16.34)$$

这使得 $2\kappa_j Q^{(2)}_{c,cu_j}(\boldsymbol{\kappa}_{\mathrm{h}}) = 2\kappa_{\mathrm{h}}^2 F^{(2)}(\kappa_{\mathrm{h}})$。因此,在轴对称条件下方程(16.33)变成:

$$\frac{\partial \phi^{(2)}(\kappa_{\mathrm{h}})}{\partial t} = -2C_{,3}\,Co^{(2)}_{c,u_3}(\kappa_{\mathrm{h}}) + 2\kappa_{\mathrm{h}}^2 F^{(2)}(\kappa_{\mathrm{h}}) - 2\,Co^{(2)}_{c,(cu_3),3}(\kappa_{\mathrm{h}})$$
$$- 3\gamma\kappa_{\mathrm{h}}^2\phi^{(2)}(\kappa_{\mathrm{h}}) \qquad (16.35)$$

在水平波数面上对方程(16.35)做圆环积分,重新引入第 15 章中定义的二维标量谱:

$$E^{(2)}_c(\kappa_{\mathrm{h}}) = \int_0^{2\pi} \phi^{(2)}(\kappa_{\mathrm{h}})\kappa_{\mathrm{h}}\,\mathrm{d}\theta = 2\pi\kappa_{\mathrm{h}}\phi^{(2)}(\kappa_{\mathrm{h}}) \qquad (15.97)$$

定义生成谱 $P^{(2)}(\kappa_{\mathrm{h}})$ 为:

$$P^{(2)}(\kappa_{\mathrm{h}}) = -\int_0^{2\pi} 2C_{,3}\,Co^{(2)}_{c,u_3}(\kappa_{\mathrm{h}})\kappa_{\mathrm{h}}\,\mathrm{d}\theta \qquad (16.36)$$

定义水平输送谱 $T^{(2)}_{\mathrm{h}}(\kappa_{\mathrm{h}})$ 为:

$$T^{(2)}_{\mathrm{h}}(\kappa_{\mathrm{h}}) = \int_0^{2\pi} 2\kappa_{\mathrm{h}}^2 F^{(2)}(\kappa_{\mathrm{h}})\kappa_{\mathrm{h}}\,\mathrm{d}\theta \qquad (16.37)$$

以及垂直湍流输送的谱:

$$T^{(2)}_v(\kappa_{\mathrm{h}}) = -\int_0^{2\pi} 2Co^{(2)}_{c,(cu_3),3}(\kappa_{\mathrm{h}})\kappa_{\mathrm{h}}\,\mathrm{d}\theta \qquad (16.38)$$

由此可以得出水平面上标量方差收支关系的谱形式:

$$\frac{\partial E^{(2)}_c(\kappa_{\mathrm{h}})}{\partial t} = P^{(2)}(\kappa_{\mathrm{h}}) + T^{(2)}_{\mathrm{h}}(\kappa_{\mathrm{h}}) + T^{(2)}_v(\kappa_{\mathrm{h}}) - 3\gamma\kappa_{\mathrm{h}}^2 E^{(2)}_c(\kappa_{\mathrm{h}}) \qquad (16.39)$$

这是与各向同性情况下的方程(16.19)相对应的平面谱形式(问题 16.11)。

将方程(16.39)的各项对 κ_h 积分,就得到方差收支方程(16.26)中的各项:

$$\int_0^\infty P^{(2)}(\kappa_h)\,d\kappa_h = -2C_{,3}\overline{cu_3} = Pr, \quad \int_0^\infty T_h^{(2)}(\kappa_h)\,d\kappa_h = 0$$

$$\int_0^\infty T_v^{(2)}(\kappa_h)\,d\kappa_h = -(\overline{c^2 u_3})_{,3} = Tr, \quad -3\gamma\int_0^\infty \kappa_h^2 E_c^{(2)}(\kappa_h)\,d\kappa_h = -\chi_c \tag{16.40}$$

所以积分的方差收支方程是:

$$\frac{\partial \overline{c^2}}{\partial t} = Pr + Tr - \chi_c \tag{16.41}$$

我们可以定义一个串级速率 $Ca^{(2)}(\kappa_h)$,它表示在水平面上所有波数小于 κ_h 的涡旋把方差传向更大波数的平均传递速率。这种传递在波数 κ_h 造成的方差净收入为:

$$-\frac{\partial Ca^{(2)}(\kappa_h)}{\partial \kappa_h} = T_h^{(2)}(\kappa_h) \tag{16.42}$$

于是方程(16.39)可以写成:

$$\frac{\partial E_c^{(2)}(\kappa_h)}{\partial t} = P^{(2)}(\kappa_h) - \frac{\partial Ca^{(2)}(\kappa_h)}{\partial \kappa_h} + T_v^{(2)}(\kappa_h) - 3\gamma\kappa_h^2 E_c^{(2)}(\kappa_h) \tag{16.43}$$

这是与方程(16.21)相对应的二维形式。

在生成区间对方程(16.43)进行积分,得到的是平稳条件下的串级速率:

$$Ca^{(2)}(\kappa_e) = \int_0^{\kappa_e}\Big(P^{(2)}(\kappa_h) + T_v^{(2)}(\kappa_h)\Big)d\kappa_h = Pr + Tr \tag{16.44}$$

方程(16.41)显示它等于分子耗散率 χ_c。因此,在含方差的区间里 $Ca^{(2)}(\kappa_h)$ 从 0 增大到 χ_c,就像图 16.2 所示的三维情形一样。

水平波数 κ_h 处于 $\kappa_e \ll \kappa_h \ll \kappa_d$ 的区间范围时,产生项、垂直输送项以及分子耗散项都小到可以忽略不计,所以平稳条件下的方程(16.43)在这个区间里变成:

$$\frac{\partial Ca^{(2)}(\kappa_h)}{\partial \kappa_h} = 0 \tag{16.45}$$

因此在这个区间里 $Ca^{(2)}(\kappa_h) = \chi_c$,就像三维情形中惯性副区可能具有的情况[①]。如同在第 15.6 节中所讨论的,惯性区中二维谱的谱常数与三维谱的谱常数不相等。

§16.2 对湍流信号的分析与理解

傅里叶-司蒂吉斯表示法让我们能够对诸如空间平均和时间平均等采样和处理

---

① 从高分辨大涡模拟大气边界层获得的湍流场中可以看到这样的惯性区。

方式所带来的影响进行解析分析。下面通过若干例子对此加以阐述。

16.2.1　保守标量的空间平均

传感器通常会在小的空间范围里对被测量的变量起到平均的作用,例如,电阻丝温度计探头会在它的长度范围内对测量的温度进行平均,红外吸收探头测量到的是光传输路径上平均的水汽混合比和平均的二氧化碳混合比。因此可以解析分析这种线平均对信号某些统计特性的影响。

首先考虑在长度为 L 的矢量路径 $\boldsymbol{L}$ 上对标量场 c 所做的平均。把测量限定在路径中心点 $\boldsymbol{x}$ 上,把标量 c 的测量值记为 c^{m},把经过中心点、方向沿路径的矢量记为 $\boldsymbol{s}$,s 是沿路径的距离,这样可以写出:

$$c^{\mathrm{m}}(\boldsymbol{x},\boldsymbol{L},t) = \frac{1}{L}\int_{-L/2}^{L/2} c(\boldsymbol{x}+\boldsymbol{s},t)\mathrm{d}s \tag{16.46}$$

在这个路径平均当中,沿路径的标量起伏所具有的长度尺度小于 L,其平均值接近于零,因此它对起伏有很明显的衰减作用。而在垂直于路径的方向上标量起伏没有受到影响。

傅里叶-司蒂吉斯表示法使得能够对这样的平均效应进行定量评估。假设湍流场是均匀的,由此能够把真实的脉动标量场和测量到的脉动标量场记为(不再专门说明它们对时间的依赖关系):

$$c(\boldsymbol{x}) = \int e^{i\boldsymbol{\kappa}\cdot\boldsymbol{x}}\mathrm{d}Z(\boldsymbol{\kappa}), \quad c^{\mathrm{m}}(\boldsymbol{x},\boldsymbol{L}) = \int e^{i\boldsymbol{\kappa}\cdot\boldsymbol{x}}\mathrm{d}Z^{\mathrm{m}}(\boldsymbol{\kappa},\boldsymbol{L}) \tag{16.47}$$

结合(16.46)式,把标量信号的路径平均结果写成如下形式:

$$c^{\mathrm{m}}(\boldsymbol{x},\boldsymbol{L}) = \frac{1}{L}\int_{-L/2}^{L/2}\left[\int e^{i\boldsymbol{\kappa}\cdot(\boldsymbol{x}+\boldsymbol{s})}\mathrm{d}Z(\boldsymbol{\kappa})\right]\mathrm{d}s = \int\left[\frac{1}{L}\int_{-L/2}^{L/2} e^{i\boldsymbol{\kappa}\cdot(\boldsymbol{x}+\boldsymbol{s})}\mathrm{d}s\right]\mathrm{d}Z(\boldsymbol{\kappa}) \tag{16.48}$$

对积分求平均的结果是:

$$\frac{1}{L}\int_{-L/2}^{L/2} e^{i\boldsymbol{\kappa}\cdot(\boldsymbol{x}+\boldsymbol{s})}\mathrm{d}s = \frac{\sin(\boldsymbol{\kappa}\cdot\boldsymbol{L}/2)}{\boldsymbol{\kappa}\cdot\boldsymbol{L}/2}e^{i\boldsymbol{\kappa}\cdot\boldsymbol{x}} \tag{16.49}$$

所以方程(16.48)可以写成:

$$c^{\mathrm{m}}(\boldsymbol{x},\boldsymbol{L}) = \int e^{i\boldsymbol{\kappa}\cdot\boldsymbol{x}}\frac{\sin(\boldsymbol{\kappa}\cdot\boldsymbol{L}/2)}{\boldsymbol{\kappa}\cdot\boldsymbol{L}/2}\mathrm{d}Z(\boldsymbol{\kappa}) \tag{16.50}$$

于是得到了探头长度上的平均效应如何影响被测量标量的傅里叶-司蒂吉斯系数的表达式:

$$\mathrm{d}Z^{\mathrm{m}}(\boldsymbol{\kappa},\boldsymbol{L}) = \frac{\sin(\boldsymbol{\kappa}\cdot\boldsymbol{L}/2)}{\boldsymbol{\kappa}\cdot\boldsymbol{L}/2}\mathrm{d}Z(\boldsymbol{\kappa}) \tag{16.51}$$

上式定量描述了这样的路径平均如何在路径方向上滤除标量场中波数远大于 $1/L$ 的傅里叶分量,但是它对这些波数的垂直于路径的傅里叶分量没有影响。

因为标量谱及其测量到的谱分别如下：

$$\phi(\boldsymbol{\kappa})\mathrm{d}\boldsymbol{\kappa} = \overline{\mathrm{d}Z(\boldsymbol{\kappa})\mathrm{d}Z^*(\boldsymbol{\kappa})}, \quad \phi^{\mathrm{m}}(\boldsymbol{\kappa})\mathrm{d}\boldsymbol{\kappa} = \overline{\mathrm{d}Z^{\mathrm{m}}(\boldsymbol{\kappa})\mathrm{d}Z^{\mathrm{m}*}(\boldsymbol{\kappa})} \quad (16.52)$$

由此可以把被测量到的谱写成：

$$\phi^{\mathrm{m}}(\boldsymbol{\kappa}) = \frac{\sin^2(\boldsymbol{\kappa}\cdot\boldsymbol{L}/2)}{(\boldsymbol{\kappa}\cdot\boldsymbol{L}/2)^2}\phi(\boldsymbol{\kappa}) = T(\boldsymbol{\kappa},\boldsymbol{L})\phi(\boldsymbol{\kappa}) \quad (16.53)$$

式中：$T(\boldsymbol{\kappa},\boldsymbol{L})$ 是线平均的谱转换函数，如图 16.3 所示。

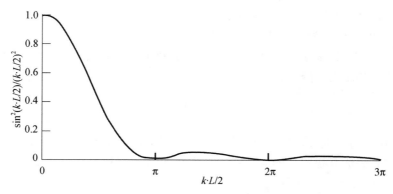

图 16.3　标量场线平均的谱转换函数

为了确定路径平均对 $F^{1\mathrm{m}}(\kappa_1)$ 的影响，运用泰勒假设从空间固定点测量的时间序列计算出顺流方向的一维波数谱，对另外两个方向的波数进行积分：

$$F^{1\mathrm{m}}(\kappa_1) = \iint\limits_{-\infty}^{\infty} \phi^{\mathrm{m}}(\boldsymbol{\kappa})\,\mathrm{d}\kappa_2\,\mathrm{d}\kappa_3$$

$$= \iint\limits_{-\infty}^{\infty} \phi(\boldsymbol{\kappa})\,\frac{\sin^2(\boldsymbol{\kappa}\cdot\boldsymbol{L}/2)}{(\boldsymbol{\kappa}\cdot\boldsymbol{L}/2)^2}\mathrm{d}\kappa_2\,\mathrm{d}\kappa_3 \quad (16.54)$$

如果传感器路径矢量 $\boldsymbol{L}$ 沿着 x（顺流）方向，路径平均的转换函数可以被拿到积分号外面，然而，为了避免流场被仪器扭曲，这样的测量取向通常不被采用。所以方程（16.54）中被积函数必须对 κ_2 和 κ_3 进行积分，这一步通常通过数值计算来实现。

如果传感器是个面积为 ΔA 的矩形形状，边长分别为 Δx_1 和 Δx_2，则谱转换关系如下：

$$\phi^{\mathrm{m}}(\boldsymbol{\kappa},\Delta A) = \phi(\boldsymbol{\kappa})\,\frac{\sin^2(\kappa_1\Delta x_1/2)}{(\kappa_1\Delta x_1/2)^2}\,\frac{\sin^2(\kappa_2\Delta x_2/2)}{(\kappa_2\Delta x_2/2)^2} \quad (16.55)$$

如果传感器是边长分别为 Δx_1、Δx_2 和 Δx_3 且体积为 ΔV 的长方体，则传感器平均效应的谱转换关系是：

$$\phi^{\mathrm{m}}(\boldsymbol{\kappa},\Delta V) = \phi(\boldsymbol{\kappa})\,\frac{\sin^2(\kappa_1\Delta x_1/2)}{(\kappa_1\Delta x_1/2)^2}\,\frac{\sin^2(\kappa_2\Delta x_2/2)}{(\kappa_2\Delta x_2/2)^2}\,\frac{\sin^2(\kappa_3\Delta x_3/2)}{(\kappa_3\Delta x_3/2)^2} \quad (16.56)$$

一般来讲，空间平均效应对其他统计量的影响很难（或者根本不可能）用解析方法来分析。

16.2.2　标量结构函数探头的响应

用相同的方法可以分析"结构函数"探头的响应,这样的探头输出的是空间两点湍流场的差值。当两点之间的距离 r 落在惯性区内,这种两点差值的变化可以用来推断耗散率(见本书第 7 章)。

再次省略时间变量,可以写出:

$$\widetilde{c}(\boldsymbol{x}+\boldsymbol{r})=\int e^{i\boldsymbol{\kappa}\cdot(\boldsymbol{x}+\boldsymbol{r})}\mathrm{d}Z(\boldsymbol{\kappa}),\quad \widetilde{c}(\boldsymbol{x})=\int e^{i\boldsymbol{\kappa}\cdot\boldsymbol{x}}\mathrm{d}Z(\boldsymbol{\kappa}) \tag{16.57}$$

差值信号是:

$$\triangle\widetilde{c}(\boldsymbol{x},\boldsymbol{r})=\widetilde{c}(\boldsymbol{x}+\boldsymbol{r})-\widetilde{c}(\boldsymbol{x})=\int e^{i\boldsymbol{\kappa}\cdot\boldsymbol{x}}(e^{i\boldsymbol{\kappa}\cdot\boldsymbol{r}}-1)\mathrm{d}Z(\boldsymbol{\kappa})=\int e^{i\boldsymbol{\kappa}\cdot\boldsymbol{x}}\mathrm{d}Z_{d}(\boldsymbol{\kappa},\boldsymbol{r})$$

$$\tag{16.58}$$

依据(16.58)式,标量差的谱与标量谱之间的关系如下:

$$\phi_{\mathrm{d}}(\boldsymbol{\kappa})\mathrm{d}\boldsymbol{\kappa}=\overline{\mathrm{d}Z_{\mathrm{d}}(\boldsymbol{\kappa})\mathrm{d}Z_{\mathrm{d}}^{*}(\boldsymbol{\kappa})}=(e^{i\boldsymbol{\kappa}\cdot\boldsymbol{r}}-1)(e^{-i\boldsymbol{\kappa}\cdot\boldsymbol{r}}-1)\overline{\mathrm{d}Z(\boldsymbol{\kappa})\mathrm{d}Z^{*}(\boldsymbol{\kappa})}$$

$$=2[1-\cos(\boldsymbol{\kappa}\cdot\boldsymbol{r})]\phi(\boldsymbol{\kappa})\mathrm{d}\boldsymbol{\kappa} \tag{16.59}$$

因此差值的方差是:

$$\overline{(\Delta c)^{2}}=\int\phi_{\mathrm{d}}(\boldsymbol{\kappa})\mathrm{d}\boldsymbol{\kappa}=\int 2[1-\cos(\boldsymbol{\kappa}\cdot\boldsymbol{r})]\phi(\boldsymbol{\kappa})\mathrm{d}\boldsymbol{\kappa} \tag{16.60}$$

标量差算子的谱转换函数 $2[1-\cos(\boldsymbol{\kappa}\cdot\boldsymbol{r})]$ 如图 16.4 所示。下面我们从物理上对它进行解读。首先,波数垂直于距离矢量 $\boldsymbol{r}$ 的傅里叶成分满足条件 $\boldsymbol{\kappa}\cdot\boldsymbol{r}=0$,所以 $\cos(\boldsymbol{\kappa}\cdot\boldsymbol{r})=1$,因而转换函数是 0,这些成分不受差值滤波的影响。更一般的情况是,在 $\boldsymbol{\kappa}\cdot\boldsymbol{r}\rightarrow 0$ 的极限情况下,两个传感器的测量结果基本上是相同的,所以它们差值的方差接近于零。换个说法,差值滤波对尺度远大于两点间距离的大涡旋基本没有作用。

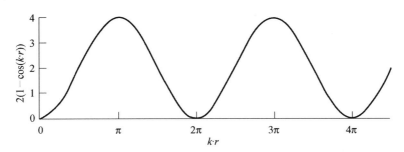

图 16.4　标量两点差分算子的谱转换函数

随着 $\boldsymbol{\kappa}\cdot\boldsymbol{r}$ 从 0 开始逐渐增大,转换函数的值也逐步增大到它的首个极大值 4 (图 16.4),此处 $\boldsymbol{\kappa}\cdot\boldsymbol{r}=\pi$,这种情况下在 r 方向上两个点的傅里叶分量的位相差是 $180°$,所以它们相加,而不是相减。这样的情况会在 $\boldsymbol{\kappa}\cdot\boldsymbol{r}=(2n-1)\pi,n=2,3,\cdots$ 的地方重复出现。

差值序列经常被用来识别尺度的惯性区,在这个区间里谱 $\phi(\boldsymbol{\kappa})$ 通常会被假设为各向同性形式 $\phi(\kappa)$(见本书第 15 章)。我们假设间距矢量沿 x_1 方向,这样可以把(16.60)式写成:

$$\overline{(\Delta c)^2} = \int_{-\infty}^{\infty} 2[1 - \cos(\kappa_1 r)]\left(\iint_{-\infty}^{\infty} \phi(\kappa)\,\mathrm{d}\kappa_2\,\mathrm{d}\kappa_3\right)\mathrm{d}\kappa_1$$

$$= \int_{-\infty}^{\infty} 2[1 - \cos(\kappa_1 r)]F^1(\kappa_1)\,\mathrm{d}\kappa_1 \tag{16.61}$$

如果间距矢量是沿 x_2 方向的,则结果是:

$$\overline{(\Delta c)^2} = \int_{-\infty}^{\infty} 2[1 - \cos(\kappa_2 r)]F^2(\kappa_2)\,\mathrm{d}\kappa_2 \tag{16.62}$$

但是我们在第 15 章已经看到,对各向同性场而言 $F^1 = F^2 = F^3 = F$,这就是说,可以把它写成如下简单形式:

$$\overline{(\Delta c)^2} = \int_{-\infty}^{\infty} 2[1 - \cos(\kappa r)]F(\kappa)\,\mathrm{d}\kappa \tag{16.63}$$

在惯性副区,F 是:

$$F(\kappa) = \frac{3}{10}\beta\chi_c\varepsilon^{-1/3}\kappa^{-5/3} \tag{15.43}$$

运用上式可以将方程(16.63)积分成如下形式(问题 16.7):

$$\overline{(\Delta c)^2} = 2.4\beta\chi_c\varepsilon^{-1/3}r^{2/3} = C_c^2 r^{2/3} \tag{16.64}$$

我们知道,C_c^2 是结构函数参数(即结构常数)。标量谱在惯性区随波数的 $\kappa^{-5/3}$ 关系对应于该区间内差值方差随两点距离的 $r^{2/3}$ 关系。

温度是湍流流动中经常用到的标量。通常用热敏电阻丝制成温度计对它进行测量,一般是搭建电桥电路来实现。如果线路有一个响应时间常数 τ_w,测量到的温度起伏 θ^m 满足的方程是:

$$\tau_w\frac{\partial\theta^m}{\partial t} + \theta^m(t) = \theta(t) \tag{16.65}$$

式中:$\theta(t)$ 是处在探头位置的流体温度。差值滤波主要影响的是在间距方向上尺度小于间隔距离的温度涡旋。因为小尺度温度涡旋在信号中表现为高频部分,时间常数 τ_w 会影响差值滤波的输出结果,通常我们更想知道它对方差有怎样的影响。

一个办法是运用泰勒假设(见本书第 2 章)给出的关系 $\partial\theta/\partial t = -U_1\partial\theta/\partial x_1$,其中 U_1 是沿顺流方向 x_1 的平均速度,将方程(16.65)转化为沿 x_1 方向的方程:

$$-\tau_w U_1\frac{\partial\theta^m(\boldsymbol{x})}{\partial x_1} + \theta^m(\boldsymbol{x}) = \theta(\boldsymbol{x}) \tag{16.66}$$

测量信号和真实信号的傅里叶-司蒂吉斯分量 $\mathrm{d}Z^m$ 和 $\mathrm{d}Z$ 就由下式联系在一起:

$$(1 - i\kappa_1\tau_w U_1)\mathrm{d}Z^m(\boldsymbol{\kappa}) = \mathrm{d}Z(\boldsymbol{\kappa}) \tag{16.67}$$

将测量到的差值信号的方程(16.58)推广到具有时间常数的探头,它就变成:

$$\Delta\theta^{\mathrm{m}}(\boldsymbol{x},\boldsymbol{r},\tau_{\mathrm{w}},U_1) = \int e^{i\boldsymbol{\kappa}\cdot\boldsymbol{x}} \frac{(e^{i\boldsymbol{\kappa}\cdot\boldsymbol{r}}-1)}{(1-i\kappa_1\tau_{\mathrm{w}}U_1)}\mathrm{d}Z(\boldsymbol{\kappa})$$

$$= \int e^{i\boldsymbol{\kappa}\cdot\boldsymbol{x}}\mathrm{d}Z_{\mathrm{d}}^{\mathrm{m}}(\boldsymbol{x},\boldsymbol{r},\tau_{\mathrm{w}},U_1) \qquad (16.68)$$

式中:$\mathrm{d}Z_{\mathrm{d}}^{\mathrm{m}}$ 是测量到的差值信号的傅里叶-司蒂吉斯分量。因此,方程(16.59)就变成如下形式:

$$\phi_{\mathrm{d}}^{\mathrm{m}}(\boldsymbol{\kappa}) = \frac{2[1-\cos(\boldsymbol{\kappa}\cdot\boldsymbol{r})]}{1+(\kappa_1\tau_{\mathrm{w}}U_1)^2}\phi(\boldsymbol{\kappa}) \qquad (16.69)$$

而且,重写测量到的差值方差,方程(16.60)变成:

$$\overline{(\Delta\theta^{\mathrm{m}})^2} = \int\phi_{\mathrm{d}}^{\mathrm{m}}(\boldsymbol{\kappa})\mathrm{d}\boldsymbol{\kappa} = \int\frac{2[1-\cos(\boldsymbol{\kappa}\cdot\boldsymbol{r})]}{1+(\kappa_1\tau_{\mathrm{w}}U_1)^2}\phi(\boldsymbol{\kappa})\mathrm{d}\boldsymbol{\kappa} \qquad (16.70)$$

实验学家们可能不愿意把两个探头沿顺流方向放置,因为这样会使其中一个探头处于另一个探头的尾流当中。因此,通常方程(16.70)中的间距矢量 $\boldsymbol{r}$ 会有一个侧向分量。这意味着 $\overline{(\Delta\theta^{\mathrm{m}})^2}$ 不会被简单地表示成转换函数乘以一维谱的积分形式。

可以用一个探头在相隔 r/U_1 的两个时刻的测量值来模拟探头在顺流方向的间距 r:

$$c(\boldsymbol{x}+\boldsymbol{r},t)-c(\boldsymbol{x},t) \cong c(\boldsymbol{x},t-r/U_1)-c(\boldsymbol{x},t) \qquad (16.71)$$

在这种情况下,方程(16.70)变成为:

$$\overline{(\Delta\theta^{\mathrm{m}})^2} = \int_{-\infty}^{\infty}\frac{2[1-\cos(\kappa_1 r)]}{1+(\kappa_1\tau_{\mathrm{w}}U_1)^2}\phi(\boldsymbol{\kappa})\mathrm{d}\boldsymbol{\kappa} = \int_{-\infty}^{\infty}\frac{2[1-\cos(\kappa_1 r)]}{1+(\kappa_1\tau_{\mathrm{w}}U_1)^2}F^1(\kappa_1)\mathrm{d}\kappa_1$$

$$(16.72)$$

如果间距 r 落在惯性区内,对(16.72)式积分有贡献的一维谱 F^1 满足 $\kappa_1^{-5/3}$,差值滤波的转换函数 $2[1-\cos(\kappa_1 r)]$ 是周期性的(图 16.4):首个峰值出现在 $\kappa_1 = \pi/r$ 的地方,第二个峰值出现在 $3\pi/r$,需要满足的最低要求是探头时间常数应该足够小,从而使得转换函数 $1+(\kappa_1\tau_{\mathrm{w}}U_1)^2$ 在第一个波宽上为 1。因此,需要的条件是:

$$\text{当 } \kappa_1 r = 2\pi \text{ 时},(\kappa_1\tau_{\mathrm{w}}U_1)^2 \ll 1 \qquad (16.73)$$

所以对探头时间常数的要求是:

$$\tau_{\mathrm{w}} \ll \frac{r}{2\pi U_1} \qquad (16.74)$$

也就是说,对于越小的间隔 r,越大的平均风速 U_1,需要的时间常数越小。如果把方程(16.74)中的"$\ll$"理解为至少要小于 10 倍,那么,对于 $r=0.6\ \mathrm{m}$ 且 $U_1=10\ \mathrm{m}\cdot\mathrm{s}^{-1}$ 的情况,这个判据告诉我们 τ_{w} 应该小于 $10^{-3}\ \mathrm{s}$。

16.2.3 两点差值与空间导数

因为 $\cos 2x = 1 - 2\sin^2 x$,我们把方程(16.63)写成局地各向同性形式:

$$\overline{\frac{(\Delta c)^2}{r^2}} = \frac{4}{r^2} \int_{-\infty}^{\infty} \sin^2(\kappa r/2) F(\kappa) d\kappa = \int_{-\infty}^{\infty} \frac{\sin^2(\kappa r/2)}{(\kappa r/2)^2} \kappa^2 F(\kappa) d\kappa \quad (16.75)$$

在 r 趋近于零的极限情况下,差值方差除以 r^2 就是空间导数的方差,它在各向同性场中具有如下形式:

$$\lim_{r \to 0} \overline{\frac{(\Delta c)^2}{r^2}} = \overline{\left(\frac{\partial c}{\partial x}\right)^2} = \overline{\left(\frac{\partial c}{\partial y}\right)^2} = \overline{\left(\frac{\partial c}{\partial z}\right)^2} \quad (16.76)$$

因为空间导数方差是 κ^2 乘以一维谱的积分,即:

$$\overline{\left(\frac{\partial c}{\partial x}\right)^2} = \int_{-\infty}^{\infty} \kappa^2 F(\kappa) d\kappa \quad (16.77)$$

因此可以把(16.75)式关于测量到的导数方差写成:

$$\overline{\frac{(\Delta c)^2}{r^2}} = \overline{\left(\frac{\partial c}{\partial x}\right)^2}^m = \int_{-\infty}^{\infty} \frac{\sin^2(\kappa r/2)}{(\kappa r/2)^2} \kappa^2 F(\kappa) d\kappa \quad (16.78)$$

所以 $\sin^2(\kappa r/2)/(\kappa r/2)^2$ 是空间导数的差分近似的转换函数。

16.2.4 在速度场中的应用

前三小节中的处理方法也可以应用于湍流速度场。需要再次说明的是,应用中涉及的小尺度结构在传统上按照各向同性假设的情形来处理。

空间平均效应以及探头分离效应的影响涉及湍流速度测量的时候基本上都是三维问题。其结果是它们只在三维波数空间中表现出谱转换函数,比如,三维超声风速仪的测量,其谱转换函数与三个声传播路径矢量 L^i 和三个间隔矢量 d^i 有关。因此,为了确定路径长度和间隔对一维速度谱的影响,必须对谱转换函数进行另外两个波数的积分:

$$F_{ij}^{lm} = \int_{-\infty}^{\infty} \int_{-\infty}^{\infty} T(\kappa, L^1, L^2, L^3, d^1, d^2, d^3) \phi_{ij}(\kappa) d\kappa_2 d\kappa_3 \quad (16.79)$$

当路径平均效应和探头分离效应的影响在某些波数上很明显的时候,这使得如何理解三维探头在这些波数上测量到的风速变得很复杂(Kaimal et al. , 1968)。

Wyngaard(1968,1969,1971)计算过热线风速仪、温度探针以及电阻丝温度计的谱响应,Kaimal 等(1968)针对三维超声风速仪做了类似的分析,Gal-Chen 和 Wyngaard(1982)将这种分析方法推广到了多波段多普勒雷达。

16.2.5 对可分辨变量和次滤波尺度变量的测量

Tong 等(1998)发展出一种可以在近地层中测量可分辨变量和次网格尺度变量的技术。运用高分辨(256^3)大涡模拟数据,他们率先证明了在两个水平方向上的滤波可以很好地表征三维滤波,并在随后的研究中证实,泰勒假设和时间滤波可以很好地表征顺流方向的空间滤波。

这些简化方案让我们可以沿侧流方向按线性排列布置探头进行测量。也就是说，某个给定高度 z 的变量 $\tilde{f}(x,y,t)$ 可以按下列平均运算来进行时间滤波：

$$\tilde{f}^t(x,y,t) = \frac{1}{2N+1}\sum_{n=-N}^{N}\tilde{f}(x,y,t-n\Delta t) \tag{16.80}$$

这些沿侧向排列的 $2N+1$ 个探头的被滤波变量可以按相同的权重组合在一起来模拟空间滤波：

$$(\tilde{f}^t)^y = \frac{1}{5}\left[\tilde{f}^t(x,y-2\Delta y,t) + \tilde{f}^t(x,y-\Delta y,t) + \cdots + \tilde{f}^t(x,y+2\Delta y,t)\right] \tag{16.81}$$

这样就产生了实际效果等同于水平面上的长方形空间平均，其顺流长度为 $U_1(2N+1)\Delta t$，侧向宽度为 $(2N+1)\Delta y$。我们把这定义为 $\tilde{f}$ 的可分辨部分，于是有：

$$\tilde{f} = f^r + f^s, \quad f^r = (\tilde{f}^t)^y, \quad f^s = \tilde{f} - (\tilde{f}^t)^y \tag{16.82}$$

图 6.4 和图 6.5 显示了 HATS (Horizontal Array Turbulence Study)试验中测量到的次滤波尺度的动量通量和温度通量。阵列测量技术还被应用于随后的几个野外观测研究当中。这些测量为人们认识次滤波尺度通量行为特征以及如何在模式中对它们进行描述（即建立恰当的参数化方案）提供了新的依据。

§16.3　探头引起的气流扭曲

图 16.5 是流动经过圆柱体的流场示意图。在这样的障碍物前方，流线形状因障碍物的阻挡作用而发生改变，因而流动中的湍流也被扭曲。因为野外的湍流观测探头（通常我们说探头时实际是说仪器加上固定它的附件）具有一定的形状和大小，尤其是它们对速度的测量很容易受到"探头引起的扭曲"的影响。

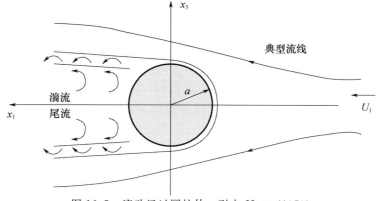

图 16.5　流动经过圆柱体。引自 Hunt (1973)

Hunt(1973)对这个问题的两种极限情况进行了讨论：一种是 $a \gg l$ 的情况，其中

a 是探头形体的尺度，l 是湍流积分尺度；另一种就是 $a \ll l$ 的情况。第一种情况非常复杂，但第二种情况可以做解析分析。幸运的是第二种情况可以应用于测量受到探头的扰动作用影响的含能区间的湍流结构，接下来我们对此做些简要分析。

16.3.1 针对速度场的简单方案

我们把未被扭曲的流动（对应于没有障碍物的情况）表示成 $\tilde{u}_i(t) = U_1 \delta_{i1} + u_i(t)$ 的形式，即系综平均部分加上脉动部分，选取 x_1 轴沿着顺流方向。把靠近探头（但不在尾流当中）的被扭曲流动用上标 d 标记为 $\tilde{u}_i^d(t) = U_i^d(\boldsymbol{x}) + u_i^d(\boldsymbol{x}, t)$，被扭曲的平均流动并非只在 x_1 方向上。

现在做一个假设，靠近探头的某点上的脉动速度信号的时间尺度是 l/U_1，它要比扭曲的流动对这些速度脉动的响应时间尺度 a/U_1 大很多：

$$l/U_1 \gg a/U_1 \tag{16.83}$$

即等价于 $l \gg a$。这使我们确信，靠近探头的被扭曲流动所看到来流中湍流的变化很慢，因而它可以很好地"跟踪"其时间变化情况。因此可以把靠近探头的被扭曲流动看作是准平稳的。

因此，可以把在靠近探头的 $\boldsymbol{x}$ 位置测量到的扭曲速度写成围绕平稳无湍流来流 $(U_1, 0, 0)$ 背景状态的泰勒级数形式：

$$\tilde{u}_i^d(\boldsymbol{x}, t) = \tilde{u}_i^d(\boldsymbol{x})\big|_0 + \frac{\partial \tilde{u}_i^d(\boldsymbol{x})}{\partial U_j}\bigg|_0 u_j(t) + \cdots \tag{16.84}$$

式中：下标 0 代表背景状态。在实际应用当中通常只保留展开式的线性项，所以对方程（16.84）进行截断，把它写成如下形式：

$$\tilde{u}_i^d(\boldsymbol{x}, t) \cong \tilde{u}_i^d(\boldsymbol{x})\big|_0 + a_{ij}(\boldsymbol{x}) u_j(t) \tag{16.85}$$

其中，流动扭曲系数 a_{ij} 被定义为：

$$a_{ij}(\boldsymbol{x}) = \frac{\partial \tilde{u}_i^d(\boldsymbol{x})}{\partial U_j}\bigg|_0 \tag{16.86}$$

对于几何形状简单的探头，a_{ij} 可以用位势流的解析解来确定。运用这种方法，Wyngaard（1981）得到了圆柱体前方流动中的这些系数。对于一些复杂的形状（一些旋转体），可以用数值方法计算 a_{ij}（Wyngaard et al.，1985）。对于野外观测中实际使用的形状更为复杂的探头，可以直接测量出 a_{ij}（Hogstrom，1982）。

在没有扭曲的流动中 $\tilde{u}_i^d(\boldsymbol{x})\big|_0 = U_1 \delta_{i1}$，$a_{ij}(\boldsymbol{x}) = \delta_{ij}$，于是方程（16.85）变成：

$$\tilde{u}_i^d(\boldsymbol{x}, t) = U_1 \delta_{i1} + \delta_{ij} u_j(t) = U_1 \delta_{i1} + u_i(t) = \tilde{u}_i(t) \tag{16.87}$$

就像它应该有的形式一样。

如果对线性展开式（16.85）的两边取系综平均，可得：

$$\overline{\tilde{u}_i^d(\boldsymbol{x}, t)} \cong \tilde{u}_i^d(\boldsymbol{x})\big|_0 \tag{16.88}$$

也就是说，对于脉动速度的一阶近似值，在观测点的平均流动就是没有湍流时流动在这个位置应该有的值，差别体现在二阶量上。

如果从方程(16.85)中减去方程(16.88),得到的是被扭曲湍流速度的方程:

$$u_i^{\mathrm{d}}(\boldsymbol{x},t) \cong a_{ij}(\boldsymbol{x})u_j(t) = a_{i1}(\boldsymbol{x})u_1(t) + a_{i2}(\boldsymbol{x})u_2(t) + a_{i3}(\boldsymbol{x})u_3(t)$$

$$(16.89)$$

也就是说,探头引起的湍流扭曲可以引起被测量湍流信号的衰减或增强,以及交调失真(信号混频)。

不过,测量湍流的对称探头可以使问题简化,比如,关于 (x_1,x_2) 中心平面的对称(就像图 16.5 中的圆柱体)使得在中心面上 $a_{13}=0$(问题 16.12)。类似地,关于一个垂直 (x_1,x_3) 中心平面的对称可以使 a_{12} 和 a_{32} 在中心面上消失。

探头引起的流动扭曲效应可能会对湍流通量有显著影响。比如说,在塔上测量水平均匀近地层中的通量 $\overline{u_1 u_3}$,假设典型的情形:探头关于垂直中心面具有侧向对称,但是关于水平中心面不具有垂直方向的对称。因此,当水平风矢落在这个垂直中心面上的时候,a_{12} 和 a_{32} 都是零,但是关于水平中分面的不对称会使 a_{13} 和 a_{33} 不为零,于是:

$$u_1^{\mathrm{d}}(\boldsymbol{x},t) = a_{11}(\boldsymbol{x})u_1(t) + a_{13}(\boldsymbol{x})u_3(t)$$
$$u_3^{\mathrm{d}}(\boldsymbol{x},t) = a_{13}(\boldsymbol{x})u_1(t) + a_{33}(\boldsymbol{x})u_3(t)$$

$$(16.90)$$

所以测量到的应力是:

$$\overline{u_1^{\mathrm{d}}\, u_3^{\mathrm{d}}}(\boldsymbol{x}) = (a_{11}\,a_{33} + a_{13}\,a_{31})\overline{u_1 u_3} + a_{11}a_{13}\,\overline{u_1^2} + a_{13}a_{33}\,\overline{u_3^2} \qquad (16.91)$$

图 16.6 显示了运用方程(16.91)在一个圆柱体上游测量到的应力。关于水平中

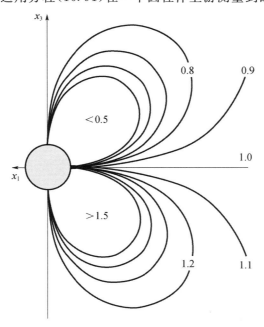

图 16.6　在阴影所示的圆柱体上游空间里受扭曲效应影响的运动学雷诺应力 $\overline{u_1 u_3}$ 与不存在阻挡作用的雷诺应力的比值等值线分布。$\overline{u_1^2}/u_*^2 = 9, \overline{u_3^2}/u_*^2 = 4$,其中 $-u_*^2$ 是没有阻挡作用的自由流动的 $\overline{u_1 u_3}$ 值。引自 Wyngaard (1981)

分面的对称性使得在 $x_3 = 0$ 处 a_{13} 消失,这里的误差最小。其他地方的误差可能会很大,即使是在离探头有若干个直径长度的上游某个位置,Hogstrom(1982)的研究证实了这一点。

Wyngaard(1987)研究显示,通过把探头形状设计成具有关于水平中分面的垂直对称性,可以使探头引起的湍流速度扭曲所造成的垂直标量通量的误差减小到最低程度。他还提到,探头对流动的阻挡效应会造成标量通量被高估,但当探头形体使通量观测点位置因阻挡作用而造成的顺流速度损失最小化时,这种高估也可以被限制到最低程度。

16.3.2 保守标量

保守标量场也会受到流动扭曲的影响,但影响的方式依赖于速度场的特性。我们在这里考虑三种极限情况。

16.3.2.1 平稳的层流

一种情况是保守标量 c 以变化的排放速率从点源进入平稳无散度的层流速度场中。我们在点源下游测量标量,测量探头造成了流动的扭曲,这种扭曲效应如何影响测量到的 c 信号呢?

假设在流动变形的过程中分子扩散作用可以忽略不计,因此可以把浓度方程写成如下形式:

$$\frac{DC}{Dt} = \frac{\partial C}{\partial t} + U_j C_{,j} = 0 \tag{16.92}$$

式中:$C_{,j}$ 是 C 的梯度。标量梯度遵循的方程是(问题 16.13):

$$\frac{DC_{,i}}{Dt} = \frac{\partial C_{,i}}{\partial t} + U_j C_{,ij} = -\frac{\partial U_j}{\partial x_i} C_{,j} \tag{16.93}$$

它表明标量梯度在流动被扭曲的时候不是保守的。

如果对方程(16.93)乘以 U_i,并做恒等变形,可得下式(问题 16.14):

$$\frac{DC_{,i} U_i}{Dt} = C_{,i} \frac{\partial U_i}{\partial t} \tag{16.94}$$

因此,如果流动是平稳的,则 $C_{,i} U_i$ 在流动被扭曲的情况下是保守的,任何沿轨迹的速度改变都伴随着标量梯度改变对它的补偿。

如果用上标 d 标记被扭曲的场,通过沿轨迹从未受扭曲的上游某位置 x_0 到受到扭曲的区域的某个位置 x_m 对方程(16.94)进行积分,可以得到:

$$C_{,i}^{d} U_i^{d} (\boldsymbol{x}_m, t + \Delta t) = C_{,i} U_i (\boldsymbol{x}_0, t) \tag{16.95}$$

式中:Δt 是经过两点所用的时间。将方程(16.92)用于自由流动和受扭曲的区域,可以得到:

$$\frac{\partial C}{\partial t} + U_i C_{,i} = \frac{\partial C^{d}}{\partial t} + U_i^{d} C_{,i}^{d} \tag{16.96}$$

结合方程(16.95)可以得到:

$$\frac{\partial C^{\mathrm{d}}}{\partial t}(\boldsymbol{x}_m, t + \Delta t) = \frac{\partial C}{\partial t}(\boldsymbol{x}_0, t) \tag{16.97}$$

这意味着平稳流场中,在流场变形的区域中保守标量起伏的时间序列相较于自由流动中的时间序列只是滞后了一个固定的时间间隔,所以它们的频率谱是相同的。

16.3.2.2　准平稳湍流流动中的低频部分

在湍流流动中,方程(16.94)的形式是:

$$\frac{D \widetilde{c}_{,i} \widetilde{u}_i}{D t} = \widetilde{c}_{,i} \frac{\partial \widetilde{u}_i}{\partial t} \neq 0 \tag{16.98}$$

所以流动发生扭曲时 $\widetilde{c}_{,i} \widetilde{u}_i$ 不是保守的。

Wyngaard(1988)讨论了当速度信号和标量信号被"探头频率" $f_p = U/2\pi a$ 进行低通滤波时的有湍流情形,这个滤波频率对应于以流动平均速度 U_1 经过尺度为 a 的探头所用的时间。依据湍流尺度分析结果他推断出,如果"误差参数"很小,即 $p = (u/U_1)(a/l)^{1/3} \ll 1$(其中 u 和 l 是来流中湍流的速度尺度和长度尺度),则方程(16.97)对于低通滤波后的标量信号是成立的:

$$\frac{\partial \widetilde{c}^{\mathrm{d}}}{\partial t}(\boldsymbol{x}_m, t + \Delta t) = \frac{\partial \widetilde{c}}{\partial t}(\boldsymbol{x}_0, t), \quad p = (u/U_1)(a/l)^{1/3} \ll 1 \tag{16.99}$$

如果是这样的话,那么当 $p \ll 1$ 时,对于自由流动区域和扭曲区域中被低通滤波过后的两个时间序列,它们的差别只是存在一个固定时间的滞后,所以对于频率低于探头频率 f_p 的那部分信号,它们的频率谱是相同的。

在飞机观测的应用当中,如果 $u \sim 1 \mathrm{~m \cdot s^{-1}}$, $U_1 \sim 100 \mathrm{~m \cdot s^{-1}}$,则 $u/U_1 \sim 10^{-2}$;同时 $a \sim 1 \mathrm{~m}$, $l \sim 300 \mathrm{~m}$,则 $(a/l)^{1/3} \sim 10^{-1}$。于是误差参数 $p \sim 10^{-3}$,这个值足够小,所以能保证方程(16.99)成立,于是在流动变形区域中的标量频率谱应该与自由流动中的标量频率谱相同。在气象塔观测的应用当中情况不甚明了,因为 u/U_1 和 a/l 都偏大,这使得误差参数 p 拥有更大的值。如果我们在飞机观测的高度上做气象塔观测,则在对流边界层中 u/U_1 会增大到 3×10^{-1};如果探头很小(比如 $a \sim 0.2 \mathrm{~m}$),则 $(a/l)^{1/3} \sim 0.9 \times 10^{-1}$,这使得 $p \sim 3 \times 10^{-2}$;误差参数是飞机观测的30倍。如果我们在近地层进行气象塔观测,那么 $(a/l)^{1/3}$ 就会更大,因此对于不稳定近地层中的野外观测, p 值会更大。

16.3.2.3　准平稳湍流流动中的高频部分

Wyngaard(1988)还把他的分析拓展到高频部分(相较于探头频率 U_1/a)。他发现如果参数 $ua/(U_1\lambda)$ 很小(其中 λ 是泰勒微尺度),则经典的快速扭曲分析(Batchelor, 1960;Hunt, 1973)可以被推广到标量。当流动沿中心线上的流线接近探头时,减小的流速造成流体质点间的顺流间距缩短,就像在横断面突然扩大的管道流中的情形一样,这被发现会放大惯性区内的顺流方向标量波数谱;离轴流则经历突然收缩,这使得惯性区波数谱变弱。但是,形如 $\kappa_1 = 2\pi f/U_1$ 的泰勒假设,再加上两个积分就能得出相应的方差的约束条件,推论出的结果是频率谱不变。

针对主要概念的提问

16.1 解释把一个湍流场的守恒方程转化成其功率谱密度的演变方程的基本步骤。其中需要对流场做怎样的假设？在此过程中能够获得什么信息？

16.2 从物理上解释图 16.1，并着重讨论为什么在含能区与耗散区之间的波数区间内它不起作用。

16.3 从物理上解释并讨论图 16.2。

16.4 在 16.1.2 节中的论证让我们能够用大涡模拟和直接数值模拟结果计算大气边界的均匀水平面上的谱。讨论这些论证的要点，并像我们对各向同性湍流所做的解释那样对它进行解读。

16.5 图 16.3 所示是标量场线平均的响应函数，从物理上对它进行解读。

16.6 从物理上解释为什么图 16.3 和图 16.4 是如此的不同。

16.7 阵列技术可用于测量可分辨变量和次滤波尺度变量。解释这种阵列技术的原理。

16.8 讨论探头引起流动扭曲的概念和含义，以及为什么当探头尺度远小于湍流尺度的时候可以对其影响做简单的解析分析。

问　题

16.1 证明对方程(16.33)右边中间两项做波数平面积分得到的是湍流输送项。

16.2 假设气压谱在惯性区遵循 $\kappa^{-7/3}$ 律，对比在测量 $\partial u/\partial x$ 和 $\partial p/\partial x$ 的方差时会有怎样的困难。

16.3 写出关于保守标量 c 和垂直速度 w 在均匀水平面上的交叉谱表达式。在实践中我们无法在相同的位置上同时测量 w 和 c，如果在水平面上两个测量点的距离矢量是 r，把它们的协方差写成转换函数乘以它们的交叉谱的积分形式，推导协谱和正交谱对观测的协方差有怎样的贡献。

16.4 在各向同性条件下把两点速度差的方差 $\overline{[u_1(x+r)-u_1(x)]^2}$ 表示成谱密度张量与转换函数的乘积的积分形式。写出 $r=(r,0,0)$ 和 $r=(0,r,0)$ 两种情况下的表达式，并评估积分结果。证明这种处理方式如何得到耗散率。

16.5 在水平面上设置相距为 r 的线性排列探头，以 w 为权重把探头输出信号相加可以得到低通滤波后的变量。一个例子是：

$$v^f(x_h,z,t) = w \times v(x_h-r,z,t) + w \times v(x_h,z,t) + w \times v(x_h+r,z,t)$$

对这样的一个简单情况，假设水平面上的场是均匀的，v^f 谱与 v 谱之间的关系是什么？w 需要满足怎样的判据才能使得小波数的转换函数为 1？选择满

足判据的 w，画出转换函数的示意图。

16.6　在主导量级上涡度方差的收支关系是(问题 5.6)：

$$\frac{\partial}{\partial t}\frac{\overline{\omega_i\omega_i}}{2}=0=\overline{u_{i,j}\,\omega_i\,\omega_j}-\nu\,\overline{\omega_{i,j}\,\omega_{i,j}}$$

式中各项的物理意义是什么？运用涡度的定义，并假设局地各向同性，估算产生项的量级。把耗散率写成速度谱密度张量的积分形式，做一些简化，把顺流速度导数 $\partial u_1/\partial x_1$ 的偏斜度 S 写成 u_1 谱的积分形式。

16.7　证明对(16.63)式积分得到的是(16.64)式。

16.8　推导出 $\varepsilon=2\nu\int_0^\infty\kappa^2 E(\kappa)\mathrm{d}\kappa$。

16.9　解释为什么(16.1.1.1节)各向同性要求标量的平均值部分 $C(\boldsymbol{x},t)$ 与 $\boldsymbol{x}$ 无关，且湍流通量 $\overline{cu_j}$ 为零。

16.10　证明如果间距矢量 $\boldsymbol{r}$ 在顺流方向上，方程(16.70)可以变成转换函数与一维谱的乘积。

16.11　画出方程(16.39)的谱方差收支关系示意图。

16.12　解释为什么如图 16.6 所示，在圆柱体前方中心面上 a_{13} 会消失。

16.13　推导方程(16.93)。

16.14　推导方程(16.94)。

16.15　推导方程(16.33)。

参考文献

Batchelor G K, 1960. The Theory of Homogeneous Turbulence[M]. Cambridge：Cambridge University Press.

Corrsin S, 1951. On the spectrum of isotropic temperature fluctuations in isotropic turbulence[J]. J Appl Phys，22：469-473.

Gal-Chen T, Wyngaard J C, 1982. Effects of volume averaging on the line spectra of vertical velocity from multiple-Doppler radar observations[J]. J Appl Meteor，21：1881-1899.

Hogstrom U, 1982. A critical evaluation of the aerodynamical error of a turbulence instrument[J]. J Appl Meteor，21：1838-1844.

Hunt J C R, 1973. A theory of turbulent flow round two-dimensional bluff bodies[J]. J Fluid Mech，61：625-706.

Kaimal J C, Wyngaard J C, Haugen D A, 1968. Deriving power spectra from a three-component sonic anemometer[J]. J Appl Meteor，7：727-737.

Obukhov A M, 1949. Structure of the temperature field in turbulent streams[J]. Izvestia ANS-SSR，Geogr Geophys Ser，13：58-69.

Tong C, Wyngaard J C, Khanna S, et al, 1998. Resolvable- and subgrid-scale measurement in the atmospheric surface layer：technique and issues[J]. J Atmos Sci，55：3114-3126.

Wyngaard J C, 1968. Measurement of small-scale turbulence structure with hot wires[J]. J Sci Instrum (J Phys E), 1:1105-1108.

Wyngaard J C, 1969. Spatial resolution of the vorticity meter and other hot-wire arrays[J]. J Sci Instrum (J Phys E), 2:983-987.

Wyngaard J C, 1971. Spatial resolution of a resistance wire temperature sensor[J]. Phys Fluids, 14: 2052-2054.

Wyngaard J C, 1981. The effects of probe-induced flow distortion on atmospheric turbulence measurements[J]. J Appl Meteor, 20:784-794.

Wyngaard J C, 1987. Flow-distortion effects on scalar flux measurements in the surface layer: implications for sensor design[J]. Bound-Layer Meteor, 42:19-26.

Wyngaard J C, 1988. The effects of probe-induced flow distortion on atmospheric turbulence measurements: extension to scalars[J]. J Atmos Sci, 45:3400-3412.

Wyngaard J C, Rockwell L, Friehe C A, 1985. Errors in the measurement of turbulence upstream of an axisymmetric body[J]. J Atmos Ocean Technol, 2:605-614.